Technische Mathematik für Bauberufe

Lösungen

Walter Bläsi

8. Auflage

Holland + Josenhans Verlag Stuttgart Best.-Nr. 5609

8. Auflage 2007

Gesamtherstellung: Oertel + Spörer Druck und Medien-GmbH + Co. KG, 72585 Riederich

ISBN 978-3-7782-5609-1

1 Dreisatzrechnung

8

1. $V = \dfrac{5{,}75\,\text{m}^3 \cdot 9}{5}$

$V = 10,35\,\text{m}^3$

2. $t = \dfrac{18\,\text{t} \cdot 2\ \text{Raupen}}{3\ \text{Raupen}}$

$t = 12\ \text{Tage}$

3. $n = \dfrac{7\ \cdot 33\,\text{m}}{12{,}5\,\text{m}}$

$n = 18,48$

$n = 19$ Fuhren

4. $t = \dfrac{224\,\text{h} \cdot 7\ \text{Arbeiter}}{5\ \text{Arbeiter}}$

$t = 313{,}6\ \text{h}$

$t = 62{,}72\ \text{h}$ je Arbeiter

$t = 62\ \text{h}\ 43\ \text{min}\ 12\ \text{s}$

5. $t = \dfrac{1 \cdot 50\,000\,\text{l}}{120\,\text{l/min}}$

$t = 416{,}66\,\text{min}$

$t = 6\,\text{h}\ 56\,\text{min}\ 38\ \text{s}$

6. $n = 245\,\text{m}^2 \cdot 35\ \text{Ziegel/m}^2$

$n = 8\ 575$ Ziegel

7. $n = \dfrac{43\ \ d\ \cdot\ 9\ \text{Arbeiter}}{33\ \text{d}}$

$n = 11{,}73$

$n = 12$ Arbeiter

Es sind noch 3 Arbeiter einzustellen.

8. $\text{Verlegekosten} = \dfrac{41\,250\ € \cdot\ 830\,\text{m}^2}{750\,\text{m}^2}$

$\text{Verlegekosten} = 45\,650\ €$

9. $t = \dfrac{23\,\text{d} \cdot 2{,}2\ \text{km}}{1{,}5\ \text{km}}$

$t = 33{,}73$ Arbeitstage

10. $V = \dfrac{24{,}75\,\text{m}^3\ \cdot\ 1{,}40\,\text{m}}{5{,}25\,\text{m}}$

$V = 6{,}60\,\text{m}^3$

11. 3 Maschinen – 4 Tage – $15\,\text{m}^3$

1 Maschine – 1 Tag – $\dfrac{15}{3\ \cdot 4}$

2 Maschinen – 5 Tage – $\dfrac{15 \cdot 2 \cdot 5}{3 \cdot 4} = 12{,}5\,\text{m}^3$

12. $12\,750\,\text{m}^3$ – 3 Lkw – 10 Tage

$1\,\text{m}^3$ – 1 Lkw – $\dfrac{10 \cdot 3}{12\,750}$

$15\,300\,\text{m}^3$ – 4 Lkw – $\dfrac{10 \cdot 3 \cdot 15\,300}{12\,750 \cdot 4} = 9$ Tage

8

13. $558\,m^2 - 12$ Tage $- 6$ Arbeiter

$1\,m^2 - 1$ Tag $- \dfrac{6 \cdot 12}{558}$

$620\,m^2 - 10$ Tage $- \dfrac{6 \cdot 12 \cdot 620}{558 \cdot 10} =$ 8 Arbeiter, zusätzlich 2 Mann

14. 6 Maurer $- 95$ Tage $- 8\,h$

1 Maurer $- 1$ Tag $- 8 \cdot 6 \cdot 95$

6 Mauer $- 76$ Tage $- \dfrac{8 \cdot 6 \cdot 95}{6 \cdot 76} =$ 10 h, 2 Überstunden

15. 7 Mann $- 15$ Tage $- 8\,h$

1 Mann $- 1$ Tag $- 8 \cdot 7 \cdot 15$

5 Mann $- 16$ Tage $- \dfrac{8 \cdot 7 \cdot 15}{5 \cdot 16} =$ $10,5\,h$, täglich 2,5 Mehrstunden

2 Prozentrechnung

10

1. $\dfrac{1785\,€ \cdot 2}{100} = 35{,}70\ €$ Zu überweisen

1 785,00 €
35,70 €
1 749,30 €

2. $\dfrac{1\,430\,€ \cdot 100\%}{72\%} = 1\,986{,}11\ €$

3. $\dfrac{14{,}40\,€ \cdot 100\%}{106{,}5\%} = 13{,}52\ €$

4. $A = 87{,}50\,m \cdot 33{,}70\,m$ Überbaute Fläche $A_1 = \dfrac{2\,948{,}75\,m^2 \cdot 38}{100}$

$A = 2\,948{,}75\,m^2$ $A_1 = 1\,120{,}53\,m^2$

5. $\dfrac{100\% \cdot 33\,500\,€}{42\,350\,€} = 79{,}10\% \rightarrow$ Wertminderung 20,9%

6. $\dfrac{100\% \cdot 132\,800\,€}{127\,500\,€} = 104{,}16\% \rightarrow 4{,}16\%$

7. Lohnsteuer $\frac{100\% \cdot 786{,}40\ €}{3\,120\ €} = 25{,}21\%$ **10**

Kirchensteuer $\frac{100\% \cdot 62{,}91\ €}{3\,120\ €} = 2{,}02\%$

Krankenversicherung $\frac{100\% \cdot 195{,}00\ €}{3\,120\ €} = 6{,}25\%$

Rentenversicherung $\frac{100\% \cdot 316{,}63\ €}{3\,120\ €} = 10{,}15\%$

Arbeitslosenversicherung $\frac{100\% \cdot 101{,}40\ €}{3\,120\ €} = 3{,}25\%$

Pflegeversicherung $\frac{100\% \cdot 26{,}52\ €}{3\,120\ €} = 0{,}85\%$

a) Lohnsteuerabzug	25,21%
b) Abzüge für Sozialversicherungen	20,50%
c) Gesamtabzüge	47,73%

8. $\frac{1245\ € \cdot 100\%}{97{,}5\%} = 1\,276{,}92\ €$

9. Erschließungskosten $64\,\text{m} \cdot 27\,\text{m} \cdot 8{,}70\ €/\text{m}^2 = 15\,033{,}60\ €$

a) $p = \frac{100\% \cdot 15\,033{,}60\ €}{233\,280\ €} = 6{,}44\%$

b) Gesamtkosten

=	233 280,00 €
+	15 033,60 €
	248 313,60 €

c) m^2-Preis $\frac{248\,313{,}60\ €}{27\,\text{m} \cdot 64\,\text{m}} = 143{,}70\ €/\text{m}^2$

10.

brutto	3 080,00 €
./. Rabatt	369,60 €
Rechnungsbetrag	2 710,40 €

3 Zinsrechnung

11

1. $Z = \frac{85\,000\ € \cdot 9{,}5}{100} = 8\,075{,}00\ €$ **12**

2. $p = \frac{100\% \cdot 2\,250\ €}{36\,000\ €} = 6{,}25\%$

3. $K = \frac{67\,769{,}50\ € \cdot 100\%}{103{,}75\%} = 65\,320{,}00\ €$

12

4. $Z = \dfrac{127\,500\ € \cdot 3{,}25\% \cdot 269\,\text{d}}{100\% \cdot 360\,\text{d}} = 3\,096{,}30\ €$

5. $K = \dfrac{468\ € \cdot 100\% \cdot 360\,\text{d}}{3{,}5\% \cdot 339\,\text{d}} = 14\,199{,}75\ €$

6. $p = \dfrac{956{,}20\ € \cdot 100\% \cdot 12\ \text{M}}{67\,500\ € \cdot 4\ \text{M}} = 4{,}25\%$

7. $t = \dfrac{3\,850\ € \cdot 100\% \cdot 360\,\text{d}}{75\,000\ € \cdot 8{,}25\%} = 224\ \text{Tage}$

8. Jahresmiete $1\,650\ €/\text{M} \cdot 12\ \text{M} = 19\,800\ €$

$p = \dfrac{100\% \cdot 19\,800\ €}{550\,000\ €} = 3{,}6\%$

9. Anzahl der Aktien

$n = 75\,000\ € : 300\ €/\text{Aktie}$

$n = 250$ Aktien

Nennwert der Aktien $= 250 \cdot 100 = 25\,000{,}-\ €$

a) Zinsertrag

$Z = \dfrac{75\,000\ € \cdot 6{,}5}{100} = 4\,875{,}-\ €$

b) Dividendenertrag

$Z = \dfrac{25\,000\ € \cdot 14}{100} = 3\,500{,}-\ €$

c) günstigere Anlageform

d) effektive Verzinsung

$p = \dfrac{14\%}{3} = 4{,}66\%$

10. $Z_1 = \dfrac{43\,500\ € \cdot 6{,}25\% \cdot 108\ \text{d}}{100\% \cdot 360\ \text{d}}$ $\qquad Z_2 = \dfrac{43\,500\ € \cdot 7\% \cdot 240\ \text{d}}{100\% \cdot 360\ \text{d}}$

$Z_1 = 815{,}63\ €$ $\qquad Z_2 = 2\,030{,}-\ €$ $\qquad Z = 2\,845{,}63\ €$

11.

		4%	Rest	$\sum$	p
A	= 180 000 €	7 200,– €	3 266,66 €	10 466,66 €	5,81%
B	= 140 000 €	5 600,– €	3 266,67 €	8 866,67 €	6,33%
C	= 60 000 €	2 400,– €	3 266,67 €	5 666,67 €	9,44%

12. $p = \dfrac{-100\ € \cdot 100\% \cdot 360\ \text{d}}{69\,200\ € \cdot 584\,\text{d}}$

$p = -0{,}089\ \%$

13. Bank AG 12

$Z = \frac{78\,000\ € \cdot 7{,}25}{100}$ $Z = \frac{30\,000\ € \cdot 15}{100}$ $p = \frac{4\,500\ € \cdot 100}{78\,000\ €}$

$Z = 5\,655{,}–\ €$ $Z = 4\,500{,}–\ €$ $p = 5{,}77\ \%$

4 Algebra

Grundbegriffe

1. a) $22a$ c) $3 - 2a + 7ac$ **2.** a) $7c$ c) $3g - 6h$ 16

b) $7d$ d) $1{,}3a + 5{,}2b$ b) $-31d$ d) $27f - 3b + 6$

3. a) $18a$ e) $64mn$

b) $12ab$ f) $12abk$

c) $-84c$ g) $-84abc$

d) $-72d$ h) $60xyz$

4. a) $6a$ e) $10n + 9m$

b) $4x$ f) $-2z + 76b$

c) $13a$ g) $-7{,}4b$

d) $5a + 16u$ h) $-7\frac{r}{t}$

5. a) $9a + 9b$ c) $30r - 3$

b) $5q$ d) $14s - 6t$

b) 59

6. a) $23c + 14d$ d) $-16{,}5a + 13{,}8b + 26{,}6ab + 13{,}8$

b) $7a - 6$ e) $-26n - 1$

c) $-18a - 18b - 18$ f) $30a + 102z - 90$

$-18\ (a + b + 1)$

7. a) $6a + 4b$ d) 6

b) $8p + 3$ e) 12

c) $-39a - 13b - 26c$ f) $2b - 7$

$-13\ (3a + b + 2c)$

8. a) $7\ (4 - 8 + 15 - 11)$ d) $96b\ (de - ac)$

b) $7\ (12 - 16 + 4 - 9)$ e) $18ax\ (4c + 9d - 7b)$

c) $5c\ (1 - 6 + 5)$ f) $a + b$

Bruchrechnen

18

9. a) $\frac{7}{30}$ c) $\frac{87}{44c}$

b) $\frac{4a}{5}$ d) $4+32=36$

10. a) $\frac{20}{35}$ e) $\frac{96ad}{12bd-28cd}$

b) $\frac{15a}{25}$ f) $\frac{132ns-176ps}{308rs-154us}$

c) $\frac{81b}{36ab}$ g) $\frac{-306acz+918bcz+1\,377abc}{324cey-216bcy}$

d) $\frac{39c+65e}{78}$

11. a) $\frac{7}{3}$ e) $\frac{74a}{300}$

b) $\frac{30}{14c}$ f) $\frac{16ab-30bx}{18ax}$

c) $\frac{38}{24}$ g) $\frac{17a+47b}{60}$

d) $\frac{23}{36}$ h) $-\frac{3ac}{7z}$

19

12. a) $\frac{21}{8}$ e) $-\frac{2b}{7}$

b) $\frac{4}{21}$ f) $\frac{1}{3}$

c) $-\frac{6}{35}$ g) $\frac{32bc-24b}{5a}$

d) $\frac{8ac}{27b}$ h) $\frac{8ab+4b-6a-3}{5ab}$

13. a) $\frac{24}{5}=4\frac{4}{5}$ g) nx

b) $\frac{3}{14}$ h) $12ac$

c) $\frac{21}{16}$ i) 2

d) $-\frac{5}{4}=-1\frac{1}{4}$ k) $\frac{16a-3b}{3a-d}$

e) $\frac{ad}{c}$ l) $\frac{4ac+ab}{8bc-2bd}$

f) $\frac{a}{c}$ m) $\frac{8d+4y-16dz-8yz}{15x+5y-21dx-9dy}$

Potenzen

14. a) 4^4 c) d^3 e) 8^2x^3 21

b) $2^2 \cdot 6^3 \cdot 8^4$ d) $12^2a^2b^2$ f) $12^4a^6z^6$

15. a) 10^2 b) 10^4 c) 10^{-1} d) 10^6 e) 10^0 f) 10^{-4} g) 10^7 h) 10^{-2} i) 10^3 k) 10^9 l) 10^{-6} m) 10^{-7}

16. a) 64 b) 729 c) 20 736 d) 0,0025 e) 32 f) 1 g) 289 h) 2,89 i) 100 000 000 k) $\frac{1}{27}$ l) $\frac{16}{25}$ m) $\frac{8}{343}$ n) $\frac{1}{81}$ o) $-\frac{8}{27}$ p) $\frac{16}{625}$

17. a) $2 \cdot 7^3$ b) $4a^5$ c) $-c^2$ d) $6b^2 + 2z^2$ e) $13a^2b^4$ f) $15ax^2$ g) 0 h) $6a^2d^4$

18. a) 12^4 b) 5^{12} c) a^{10} d) $24a^6b^8$ e) a^{6x} f) a^5 g) $48b - \frac{1}{72b}$ h) $-768a^8b^3$ i) $-\frac{4}{a}$ k) $14a^4n^8$

19. a) 5^2 b) 6 c) a^3 d) $4n^3$ e) $\frac{1}{2cx}$ f) $\frac{1}{a}$ g) $\frac{t^5}{4u^5}$ h) $-16a^5c^2z^4$ i) $\frac{14x^5z}{a^2}$ k) $\frac{1}{243a^6c^2x^3}$ l) $\frac{3}{4}a^2c$ m) $\frac{9}{7}d$

20. a) 4^6 b) 2^{-6} c) 2^{-4} d) $(-4)^6$ e) $(-7)^8$ f) a^8b^{12} g) 1 h) $\frac{6a^{12}}{n^4}$ i) $\frac{14}{c^8n^4x^2}$ k) $\frac{8z^2}{v^2x^4}$ l) $1024 \cdot \frac{a^{10} \cdot c^5}{e^{20}}$ m) $627x^{12} - 16x^2$

Wurzelrechnen

23

21. a) $6\sqrt{22}$

b) $11\sqrt{17}$

c) $5\sqrt[3]{25} - 2\sqrt{25}$

d) $3\sqrt[4]{33} + \sqrt[3]{33}$

e) $\sqrt[3]{a} - 5\sqrt{b}$

f) $7\sqrt{ab}$

g) $2\sqrt{az} - 3\sqrt[3]{az}$

h) $3\sqrt[4]{\frac{aw}{z}} + \sqrt{\frac{aw}{z}} - 3\sqrt{\frac{ax}{z}}$

i) $2a\sqrt[3]{bz} - 4c\sqrt[3]{bz}$

$\sqrt[3]{bz}(2a - 4c)$

22. a) 5

b) 8,25

c) 13

d) 3

e) 12

f) 8

g) 20

h) 20

24

23. a) 6

b) 4

c) 8

d) 3

e) 6

f) 8

g) 4

h) 8

i) 24

k) 60

l) 48

m) ab

n) dx^2

o) $8az^4$

p) $6dn^2x^4$

q) 6

r) 24

s) 10

t) 96

u) 225

v) 2 688

w) 504

24. a) 4

b) 4

c) $\frac{25}{4}$

d) 4

e) 2

f) $\frac{2}{3}$

g) 2

h) 0,5

i) 3

k) $\frac{2}{3}$

l) $\frac{4}{3}$

m) $\frac{x^2}{z}$

n) $\frac{a}{z^3}$

o) $\frac{ad^2}{n^3q^4}$

p) $\frac{2a^2b^4d^3}{15mp^3z^5}$

25. a) 27

b) 16

c) 64

d) 125

e) 16

f) 36

g) 64

h) 13

i) 61

k) $\frac{1}{9}$

l) 4

m) 1

n) 1

o) 6

p) $216a^3b^6$

q) a^nb^n

r) a^2dz^4

s) $d^2g^8n^6$

5 Gleichungen

1. $r = \frac{2 \cdot A}{b}$ **4.** $d = \sqrt{\frac{12 \cdot V}{\pi \cdot h}}$ **7.** $h \approx \frac{8 \cdot V}{\pi\,(d_1 + d_2)}$ 27

2. $l = \frac{U}{2} - b$ **5.** $l = \frac{F_2 \cdot l_2}{F_1}$ $d_1 \approx \frac{8V}{\pi \cdot h} - d_2$

3. $h = \frac{3 \cdot V}{l \cdot b}$ **6.** $r = \frac{b \cdot 180}{\pi \cdot \alpha}$

8. $x = 36$ **15.** $y = 14$ **22.** $a = 15{,}53$ **29.** $x = 32$

9. $x = 4$ **16.** $a = 7$ **23.** $x = 1{,}5$ **30.** $x = 112$

10. $z = 4{,}5$ **17.** $b = -1{,}5$ **24.** $b = 0{,}25$ **31.** $x = 39$ 28

11. $x = 5$ **18.** $x = 33$ **25.** $n = 0{,}4$ **32.** $x = -6$

12. $x = 8$ **19.** $x = 4\,^2\!/_3$ **26.** $x = 15$ **33.** $x = -13{,}6$

13. $y = 14$ **20.** $x = 0{,}28$ **27.** $x = 7$

14. $x = 15$ **21.** $x = 23{,}57$ **28.** $x = 47$

34. 1. Summand $x \mathrel{\hat{=}} 9$

2. Summand $90 - x \mathrel{\hat{=}} 81$

$3x = \frac{90 - x}{3}$

$x = 9$

35. 1. Summand $x \mathrel{\hat{=}} 29\,^1\!/_3$

2. Summand $x + 40 \mathrel{\hat{=}} 69\,^1\!/_3$

3. Summand $x + 12 \mathrel{\hat{=}} 41\,^1\!/_3$

$3x + 52 = 140$

$x = 29\,^1\!/_3$

36. 1. Summand $3x \mathrel{\hat{=}} 12{,}29$

2. Summand $x \mathrel{\hat{=}} 4{,}10$

3. Summand $4,5x \mathrel{\hat{=}} 18{,}44$

4. Summand $12x \mathrel{\hat{=}} 49{,}17$

$20,5x = 84$

$x = 4{,}098$

37. längere Seite $4x$ $A = 56{,}80\,\text{m} \cdot 14,20\,\text{m}$

kürzere Seite x $A = 806{,}56\,\text{m}^2$

$10x = 142$

$x = 14{,}20\,\text{m}$

38. $\alpha = x$ $\frac{4}{5}x + x = 90$ $\alpha = 50°$

$\beta = \frac{4}{5}x$ $x = 50$ $\beta = 40°$

28 **39.**

$$\alpha = x \quad \hat{=}\ 30^\circ \qquad 6x = 180^\circ$$
$$\beta = 3x \quad \hat{=}\ 90^\circ \qquad x = 30^\circ$$
$$\gamma = \frac{x + 3x}{2} \quad \hat{=}\ 60^\circ$$

40. Grundseite $x \mathrel{\hat{=}} 9{,}25\,\text{cm}$

Schenkel $3{,}5x \mathrel{\hat{=}} 32{,}375\,\text{cm}$

$8x = 74$

$x = 9{,}25$

41. a) Sohle $1{,}2x = 7{,}43\,\text{m}$

Krone $x = 6{,}193\,\text{m}$

$$\frac{2{,}2x \cdot 3{,}2\,\text{m}}{2} = 21{,}80\,\text{m}^2$$

$x = 6{,}193\,\text{m}$

b) $V = 21{,}80\,\text{m}^2 \cdot 100\,\text{m}$

$V = 2\,180\,\text{m}^3$

oder

$$V = \frac{7{,}43\,\text{m} + 6{,}19\,\text{m}}{2} \cdot 3{,}20\,\text{m} \cdot 100\,\text{m}$$

$V = 2\,179{,}20\,\text{m}^3$

42.

$$S_2 = x \quad \hat{=}\ 11{,}75\,\text{m}$$
$$S_1 = x + 1{,}20\,\text{m} \quad \hat{=}\ 12{,}95\,\text{m}$$
$$2x + 1{,}20\,\text{m} + 12{,}0\,\text{m} = 36{,}70\,\text{m}$$
$$x = 11{,}75\,\text{m}$$

29 **43.**

Vertikalstab	$V_1 = x$	$\hat{=}\ 0{,}61\,\text{m}$
Vertikalstab	$V_2 = 2x$	$\hat{=}\ 1{,}22\,\text{m}$
Untergurtstäbe	$U = 2{,}8x$	$\hat{=}\ 1{,}71\,\text{m}$
Obergurtstäbe	$O = 2{,}98x$	$\hat{=}\ 1{,}82\,\text{m}$
Diagonalstab	$D = 3{,}44x$	$\hat{=}\ 2{,}10\,\text{m}$

$18x = 11\,\text{m}$

$x = 0{,}61\,\text{m}$

44.

$$h_1 = x \quad \hat{=}\ 60{,}34\,\text{m}$$
$$h_1 + h_2 = 4x \quad \hat{=}\ 241{,}37\,\text{m}$$
$$\rightarrow h_2 = 3x$$
$$h_3 = \frac{3x}{8} \quad \hat{=}\ 22{,}63\,\text{m}$$
$$\frac{35x}{8} = 264$$
$$x = 60{,}34\,\text{m}$$

45. Sohlbreite $x \mathrel{\widehat{=}} 1{,}31\,\text{m}$ **29**

obere Breite $x + 2{,}20\,\text{m} \mathrel{\widehat{=}} 3{,}51\,\text{m}$

$$\frac{x + x + 2{,}20\,\text{m}}{2} \cdot 2{,}70\,\text{m} = 6{,}50\,\text{m}^2$$

$$x = 1{,}31\,\text{m}$$

46. $d \cdot \pi = 1{,}08\,\text{m}$ Kantenlänge 14,4 cm

$d = 0{,}344\,\text{m}$

47. kürzere Seite $x \mathrel{\widehat{=}} 18{,}78\,\text{cm}$

längere Seite $2x \mathrel{\widehat{=}} 37{,}56\,\text{cm}$

$x^2 + (2x)^2 = 42^2\,\text{cm}^2$

$x = 18{,}78\,\text{cm}$

48. $d_1 = x$

$d_2 = x + 0{,}40\,\text{m}$

$x \cdot \pi \cdot 4{,}70\,\text{m} + (x + 0{,}40\,\text{m}) \cdot \pi \cdot 4{,}70\,\text{m} = 18{,}33\,\text{m}^2$

$x = 0{,}42\,\text{m}$

a) $d_1 = 0{,}42\,\text{m}$

$d_2 = 0{,}82\,\text{m}$

b) Betonbedarf

$$V = \frac{0{,}42^2 \cdot \text{m}^2 \cdot \pi}{4} \cdot 4{,}70\,\text{m} + \frac{0{,}82^2\,\text{m}^2 \cdot \pi}{4} \cdot 4{,}70\,\text{m}$$

$V = 3{,}13\,\text{m}^3$

49. $$\frac{4{,}20^2\,\text{m}^2 \cdot h}{3} = 41{,}75\,\text{m}^3$$

$h = 7{,}10\,\text{m}$

50. Strecke 1: x km $\mathrel{\widehat{=}}$ 12,5 km **30**

Strecke 2: $(x - 12)$ km $\mathrel{\widehat{=}}$ 0,5 km

$2 \cdot 8x + 8\ (x - 12)\ 2 = 208$ km

$x = 12{,}5$ km

30

51. a)

$$U_1 = U_3 = x \quad \hat{=}\ 1{,}95\,\text{m}$$
$$U_2 = 2x \quad \hat{=}\ 3{,}90\,\text{m}$$
$$V = 0{,}79x \quad \hat{=}\ 1{,}54\,\text{m}$$
$$O = 1{,}28x \quad \hat{=}\ 2{,}496\,\text{m}$$
$$D = 1{,}88x \quad \hat{=}\ 3{,}666\,\text{m}$$
$$14{,}46x = 28{,}18\,\text{m}$$
$$x = 1{,}95\,\text{m}$$

b) Glasfläche

$$A = \frac{1{,}54\,\text{m} \cdot 3{,}90\,\text{m}}{2}$$
$$A = 3{,}0\,\text{m}^2$$

52.

$$d_2 = x$$
$$d_1 = x + 5{,}40$$
$$\frac{x + x + 5{,}40\,\text{m}}{2} \cdot \pi \cdot 12{,}50\,\text{m} = 259\,\text{m}^2$$
$$x = 3{,}90\,\text{m}^2$$
$$V = \frac{9{,}30\,\text{m} \cdot 3{,}90\,\text{m} \cdot \pi \cdot 12{,}50\,\text{m}}{4}$$
$$V = 356{,}08\,\text{m}^3$$

53.

$$\left(4{,}60\,\text{m} \cdot 1{,}80\,\text{m} + \frac{1{,}80\,\text{m} \cdot x}{2} \cdot 2\right) 10{,}20\,\text{m} = 112\,\text{m}^3$$
$$x = 1{,}50\,\text{m}$$
$$0{,}90^2\,\text{m}^2 + 1{,}50^2\,\text{m}^2 = c^2$$
$$c = 1{,}75\,\text{m}$$

Schalholzbedarf

$$A = 16{,}20\,\text{m} \cdot 10{,}20\,\text{m}$$
$$A = 165{,}24\,\text{m}^2$$

54.

$$s = x \quad \hat{=}\ 0{,}40\,\text{m}$$
$$d = x + 5 \quad \hat{=}\ 0{,}45\,\text{m}$$
$$x^2 \cdot 3{,}75\,\text{m} = 0{,}60\,\text{m}^3$$
$$x = 0{,}40\,\text{m}$$

Schalholzbedarf

$$A_1 = 0{,}40\,\text{m} \cdot 4 \cdot 3{,}75\,\text{m}$$
$$A_1 = 6{,}0\,\text{m}^2$$
$$A_2 = 0{,}45\,\text{m} \cdot \pi \cdot 3{,}75\,\text{m}$$
$$A_2 = 5{,}30\,\text{m}^2$$

55.

$$A = 14{,}0\,\text{m} \cdot 3{,}75\,\text{m}$$
$$A = 52{,}50\,\text{m}^2$$
$$d_1 = 3d_2$$
$$\frac{3\,d_2 \cdot d_2}{4} \cdot \pi = 52{,}5\,\text{m}^3$$
$$d_2 = 4{,}72\,\text{m}$$
$$d_1 = 14{,}16\,\text{m}$$

6 Lineare Funktionen
– Vielecke nach Koordinaten – Schaubilder

Lineare Funktionen

34

1.

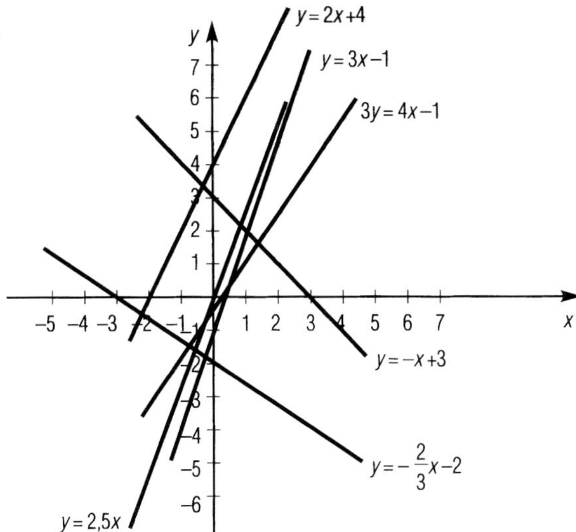

2. a) $\frac{\Delta y}{\Delta x} = \frac{4}{50}$

$\frac{\Delta y}{\Delta x} = {}^1/_{12,5}$

b)

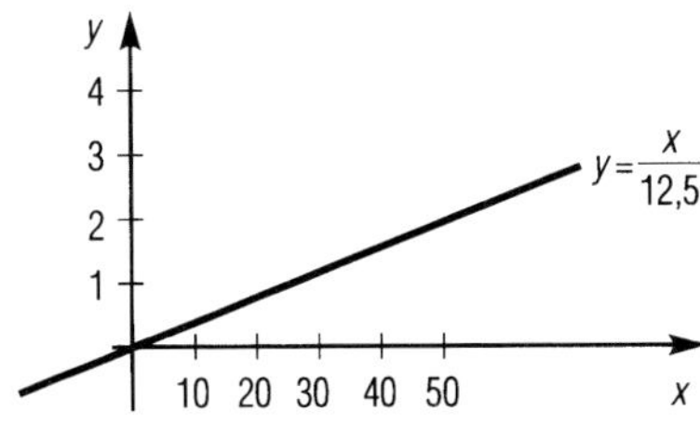

c) $y = \frac{x}{12,5}$

34 **3.** a) $m = -\frac{3{,}50}{70{,}0}$

$m = -\frac{1}{20}$

b)

y
236,5
233
70
x

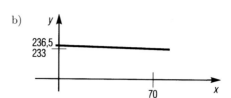

c) $y = -\frac{1}{20} + 198{,}70$

35 **4.** a)

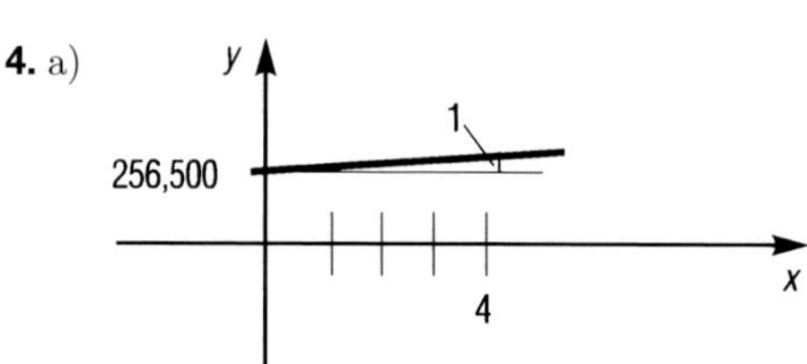

b) $y = \frac{1}{4}x + 256{,}500$

c) $\Delta y = \frac{1}{4} \cdot 50 + 256{,}500$

$\Delta y = 269{,}0\,\text{m}$

5. a) $m = \frac{250}{5}$

$m = 50$

$y = 50x$

für $x = 500$

$\rightarrow y = 50 \cdot 500$

$y = 25\,000$

$$\begin{array}{r} 26\,250 \\ \underline{-25\,000} \\ 1\,250 \end{array}$$

b)

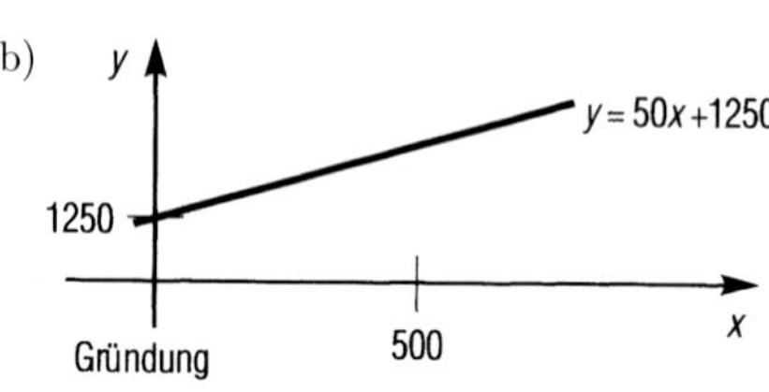

6. a)

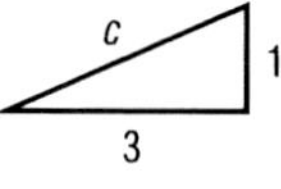

$1^2 + 3^2 = c^2$

$c = 3{,}16\,\text{m}$

3,16 Teile $\hat{=}$ 24,76 m

1 Teil $\hat{=}$ 7,83 m

3 Teile $\hat{=}$ 23,49 m

$\rightarrow b_1 = 23{,}49\,\text{m}$

$b_2 = 0{,}55\,\text{m}$

unterer Einschnitt

$$\begin{array}{l} 325{,}76\,\text{m üNN} \\ \underline{+\ \ 7{,}83\,\text{m}} \\ 333{,}59\,\text{m üNN} \end{array}$$

2%

3,50

$s = \frac{h \cdot 100}{l}$

$h = \frac{2 \cdot 3{,}50}{100}$

$h = 0{,}07\,\text{m}$

Grabensohle

$$\begin{array}{l} 333{,}59\,\text{m üNN} \\ -\ \ 0{,}07\,\text{m} \\ \underline{-\ \ 0{,}55\,\text{m}} \\ \blacktriangledown\ 332{,}97\,\text{m üNN} \end{array}$$

b)

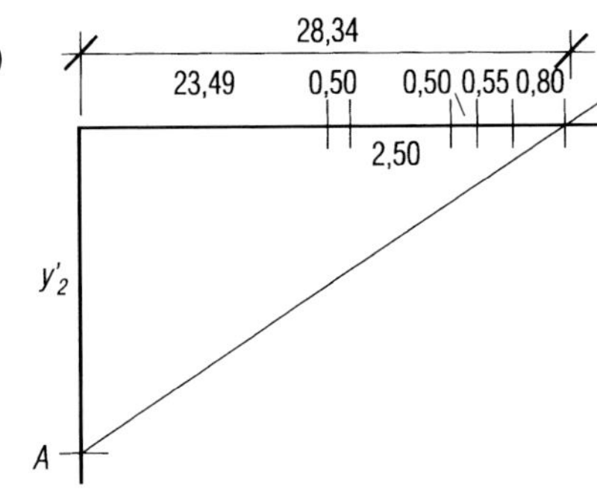

$$y_2{}' = \frac{1}{1{,}2} \cdot x$$

$$= \frac{1}{1{,}2} \cdot 28{,}34$$

$$y_2{}' = 23{,}62$$

332,97 m üNN

−23,62 m

$A = 309{,}35$ m üNN

$$y_1 = \frac{1}{3}x + 325{,}76 \quad (1)$$

$$y_2 = \frac{1}{1{,}2}x + 309{,}35 \quad (2)$$

$$y_1 = y_2$$

$$\frac{1}{3}x + 325{,}76 = \frac{1}{1{,}2}x + 309{,}35$$

$$x = 32{,}82$$

$$y = \frac{1}{3} \cdot 32{,}82 + 325{,}76$$

$$y = 336{,}70$$

→ oberer Einschnitt ▼ 336,70 m üNN

unterer Einschnitt ▼ 333,59 m üNN

c)

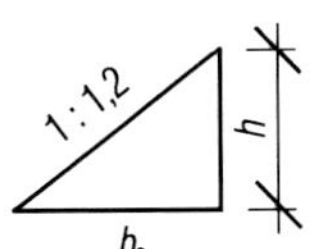

336,70 m üNN

−332,97 m üNN

$h = 3{,}73$ m

$$SV = \frac{h}{l}$$

$$b_3 = 1{,}2 \cdot 3{,}73\,\text{m}$$

$$b_3 = 4{,}48\,\text{m}$$

$$b = 28{,}34\,\text{m} + 4{,}48\,\text{m}$$

$$b = 32{,}82\,\text{m}$$

d)

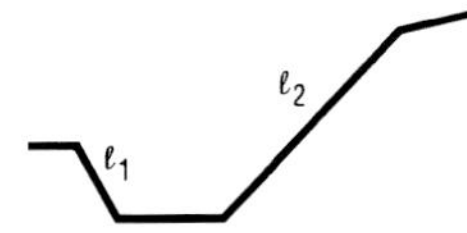

$$0{,}55^2\,\text{m}^2 + 0{,}55^2\,\text{m}^2 = l_1^2$$

$$l_1 = 0{,}78\,\text{m}$$

$$3{,}73^2\,\text{m}^2 + 4{,}48^2\,\text{m}^2 = l_2^2$$

$$l_2 = 5{,}83\,\text{m}$$

Vielecke nach Koordinaten

35

7. a) $d = \sqrt{(2-1)^2 + (6-4)^2}$

$d = 2{,}24\,\text{m}$

b) $d = \sqrt{2^2 + 4^2}$

$d = 4{,}47\,\text{m}$

c) $d = \sqrt{5^2 + (-12)^2}$

$d = 13\,\text{m}$

d) $d = \sqrt{(-2)^2 + (-6)^2}$

$d = 6{,}32\,\text{m}$

8. a) $A = \frac{1}{2}[x_1(y_2 - y_3) + x_2(y_3 - y_1) + x_3(y_1 - y_2)]$

$= \frac{1}{2}[1 \cdot (-4) + 7 \cdot 6 + 4 \cdot (-2)$

$A = 15\,\text{m}^2$

b) $A = \frac{1}{2}[(-4) \cdot (-5) + 8 \cdot 2 + 0 \cdot 3]$

$A = 18\,\text{m}^2$

c) $A = \frac{1}{2}[(-8) \cdot (-11) + 0 \cdot (-2) + 3 \cdot 13]$

$A = 63{,}5\,\text{m}^2$

9. a) $D(3/4)$

b) $\overline{AB}$: $d = \sqrt{7^2 + 1^2}$

$d = 7{,}07\,\text{m}$

$\overline{BC}$: $d = \sqrt{1^2 + 3^2}$

$d = 3{,}16\,\text{m}$

$U = 20{,}46\,\text{m}$

c) $A = \frac{1}{2} \cdot 2[2 \cdot (-3) + 9 \cdot 4 + 10(-1)]$

$A = 20\,\text{m}^2$

36

10.

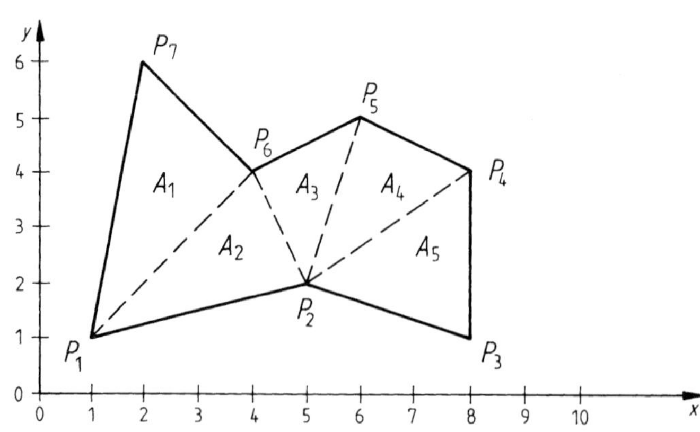

a) $U = \overline{P_1P_2} + \overline{P_2P_3} + \overline{P_3P_4} + \overline{P_4P_5} + \overline{P_5P_6} + \overline{P_6P_7} + \overline{P_7P_1}$

$U = 4{,}123 + 3{,}162 + 3{,}0 + 2{,}236 + 2{,}236 + 2{,}828 + 5{,}099$

$U = 22{,}68\,\text{m}$

b) $\Delta P_1P_6P_7$: $A_1 = 6{,}0\,\text{m}^2$

$\Delta P_1P_2P_6$: $A_2 = 4{,}5\,\text{m}^2$

$\Delta P_2P_5P_6$: $A_3 = 2{,}5\,\text{m}^2$

$\Delta P_2P_4P_5$: $A_4 = 3{,}5\,\text{m}^2$

$\Delta P_2P_3P_4$: $\underline{A_5 = 4{,}5\,\text{m}^2}$

$A = 21{,}0\,\text{m}^2$

11.

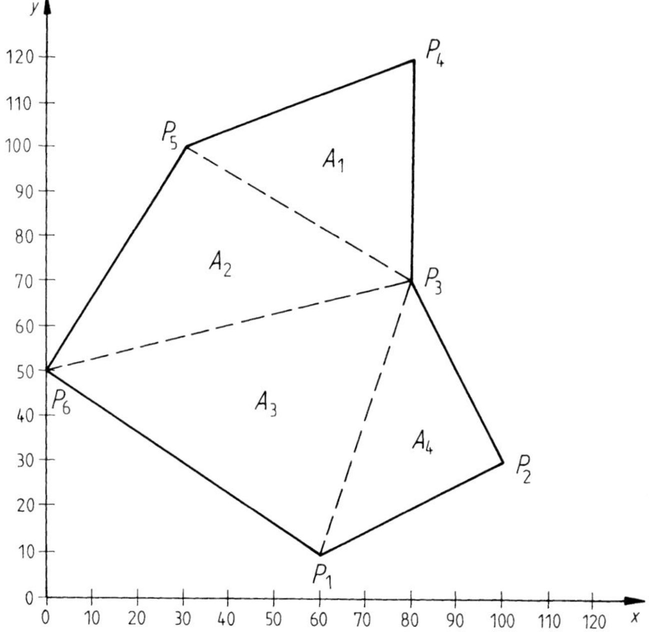

a) $\overline{P_1P_2}$: $d = 44{,}721\,\text{m}$

$\overline{P_2P_3}$: $d = 44{,}721\,\text{m}$

$\overline{P_3P_4}$: $d = 50{,}000\,\text{m}$

$\overline{P_4P_5}$: $d = 53{,}852\,\text{m}$

$\overline{P_5P_6}$: $d = 58{,}310\,\text{m}$

$\overline{P_6P_1}$: $\underline{d = 72{,}111\,\text{m}}$

Zaunlänge $= 323{,}720\,\text{m}$

b) $\Delta P_3P_4P_5$: $A_1 = 1\,050\,\text{m}^2$

$\Delta P_3P_5P_6$: $A_2 = 1\,700\,\text{m}^2$

$\Delta P_3P_6P_1$: $A_3 = 2\,200\,\text{m}^2$

$\Delta P_1P_2P_3$: $A_4 = 1\,000\,\text{m}^2$

Preis $= 5\,950\,\text{m}^2 \cdot 423{,}50\,€/\text{m}^2$

Preis $= 2\,519\,825{,}00\,€$

36

12.

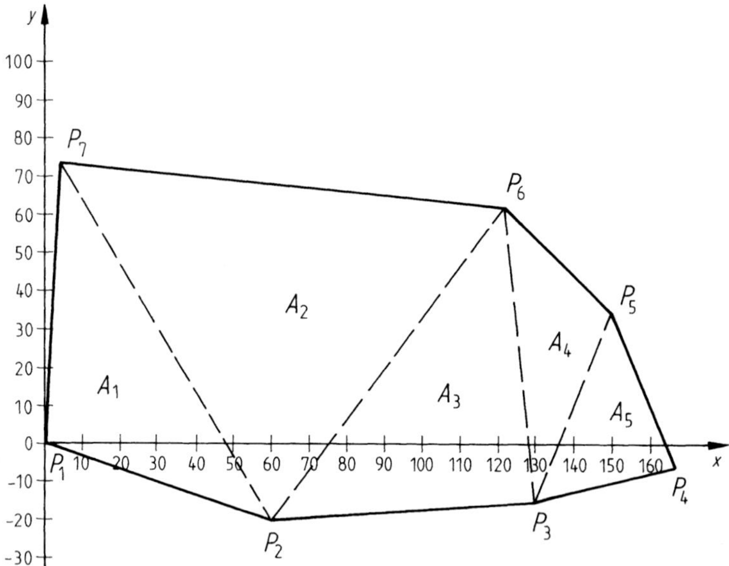

a)

$\overline{P_1P_2}$:	$d = 63{,}246\,\text{m}$
$\overline{P_2P_3}$:	$d = 70{,}178\,\text{m}$
$\overline{P_3P_4}$:	$d = 41{,}231\,\text{m}$
$\overline{P_4P_5}$:	$d = 44{,}721\,\text{m}$
$\overline{P_5P_6}$:	$d = 38{,}897\,\text{m}$
$\overline{P_6P_7}$:	$d = 117{,}614\,\text{m}$
$\overline{P_7P_1}$:	$d = 74{,}169\,\text{m}$
Umfang	$= 450{,}05\,\text{m}$

b)

$\Delta P_1P_2P_7$:	$A_1 = 2\,270\,\text{m}^2$
$\Delta P_2P_6P_7$:	$A_2 = 5\,169\,\text{m}^2$
$\Delta P_2P_3P_6$:	$A_3 = 2\,715\,\text{m}^2$
$\Delta P_3P_5P_6$:	$A_4 = 970\,\text{m}^2$
$\Delta P_3P_4P_5$:	$A_5 = 900\,\text{m}^2$
	$A = 12\,024\,\text{m}^2$

13. $\overline{PM}$: $d = 8\,\text{m}$

$$\cos\beta = \frac{3}{8}$$

$$\beta = 67^\circ\ 58'$$

Dreieck: $A_1 = 3\,\text{m} \cdot 7{,}4162\,\text{m}$

$$A_1 = 22{,}25\,\text{m}^2$$

Kreissektor: $A_2 = \dfrac{3^2 \cdot \pi \cdot 224{,}07^\circ}{360^\circ}$

$$A_2 = 17{,}60\,\text{m}^2$$

Zentriwinkel Kreisausschnitt

$$\alpha = 224^\circ 4'$$

$$b^2 + 3^2 = 8^2$$

$$b = 7{,}4162\,\text{m}$$

$$A = A_1 + A_2$$

$$A = 39{,}85\,\text{m}^2$$

Schaubilder – Balkendiagramme

14. 36

Finnland GUS

Deutschland | Frank-reich | Belgien

15.

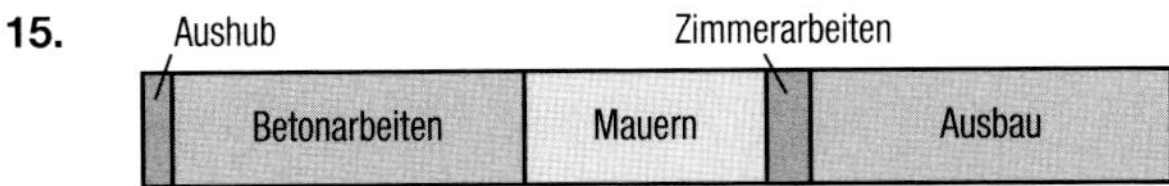

Säulenschaubilder

16.

D F E NL B DK

17. 37

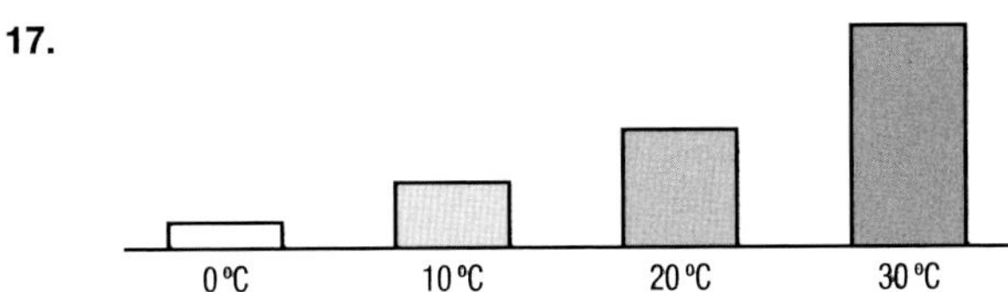

18. a)

Wa | Ze | Gesteinskörnung

b) c)

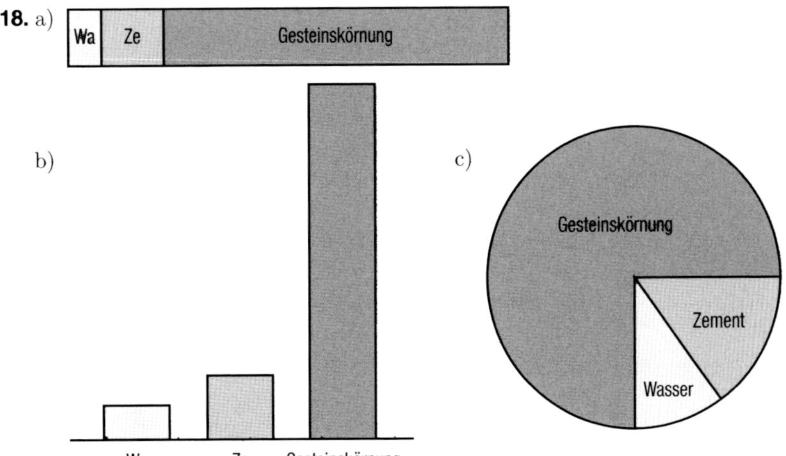

Schaubilder – Kreisdiagramme

37 **19.**

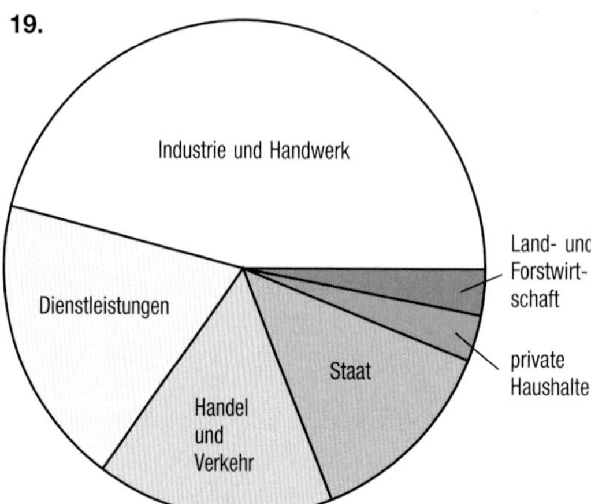

20.

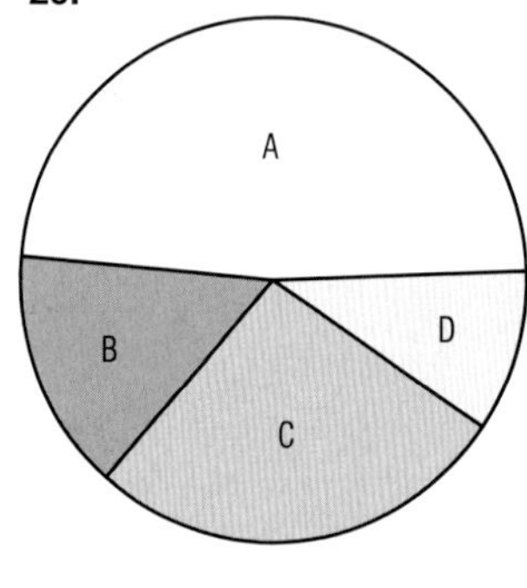

21.

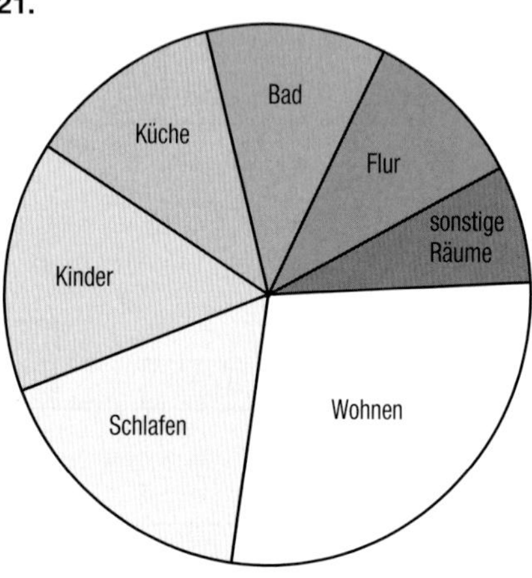

Schaubilder – Kurvendiagramme

22.

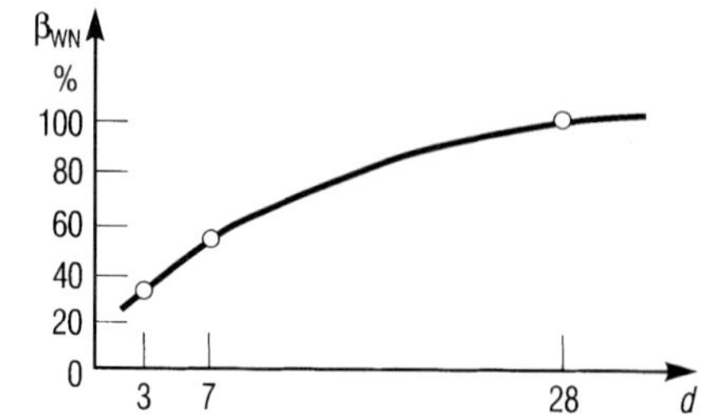

23. 37

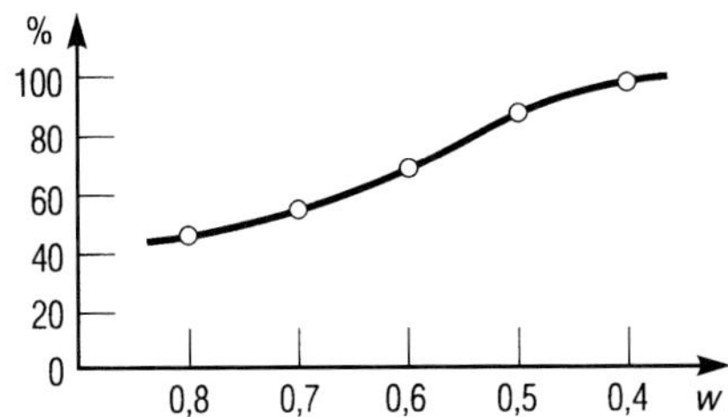

24.

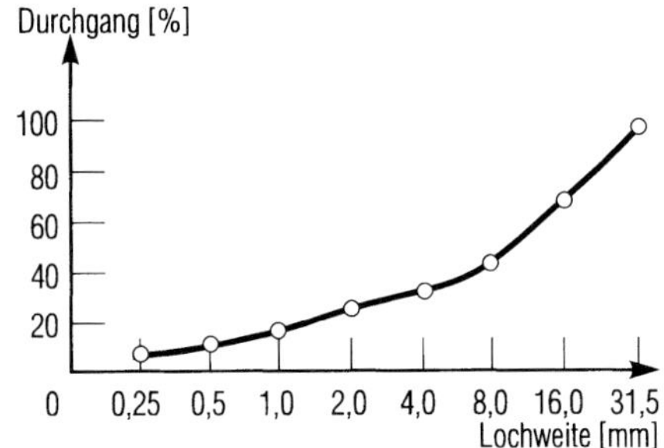

7 Verhältnisrechnung – Maßstäbe

1. $19 : 7\,450 = 384\,000 \text{ km} : x$ 41

$x = 150{,}57 \text{ Mio km}$

2. $1{,}40 \text{ m} : 6 \text{ h} = 1{,}10 \text{ m} : x$ $\quad$ 4 h 42 min 36 s

$x = 4{,}71 \text{ h}$

3. $70{,}007 : 1 = 4{,}2 \text{ km} : x$

$x = 59{,}99 \text{ m}$

4. Strecke 1

$10 : 3 = 60 \text{ km} : x_1$

$x_1 = 18 \text{ km}$

Strecke 2

$10 : 7 = 60 \text{ km} : x_2$

$x_2 = 42 \text{ km}$

5. a) $4\,500 \text{ mm} : 9 \text{ mm} = 100 : x$

$x = 0{,}2$

$\rightarrow$ Verhältnis 500 : 1

b) $p = \dfrac{100\% \cdot 9 \text{ mm}}{4\,500 \text{ mm}}$

$p = 0{,}2\%$

6. a) Dehnung 1,5 : 1 000

b) $p = \dfrac{100\% \cdot 1{,}5 \text{ cm}}{1\,000 \text{ cm}}$

$p = 0{,}15\%$

7. $36 : 9{,}0\,\text{m} = 25 : x$

$x = 6{,}25\,\text{m}$

8 a) $5{,}50\,\text{m} : 3{,}75\,\text{m} = l : 18{,}75\,\text{cm}$

$l = 27{,}5\,\text{cm}$

b) $18{,}75\,\text{cm} : 3{,}75\,\text{cm} = 1 : x$

$x = 20$

$\rightarrow M.\ 1 : 20$

9. $x : 9\,600\,\text{cm} = 1 : 800$

$x = 12\,\text{cm}$

$x : 8\,000\,\text{cm} = 1 : 800$

$x = 10\,\text{cm}$

10. Zeichnungslänge : wirkliche Länge

1 : 50

9,75 cm : 9,75 cm · 50 = 4,875 m

Zeichnungsdicke : wirkliche Dicke

4,8 mm : 4,8 mm · 50 = 24 cm

11. 1 : 50

a) Länge 4,4 cm : $\frac{4{,}4\,\text{cm} \cdot 50}{20} = 11\,\text{cm}$

Breite 3,5 cm : $\frac{3{,}5\,\text{cm} \cdot 50}{20} = 8{,}75\,\text{m}$

b) Länge 4,4 cm : $\frac{4{,}4\,\text{cm} \cdot 50}{100} = 2{,}2\,\text{cm}$

Breite 3,5 cm : $\frac{3{,}50\,\text{cm} \cdot 50}{100} = 1{,}75\,\text{m}$

12. $A_1 = A_2$

$l_1 \cdot b_1 = l_2 \cdot b_2$

$l_1 : l_2 = b_2 : b_1$

$5 : 9 = b_2 : b_1 \rightarrow$

$l_1 : l_2 = 5 : 9$

$b_1 : b_2 = 9 : 5$

Die Breiten stehen im umgekehrten Verhältnis wie die Längen

13. $A_1 = A_2$

$l_1 \cdot b_1 = l_2 \cdot b_2$

$l_1 : l_2 = b_2 : b_1$

$3 : 10 = 4{,}5 : b_1$

$b_1 = 15\,\text{cm}$

14. $A_P : A_R = 3 : 5$

$l_P \cdot b_p : l_R \cdot b_R = 3 : 5$

$b_P = \frac{3 \cdot b_R \cdot l_R}{5 \cdot l_P}$ *da* $l_P = l_R$

$= \frac{3 \cdot 1{,}50 \cdot l}{5 \cdot l}$

$b_P = 0{,}90\,\text{m}$

15. $\beta : \alpha = 11 : 4$

$\alpha + \beta = 180° \rightarrow \beta = 180 - \alpha$

$(180 - \alpha) : \alpha = 11 : 4$

$\alpha = 48°$

$\beta = 132°$

16. $\gamma : \alpha = 5 : 2$ *da* $\alpha = \beta$

$\alpha + \beta + \gamma = 180°$

$\gamma = 180 - 2\alpha$

$(180 - 2\alpha) : \alpha = 5 : 2$

$\alpha = 40°$

$\beta = 40°$

$\gamma = 100°$

17. $\alpha : \beta = 7 : 8$ 42

$\alpha + \beta = 90°$

$\beta = 90 - \alpha$

$\alpha : (90 - \alpha) = 7 : 8$

$\alpha = 42°$

$\beta = 48°$

18. $\beta = 110°$

$\alpha : \gamma = 3 : 11$

$\alpha + \gamma = 70°$

$\gamma = 70 - \alpha$

$\alpha : (70 - \alpha) = 3 : 11$

$\alpha = 15°$

$\beta = 110°$

$\gamma = 55°$

19. $l_1 : l = 5 : 9$

$l_1 + l = 38{,}5\,\text{m}$

$l = 38{,}5 - l_1$

$l_1 : (38{,}5 - l_1) = 5 : 9$

$l_1 = 13{,}75\,\text{m}$

$l = 24{,}75\,\text{m}$

20. $a : b = 1 : 7$

$a + b = 25{,}6$

$b = 25{,}6 - a$

$a : (25{,}6 - a) = 1 : 7$

$a = 3{,}20$ km

$b = 22{,}40$ km

21. $x : (x + 2{,}8 \text{ km}) = 4 : 5$

$x = 11{,}20$ km

Abschnitt 1: 11,20 km

Abschnitt 2: 14,0 km

22. $a : b : c = 7 : 9 : 13$

$7x + 9x + 13x = 11{,}6\,\text{m}$

$x = 0{,}4\,\text{m}$

$a = 2{,}80\,\text{m}$

$b = 3{,}60\,\text{m}$

$c = 5{,}20\,\text{m}$

23. $100 \text{ km} : 85 \text{ km} = 9{,}5 \text{ l} : x$ 43

$x = 8{,}075$ l

24. $9 : 4 = x : 53$ km

$x = 119{,}25$ km

25. $6 : 9 = 1\,250 \text{ l} : x$

$x = 1\,875$ l

26. a)

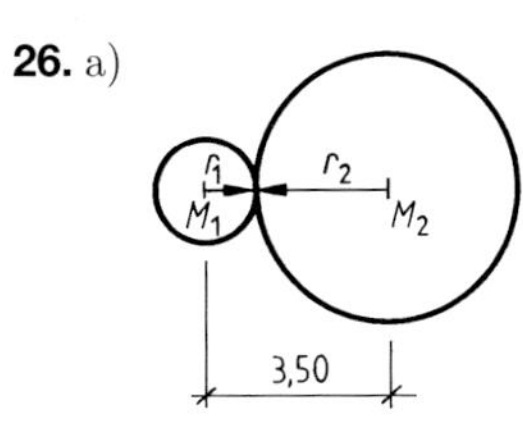

$r_1 : r_2 = 4 : 10$

$r_1 + r_2 = 3{,}50\,\text{m}$

$r_2 = 3{,}50\,\text{m} - r_1$

$r_1 : (3{,}50\,\text{m} - r_1) = 4 : 10$

$r_1 = 1{,}0\,\text{m}$

$r_2 = 2{,}50\,\text{m}$

43 b)

$$r_1 : r_2 = 4 : 10$$
$$r_2 - r_1 = 3{,}50\,\text{m}$$
$$r_2 = 3{,}50\,\text{m} + r_1$$
$$r_1 : (3{,}50\,\text{m} + r_1) = 4 : 10$$
$$r_1 = 2{,}33\,\text{m}$$
$$r_2 = 5{,}83\,\text{m}$$

27.

$$l_1 : l_2 = 3 : 2_{(1)}$$
$$\frac{l_1 + l_2}{2} \cdot 4{,}0\,\text{m} = 30\,\text{m}^2{}_{(2)}$$
$$l_1 = 9{,}0\,\text{m}$$
$$l_2 = 6{,}0\,\text{m}$$

28.

$$58\% : 160\ \text{kg} = 100\% : x$$
$$x = 275{,}86\ \text{kg}$$

29.

$$1 : 125 = x : 800\,\text{m}$$
$$x = 6{,}40\,\text{m}$$

30.

$$1{,}4 : 1 = 2{,}95\,\text{m} : x$$
$$x = 2{,}11\,\text{m}$$

31.

$$1 : 50 = x : 350\,\text{m}$$
$$x = 7{,}0\,\text{m}$$

32.

$A_1 = 10\,\text{m}^2$ $\quad 10 : 130 = 18 : x$

$A_2 = 18\,\text{m}^2$ $\quad x = 234$ Mauerziegel

33.

$$26{,}4\,\text{m}^3 : 10\,824 = 20\,\text{m}^2 : x$$
$$x = 8\,200\ \text{Steine}$$

34.

$$m_\text{Z} : m_\text{g} : m_\text{W} = 1 : 9{,}58 : 0{,}4$$
$$m_\text{Z} = 209{,}84\ \text{kg}$$
$$m_\text{g} = 2\,010{,}23\ \text{kg}$$
$$m_\text{W} = 83{,}93\,\text{l}$$

35.

$$h : 55\,\text{m} = 1{,}80\,\text{m} : 4{,}50\,\text{m}$$
$$h = 22{,}0\,\text{m}$$

36.

$$240\,\text{mm} : 100\% = 20\,\text{m} : x$$
$$x = 8{,}33\%$$

37.

$$23{,}0\,\text{m} : 4{,}20\,\text{m} = 40{,}0\,\text{m} : h$$
$$h = 7{,}30\,\text{m}$$

38.

$$360^\circ : 1{,}13\,\text{m}^2 = 335^\circ : x$$
$$x = 1{,}05\,\text{m}^2$$

44 **39.**

$$220^\circ : 1{,}43\,\text{m}^2 = 360^\circ : x$$
$$x = 2{,}34\,\text{m}^2$$

Preis: 29,25 €

40.

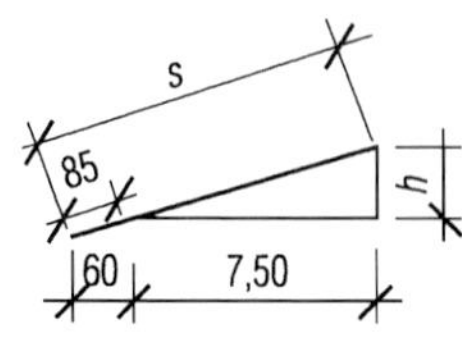

$$0{,}60\,\text{m} : 0{,}85\,\text{m} = 8{,}10 : s$$
$$s = 11{,}48\,\text{m}$$

41. a)

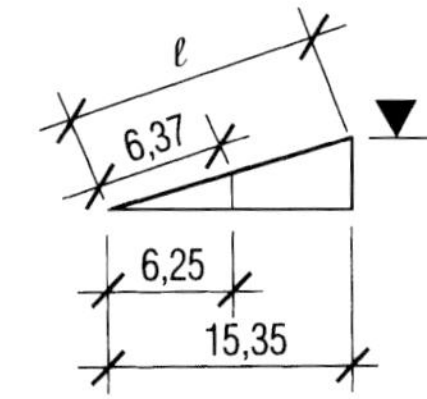

$$6{,}25^2\,\text{m}^2 + {h_1}^2 = 6{,}37^2\,\text{m}^2$$ **44**

$$h_1 = 1{,}23\,\text{m}$$

$$6{,}25\,\text{m} : 1{,}23\,\text{m} = 15{,}35\,\text{m} : h_2$$

$$h_2 = 3{,}02\,\text{m}$$

$$\begin{array}{r} 286{,}15\,\text{m üNN} \\ +\ \ 3{,}02\,\text{m} \\ \hline ▼\ 289{,}17\,\text{m üNN} \end{array}$$

b) $$15{,}35^2\,\text{m}^2 + 3{,}02^2\,\text{m}^2 = l^2$$

$$l = 15{,}64\,\text{m}$$

42. $$4{,}50^2\,\text{m}^2 + 3{,}20^2\,\text{m}^2 = c^2$$

$$c = 5{,}52\,\text{m}$$

$$4{,}275\,\text{m} : 5{,}52\,\text{m} = 4{,}05\,\text{m} : x_1$$

$$x_1 = 5{,}23\,\text{m}$$

$$x_2 = \frac{5{,}52\,\text{m} \cdot 3{,}60\,\text{m}}{4{,}275\,\text{m}}$$

$$x_2 = 4{,}65\,\text{m}$$

$$x_3 = \frac{5{,}52\,\text{m} \cdot 3{,}15\,\text{m}}{4{,}275\,\text{m}}$$

$$x_3 = 4{,}07\,\text{m}$$

$$x_4 = 3{,}49\,\text{m}$$

$$x_5 = 2{,}91\,\text{m}$$

$$x_6 = 2{,}32\,\text{m}$$

$$x_7 = 1{,}74\,\text{m}$$

$$x_8 = 1{,}16\,\text{m}$$

$$x_9 = 0{,}58\,\text{m}$$

43. $$b : h = 3 : 4$$

$$h = \frac{4}{3}b$$

$$b^2 + \left(\frac{4}{3}b\right)^2 = 60^2$$

$$b = 36\,\text{cm}$$

$$h = 48\,\text{cm}$$

44. $$l : 0{,}50\,\text{m} = 5{,}70\,\text{m} : 1{,}20\,\text{m}$$

$$l = 2{,}375\,\text{m}$$

45. $$1{,}40\,\text{m} : 1{,}10\,\text{m} = 4{,}25\,\text{m} : h_1$$

$$h_1 = 3{,}34\,\text{m}$$

$$h = 3{,}34\,\text{m} + 0{,}80\,\text{m}$$

$$h = 4{,}14\,\text{m}$$

46. $$3{,}50\,\text{m} : 2{,}48\,\text{m} = 6{,}25 : h_2$$ **45**

$$h_2 = 4{,}43\,\text{m}$$

$$\begin{array}{rr} \text{OK First} = & 3{,}12\,\text{m} \\ + & 4{,}43\,\text{m} \\ + & 0{,}22\,\text{m} \\ \hline & 7{,}77\,\text{m} \end{array}$$

45

47. a)

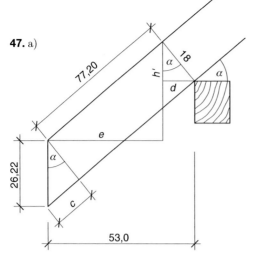

$$\cos\alpha = \frac{18\,\text{cm}}{26{,}22\,\text{cm}}$$

$$\alpha = 46{,}65°$$

$$\tan 46{,}65° = \frac{c}{18\,\text{cm}}$$

$$c = 19{,}07\,\text{cm}$$

$$\sin 46{,}65° = \frac{d}{18\,\text{cm}}$$

$$d = 13{,}09\,\text{cm}$$

$$e = 39{,}9\,\text{cm}$$

$$0{,}399\,\text{m} : 0{,}772\,\text{m} = 8{,}20\,\text{m} : S_1'$$

$$S_1' = 15{,}866\,\text{m}$$

$$S_1 = 16{,}06\,\text{m}$$

b)

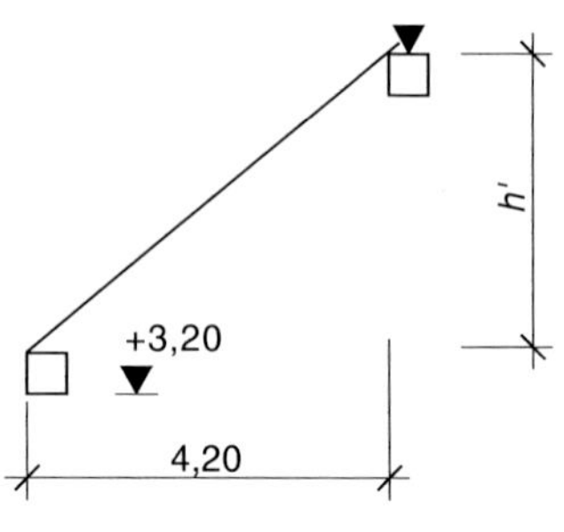

$$\tan 46{,}65° = \frac{h'}{e}$$

$$h' = 0{,}4227\,\text{m}$$

$$0{,}339\,\text{m} : 0{,}4227\,\text{m} = 4{,}20\,\text{m} : h''$$

$$h'' = 4{,}45\,\text{m}$$

Querriegel	3,20 m
	0,12 m
	4,45 m
	▼ 7,77 m

$$0{,}339\,\text{m} : 0{,}4227\,\text{m} = 3{,}47\,\text{m} : h'''$$

$$h''' = 3{,}68\,\text{m}$$

First	7,77 m
	+ 3,68 m
	+ 0,24 m
	▼ 11,69 m

c) $$\cos 46{,}65° = \frac{h^*}{18\,\text{cm}}$$

$$h^* = 12{,}36\,\text{cm}$$

$$a = 42{,}27\,\text{cm} + 26{,}22\,\text{cm} - 12{,}36\,\text{cm}$$

$$a = 56{,}13\,\text{cm}$$

$$9{,}05^2 + 3{,}29^2 = {S_2}^2$$

$$S_2 = 9{,}63\,\text{m}$$

48. a)

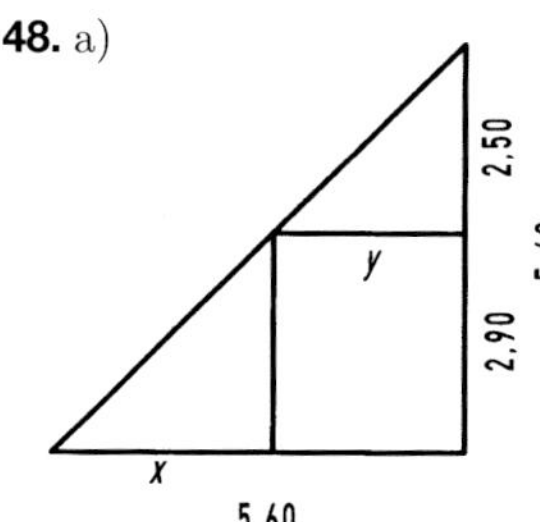

$$5{,}40\,\text{m} : 5{,}60\,\text{m} = 2{,}90\,\text{m} : x$$
$$x = 3{,}01\,\text{m}$$
$$3{,}01^2\,\text{m}^2 + 2{,}90^2\,\text{m}^2 = G_1^2$$
$$G_1 = 4{,}18\,\text{m}$$

$$5{,}40\,\text{m} : 5{,}60\,\text{m} = 2{,}50\,\text{m} : y$$
$$y = 2{,}59\,\text{m}$$
$$2{,}59^2\,\text{m}^2 + 9{,}60^2\,\text{m}^2 = G_2^2$$
$$G_2 = 9{,}94\,\text{m}$$

b) Beim Sechseck gilt:

Radius des Umkreises = Seitenlänge

Unterbau: $r_1 = 5{,}60\,\text{m} \rightarrow s = 5{,}60\,\text{m}$

Aufbau: $r_1 = 2{,}59\,\text{m} \rightarrow s = 2{,}59\,\text{m}$

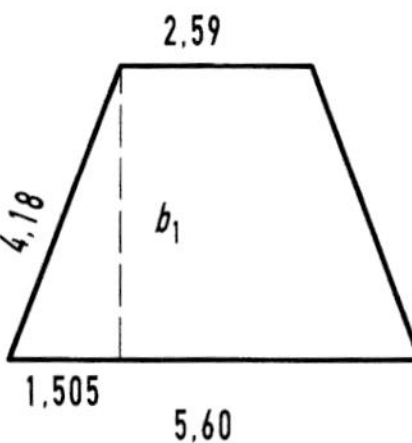

$$1{,}505^2\,\text{m}^2 + b_1^2 = 4{,}18^2\,\text{m}^2$$
$$b_1 = 3{,}90\,\text{m}$$

$$1{,}295^2\,\text{m}^2 + b_2^2 = 9{,}94^2\,\text{m}^2$$
$$b_2 = 9{,}855\,\text{m}$$

$$A = A_1 + A_2$$
$$A = \frac{5{,}60\,\text{m} + 2{,}59\,\text{m}}{2} \cdot 3{,}90\,\text{m} \cdot 6 + \frac{2{,}59\,\text{m} \cdot 9{,}855\,\text{m}}{2} \cdot 6$$
$$A = 172{,}40\,\text{m}^2$$

c) nach Tabelle

$$A_1 = 2{,}598 \cdot r_1^2$$
$$A_1 = 2{,}598 \cdot 5{,}60^2$$
$$A_1 = 81{,}47\,\text{m}^2$$

$$A_2 = 2{,}598 \cdot r_1^2$$
$$A_2 = 2{,}598 \cdot 2{,}59^2$$
$$A_2 = 17{,}43\,\text{m}^2$$

$$V = V_1 + V_2$$
$$= \frac{2{,}90\,\text{m}}{3}\left(81{,}47\,\text{m}^2 + 17{,}43\,\text{m}^2 + \sqrt{81{,}47\,\text{m}^2 \cdot 17{,}43\,\text{m}^2}\right) + 17{,}43\,\text{m}^2 \cdot \frac{9{,}60\,\text{m}}{3}$$
$$V = 187{,}81\,\text{m}^3$$

46 **49.** a)

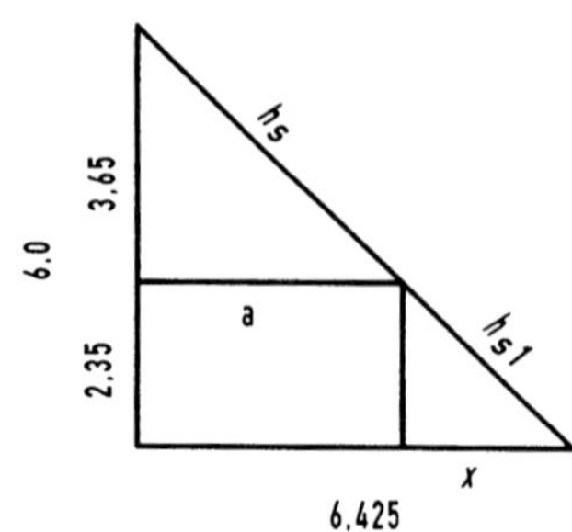

$6{,}0\,\text{m} : 6{,}425\,\text{m} = 3{,}65\,\text{m} : a$

$a = 3{,}91\,\text{m}$

$x = 6{,}425\,\text{m} - a$

$x = 2{,}515\,\text{m}$

$2{,}35^2\,\text{m}^2 + 2{,}515^2\,\text{m}^2 = h_{S_1}^2$

Trapez: $h_{S_1} = 3{,}44\,\text{m}$

Seite s des Achteckes aus dem Inkreis nach Tabelleç

$s = 0{,}828 \cdot r_2$

$= 0{,}828 \cdot 3{,}91\,\text{m}$

$s = 3{,}24\,\text{m}$

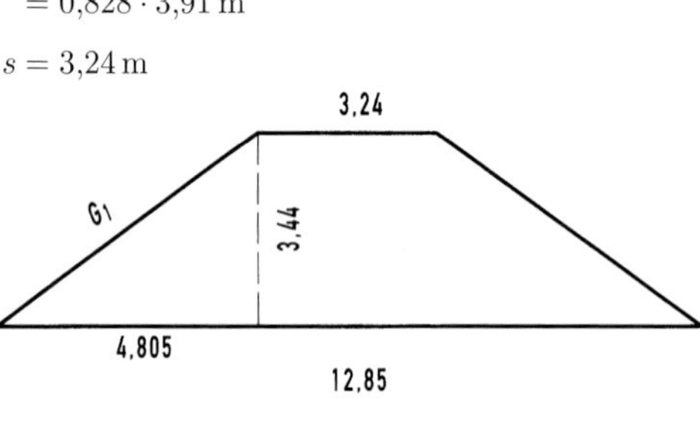

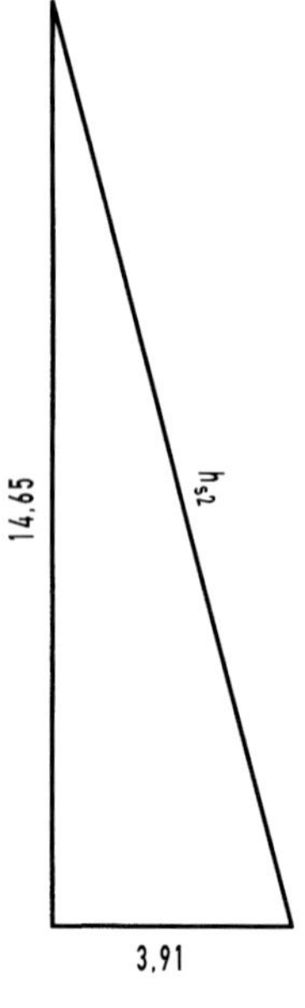

$4{,}805^2\,\text{m}^2 + 3{,}44^2\,\text{m}^2 = G_1^2$

$G_1 = 5{,}91\,\text{m}$

$3{,}91^2\,\text{m}^2 + 14{,}65^2\,\text{m}^2 = h_{S_2}^2$

$h_{S_2} = 15{,}16\,\text{m}$

$15{,}16^2\,\text{m}^2 + 1{,}62^2\,\text{m}^2 = G_2^2$

$G_2 = 15{,}25\,\text{m}$

49. b) Unterbau

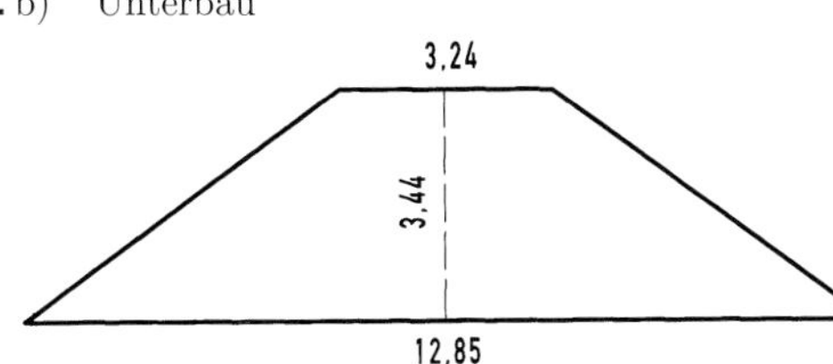

$$A_1 = \frac{12{,}85\,\text{m} + 3{,}24\,\text{m}}{2} \cdot 3{,}44\,\text{m} \cdot 4$$

$$A_1 = 110{,}669\,\text{m}^2$$

$$A_2 = \frac{3{,}24\,\text{m} \cdot 5{,}68\,\text{m}}{2} \cdot 4$$

$$A_2 = 36{,}806\,\text{m}^2$$

$$1{,}62^2\,\text{m}^2 + b_{s_3}^2 = 5{,}91^2\,\text{m}^2$$

$$b_{s_3} = 5{,}68\,\text{m}$$

Aufbau: $A_3 = \frac{3{,}24\,\text{m} \cdot 15{,}16\,\text{m}}{2} \cdot 8$

$$A_3 = 196{,}474\,\text{m}^2$$

$$A = 343{,}98\,\text{m}^2$$

c) $A_1 = 12{,}85^2\,\text{m}^2$

$A_1 = 165{,}12\,\text{m}^2$

$A_2 = 4{,}828 \cdot s^2$ nach Tabelle

$A_2 = 4{,}828 \cdot 3{,}24^2\,\text{m}^2$

$A_2 = 50{,}68\,\text{m}^2$

$$V \approx V_1 + V_2$$

$$\approx \frac{2{,}35\,\text{m}}{3}\left(165{,}12\,\text{m}^2 + 50{,}68\,\text{m}^2 + \sqrt{165{,}12\,\text{m}^2 \cdot 50{,}68\,\text{m}^2}\right) + \frac{50{,}68\,\text{m}^2 \cdot 14{,}65\,\text{m}}{3}$$

$$\approx 240{,}70\,\text{m}^3 + 247{,}49\,\text{m}^3$$

$$V \approx 488{,}19\,\text{m}^3$$

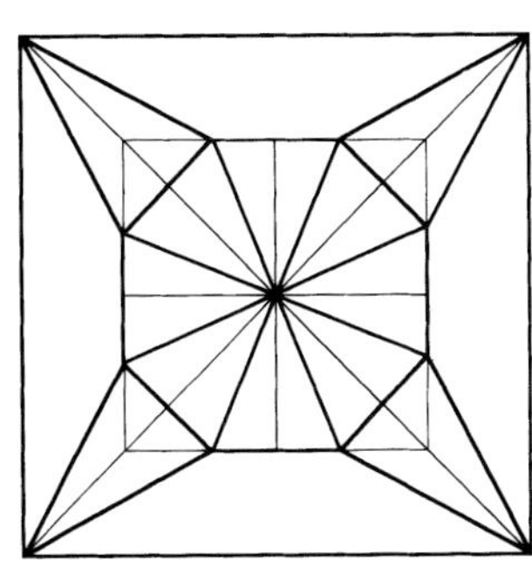

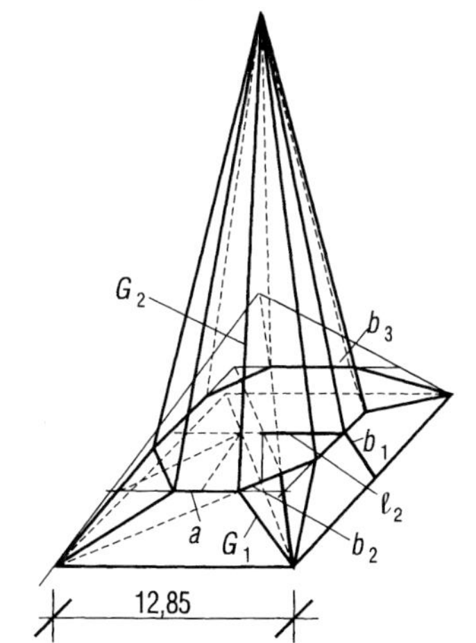

46

50. a) Vertikalstäbe

$$6{,}0\,\text{m} : 3{,}0\,\text{m} = 4{,}50\,\text{m} : V_2$$
$$V_2 = 2{,}25\,\text{m}$$
$$6{,}0\,\text{m} : 3{,}0\,\text{m} = 2{,}50\,\text{m} : V_1$$
$$V_1 = 1{,}25\,\text{m}$$

b) Obergurtstäbe

$$2{,}50^2\,\text{m}^2 + 1{,}25^2\,\text{m}^2 = {O_1}^2$$
$$O_1 = 2{,}80\,\text{m}$$
$$2{,}0^2\,\text{m}^2 + 1{,}0^2\,\text{m}^2 = {O_2}^2$$
$$O_2 = 2{,}24\,\text{m}$$
$$1{,}50^2\,\text{m}^2 + 0{,}75^2\,\text{m}^2 = {O_3}^2$$
$$O_3 = 1{,}68\,\text{m}$$

c) Diagonalstäbe

$$2{,}0^2\,\text{m}^2 + 2{,}25^2\,\text{m}^2 = {D_1}^2$$
$$D_1 = 3{,}01\,\text{m}$$
$$1{,}50^2\,\text{m}^2 + 3{,}0^2\,\text{m}^2 = {D_2}^2$$
$$D_2 = 3{,}35\,\text{m}$$

d) Schalfläche

$$A = \frac{6{,}0\,\text{m} \cdot 3{,}0\,\text{m}}{2} \cdot 2 + 6{,}0\,\text{m} \cdot 75{,}0\,\text{m}$$
$$A = 468\,\text{m}^2$$

e) Dachfläche

$$A = 6{,}72\,\text{m} \cdot 75{,}0\,\text{m}$$
$$A = 504\,\text{m}^2$$

51. a) Vertikalstäbe

$$V_1 = 1{,}60\,\text{m}$$
$$8{,}0\,\text{m} : 0{,}80\,\text{m} = 2{,}0\,\text{m} : a$$
$$a = 0{,}20\,\text{m}$$
$$V_2 = 1{,}60\,\text{m} + 0{,}20\,\text{m}$$
$$V_2 = 1{,}80\,\text{m}$$

$$8{,}0\,\text{m} : 0{,}80\,\text{m} = 4{,}0\,\text{m} : b$$
$$b = 0{,}40\,\text{m}$$
$$V_3 = 2{,}0\ \text{m}$$
$$V_4 = 2{,}20\,\text{m}$$
$$V_5 = 2{,}40\,\text{m}$$

b) Diagonalstäbe

$$2{,}0^2\,\text{m}^2 + 1{,}80^2\,\text{m}^2 = {D_1}^2$$
$$D_1 = 2{,}69\,\text{m}$$
$$D_2 = 2{,}69\,\text{m}$$

$$2{,}0^2\,\text{m}^2 + 2{,}20^2\,\text{m}^2 = {D_3}^2$$
$$D_3 = 2{,}97\,\text{m}$$
$$D_4 = 2{,}97\,\text{m}$$

c) Obergurtstäbe

$$2{,}0^2\,\text{m}^2 + 0{,}20^2\,\text{m}^2 = O$$
$$O = 2{,}01\,\text{m}$$

d) Dachfläche

$$A = 16{,}08\,\text{m} \cdot 80{,}0\,\text{m}$$
$$A = 1\,286{,}40\,\text{m}^2$$

52. a) Vertikalstäbe

$10{,}0\,\text{m} : 2{,}50\,\text{m} = 2{,}0\,\text{m} : V_1$

$V_1 = 0{,}50\,\text{m}$

$10{,}0\,\text{m} : 2{,}50\,\text{m} = 4{,}0\,\text{m} : V_2$

$V_2 = 1{,}0\,\text{m}$

$V_3 = 1{,}50\,\text{m}$

$V_4 = 2{,}0\,\text{m}$

$V_5 = 2{,}50\,\text{m}$

b) Diagonalstäbe

$2{,}0^2\,\text{m}^2 + 0{,}50^2\,\text{m}^2 = {D_1}^2$

$D_1 = 2{,}06\,\text{m}$

$2{,}0^2\,\text{m}^2 + 2{,}50^2\,\text{m}^2 = {D_4}^2$

$D_4 = 3{,}20\,\text{m}$

$2{,}0^2\,\text{m}^2 + 1{,}50^2\,\text{m}^2 = {D_2}^2$

$D_2 = 2{,}50\,\text{m}$

$D_3 = 2{,}50\,\text{m}$

c) Obergurtstäbe

O_1 bis $O_5 = D_1 = 2{,}06\,\text{m}$

d) Dachfläche

$A = 2{,}06\,\text{m} \cdot 10 \cdot 75{,}0\,\text{m}$

$A = 1\,545\,\text{m}^2$

53. a) Vertikalstäbe

$9{,}85\,\text{m} : 3{,}25\,\text{m} = 3{,}25\,\text{m} : V_1$

$V_1 = 1{,}07\,\text{m}$

$9{,}85\,\text{m} : 3{,}25\,\text{m} = 6{,}70\,\text{m} : V_2$

$V_2 = 2{,}21\,\text{m}$

b) Untergurtstäbe

$9{,}85\,\text{m} : 9{,}30\,\text{m} = 3{,}25\,\text{m} : U_1$

$U_1 = 3{,}07\,\text{m}$

$9{,}85\,\text{m} : 9{,}30\,\text{m} = 6{,}70 : (U_1 + U_2)$

$U_2 = 3{,}26\,\text{m}$

$U_3 = 18{,}60\,\text{m} - 2 \cdot 3{,}07\,\text{m} - 2 \cdot 3{,}26\,\text{m}$

$U_3 = 5{,}94\,\text{m}$

c) Diagonalstäbe

$3{,}26^2\,\text{m}^2 + 2{,}21^2\,\text{m}^2 = {D_1}^2$

$D_1 = 3{,}94\,\text{m}$

$2{,}97^2\,\text{m}^2 + 3{,}25^2\,\text{m}^2 = {D_2}^2$

$D_2 = 4{,}40$

d) Glasfläche

$A = 2{,}21\,\text{m} \cdot 2{,}97\,\text{m} \cdot 2$

$A = 13{,}13\,\text{m}^2$

e) Dachfläche

$A = 9{,}85\,\text{m} \cdot 2 \cdot 78{,}0\,\text{m}$

$A = 1\,536{,}60\,\text{m}^2$

f) Hallendecke

$A = 18{,}60\,\text{m} \cdot 78{,}0\,\text{m}$

$A = 1\,450{,}80\,\text{m}^2$

8 Steigung – Neigung – Gefälle

49

1. a) Steigungsverhältnis

$$SV = \frac{2{,}20\,\text{m}}{8{,}40\,\text{m}}$$

$$SV = 1 : 3{,}82$$

b) Steigung in %

$$S = \frac{2{,}20\,\text{m} \cdot 100\%}{8{,}40\,\text{m}}$$

$$S = 26{,}19\%$$

2. a) Höhenunterschied

$$h = \frac{8{,}5\% \cdot 1\,200\,\text{m}}{100\%}$$

$$h = 102{,}0\,\text{m}$$

b) Steigungsverhältnis

$$SV = \frac{102\,\text{m}}{1\,200\,\text{m}}$$

$$SV = 1 : 11{,}76$$

3. a) $h = \dfrac{1{,}2\% \cdot 267{,}5\,\text{cm}}{100\%}$

$$h = 3{,}21\,\text{cm}$$

b) $A_2:\ S_2 = \dfrac{0{,}0321\,\text{m} \cdot 100\%}{4{,}525\,\text{m}}$

$$S_2 = 0{,}71\%$$

$A_3:\ S_3 = \dfrac{0{,}0321\,\text{m} \cdot 100\%}{0{,}425\,\text{m}}$

$$S_3 = 7{,}55\%$$

$A_4:\ S_4 = \dfrac{0{,}0321\,\text{m} \cdot 100\%}{0{,}625\,\text{m}}$

$$S_4 = 5{,}14\%$$

c) $A = 5{,}30\,\text{m} \cdot 3{,}25\,\text{m} - 0{,}15^2\,\text{m}^2$

$$A = 17{,}20\,\text{m}^2 \cdot 1{,}03$$

$$A = 17{,}72\,\text{m}^2$$

4. $l = \dfrac{2{,}50\,\text{m}}{3{,}5}$

$$l = 0{,}71\,\text{m}$$

a) Breite des Grabens

$$b = 3{,}0\,\text{m} + 0{,}71\,\text{m} \cdot 2$$

$$b = 4{,}42\,\text{m}$$

b) Aushub

$$V = \frac{4{,}42\,\text{m} + 3{,}0\,\text{m}}{2} \cdot 2{,}50\,\text{m} \cdot 100\,\text{m} = 927{,}50\,\text{m}^3$$

c) abzufahren

$$V_\text{R} = \frac{1{,}20^2\,\text{m}^2 \cdot \pi}{4} \cdot 100\,\text{m} + \frac{0{,}50^2\,\text{m}^2 \cdot \pi}{4} \cdot 100\,\text{m}$$

$$= 113{,}097\,\text{m}^3 + 19{,}635\,\text{m}^3$$

$$= 132{,}732\,\text{m}^3 + 20\%$$

$$V = 159{,}28\,\text{m}^3$$

5. a) $l = \dfrac{8{,}20\,\text{m} \cdot 100}{5}$

$l = 164{,}0\,\text{m}$

b) Steigungsverhältnis

$SV = \dfrac{5\,\text{m}}{100\,\text{m}}$

$SV = 1 : 20$

49

6. a) Steigungsverhältnis

$SV = \dfrac{3{,}50\,\text{m}}{4{,}20\,\text{m}}$

$SV = 1 : 1{,}2$

b) Steigung in %

$S = \dfrac{3{,}50\,\text{m} \cdot 100\%}{4{,}20\,\text{m}}$

$S = 83{,}33\%$

c) Fahrbahnbreite

$b = 15{,}40\,\text{m} - 5{,}25\,\text{m} - 2{,}0\,\text{m} \cdot 2$

$b = 6{,}15\,\text{m}$

$S = \dfrac{1 \cdot 100\%}{1{,}5\,\text{m}}$

$S = 66{,}6\bar{6}\%$

d) Böschungslängen

$3{,}50^2\,\text{m}^2 + 4{,}20^2\,\text{m}^2 = c^2$

$c = 5{,}47\,\text{m}$ links

$3{,}50^2\,\text{m}^2 + 5{,}25^2\,\text{m}^2 = c^2$

$c = 6{,}31\,\text{m}$ rechts

$l = 3{,}50\,\text{m} \cdot 1{,}5$

$l = 5{,}25\,\text{m}$

e) Bedarf an Erde

$V = \dfrac{19{,}60\,\text{m} + 10{,}15\,\text{m}}{2} \cdot 3{,}50\,\text{m} \cdot 100\,\text{m}$

$V = 5\,206{,}25\,\text{m}^3$

7. $h = \dfrac{2 \cdot 6{,}75\,\text{m}}{100} = 0{,}135\,\text{m}$

50

8. $l = \dfrac{1{,}80\,\text{m}}{2} = 0{,}90\,\text{m}$

$a = 1{,}60\,\text{m} - 0{,}90\,\text{m} = 0{,}70\,\text{m}$

9.

$$\begin{array}{rr} & 420{,}23\,\text{m} \\ & -419{,}70\,\text{m} \\ \hline \Delta h = & 0{,}53\,\text{m} \end{array}$$

$S = \dfrac{0{,}53\,\text{m} \cdot 100\%}{21{,}20\,\text{m}}$

$S = 2{,}5\%$

10. a) $l_1 = 2{,}15\,\text{m} \cdot 3$

$l_1 = 6{,}45\,\text{m}$

$l = 6{,}45\,\text{m} + 3{,}50\,\text{m}$

$l = 9{,}95\,\text{m}$

b) Steigung in %

$S = \dfrac{1 \cdot 100\%}{3}$

$S = 33{,}33\%$

50

11. $7{,}50^2\,\text{m}^2 + 3{,}50^2\,\text{m}^2 = c^2$

$c = 8{,}28\,\text{m}$

$l_1 = 18{,}50\,\text{m} + 8{,}28\,\text{m} + 0{,}30\,\text{m}$

$l_1 = 27{,}08\,\text{m}$

$l_2 = 18{,}50\,\text{m} + 7{,}83\,\text{m} + 0{,}30\,\text{m}$

$l_2 = 26{,}63\,\text{m}$

$7{,}0^2 + 3{,}50^2 = c^2$

$c = 7{,}83\,\text{m}$

$h_1 = \dfrac{1{,}5 \cdot 27{,}08\,\text{m}}{100}$

$h_1 = 0{,}406\,\text{m}$

$h_2 = \dfrac{1{,}5 \cdot 26{,}63\,\text{m}}{100}$

$h_2 = 0{,}40\,\text{m}$

12. a) $SV = 17{,}5/28\,\text{cm}$

b) $S = \dfrac{0{,}175\,\text{m} \cdot 100\%}{0{,}28\,\text{m}}$

$S = 62{,}5\%$

13. a) $SV = \dfrac{5{,}50\,\text{m}}{6{,}60\,\text{m}}$

$SV = 1 : 1{,}2$

b) $S = \dfrac{5{,}50\,\text{m} \cdot 100\%}{6{,}60\,\text{m}}$

$S = 83{,}33\%$

14. $l = \dfrac{1{,}90\,\text{m}}{1{,}60\,\text{m}}$

$l = 1{,}1875\,\text{m}$

$l_1 = 15{,}0\,\text{m} + 0{,}70\,\text{m} \cdot 2$

$l_1 = 16{,}40\,\text{m}$

$l_2 = 15{,}00\,\text{m} + 1{,}19\,\text{m} \cdot 2 + 0{,}70\,\text{m} \cdot 2$

$l_2 = 18{,}78\,\text{m}$

$b_1 = 12{,}50\,\text{m} + 0{,}70\,\text{m} \cdot 2$

$b_1 = 13{,}90\,\text{m}$

$b_2 = 12{,}50\,\text{m} + 0{,}70\,\text{m} \cdot 2 + 1{,}19\,\text{m} \cdot 2$

$b_2 = 16{,}28\,\text{m}$

15. $h = \dfrac{1}{6} \cdot 12{,}40\,\text{m}$

$h = 2{,}066\,\text{m}$

a) Neigungsverhältnis

$SV = \dfrac{2{,}066\,\text{m}}{1{,}60\,\text{m}}$

$SV = 1{,}29 : 1$

$(SV = 1 : 0{,}77)$

$S = \dfrac{2{,}066\,\text{m} \cdot 100\%}{1{,}60\,\text{m}}$

$S = 129{,}13\%$

b) $S = \dfrac{1}{6} \cdot 100\%$

$S = 16{,}67\%$

c) Glasfläche

$2{,}07^2\,\text{m}^2 + 1{,}60^2\,\text{m}^2 = c^2$

$c = 2{,}62\,\text{m}$

$A = 2{,}62\,\text{m} \cdot 43{,}50\,\text{m} \cdot 2$

$A = 227{,}94\,\text{m}^2$

d) Dachfläche

$2{,}07^2\,\text{m}^2 + 12{,}40^2\,\text{m}^2 = c^2$

$c = 12{,}57\,\text{m}$

$A = 12{,}57\,\text{m} \cdot 43{,}50\,\text{m} \cdot 2$

$A = 1\,093{,}59\,\text{m}^2$

e) Giebelflächen

$A = \left(28{,}0\,\text{m} \cdot 5{,}40\,\text{m} + \dfrac{28{,}0\,\text{m} \cdot 2{,}066\,\text{m}}{2}\right) \cdot 2$

$A = 360{,}26\,\text{m}^2$

16. a)

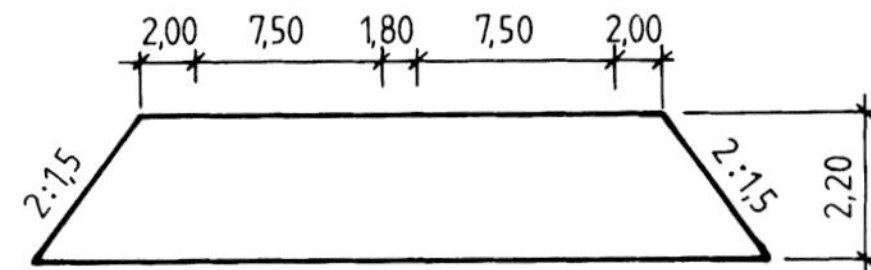

$$l = \frac{2{,}20\,\text{m} \cdot 1{,}5}{2}$$

$$l = 1{,}65\,\text{m}$$

b) Dammsohle

$$S = 2 \cdot 1{,}65\,\text{m} + 2 \cdot 2{,}0\,\text{m} + 2 \cdot 7{,}50\,\text{m} + 1{,}80\,\text{m}$$

$$S = 24{,}10\,\text{m}$$

c) Böschungslänge

$$1{,}65^2\,\text{m}^2 + 2{,}20^2\,\text{m}^2 = c^2$$

$$c = 2{,}75\,\text{m}$$

d) Anzahl der Fuhren

$$V = \left(\frac{24{,}10\,\text{m} + 20{,}80\,\text{m}}{2} \cdot 2{,}20\,\text{m} \cdot 1\,000\,\text{m}\right) \cdot 1{,}15$$

$$V = 56\,798{,}50\,\text{m}^3$$

$$n = 56\,798{,}50 : 5$$

$$n = 11\,360 \text{ Fuhren}$$

17. a)

$$10 : 1 = 2{,}60\,\text{m} : l_1$$

$$l_1 = 0{,}26\,\text{m}$$

$$h_1 = \frac{1}{3} \cdot 0{,}30\,\text{m}$$

$$h_1 = 0{,}10\,\text{m}$$

$$8 : 1 = 2{,}60\,\text{m} : l_2$$

$$l_2 = 0{,}325\,\text{m}$$

$$h_2 = \frac{1}{6} \cdot 0{,}64\,\text{m}$$

$$h_2 = 0{,}1067\,\text{m}$$

Betobedarf

$$\begin{aligned} V = {} & \frac{0{,}735\,\text{m} + 0{,}15\,\text{m}}{2} \cdot 2{,}60\,\text{m} \cdot 40\,\text{m} \\ & + \frac{0{,}40\,\text{m} + 0{,}30\,\text{m}}{2} \cdot 0{,}30\,\text{m} \cdot 40\,\text{m} \\ & + \frac{0{,}40\,\text{m} + 0{,}2933\,\text{m}}{2} \cdot 0{,}64\,\text{m} \cdot 40\,\text{m} \\ & + 0{,}40\,\text{m} \cdot 0{,}735\,\text{m} \cdot 40\,\text{m} \end{aligned}$$

$$V = 70{,}85\,\text{m}^3$$

b) Schalfläche

$$0{,}325^2\,\text{m}^2 + 2{,}60^2\,\text{m}^2 = {l_1}^2$$

$$l_1 = 2{,}62\,\text{m}$$

$$0{,}26^2\,\text{m}^2 + 2{,}60^2\,\text{m}^2 = {l_2}^2$$

$$l_2 = 2{,}61\,\text{m}$$

$$\begin{aligned} A = {} & (2{,}61\,\text{m} + 2{,}62\,\text{m})\ 40\,\text{m} \\ & + \frac{0{,}735\,\text{m} + 0{,}15\,\text{m}}{2} \cdot 2{,}60\,\text{m} \cdot 2 \end{aligned}$$

$$A = 211{,}50\,\text{m}^2$$

51

18. a) $a : 1{,}45\,\text{m} = 1 : 1{,}5$ $\qquad h : 4{,}82\,\text{m} = 1 : 1{,}5$

$a = 0{,}96\overline{6}\,\text{m}$ $\qquad h = 3{,}21\,\text{m}$

b) Neigung des Gaubendaches

$SV = \dfrac{0{,}96\,\text{m}}{3{,}37\,\text{m}}$ $\qquad S = \dfrac{0{,}96\,\text{m} \cdot 100\%}{3{,}37\,\text{m}}$ $\qquad \tan\alpha = \dfrac{0{,}96\,\text{m}}{3{,}37\,\text{m}}$

$SV = 1 : 3{,}51$ $\qquad S = 28{,}49\%$ $\qquad \alpha = 15{,}90°$

c)

$A = \dfrac{1{,}28\,\text{m} \cdot 3{,}37\,\text{m}}{2} \cdot 2$

$A = 4{,}31\,\text{m}^2$

19. $h_1 = \dfrac{2{,}8 \cdot 25{,}60\,\text{m}}{100}$ $\qquad h_2 = \dfrac{2{,}3 \cdot 28{,}45\,\text{m}}{100}$ $\qquad h_3 = \dfrac{2{,}0 \cdot 16{,}70\,\text{m}}{100}$

$h_1 = 0{,}72\,\text{m}$ $\qquad h_2 = 0{,}65\,\text{m}$ $\qquad h_3 = 0{,}33\,\text{m}$

$$\begin{array}{r} 344{,}65\,\text{m} \\ +\ \ 0{,}15\,\text{m} \\ \hline 344{,}80\,\text{m} \\ +\ \ 0{,}72\,\text{m} \\ 0{,}65\,\text{m} \\ 0{,}33\,\text{m} \\ \hline 346{,}50\,\text{m} \end{array}$$

20. a)

$$\begin{array}{rr} & 424{,}32\,\text{m} \\ & -\ 422{,}97\,\text{m} \\ \hline & 1{,}35\,\text{m} \\ & -\ \ 0{,}25\,\text{m} \\ \hline \Delta h = & 1{,}10\,\text{m} \end{array}$$

$$\frac{x \cdot 28{,}60\,\text{m}}{100\%} + \frac{(x + 0{,}5)16{,}85\,\text{m}}{100\%} + \frac{(x + 1{,}0)23{,}45\,\text{m}}{100\%} = 1{,}10\,\text{m}$$

$x = 1{,}13\%$

$S_1 = 1{,}13\%$

$S_2 = 1{,}63\%$

$S_3 = 2{,}13\%$

Näherungslösung (geht bei etwa gleichen Grundlängen)

$S = \dfrac{1{,}10 \cdot 100\%}{68{,}90}$ $\qquad S_1 = 1{,}1\%$

$S_2 = 1{,}6\%$

$S = 1{,}6\%$ $\qquad S_3 = 2{,}1\%$

20. b) $h_1 = \dfrac{1{,}13\,\% \cdot 28{,}60\,\text{m}}{100\,\%}$ $\qquad h_2 = \dfrac{1{,}63\,\% \cdot 16{,}85\,\text{m}}{100\,\%}$ **51**

$h_1 = 0{,}32\,\text{m} \qquad h_2 = 0{,}27\,\text{m}$

$$\begin{array}{rr} K_1 = & 424{,}32\,\text{m} \\ & -\;\;0{,}32\,\text{m} \\ \hline & 424{,}00\,\text{m üNN} \end{array} \qquad \begin{array}{rr} K_2 = & 424{,}00\,\text{m} \\ & -\;\;0{,}27\,\text{m} \\ \hline & 423{,}73\,\text{m üNN} \end{array}$$

c) $0{,}32^2\,\text{m}^2 + 28{,}60^2\,\text{m}^2 = {l_1}^2$

$l_1 = 28{,}60\,\text{m}$

$0{,}27^2\,\text{m}^2 + 16{,}85^2\,\text{m}^2 = {l_2}^2$

$l_2 = 16{,}85\,\text{m}$

$$\begin{array}{rl} & 423{,}73\,\text{m üNN} \\ - & 422{,}97\,\text{m üNN} \\ \hline h_3 = & 0{,}76\,\text{m} \end{array}$$

$0{,}76^2\,\text{m}^2 + 23{,}45^2\,\text{m}^2 = {l_3}^2$

$l_3 = 23{,}46\,\text{m}$

$l = 68{,}91\,\text{m}$

21. a) $S : 100 = 1{,}40\,\text{m} : 77{,}80\,\text{m}$ **52**

$S = 1{,}80\,\%$

$1 : x = 1{,}40\,\text{m} : 77{,}80\,\text{m}$

$x = 55{,}57$

$1 : x = 1 : 55{,}57$

b) $1{,}90\,\% : 100\,\% = 1 : x$

$x = 52{,}63$

$1 : x = 1 : 52{,}63$

$2{,}50\,\% : 100x = 1 : x$

$x = 40$

$1 : x = 1 : 40$

52

c)

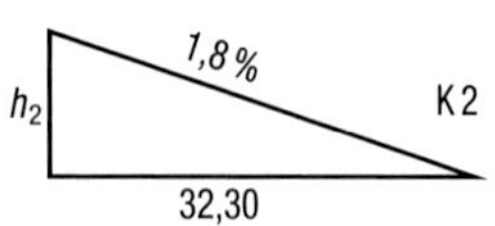

$1{,}8\% = 100\% = h_1 : 45{,}50\,\text{m}$

$h_1 = 0{,}82\,\text{m}$

$1{,}8\% : 100\% = h_2 : 32{,}30\,\text{m}$

$h_2 = 0{,}58\,\text{m}$

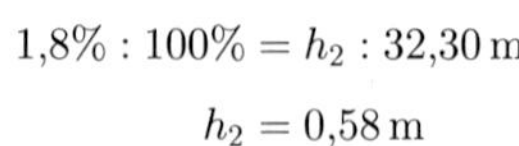

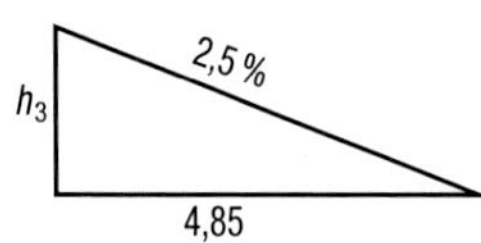

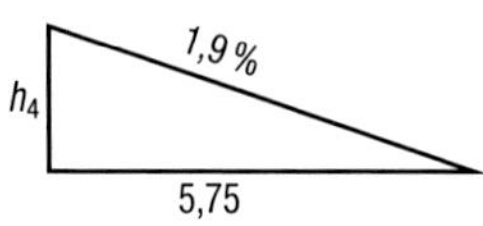

$2{,}5\% : 100\% = h_3 : 4{,}85\,\text{m}$

$h_3 = 0{,}12\,\text{m}$

$1{,}9\% : 100\% = h_4 : 5{,}75\,\text{m}$

$h_4 = 0{,}11\,\text{m}$

K2	287,16 m üNN
−	0,82 m
	286,34 m üNN
Ablauf in Hauptleitung	
+	0,30
+	0,12
+	0,11
+	0,35
Sollhöhe am Haus	287,22 m üNN

52

22.

2,5 %

h_1

12,0

$$S : 100 = h : l$$

$$2{,}5\% : 100\% = h_1 : 12{,}0\,\text{m}$$

$$h_1 = 0{,}30\,\text{m}$$

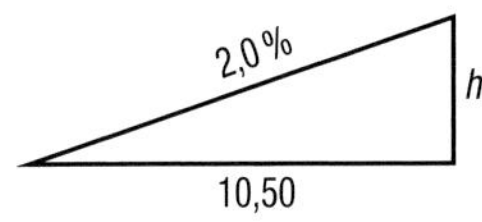

$$2\% : 100\% = h_2 : 10{,}50\,\text{m}$$

$$h_2 = 0{,}21\,\text{m}$$

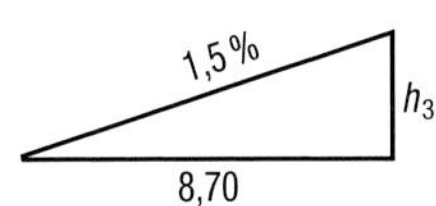

$$1{,}5\% : 100\% = h_3 : 8{,}70\,\text{m}$$

$$h_3 = 0{,}13\,\text{m}$$

	377,85 m üNN
+	0,20
	0,30
	0,21
	0,13
	378,69 m üNN
Absturzschacht	1,75 m
	380,44 m üNN

52

23. a) $\overline{K1K2}$ 487,40 m üNN

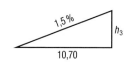

485,20 m üNN

$h = 2{,}20\,m$

$2\% : 100\% = h_2 : 12{,}70\,m$

$h_2 = 0{,}25\,m$

$88{,}0\,m : 5{,}5 = l_1 : 3{,}5$

$l_1 = 56{,}0\,m$

$88{,}0\,m : 5{,}5 = l_2 : 2$

$l_2 = 32{,}0\,m$

$2\% : 100\% = h_3 : 7{,}50\,m$

$h_3 = 0{,}15\,m$

$S : 100 = h : l$

$S : 100\% = 2{,}20\,m : 88{,}0\,m$

$S = 2{,}5\%$

$\overline{K1A} = 56{,}0\,m$

$2{,}5\% : 100\% = h_1 : 56{,}0\,m$

$h_1 = 1{,}40\,m$

$1{,}5\% : 100\% = h_4 : 10{,}70\,m$

$h_4 = 0{,}16\,m$

K1 = 487,40 m üNN
− 1,40
A = 486,0 m üNN

486,00 m üNN
+ 0,30 m
+ 0,25 m
+ 1,80 m
+ 0,15 m
+ 0,16 m
488,66 m üNN

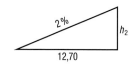

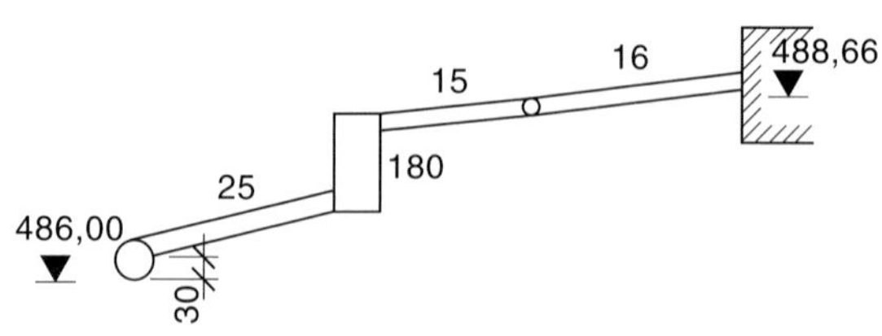

23. b) ohne Absturzschacht 52

488,66 m üNN

486,00 m üNN

$h = 2{,}66\,\text{m}$

$S : 100\% = 2{,}66\,\text{m} : 30{,}90\,\text{m}$

$S = 8{,}61\%$

$1 : x = 2{,}66\,\text{m} : 30{,}90\,\text{m}$

$x = 11{,}62$

$1 : 11{,}62$

24. 53

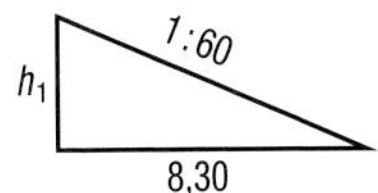

$1 : 60 = h_1 : 8{,}30\,\text{m}$

$h_1 = 0{,}14\,\text{m}$

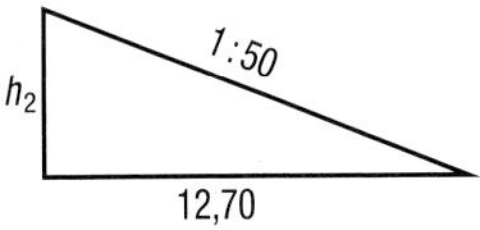

$1 : 50 = h_2 : 12{,}70\,\text{m}$

$h_2 = 0{,}25\,\text{m}$

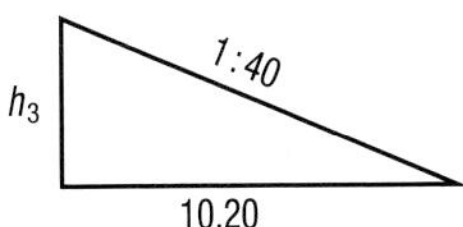

$1 : 40 = h_3 : 10{,}20\,\text{m}$

$h_3 = 0{,}26\,\text{m}$

Einlauf in HL	517,90	m üNN
	0,30	
	0,14	
	0,25	
	0,26	
Einlauf Haus	518,85	m üNN

53 **25.**

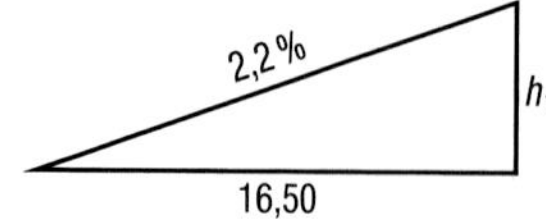

$$2{,}2\% : 100\% = h_1 : 16{,}50\,\text{m}$$
$$h_1 = 0{,}36\,\text{m}$$

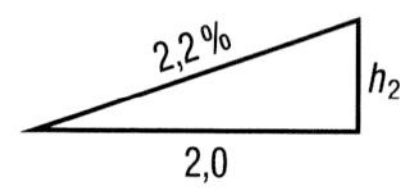

$$2{,}2\% : 100\% = h_2 : 2{,}0$$
$$h_2 = 0{,}04\,\text{m}$$

368,72 m üNN
\+ 0,15 m
\+ 0,36 m
\+ 0,04 m
369,27 m üNN
− 368,60
Hubhöhe = 0,67 m

26. a) KS 375,86 m üNN
\+ 0,30 m
\+ 0,26 m
376,42 m üNN

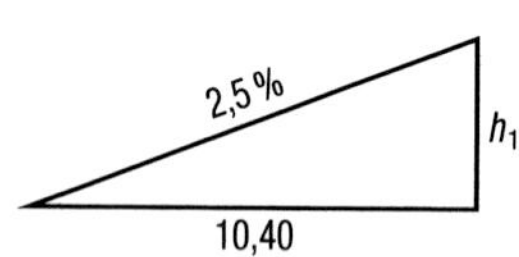

$$2{,}5\% : 100\% = h_1 : 10{,}40\,\text{m}$$
$$h_1 = 0{,}26\,\text{m}$$

b) $2{,}5\% : 100\% = 1 : x$

$x = 40 \rightarrow 1 : 40$

$2{,}0\% : 100\% = 1 : x$

$x = 50 \rightarrow 1 : 50$

$1{,}5\% : 100\% = 1 : x$

$x = 66,67 \rightarrow 1 : 66,67$

c)

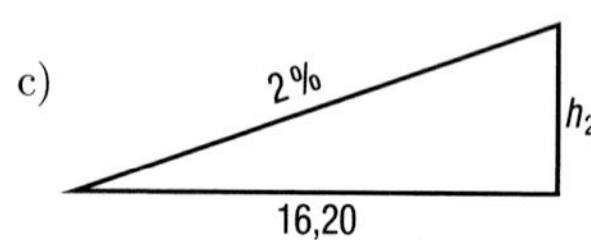

$$2\% : 100\% = h_2 : 16{,}20\,\text{m}$$
$$h_2 = 0{,}32\,\text{m}$$

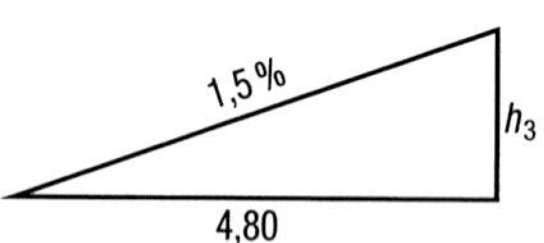

$$1{,}5\% : 100\% = h_3 : 14{,}80\,\text{m}$$
$$h_3 = 0{,}22\,\text{m}$$

HL 375,86 m üNN
\+ 0,30 m
\+ 0,26 m
\+ 0,32 m
\+ 0,22 m
376,96 m üNN
− 376,06 m üNN
$HA =$ 0,90 m

27. a)

$$\begin{array}{rr} & 471{,}35\,\text{m üNN} \\ - & \underline{467{,}85\,\text{m üNN}} \\ & 3{,}50\,\text{m} \\ - & 1{,}65\,\text{m} \\ - & \underline{0{,}25\,\text{m}} \\ h = & 1{,}60\,\text{m} \end{array}$$

$$\frac{x \cdot 8{,}50\,\text{m}}{100\%} + \frac{(x + 0{,}3\%) \cdot 10{,}20\,\text{m}}{100\%} + \frac{(x + 0{,}6\%) \cdot 18{,}85\,\text{m}}{100\%} + \frac{(x + 0{,}9\%) \cdot 23{,}50\,\text{m}}{100\%} = 1{,}60\,\text{m}$$

$$8{,}50\,x + 10{,}20\,x + 3{,}06 + 18{,}85\,x + 11{,}31 + 23{,}5\,x + 21{,}15 = 160$$

$$61{,}05\,x = 124{,}48$$

$$x = 2{,}04$$

$S_1 = 2{,}04\%$

$S_2 = 2{,}34\%$

$S_3 = 2{,}64\%$

$S_4 = 2{,}94\%$

2,04 %
h_1
8,50

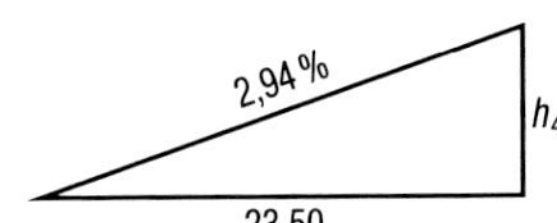

$2{,}04\% : 100\% = h_1 : 8{,}50\,\text{m}$

$h_1 = 0{,}17\,\text{m}$

$2{,}94\% : 100x = h_4 : 23{,}50\,\text{m}$

$h_4 = 0{,}69\,\text{m}$

2,34 %
h_2
10,20

$2{,}34\% : 100\% = h_2 : 10{,}20\,\text{m}$

$h_2 = 0{,}24\,\text{m}$

b) ohne Absturzschacht

$h = 3{,}25\,\text{m}$

$61{,}05x + 35{,}52\,\text{m} = 325\,\text{m}$

$x = 4{,}74\,\text{m}$

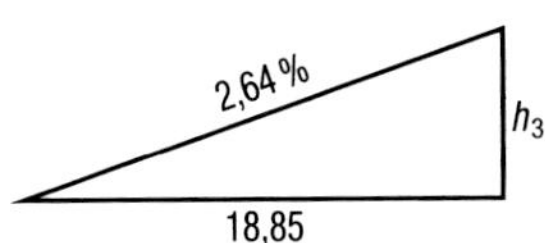

$2{,}64\% = 100\% = h_3 : 18{,}85\,\text{m}$

$h_3 = 0{,}50\,\text{m}$

$S_1 = 4{,}74\%$

$S_2 = 5{,}04\%$

$S_3 = 5{,}34\%$

$S_4 = 5{,}64\%$

54 **28.** a)

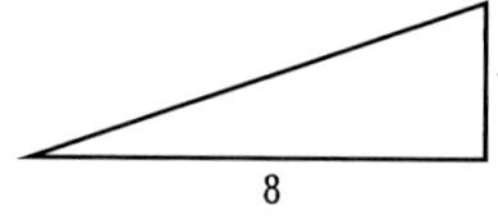

$$1^2 + 8^2 = c^2$$

$$c = 8{,}06 \text{ Teile}$$

$$8{,}06 \text{ Teile} \mathrel{\hat{=}} 22{,}55\,\text{m}$$

$$1\text{ T} \mathrel{\hat{=}} 2{,}80\,\text{m}$$

$$8\text{ T} \mathrel{\hat{=}} 22{,}38\,\text{m}$$

Höhenkote 257,35 m üNN

\+ 2,80 m

Böschung ② 260,15 m üNN

b)

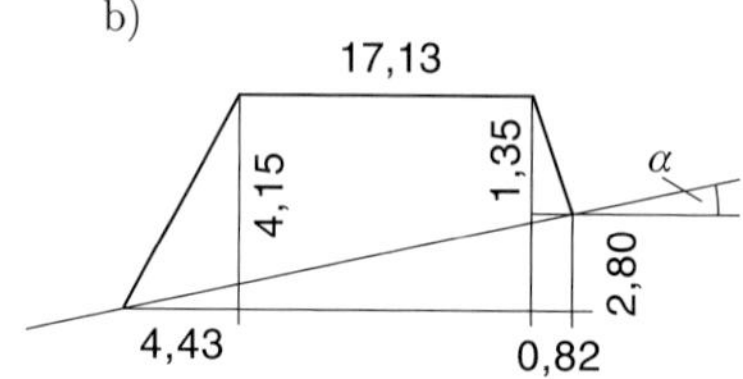

$$1 : x_1 = 4{,}15\,\text{m} : 4{,}43\,\text{m}$$

$$x_1 = 1{,}08 \rightarrow 1 : 1{,}08$$

$$\tan\ \alpha = \frac{1}{8}$$

$$\alpha = 7{,}13^\circ$$

$$S_1 : 100\% = 4{,}15\,\text{m} : 4{,}43\,\text{m}$$

$$S_1 = 93{,}68\%$$

Böschung ①

b_1 43,13° 4,15 l_1

$$\tan 43{,}13^\circ = \frac{4{,}15\,\text{m}}{l_1}$$

$$l_1 = 4{,}43\,\text{m}$$

$$4{,}15^2 + 4{,}43^2 = {b_1}^2$$

$$b_1 = 6{,}07\,\text{m}$$

Böschung ②

1,35 b_2 58,87° l_2

$$\tan 58{,}87^\circ = \frac{1{,}35}{l_2}$$

$$l_2 = 0{,}82\,\text{m}$$

$$1{,}35^2 + 0{,}82^2 = {b_2}^2$$

$$b_2 = 1{,}58\,\text{m}$$

$$x_2 : 1 = 1{,}35\,\text{m} : 0{,}82\,\text{m}$$

$$x_2 = 1{,}65 \rightarrow 1{,}65 : 1$$

$$S_2 : 100\% = 1{,}35\,\text{m} : 0{,}82\,\text{m}$$

$$S_2 = 164{,}63\%$$

c) $V_1 = \dfrac{21{,}56\,\text{m} + 17{,}13\,\text{m}}{2} \cdot 4{,}15\,\text{m} \cdot 50\,\text{m}$

$V_1 = 4\,014{,}088\,\text{m}^3$

$V_2 = \dfrac{4{,}15\,\text{m} + 2{,}80\,\text{m}}{2} \cdot 0{,}82\,\text{m} \cdot 50\,\text{m}$

$V_2 = 142{,}475\,\text{m}^3$

$V_3 = \dfrac{22{,}38\,\text{m} + 2{,}80\,\text{m}}{2} \cdot 50\,\text{m}$

$V_3 = 1\,566{,}60\,\text{m}^3$

$V = V_1 + V_2 - V_3$

$V = 2\,589{,}96\,\text{m}^3$

29. $l_2 = \dfrac{2 \cdot 88{,}15\,\text{m} \cdot \pi \cdot 65°}{360°}$

$l_2 = 100\,\text{m}$

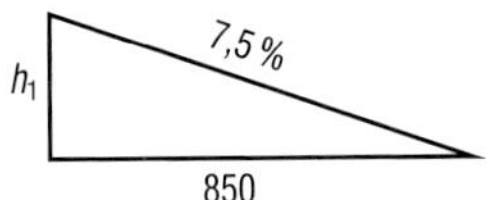

$7{,}5\% : 100\% = h_1 : 850\,\text{m}$

$h_1 = 63{,}75\,\text{m}$

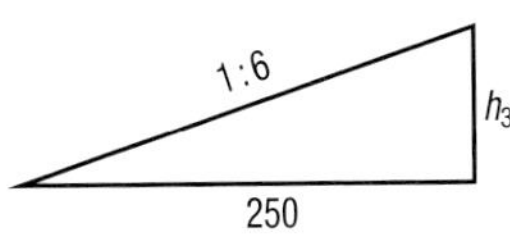

$1 : 6 = h_3 : 250\,\text{m}$

$h_3 = 41{,}67\,\text{m}$

$A = 1\,255{,}85\,\text{m}$ üNN

$-\ 63{,}75\,\text{m}$

$+\ 41{,}67\,\text{m}$

$-\ 8{,}50\,\text{m}$

$B = 1\,225{,}27\,\text{m}$ üNN

Höhenunterschied 30,58 m

55 **30.**

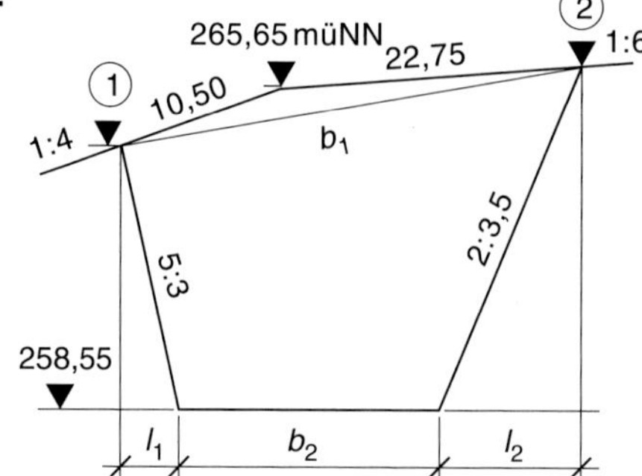

a) $1^2 + 4^2 = c^2$

$c = 4{,}12$

$4{,}12 \text{ T} \mathrel{\hat{=}} 10{,}50\,\text{m}$

$1 \text{ T} \mathrel{\hat{=}} 2{,}55\,\text{m}$

$4 \text{ T} \mathrel{\hat{=}} 10{,}20\,\text{m}$

$1^2 + 6^2 = c^2$

$c = 6{,}08$

$6{,}08 \text{ T} \mathrel{\hat{=}} 22{,}75\,\text{m}$

$1 \text{ T} \mathrel{\hat{=}} 3{,}74\,\text{m}$

$6 \text{ T} \mathrel{\hat{=}} 22{,}45\,\text{m}$

265,65 m üNN
− 2,55 m

① 263,10 m üNN

265,65 m üNN
+ 3,74 m

② 269,39 m üNN

b)

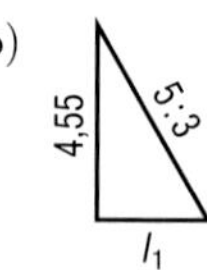

$5 : 3 = 4{,}55 : l_1$

$l_1 = 2{,}73\,\text{m}$

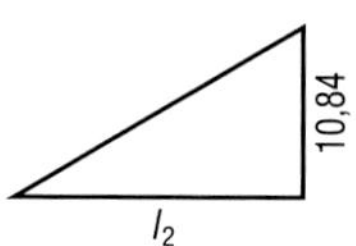

$2 : 3{,}5 = 10{,}84 : l_2$

$l_2 = 18{,}97\,\text{m}$

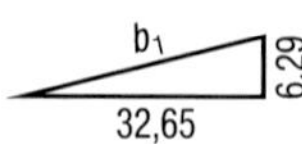

$b_1{}^2 = 6{,}29^2 + 32{,}65^2$

$b_1 = 33{,}25\,\text{m}$

$b_2 = 32{,}65 - 2{,}73 - 18{,}97$

$b_2 = 10{,}95\,\text{m}$

c)

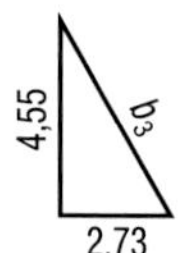

$b_3{}^2 = 2{,}73^2 + 4{,}55^2$

$b_3 = 5{,}31\,\text{m}$

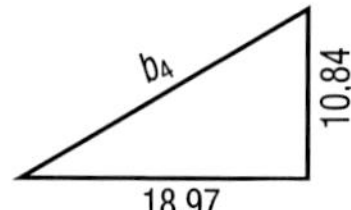

$b_4{}^2 = 18{,}97^2 + 10{,}84^2$

$b_4 = 21{,}85\,\text{m}$

d) $S_3 : 100 = h : l_1$

$S_3 : 100 = 4{,}55\,\text{m} : 2{,}73\,\text{m}$

$S_3 = 166{,}67\%$

$\tan \alpha_1 = \dfrac{4{,}55\,\text{m}}{2{,}73\,\text{m}}$

$\alpha_1 = 59{,}04°$

$S_4 : 100 = 10{,}84\,\text{m} : 18{,}97\,\text{m}$

$S_4 = 57{,}14\%$

$\tan \alpha_2 = \dfrac{10{,}84\,\text{m}}{18{,}97\,\text{m}}$

$\alpha_2 = 29{,}74°$

55

e)

$$A_1 = \frac{7{,}10\,\text{m} + 4{,}55\,\text{m}}{2} \cdot 10{,}20\,\text{m}$$

$$A_1 = 59{,}415\,\text{m}^2$$

$$A_2 = \frac{10{,}84\,\text{m} + 7{,}10\,\text{m}}{2} \cdot 22{,}45\,\text{m}$$

$$A_2 = 201{,}376\,\text{m}^2$$

$$A_3 = \frac{2{,}73\,\text{m} \cdot 4{,}55\,\text{m}}{2}$$

$$A_3 = 6{,}211\,\text{m}^2$$

$$A_4 = \frac{18{,}97\,\text{m} \cdot 10{,}84\,\text{m}}{2}$$

$$A_4 = 102{,}817\,\text{m}^2$$

$$V = 151{,}763\,\text{m}^2 \cdot 1000\,\text{m}$$

$$V = 151\,763\,\text{m}^3$$

f)

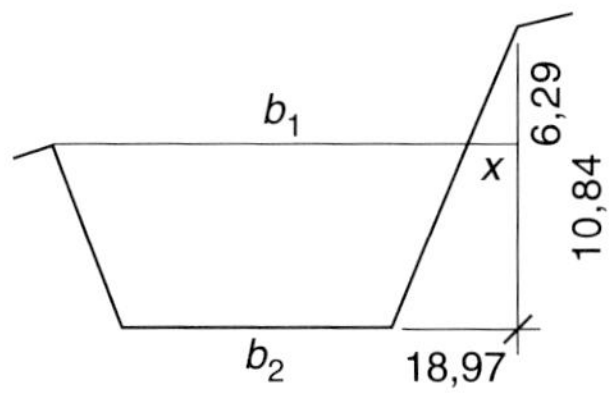

$$10{,}84\,\text{m} : 18{,}97\,\text{m} = 6{,}29\,\text{m} : x$$

$$x = 11{,}00\,\text{m}$$

$$b_1{}' = 32{,}65\,\text{m} - 11{,}0\,\text{m}$$

$$b_1{}' = 21{,}65\,\text{m}$$

$$A = \frac{21{,}65\,\text{m} + 10{,}95\,\text{m}}{2} \cdot 4{,}55\,\text{m}$$

$$A = 74{,}17\,\text{m}^2$$

55 **31.** a)

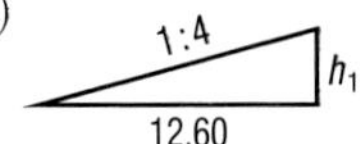

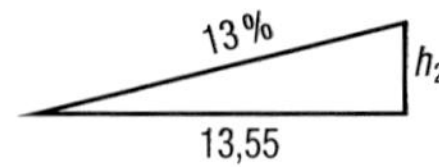

$$1 : 4 = h_1 : 12{,}60\,\text{m}$$
$$\underline{h_1 = 3{,}15\,\text{m}}$$

$$13 : 100 = h_2 : 13{,}55\,\text{m}$$
$$\underline{h_2 = 1{,}76\,\text{m}}$$

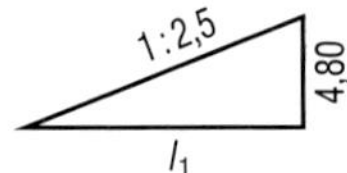

$$1 : 2{,}5 = 4{,}80\,\text{m} : l_1$$
$$\underline{l_1 = 12{,}0\,\text{m}}$$

$$2{,}5 : 1 = 3{,}80\,\text{m} : l_2$$
$$\underline{l_2 = 1{,}52\,\text{m}}$$

$$7 : 100 = h_3 : 10{,}45\,\text{m}$$
$$\underline{h_3 = 0{,}73\,\text{m}}$$

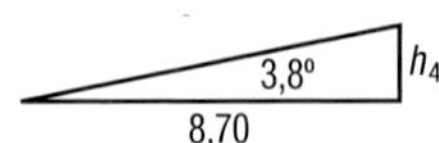

$$tan\,3{,}8° = \frac{h_4}{8{,}70}$$
$$\underline{h_4 = 0{,}58\,\text{m}}$$

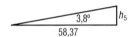

$$tan\,3{,}8° = \frac{h_5}{58{,}37}$$
$$\underline{h_5 = 3{,}88\,\text{m}}$$

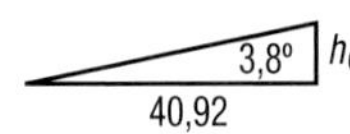

$$\underline{h_6 = 2{,}72\,\text{m}}$$

$$h_7 = 1{,}35\,\text{m}$$

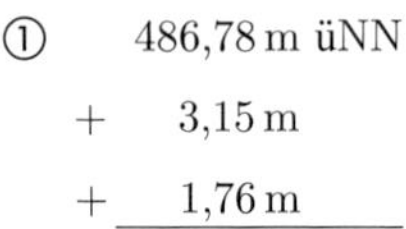

①		486,78 m üNN
	+	3,15 m
	+	1,76 m
②		491,69 m üNN
	+	4,80 m
③		496,49 m üNN
	−	3,80 m
④		492,69 m üNN
	−	0,73 m
	+	0,58 m
⑤		492,54 m üNN
	−	2,72 m
⑥		489,82 m üNN
	+	1,35 m
⑦		491,17 m üNN

b) **55**

b_1 3,15 12,60 b_2 1,76 13,55

$b_1{}^2 = 12{,}60^2 + 3{,}15^2$

$\underline{b_1 = 12{,}988\,\text{m}}$

$b_2{}^2 = 13{,}55^2 + 1{,}76^2$

$\underline{b_2 = 13{,}663\,\text{m}}$

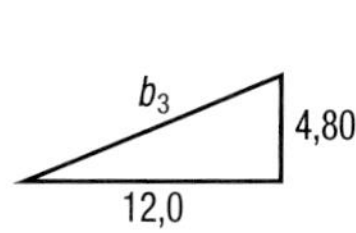

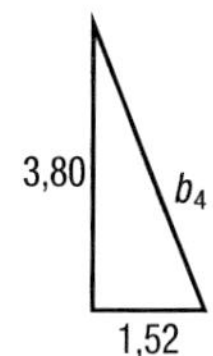

$b_3 = 12{,}00^2 + 4{,}80^2$

$\underline{b_3 = 12{,}924\,\text{m}}$

$b_4{}^2 = 1{,}52^2 + 3{,}80^2$

$\underline{b_4 = 4{,}093\,\text{m}}$

0,73 b_5 10,45

$b_5{}^2 = 10{,}45^2 + 0{,}73^2$

$\underline{b_5 = 10{,}475\,\text{m}}$

$$A = b_1 + b_2 + b_3 + 8{,}25 + b_4 + b_5$$
$$= (12{,}988 + 13{,}663 + 12{,}924 + 8{,}25 + 4{,}093 + 10{,}475) \cdot 1000$$
$$\underline{\underline{A = 62\,393\,\text{m}^2}}$$

55 c)

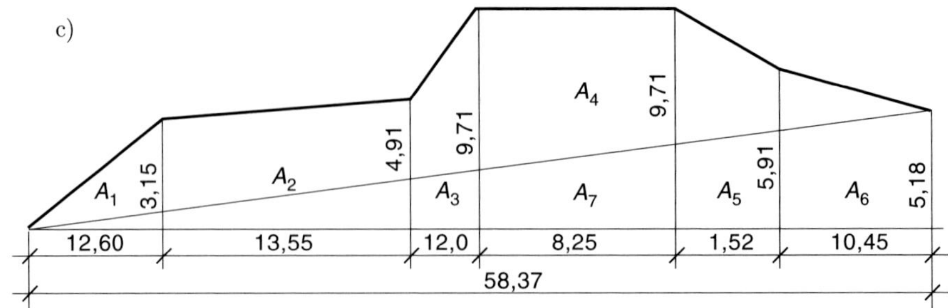

$$A_1 = \frac{12{,}60 \cdot 3{,}15}{2} = 19{,}845\,\text{m}^2$$

$$A_2 = \frac{4{,}91 + 3{,}15}{2} \cdot 13{,}55 = 54{,}606\,\text{m}^2$$

$$A_3 = \frac{9{,}71 + 4{,}91}{2} \cdot 12{,}00 = 87{,}72\,\text{m}^2$$

$$A_4 = 9{,}71 \cdot 8{,}25 = 80{,}107\,\text{m}^2$$

$$A_5 = \frac{9{,}71 + 5{,}91}{2} \cdot 1{,}52 = 11{,}871\,\text{m}^2$$

$$A_6 = \frac{5{,}91 + 5{,}18}{2} \cdot 10{,}45 = 57{,}945\,\text{m}^2$$

$$A_7 = \frac{58{,}37 \cdot 5{,}18}{2} = \underline{151{,}178\,\text{m}^2}$$

$$V = 160{,}916\,\text{m}^2 \cdot 1000\,\text{m}$$

$$V = 160\,916\,\text{m}^3 \cdot 1{,}125 \Rightarrow \underline{\underline{V = 181\,030{,}50\,\text{m}^3}}$$

32. a)

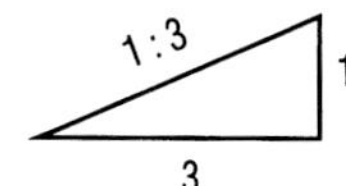

h
2%
3,50

$1^2 + 3^2 = c^2$

$c = 3{,}16$

$3{,}16\ \text{T} \mathrel{\hat{=}} 24{,}76\,\text{m}$

$1\ \text{T} \mathrel{\hat{=}} 7{,}84\,\text{m}$

$3\ \text{T} \mathrel{\hat{=}} 23{,}51\,\text{m}$

$h = \dfrac{2\% \cdot 3{,}50\,\text{m}}{100\%}$

$h = 0{,}07\,\text{m}$

325,76 m üNN
\+ 7,84 m
− 0,07 m
− 0,55 m

Sohle ▼ 332,98 m üNN

b) Beginn Einschnitt

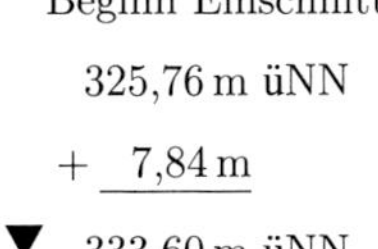

325,76 m üNN
\+ 7,84 m

▼ 333,60 m üNN

Ende Einschnitt

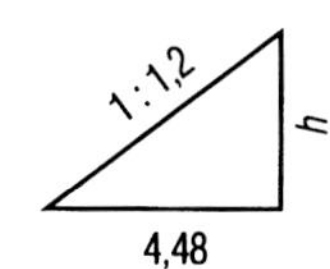

$1 : 1{,}2 = h : 4{,}48\,\text{m}$

$h = 3{,}73\,\text{m}$

332,98 m üNN
\+ 3,73 m

▼ 336,71 m üNN

c) $b = 23{,}51\,\text{m} + 3{,}50\,\text{m} + 0{,}55\,\text{m} + 0{,}80\,\text{m} + 4{,}48\,\text{m}$

$b = 32{,}84\,\text{m}$

d) $l_1{}^2 = 0{,}55^2\,\text{m}^2 + 0{,}55^2\,\text{m}^2$

$l_1 = 0{,}78\,\text{m}$

$l_2{}^2 = 4{,}48^2\,\text{m}^2 + 3{,}73^2\,\text{m}^2$

$l_2 = 5{,}83\,\text{m}$

56 **33.** a)

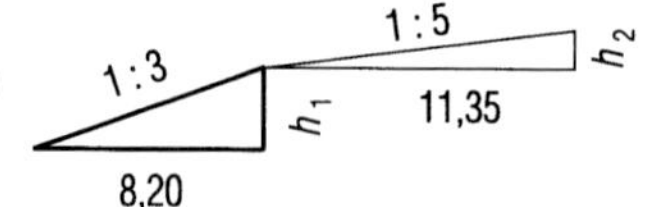

$1 : 3 = h_1 : 8{,}20\,\text{m}$

$h_1 = 2{,}73\,\text{m}$

$1 : 5 = h_2 : 11{,}35\,\text{m}$

$h_2 = 2{,}27\,\text{m}$

486,22 m üNN
\+ 2,73 m
\+ 2,27 m
② ▼ 491,22 m üNN
oberer Einschnitt

486,48 m üNN
\+ 0,70 m
\+ 0,23 m
① ▼ 487,41 m üNN
unterer Einschnitt

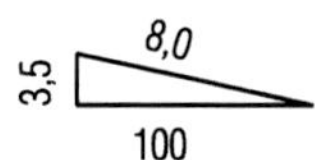

7,99 m
−1,33 m
6,66 m

$3{,}5^2 + 100^2 = c^2$

100,06 T ≙ 8,0 m
3,5 T ≙ 0,28 m
100 T ≙ 7,995 m

$$h_3 = \frac{3{,}5\% \cdot 6{,}66\,\text{m}}{100\%}$$

$h_3 = 0{,}23\,\text{m}$

b)

486,48 m üNN
\+ 0,70 m
\+ 0,28 m
Dammkrone ▼ 487,46 m üNN

c)

8,20 m
\+ 11,35 m
− 2,24 m
− 7,99 m
− 0,50 m
− 0,60 m
$l = 8{,}22\,\text{m}$

491,22 m üNN
− 486,48 m üNN
$h = 4{,}74\,\text{m}$

$$SV = \frac{4{,}74\,\text{m}}{8{,}22\,\text{m}}$$

$SV = 1 : 1{,}73$

$$SV = \frac{0{,}70\,\text{m}}{0{,}50\,\text{m}}$$

$SV = 1{,}4 : 1$

$l_1{}^2 = 4{,}74^2\,\text{m}^2 + 8{,}22^2\,\text{m}^2$

$l_1 = 9{,}49\,\text{m}$

$l_2{}^2 = 0{,}70^2\,\text{m}^2 + 0{,}50^2\,\text{m}^2$

$l_2 = 0{,}86\,\text{m}$

d)

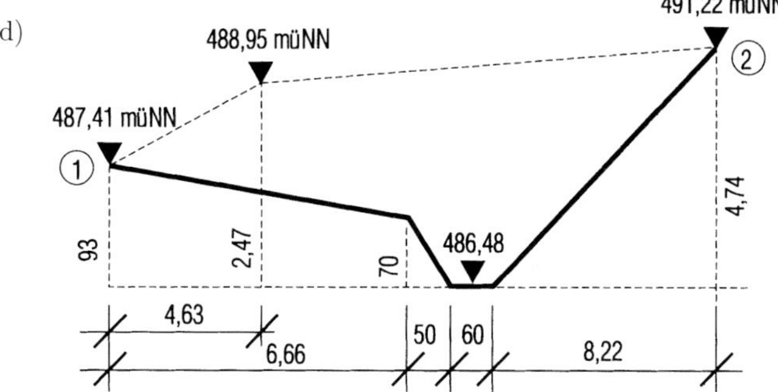

$$A_1 = \frac{2{,}47\,\text{m} + 0{,}93\,\text{m}}{2} \cdot 4{,}63\,\text{m}$$

$$A_1 = 7{,}87\,\text{m}^2$$

$$A_3 = \frac{0{,}93\,\text{m} + 0{,}70\,\text{m}}{2} \cdot 6{,}66\,\text{m}$$

$$A_3 = 5{,}43\,\text{m}^2$$

$$A_5 = \frac{8{,}22\,\text{m} \cdot 4{,}74\,\text{m}}{2}$$

$$A_5 = 19{,}48\,\text{m}^2$$

$$A_2 = \frac{2{,}47\,\text{m} + 4{,}74\,\text{m}}{2} \cdot 11{,}35\,\text{m}$$

$$A_2 = 40{,}92\,\text{m}^2$$

$$A_4 = \frac{0{,}50\,\text{m} \cdot 0{,}70\,\text{m}}{2}$$

$$A_4 = 0{,}175\,\text{m}^2$$

$$V = l\,(A_1 + A_2 - A_3 - A_4 - A_5)$$

$$= 100\,\text{m}\,(7{,}87\,\text{m}^2 + 40{,}92\,\text{m}^2 - 5{,}43\,\text{m}^2 - 0{,}175\,\text{m}^2 - 19{,}48\,\text{m}^2)$$

$$V = 2\,371\,\text{m}^3$$

e)

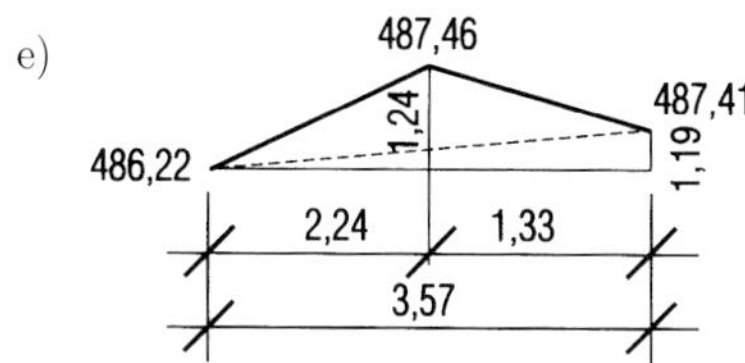

$$A_1 = \frac{2{,}24\,\text{m} \cdot 1{,}24\,\text{m}}{2}$$

$$A_1 = 1{,}39\,\text{m}^2$$

$$A_2 = \frac{1{,}24\,\text{m} + 1{,}19\,\text{m}}{2} \cdot 1{,}33\,\text{m}$$

$$A_2 = 1{,}62\,\text{m}^2$$

$$A_3 = \frac{3{,}57\,\text{m} \cdot 1{,}19\,\text{m}}{2}$$

$$A_3 = 2{,}12\,\text{m}^2$$

$$V = l\,(A_1 + A_2 - A_3)$$

$$= 100\,\text{m}\,(1{,}39\,\text{m}^2 + 1{,}62\,\text{m}^2 - 2{,}12\,\text{m}^2)$$

$$V = 89\,\text{m}^3$$

9 Längen – schräge Längen

58

1. a) 28,5 dm; 285 cm; 2 850 mm
b) 16,8 dm; 168 cm; 1 680 mm
c) 6,5 dm; 65 cm; 650 mm

2. a) 2,3625 m; 236,25 cm; 2 362,5 mm
b) 0,52572 m; 52,572 cm; 525,72 mm
c) 0,04201 m; 4,201 cm; 42,01 mm

3. a) 2,6588 m; 26,588 dm; 2 658,8 mm
b) 0,3857 m; 3,857 dm; 385,7 mm
c) 0,00753 m; 0,0753 dm; 7,53 mm

4. a) 36,52473 m; 365,2473 dm; 3 652,473 cm
b) 0,16933 m; 1,6933 dm; 16,933 cm
c) 0,06249 m; 0,6249 dm; 6,249 cm

5. a) 23,75 m; 237,5 dm; 2 375 cm; 23 750 mm
b) 2,06 m; 20,6 dm; 206 cm; 2 060 mm
c) 0,867 m; 8,67 dm; 86,7 cm; 867 mm

6. a) 18,20 m; 182 dm; 1 820 cm; 18 200 mm
b) 3,0 m; 30 dm; 300 cm; 3 000 mm
c) 0,437 m; 4,37 dm; 43,7 cm; 437 mm

7. $4{,}50^2\,\mathrm{m}^2 + h^2 = 6{,}50^2\,\mathrm{m}^2$

$h = 4{,}69\,\mathrm{m}$

8. $3{,}20^2\,\mathrm{m}^2 + 5{,}10^2\,\mathrm{m}^2 = S^2$

$S = 6{,}02\,\mathrm{m}$

9. $4{,}60^2\,\mathrm{m}^2 + 3{,}20^2\,\mathrm{m}^2 = {S_1}^2$

$S_1 = 5{,}60\,\mathrm{m}$

$6{,}70^2\,\mathrm{m}^2 + 3{,}20^2\,\mathrm{m}^2 = {S_2}^2$

$S_2 = 7{,}42\,\mathrm{m}$

10. $a^2 + 2{,}0^2\,\mathrm{m}^2 = 12{,}50^2\,\mathrm{m}^2$

$a = 12{,}34\,\mathrm{m}$

$l = 12{,}34\,\mathrm{m} + 3{,}50\,\mathrm{m}$

$l = 15{,}84\,\mathrm{m}$

11. $0{,}60^2\,\mathrm{m}^2 + 3{,}10^2\,\mathrm{m}^2 = c^2$

$c = 3{,}16\,\mathrm{m}$

$A = (3{,}16\,\mathrm{m} + 0{,}50\,\mathrm{m}) \cdot 170\,\mathrm{m}$

$A = 622{,}20\,\mathrm{m}^2$

59

12. $S = \dfrac{1{,}80\,\mathrm{m} \cdot 100\%}{5{,}20\,\mathrm{m}}$

$S = 34{,}615\%$

$5{,}70^2 + 1{,}97^2 = c^2$

$c = 6{,}03\,\mathrm{m}$

$h = \dfrac{S \cdot L}{100}$

$h = \dfrac{34{,}615\% \cdot 0{,}50\,\mathrm{m}}{100\%}$

$h = 0{,}17\,\mathrm{m}$

13. a) $a^2 + 2{,}60^2\,\text{m}^2 = 3{,}40^2\,\text{m}^2$ $\qquad$ $b_2 = 7{,}50\,\text{m} - 2 \cdot 2{,}19\,\text{m}$ **59**

$a = 2{,}19\,\text{m}$ $\qquad$ $b_2 = 3{,}12\,\text{m}$

b) $V = \dfrac{7{,}50\,\text{m} + 3{,}12\,\text{m}}{2} \cdot 2{,}60\,\text{m} \cdot 120\,\text{m}$

$V = 1\,656{,}72\,\text{m}^3$

14. $h^2 + 4{,}85^2\,\text{m}^2 = 5{,}60^2\,\text{m}^2$

$h = 2{,}80\,\text{m}$

15. $22^2\,\text{cm}^2 + 38^2\,\text{cm}^2 = c^2$

$c = 43{,}91\,\text{cm}$

$l = 2 \cdot 20\,\text{cm} + 2 \cdot 80\,\text{cm} + 2 \cdot 43{,}91\,\text{cm} + 350\,\text{cm}$

$l = 6{,}38\,\text{m}$

16. $0{,}80^2\,\text{m}^2 + 0{,}20^2\,\text{m}^2 = c^2$ $\qquad$ $A = \dfrac{0{,}63\,\text{m} + 1{,}03\,\text{m}}{2} \cdot 0{,}825\,\text{m} \cdot 4$

$c = 0{,}825\,\text{m}$ $\qquad$ $A = 2{,}74\,\text{m}^2 \cdot 20$

$A = 54{,}78\,\text{m}^2$

17. $h^2 + 0{,}75^2\,\text{m}^2 = 1{,}80^2\,\text{m}^2$

$h = 1{,}64\,\text{m}$

18. $0{,}80^2\,\text{m}^2 + a^2 = 0{,}90^2\,\text{m}^2$ $\qquad$ $b = 1{,}80\,\text{m} + 2 \cdot 0{,}41\,\text{m}$ **60**

$a = 0{,}41\,\text{m}$ $\qquad$ $b = 2{,}62\,\text{m}$

19. a) $11{,}15^2\,\text{m}^2 + 2{,}50^2\,\text{m}^2 = {S_2}^2$ $\qquad$ b) $n = \left(\dfrac{46{,}90\,\text{m}}{0{,}70\,\text{m}} + 1\right) 3$

$S = 11{,}43\,\text{m}$ $\qquad$ $n = 204$ Sparren

c) $A = 2{,}50\,\text{m} \cdot 46{,}90\,\text{m} \cdot 3$

$A = 351{,}75\,\text{m}^2$

60 **20.** a)

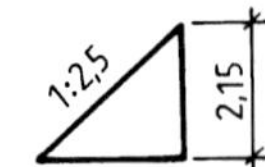

$$SV = \frac{b}{l}$$

$l = 2{,}15\,\text{m} \cdot 2{,}5$ $\qquad$ $l = 2{,}5\,\text{m} \cdot 3$

$l = 5{,}375\,\text{m}$ $\qquad$ $l = 6{,}45\,\text{m}$

Dammsohle: $s = 4{,}30\,\text{m} + 5{,}38\,\text{m} + 6{,}45\,\text{m}$

$s = 16{,}13\,\text{m}$

b) $5{,}38^2\,\text{m}^2 + 2{,}15^2\,\text{m}^2 = c^2$ $\qquad$ $6{,}45^2\,\text{m}^2 + 2{,}15^2\,\text{m}^2 = c^2$

$c = 5{,}79\,\text{m}$ $\qquad$ $c = 6{,}80\,\text{m}$

c) $V = \dfrac{16{,}13\,\text{m} + 4{,}30\,\text{m}}{2} \cdot 2{,}15\,\text{m} \cdot 1\,000\,\text{m}$

$V = 21\,962{,}25\,\text{m}^3$

21. $S = \dfrac{0{,}24\,\text{m} \cdot 100\%}{0{,}70\,\text{m}}$ $\qquad$ $S = \dfrac{0{,}39\,\text{m} \cdot 100\%}{0{,}50\,\text{m}}$

$S = 34{,}2857\%$ $\qquad$ $S = 78\%$

$h = \dfrac{34{,}2857\% \cdot 8{,}90\,\text{m}}{100\%}$ $\qquad$ $h = \dfrac{78\% \cdot 4{,}10\,\text{m}}{100\%}$

$h = 3{,}05\,\text{m}$ $\qquad$ $h = 3{,}20\,\text{m}$

$3{,}05^2\,\text{m}^2 + 8{,}90^2\,\text{m}^2 = {S_1}^2$ $\qquad$ $3{,}20^2\,\text{m}^2 + 4{,}10^2\,\text{m}^2 = {S_2}^2$

$S_1 = 9{,}41\,\text{m}$ $\qquad$ $S_2 = 5{,}20\,\text{m}$

22. $A = 0{,}4243\,\text{m} \cdot 2 \cdot 40\,\text{m}$ $\qquad$ $0,30^2\,\text{m}^2 + 0{,}30^2\,\text{m}^2 = c^2$

$A = 33{,}94\,\text{m}^2$ $\qquad$ $c = 0{,}4243\,\text{m}$

23. $0,60^2\,\text{m}^2 + 0{,}55^2\,\text{m}^2 = c^2$ $\qquad$ $A = 0{,}81\,\text{m} \cdot 2 \cdot 1{,}0\,\text{m}$

$c = 0{,}81\,\text{m}$ $\qquad$ $A = 1{,}62\,\text{m}^2$

24. $0,65^2\,\text{m}^2 + 0{,}45^2\,\text{m}^2 = c^2$ $\qquad$ $l = 0{,}50\,\text{m} + 0{,}79\,\text{m} \cdot 4$

$c = 0{,}79\,\text{m}$ $\qquad$ $+\, 3{,}50\,\text{m} \cdot 2 + 0{,}85\,\text{m} + 0{,}60\,\text{m} = 12{,}11\,\text{m}$

25. a) $30^2\,\text{m}^2 + 28{,}5^2\,\text{m}^2 = c^2$

$$c = 41{,}38\,\text{m}$$

$31{,}50^2\,\text{m}^2 + 17{,}50^2\,\text{m}^2 = c^2$

$$c = 36{,}03\,\text{m}$$

$36{,}30^2\,\text{m}^2 + 7{,}20^2\,\text{m}^2 = c^2$

$$c = 37{,}01\,\text{m}$$

$$l = 73{,}40\,\text{m} + 112{,}80\,\text{m} + 41{,}38\,\text{m} + 62{,}20\,\text{m} + 36{,}03\,\text{m} + 34{,}10\,\text{m} + 37{,}01\,\text{m} + 68{,}50\,\text{m}$$

$$l = 465{,}42\,\text{m}$$

b) $$A = 109{,}70\,\text{m} \cdot 141{,}30\,\text{m} - \frac{30\,\text{m} \cdot 28{,}50\,\text{m}}{2} - \frac{17{,}50\,\text{m} \cdot 31{,}5\,\text{m}}{2} - \frac{68{,}50\,\text{m} + 75{,}70\,\text{m}}{2} \cdot 36{,}30\,\text{m} = 12\,180{,}26\,\text{m}^2$$

26. a)

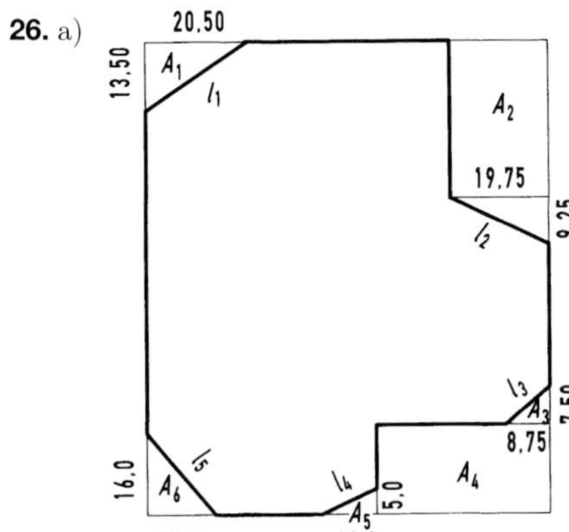

$20{,}5^2\,\text{m}^2 + 13{,}5^2\,\text{m}^2 = l_1^2$

$$l_1 = 24{,}546\,\text{m}$$

$19{,}75^2\,\text{m}^2 + 9{,}25^2\,\text{m}^2 = l_2^2$

$$l_2 = 21,809\,\text{m}$$

$8{,}75^2\,\text{m}^2 + 7{,}50^2\,\text{m}^2 = l_3$

$$l_3 = 11{,}524\,\text{m}$$

$5{,}0^2\,\text{m}^2 + 11{,}0^2\,\text{m}^2 = l_4^2$

$$l_4 = 12{,}083\,\text{m}$$

$16{,}0^2\,\text{m}^2 + 13{,}75^2\,\text{m}^2 = l_5^2$

$$l_5 = 21{,}097\,\text{m}$$

Einzäunung: $U = 314{,}06\,\text{m}$

b) $$A = A_{ges} - A_1 - A_2 - A_3 - A_4 - A_5 - A_6$$

$$= 81{,}0\,\text{m} \cdot 93{,}0\,\text{m} - \frac{13{,}5\,\text{m} \cdot 20{,}50\,\text{m}}{2} - \frac{40{,}0\,\text{m} + 30{,}75\,\text{m}}{2} \cdot 19{,}75\,\text{m} - \frac{8{,}75\,\text{m} \cdot 7{,}50\,\text{m}}{2} - 34{,}75\,\text{m} \cdot 17{,}50\,\text{m} - \frac{11{,}0m \cdot 5{,}0\,\text{m}}{2} - \frac{16{,}0\,\text{m} \cdot 13{,}75\,\text{m}}{2}$$

$$A = 5\,917{,}53\,\text{m}^2$$

27. a) $1{,}48^2\,\text{m}^2 + 0{,}40^2\,\text{m}^2 = l^2$

$$l = 1{,}53\,\text{m}$$

b) $\dfrac{3{,}10\,\text{m} + 2{,}30\,\text{m}}{2} \cdot h = 4{,}0\,\text{m}^2$

$$h = 1{,}48\,\text{m}$$

28. a) $a^2 + 3{,}40^2\,\text{m}^2 = 3{,}80^2\,\text{m}^2$

$$a = 1{,}70\,\text{m}$$

$d = 2{,}10\,\text{m} - 1{,}70\,\text{m}$

$$d = 0{,}40\,\text{m}$$

61 b) $V = \frac{2{,}10\,\text{m} + 0{,}40\,\text{m}}{2} \cdot 3{,}40\,\text{m} \cdot 1{,}0\,\text{m}$

$+ 2{,}60\,\text{m} \cdot 0{,}60\,\text{m} \cdot 1{,}0\,\text{m}$

$+ \frac{0{,}60\,\text{m} + 0{,}40\,\text{m}}{2} \cdot 1{,}50\,\text{m} \cdot 1{,}0\,\text{m}$

$V = 6{,}56\,\text{m}^3$

29. a) $5{,}80^2\,\text{m}^2 + 1{,}70^2\,\text{m}^2 = S^2$ $S = 6{,}04\,\text{m}$

b) $A = \frac{4{,}60\,\text{m} + 2{,}90\,\text{m}}{2} \cdot 5{,}80\,\text{m} - 2{,}0\,\text{m} \cdot 1{,}0\,\text{m} - 0{,}80\,\text{m} \cdot 0{,}40\,\text{m} = 19{,}43\,\text{m}^2$

62 **30.** $h_1{}^2 + 0{,}80^2\,\text{m}^2 = 3{,}50^2\,\text{m}^2$ $h_2{}^2 + 0{,}95^2\,\text{m}^2 = 4{,}20^2\,\text{m}^2$

$h_1 = 3{,}41\,\text{m}$ $h_2 = 4{,}09\,\text{m}$

$h = 7{,}50\,\text{m}$

31. a) $77{,}50^2\,\text{m}^2 + 8{,}10^2\,\text{m}^2 = c^2$ $3{,}70^2\,\text{m}^2 + 62{,}20^2\,\text{m}^2 = c^2$

$c = 77{,}92\,\text{m}$ $c = 62{,}31\,\text{m}$

$34{,}60^2\,\text{m}^2 + 3{,}0^2\,\text{m}^2 = c^2$ $4{,}20^2\,\text{m}^2 + 19{,}30^2\,\text{m}^2 = c^2$

$c = 34{,}73\,\text{m}$ $c = 19{,}75\,\text{m}$

$l = 77{,}92\,\text{m} + 127{,}70\,\text{m} + 3{,}70\,\text{m} + 62{,}31\,\text{m} + 34{,}73\,\text{m} + 3{,}0\,\text{m}$

$+\ 86{,}10\,\text{m} + 19{,}75\,\text{m} + 29{,}30\,\text{m}$

$l = 444{,}51\,\text{m}$

b) $A = 127{,}70\,\text{m} \cdot 96{,}80\,\text{m} + \frac{62{,}20\,\text{m} \cdot 3{,}70\,\text{m}}{2}$

$+ \frac{34{,}60\,\text{m} \cdot 3{,}0\,\text{m}}{2}$

$- \frac{77{,}50\,\text{m} \cdot 8{,}10\,\text{m}}{2}$

$- \frac{41{,}60\,\text{m} + 37{,}40\,\text{m}}{2} \cdot 19{,}30\,\text{m}$

$A = 11\,452{,}11\,\text{m}^2$

c) $p = \frac{100\% \cdot 312\,\text{m}^2}{11\,452{,}11\,\text{m}^2}$

$p = 2{,}72\%$

32. a) $a^2 + 2{,}80^2\,\text{m}^2 = 3{,}20^2\,\text{m}^2$ Sohle $= 5{,}50\,\text{m} + 2 \cdot 1{,}55\,\text{m}$

$a = 1{,}55\,\text{m}$ $s = 8{,}60\,\text{m}$

$V = \frac{8{,}60\,\text{m} + 5{,}50\,\text{m}}{2} \cdot 2{,}80\,\text{m} \cdot 80\,\text{m}$

$V = 1\,579{,}20\,\text{m}^3$

b) $V = 1\,579{,}20\,\text{m}^3 + \dfrac{1\,579{,}20\,\text{m}^3 \cdot 20}{100}$ **62**

$V = 1\,895{,}04\,\text{m}^3$

$n = 1\,895{,}04 : 5{,}5$

$n = 344{,}55$

$n = 345$ Fuhren

33. a) $V = \left(\dfrac{7{,}40\,\text{m} + 3{,}80\,\text{m}}{2} \cdot 3{,}70\,\text{m} + \dfrac{7{,}20\,\text{m} + 3{,}70\,\text{m}}{2} \cdot 2{,}0\,\text{m} + \dfrac{11{,}08\,\text{m} + 8{,}20\,\text{m}}{2} \cdot 7{,}20\,\text{m}\right) \cdot 100\,\text{m}$

$V = 10\,103\,\text{m}^3$

b) $3{,}70^2\,\text{m}^2 + 3{,}60^2\,\text{m}^2 = c^2$

$c = 5{,}16\,\text{m}$

$2{,}0^2\,\text{m}^2 + 3{,}50^2\,\text{m}^2 = c^2$

$c = 4{,}03\,\text{m}$

$2{,}88^2\,\text{m}^2 + 7{,}20^2\,\text{m}^2 = c^2$

$c = 7{,}75\,\text{m}$

$A = (5{,}16\,\text{m} + 3{,}80\,\text{m} + 4{,}03\,\text{m} + 8{,}20\,\text{m} + 7{,}75\,\text{m}) \cdot 100\,\text{m}$

$A = 2\,894\,\text{m}^2$

34. a)

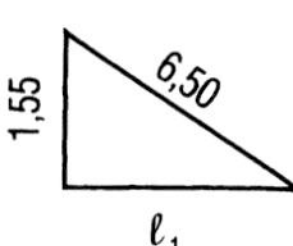

$1{,}55^2\,\text{m}^2 + {l_1}^2 = 6{,}50^2\,\text{m}^2$

$l_1 = 6{,}31\,\text{m}$

$l = 6{,}31\,\text{m} - 2{,}21\,\text{m} - 0{,}60\,\text{m}$

$l = 3{,}50\,\text{m}$

b) $S = \dfrac{1{,}55\,\text{m} \cdot 100\%}{6{,}31\,\text{m}}$

$S = 24{,}56\%$

c) $SV = \dfrac{1{,}75\,\text{m}}{3{,}50\,\text{m}}$

$SV = 1 : 2$

63

35. a)

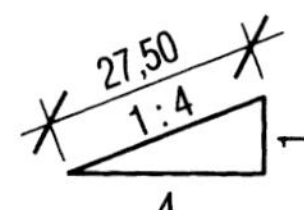

$1{,}0^2\,\text{m}^2 + 4{,}0^2\,\text{m}^2 = c^2$

$c = 4{,}123\,\text{m}$

4,123 Teile $\hat{=}$ 27,50 m

1 Teil $\hat{=}$ 6,67 m

4 Teile $\hat{=}$ 26,68 m

216,8 m üNN
− 6,67 m

▼ 210,13 m üNN

unterer Grabeneinschnitt

63

$h : 3{,}50\,\text{m} = 3 : 1$

$h = 10{,}50\,\text{m}$

$$\begin{array}{r} 210{,}13\,\text{m üNN} \\ -\ \ 10{,}50\,\text{m} \\ \hline \blacktriangledown\ \ 199{,}63\,\text{m üNN} \end{array}$$

Grabensohle

b) $2 : 1 = 17{,}17 : l$

$l = 8{,}585\,\text{m}$

$17{,}17^2\,\text{m}^2 + 8{,}585^2\,\text{m}^2 = {l_1}^2$

$l_1 = 19{,}20\,\text{m}$

$10{,}50^2\,\text{m}^2 + 3{,}50^2\,\text{m}^2 = {l_2}^2$

$l_2 = 11{,}07\,\text{m}$

$b = 26{,}68\,\text{m} - 3{,}50\,\text{m} - 8{,}585\,\text{m}$

$b = 14{,}60\,\text{m}$

c)

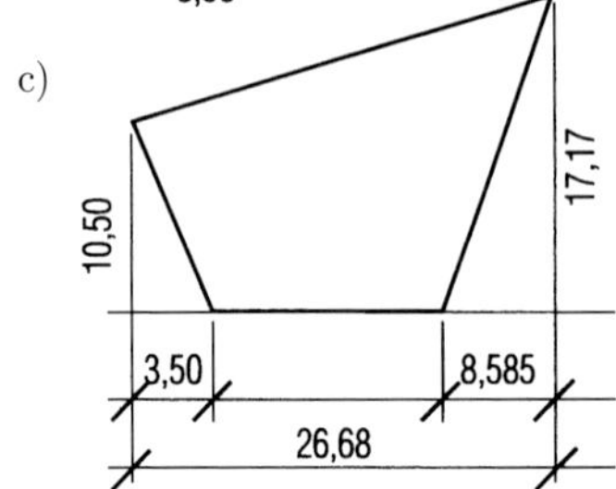

$$V = \left(\frac{17{,}17\,\text{m} + 10{,}50\,\text{m}}{2} \cdot 26{,}68\,\text{m} - \frac{3{,}50\,\text{m} \cdot 10{,}50\,\text{m}}{2} - \frac{8{,}585\,\text{m} \cdot 17{,}17\,\text{m}}{2} \right) \cdot 100\,\text{m}$$

$V = 27\,704{,}10\,\text{m}^3$

36. a) $5{,}0^2\,\text{m}^2 + 5{,}25^2\,\text{m}^2 = {l_1}^2$

$l_1 = 7{,}25\,\text{m}$

$5{,}0\,\text{m} : 7{,}25\,\text{m} = 2{,}20\,\text{m} : l_2$

$l_2 = 3{,}19\,\text{m}$

b) $4{,}06^2\,\text{m}^2 + 13{,}70^2\,\text{m}^2 = t^2$

$t = 14{,}29\,\text{m}$

37. a)

$7{,}0^2\,\text{m}^2 + 7{,}0^2\,\text{m}^2 = {l_1}^2$

$l_1 = 9{,}90\,\text{m}$

$4{,}50^2\,\text{m}^2 + 4{,}50^2\,\text{m}^2 = {l_2}^2$

$l_2 = 6{,}36\,\text{m}$

b) $7{,}0^2\,\text{m}^2 + 7{,}0^2\,\text{m}^2 = g'^2$

$g' = 9{,}90\,\text{m}$

$9{,}90^2\,\text{m}^2 + 7{,}0^2\,\text{m}^2 = g^2$

$g = 12{,}12\,\text{m}$

c) $4{,}50^2\,\text{m}^2 + 4{,}50^2\,\text{m}^2 = k'^2$

$k' = 6{,}36\,\text{m}$

$6{,}36^2\,\text{m}^2 + 4{,}50^2\,\text{m}^2 = k^2$

$k = 7{,}79\,\text{m}$

d) $v = g - k$ **63**

$v = 4{,}33\,\mathrm{m}$

e) $A = \left(\dfrac{18{,}0\,\mathrm{m} \cdot 14{,}0\,\mathrm{m} + 4{,}50\,\mathrm{m} \cdot 9{,}0\,\mathrm{m}}{\cos 45^\circ}\right)$

$A = 413{,}66\,\mathrm{m}^2$

38. a) $3{,}20^2\,\mathrm{m}^2 + 0{,}90^2\,\mathrm{m}^2 = O^2$

$O = 3{,}32\,\mathrm{m}$

b) $3{,}20^2\,\mathrm{m}^2 + 1{,}80^2\,\mathrm{m}^2 = D^2$

$D = 3{,}67\,\mathrm{m}$

c) $V = 0{,}90\,\mathrm{m}$

39. a) $2{,}20^2\,\mathrm{m}^2 + 1{,}10^2\,\mathrm{m}^2 = O^2$

$O = 2{,}46\,\mathrm{m}$

b) $D = 2{,}46\,\mathrm{m}$

c) $V_1 = 2{,}20\,\mathrm{m}$

$V_2 = 1{,}10\,\mathrm{m}$

d) $A = \dfrac{2{,}20\,\mathrm{m} \cdot 2{,}20\,\mathrm{m}}{2} \cdot 2$

$A = 4{,}84\,\mathrm{m}^2$

40. a) ${U_1}^2 + 0{,}65^2\,\mathrm{m}^2 = 3{,}90^2\,\mathrm{m}^2$ **64**

$U_1 = 3{,}85\,\mathrm{m}$

${U_2}^2 + 0{,}60^2\,\mathrm{m}^2 = 3{,}60^2\,\mathrm{m}^2$

$U_2 = 3{,}55\,\mathrm{m}$

$a^2 + 0{,}45^2\,\mathrm{m}^2 = 2{,}70^2\,\mathrm{m}^2$

$a = 2{,}66 \rightarrow U_3 = 5{,}32\,\mathrm{m}$

b) $3{,}55^2\,\mathrm{m}^2 + 1{,}25^2\,\mathrm{m}^2 = {D_1}^2$

$D_1 = D_4 = 3{,}76\,\mathrm{m}$

$2{,}66^2\,\mathrm{m}^2 + 1{,}70^2\,\mathrm{m}^2 = {D_2}^2$

$D_2 = D_3 = 3{,}16\,\mathrm{m}$

c) $A = \dfrac{5{,}32\,\mathrm{m} \cdot 1{,}70\,\mathrm{m}}{2}$

$A = 4{,}52\,\mathrm{m}^2$

41. $2{,}65^2\,\mathrm{m}^2 + 4{,}45^2\,\mathrm{m}^2 = {\overline{S}_1}^2$

$\overline{S}_1 = 5{,}18\,\mathrm{m}$

$\overline{S}_1 = 5{,}78\,\mathrm{m}$

$2{,}85^2\,\mathrm{m}^2 + 5{,}15^2\,\mathrm{m}^2 = {\overline{S}_2}^2$

$\overline{S}_2 = 5{,}886\,\mathrm{m}$

$S = \dfrac{2{,}85\,\mathrm{m} \cdot 100\%}{5{,}15\,\mathrm{m}}$

$S = 55{,}3398\%$

$h = \dfrac{55{,}3398\% \cdot 0{,}50\,\mathrm{m}}{100\%}$

$h = 0{,}277\,\mathrm{m}$

$0{,}277^2\,\mathrm{m}^2 + 0{,}50^2\,\mathrm{m}^2 = {\overline{S}_2}^2$

$\overline{S}_2 = 0{,}57\,\mathrm{m}$

$S_2 = 5{,}886\,\mathrm{m} + 0{,}57\,\mathrm{m}$

$S_2 = 6{,}46\,\mathrm{m}$

42. $0{,}08^2\,\mathrm{m}^2 + 0{,}105^2\,\mathrm{m}^2 = c^2$

$c = 0{,}132\,\mathrm{m}$

$A = 0{,}132\,\mathrm{m} \cdot 0{,}08\,\mathrm{m} \cdot \dfrac{\pi}{4}$

$A = 0{,}008294\,\mathrm{m}^2$

64 **43.** $s = \frac{52}{8}\,\text{m}$

$s = 6{,}50\,\text{m}$

$\frac{6{,}50\,\text{m} \cdot b \cdot 8}{2} = 204{,}10\,\text{m}^2$

$b = 7{,}85\,\text{m}$

$3{,}25^2\,\text{m}^2 + 7{,}85^2\,\text{m}^2 = S^2$

$S = 8{,}50\,\text{m}$

44. $s = \frac{11{,}61\,\text{m}^2}{4{,}70\,\text{m} \cdot 10}$

$s = 0{,}247\,\text{m}$

$V = \frac{0{,}247\,\text{m} \cdot 0{,}38\,\text{m}}{2} \cdot 10 \cdot 4{,}70\,\text{m}$

$V = 2{,}21\,\text{m}^3$

$0{,}1235^2\,\text{m}^2 + b^2 = 0{,}40^2\,\text{m}^2$

$b = 0{,}38\,\text{m}$

45. ${h_1}^2 + 4{,}125^2\,\text{m}^2 = 9{,}75^2\,\text{m}^2$

$h_1 = 8{,}83\,\text{m}$

${h_2}^2 + 2{,}75^2\,\text{m}^2 = 9{,}75^2\,\text{m}^2$

$h_2 = 9{,}35\,\text{m}$

a) $A = 8{,}25\,\text{m} \cdot 8{,}83\,\text{m} + 5{,}50\,\text{m} \cdot 9{,}35\,\text{m}$

$A = 124{,}27\,\text{m}^2$

b) $V = 8{,}25\,\text{m} \cdot 5{,}50\,\text{m} \cdot \frac{8{,}39\,\text{m}}{3}$

$V = 126{,}90\,\text{m}^3$

$2{,}75^2\,\text{m}^2 + {h_1}^2 = 8{,}83^2\,\text{m}^2$

$h = 8{,}39\,\text{m}$

46. $2a^2 = 13{,}86^2\,\text{m}^2$

$a = 9{,}80\,\text{m}$

$12{,}70^2\,\text{m}^2 + 4{,}90^2\,\text{m}^2 = h^2$

$h = 13{,}61\,\text{m}$

a) $A = \frac{9{,}80\,\text{m} \cdot 13{,}61\,\text{m}}{2} \cdot 4$

$A = 266{,}76\,\text{m}^2$

b) $V = \frac{9{,}80^2\,\text{m}^2 \cdot 12{,}70\,\text{m}}{3}$

$V = 406{,}57\,\text{m}^3$

65 **47.** $\frac{5{,}25\,\text{m} \cdot h}{2} \cdot 4 = 49{,}35\,\text{m}^2$

$h_1 = 4{,}70\,\text{m}$

$V = \frac{5{,}25^2\,\text{m}^2 \cdot 3{,}90\,\text{m}}{3}$

$V = 35{,}83\,\text{m}^3$

$h^2 + 2{,}625^2\,\text{m}^2 = 4{,}70^2\,\text{m}^2$

$h = 3{,}90\,\text{m}$

48. a) $0{,}80^2\,\text{m}^2 + 4{,}85^2\,\text{m}^2 = S^2$

$S = 4{,}915\,\text{m}$

b) $l = 4{,}208\,\text{m} \cdot 7$

$l = 29{,}46\,\text{m}$

c) $h^2 + 2{,}10^2\,\text{m}^2 = 4{,}92^2\,\text{m}^2$

$h = 4{,}45\,\text{m}$

$A = \dfrac{4{,}21 \cdot 4{,}45}{2} \cdot 7$

$A = 65{,}57\,\text{m}^2$

49. a) $V_1 = 2{,}50\,\text{m}$

$V_2 = 3{,}70\,\text{m}$

b) $8{,}15^2\,\text{m}^2 + 2{,}50^2\,\text{m}^2 = 2\ {O_1}^2$

$O_1 = 4{,}26\,\text{m}$

$8{,}15^2 + 1{,}20^2 = 2\ {O_2}^2$

$O_2 = 4{,}12\,\text{m}$

c) $D_1 = O_1 = 4{,}26\,\text{m}$

$4{,}075^2\,\text{m}^2 + 3{,}10^2\,\text{m}^2 = {D_2}^2$

$D_2 = D_3 = D_4 = D_5 = 5{,}12\,\text{m}$

d) $A = \left(\dfrac{3{,}70\,\text{m} + 2{,}50\,\text{m}}{2} \cdot 8{,}15\,\text{m} \cdot 2 + 8{,}15\,\text{m} \cdot 2{,}50\,\text{m}\right) \cdot 2$

$A = 141{,}82^2$

e) $A = (2 \cdot 4{,}26\,\text{m} + 2 \cdot 4{,}12\,\text{m}) \cdot 2 \cdot 75{,}0\,\text{m}$

$A = 2\,514\,\text{m}^2$

50. a) $8{,}0^2\,\text{m}^2 + 6{,}0^2\,\text{m}^2 = c^2$

$c = 10\,\text{m}$

$O = 10\,\text{m} : 4$

$O = 2{,}50\,\text{m}$

b) $5{,}50^2\,\text{m}^2 + 1{,}0^2\,\text{m}^2 = c^2$

$c = 5{,}59\,\text{m}$

$U_1 = 2{,}80\,\text{m}$

$U_2 = 5{,}00\,\text{m}$

c) $5{,}0^2\,\text{m}^2 + b^2 = 5{,}59^2\,\text{m}^2$

$b = 2{,}50\,\text{m}$

$V_2 = 2{,}50\,\text{m}$

$V_1 = 1{,}25\,\text{m}$

$V_3 = 1{,}25\,\text{m}$

d) $2{,}50^2\,\text{m}^2 + 1{,}25^2\,\text{m}^2 = c^2$

$c = 2{,}80\,\text{m}$

$D_1 = 2{,}80\,\text{m}$

$D_2 = 2{,}80\,\text{m}$

$5{,}0^2\,\text{m}^2 + 2{,}50^2\,\text{m}^2 = c^2$

$c = 5{,}59\,\text{m}$

$D_3 = 2{,}80\,\text{m}$

$D_4 = 2{,}80\,\text{m}$

65

51. a) $16{,}25^2\,\mathrm{m}^2 + 4{,}34^2\,\mathrm{m}^2 = O^2$

$O = 16{,}82\,\mathrm{m}$

$O_1 = 3{,}36\,\mathrm{m}$

$12{,}60^2\,\mathrm{m}^2 + 1{,}20^2\,\mathrm{m}^2 = c^2$

$c = 12{,}66\,\mathrm{m}$

$O_2 = 12{,}66\,\mathrm{m} : 5$

$O_2 = 2{,}53\,\mathrm{m}$

$O_3 = 5{,}06\,\mathrm{m}$

b)

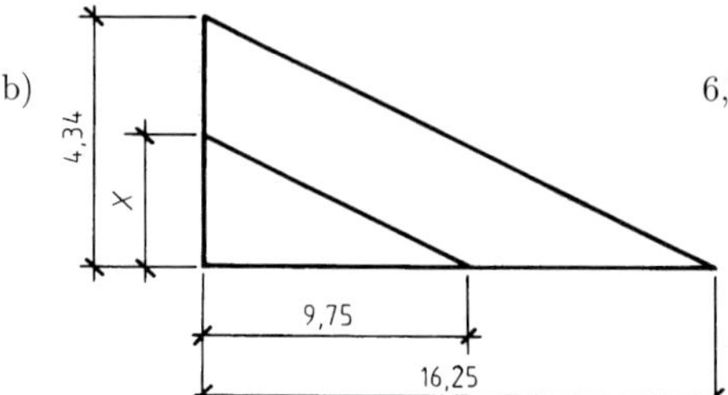

$6{,}72^2\,\mathrm{m}^2 - 6{,}50^2\,\mathrm{m}^2 = {V_1}^2$

$V_1 = 1{,}71\,\mathrm{m}$

${V_2}^2 + 3{,}25^2\,\mathrm{m}^2 = 3{,}36^2\,\mathrm{m}^2$

$V_2 = 0{,}85\,\mathrm{m}$

$V_3 = 10{,}80\,\mathrm{m} : 3$

$V_3 = 3{,}60\,\mathrm{m}$

$12{,}60\,\mathrm{m} : 4{,}80\,\mathrm{m} = 7{,}56\,\mathrm{m} : V'_5$

$V'_5 = 2{,}88\,\mathrm{m}$

$V_5 = 2{,}88\,\mathrm{m} - 0{,}72\,\mathrm{m}$

$V_5 = 2{,}16\,\mathrm{m}$

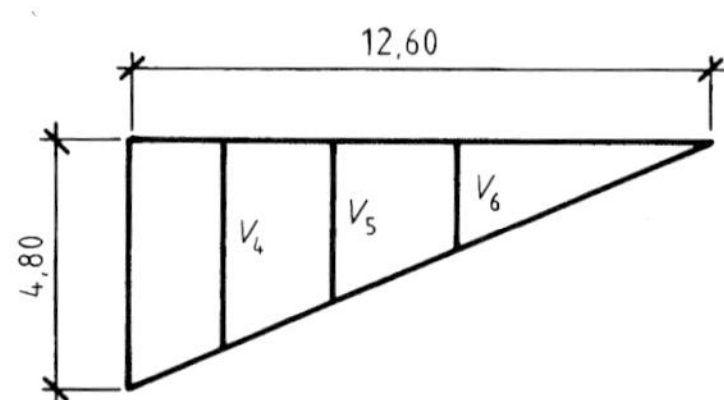

$4{,}80^2\,\mathrm{m}^2 + 12{,}60^2\,\mathrm{m}^2 = c^2$

$c = 13{,}48\,\mathrm{m}$

$12{,}60\,\mathrm{m} : 4{,}80\,\mathrm{m} = 5{,}04\,\mathrm{m} : V'_6$

$V'_6 = 1{,}92\,\mathrm{m}$

$V_6 = 1{,}92\,\mathrm{m} - 0{,}48\,\mathrm{m}$

$V_6 = 1{,}44\,\mathrm{m}$

$12{,}60\,\mathrm{m} : 4{,}80\,\mathrm{m} = 10{,}08\,\mathrm{m} : V'_4$

$V'_4 = 3{,}84\,\mathrm{m}$

$V_4 = 3{,}84\,\mathrm{m} - 0{,}96\,\mathrm{m}$

$V_4 = 2{,}88\,\mathrm{m}$

c) $12{,}60\,\mathrm{m} : 13{,}48\,\mathrm{m} = 10{,}08\,\mathrm{m} : x$

$x = 10{,}78\,\mathrm{m}$

$U_3 = 13{,}48\,\mathrm{m} - 10{,}78\,\mathrm{m}$

$U_3 = 2{,}70\,\mathrm{m}$

$12{,}60\,\mathrm{m} : 13{,}48\,\mathrm{m} = 5{,}04\,\mathrm{m} : U_4$

$U_4 = 5{,}39\,\mathrm{m}$

$U_2 = 3{,}25\,\mathrm{m}$

$U_1 = 3{,}36\,\mathrm{m}$

10 Winkelfunktionen

68

1. a) $\sin 44^\circ\, 25' = 0{,}6999$

b) $\tan 9{,}5^\circ = 0{,}1673$

c) $\cos 20^\circ\, 54' = 0{,}9342$

d) $\cot 28{,}4^\circ = 1{,}8392$

e) $\sin 61{,}8^\circ = 0{,}8813$

f) $\cos 72^\circ = 0{,}3090$

g) $\tan 60^\circ = 1{,}7321$

2. a) $\cos\ \alpha = 0{,}9511$

$\alpha = 18^\circ$

b) $\sin\ \beta = 0{,}9511$

$\beta = 72^\circ$

c) $\tan\ \alpha = 9{,}5140$

$\alpha = 84^\circ$

d) $\cos\ \gamma = 0{,}0698$

$\gamma = 86^\circ$

e) $\cot\ \gamma = 1{,}5647$

$\gamma = 32^\circ\, 35'$

f) $\tan\ \beta = 0{,}9856$

$\beta = 44^\circ\, 35' = 44{,}58^\circ$

3. $\sin\ \alpha = \dfrac{6\,\text{cm}}{10\,\text{cm}}$

$\alpha = 36^\circ\, 52'$

$\cos\ \beta = \dfrac{6\,\text{cm}}{10\,\text{cm}}$

$\beta = 53{,}8^\circ$

$\tan\ \alpha = \dfrac{6\,\text{cm}}{b}$

$b = \dfrac{6\,\text{cm}}{0{,}7499}$

$b = 8{,}0\,\text{cm}$

4. a) $\sin 40^\circ = \dfrac{h}{4{,}80\,\text{m}}$

$h = 3{,}09\,\text{m}$

b) $\cos 40^\circ = \dfrac{b/2}{4{,}80}$

$b = 7{,}35\,\text{m}$

5. a) $5{,}25^2 + 3{,}25^2 = S^2$

$S = 6,17\,\text{m}$

b) $\tan\ \alpha = \dfrac{3{,}25\,\text{m}}{5{,}25\,\text{m}}$ $\alpha = 31{,}45^\circ$

c) $A = 6{,}17\,\text{m} \cdot 15{,}70\,\text{m} \cdot 2$

$= 193{,}74\,\text{m}^2$

6. $\tan 52^\circ = \dfrac{h}{2{,}0}$

$h = 2{,}56\,\text{m}$

$V = \dfrac{8{,}0\,\text{m} + 4{,}0\,\text{m}}{2} \cdot 2{,}56\,\text{m} \cdot 600\,\text{m}$

$V = 9\,216\,\text{m}^3$

7. a) $\tan\ \alpha = \dfrac{3{,}60\,\text{m}}{6{,}90\,\text{m}}$

$\alpha = 27^\circ\, 33'$

$\cos 27{,}55^\circ = \dfrac{7{,}40\,\text{m}}{S_1}$

$S_1 = 8{,}35\,\text{m}$

$\tan\ \beta = \dfrac{2{,}46\,\text{m}}{3{,}69\,\text{m}}$

$\beta = 33^\circ\, 41'$

$\cos 33{,}68^\circ = \dfrac{4{,}19\,\text{m}}{S_2}$

$S_2 = 5{,}04\,\text{m}$

b) Dachneigung links $\alpha = 27^\circ\, 33'$

Dachneigung rechts $\beta = 33^\circ\, 41'$

c) $A_1 = \dfrac{6{,}90\,\text{m} \cdot 3{,}60\,\text{m}}{2} + \dfrac{3{,}60\,\text{m} + 1{,}14\,\text{m}}{2} \cdot 3{,}69\,\text{m}$

$A_1 = 21{,}17\,\text{m}^2$

Verschnitt: $A_2 = 0{,}74\,\text{m}^2$

$A = 21{,}91\,\text{m}^2$

68 **8.**

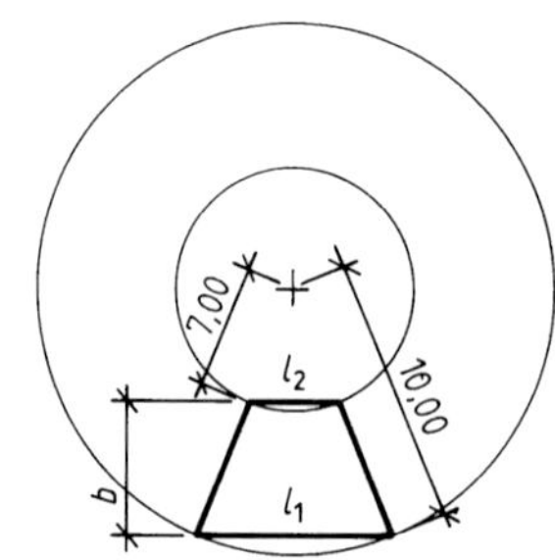

$$\sin 12° = \frac{\frac{b_1}{2}}{10\,\text{m}}$$

$$b_1 = 4{,}158\,\text{m}$$

$$\sin 12° = \frac{\frac{b_2}{2}}{7{,}0\,\text{m}}$$

$$b_2 = 2{,}91\,\text{m}$$

$$b^2 + 0{,}624^2 = 3{,}0^2$$

$$b = 2{,}93\,\text{m}$$

$$\alpha = 360° : 15$$

$$\alpha = 24°$$

a) $A = \frac{4{,}158\,\text{m} + 2{,}91\,\text{m}}{2} \cdot 2{,}93\,\text{m} \cdot 15$

$A = 155{,}32\,\text{m}^2$

oder mit Hilfe der Formeln S. 77

$A_1 = 3{,}051 \cdot 10^2\,\text{m}^2 = 305{,}10\,\text{m}^2$

$A_2 = 3{,}051 \cdot 7^2\,\text{m}^2 = \underline{149{,}50\,\text{m}^2}$

$A_1 - A_2 = 155{,}60\,\text{m}^2$

$U_1 = 0{,}416 \cdot 10\,\text{m} \cdot 15 = 62{,}40\,\text{m}$

$U_2 = 0{,}416 \cdot 7\,\text{m} \cdot 15 = \underline{43{,}68\,\text{m}}$

$U_1 - U_2 = 18{,}72\,\text{m}$

b) $U = U_1 - U_2$

$U = 18{,}72\,\text{m}$

69 **9.** $\tan 30° = \frac{2{,}50\,\text{m}}{l}$ $\quad l = 4{,}33\,\text{m}$

$\sin 30° = \frac{2{,}50\,\text{m}}{a}$ $\quad a = 5{,}0\,\text{m}$

a) $A_1 = \frac{4{,}33\,\text{m} \cdot 2{,}50\,\text{m}}{2} \cdot 4 - 5{,}0\,\text{m} \cdot 2{,}50\,\text{m}$

$A_1 = 9{,}15\,\text{m}^2$

Bruch $0{,}69\,\text{m}^2$

$A = 9{,}84\,\text{m}^2$

b) $A = 12{,}50\,\text{m}^2$

c) Randsteine

$l = 20{,}0\,\text{m}$

Stellplatten

$l = 3{,}54\,\text{m} \cdot 4$

$l = 14{,}16\,\text{m}$

10. $\cos 52° = \frac{2{,}20\,\text{m}}{h}$

$h = 3{,}57\,\text{m}$

$A = 12{,}40\,\text{m} \cdot 3{,}57\,\text{m} + \text{Verschnitt}$

$A = 49{,}58\,\text{m}^2$

$n = 49{,}58\,\text{m}^2 \cdot 15\,\frac{\text{Ziegel}}{\text{m}^2}$

$n = 744$

11. $\cos 60^\circ = \frac{15}{h_1}$ $\tan 60^\circ = \frac{h}{15}$ 69

$h_1 = 30\,\text{cm}$ $h = 25{,}98\,\text{cm}$

a) $V = \frac{0{,}2598}{3}\left(0{,}60^2 + 0{,}30^2 + \sqrt{0{,}6^2 \cdot 0{,}3^2}\right) \cdot 15$

$V = 0{,}818\,\text{m}^2$

b) $A = \frac{0{,}32 + 0{,}62}{2} \cdot 0{,}30 \cdot 4 + \text{Verschnitt}$

$A = 0{,}62\,\text{m}^2$

12. $\sin 50^\circ = \frac{h}{5{,}0\,\text{m}}$

$h = 3{,}83\,\text{m}$

$\cos 50^\circ = \frac{\frac{a}{2}}{5{,}0\,\text{m}}$

$a = 6{,}43\,\text{m}$

a) $l = 25{,}72\,\text{m}$

b) $A = \frac{6{,}43\,\text{m} \cdot 5{,}0\,\text{m}}{2} \cdot 4$

$A = 64{,}30\,\text{m}^2$

c) $d^2 = 6{,}43^2 + 6{,}43^2$

$d = 9{,}09\,\text{m}$

$G^2 = 4{,}55^2 + 3{,}83^2$

$G = 5{,}95\,\text{m}$

13. $\sin 18^\circ\, 30' = \frac{1{,}70\,\text{m}}{l}$ $A = 5{,}36\,\text{m} \cdot 3{,}20\,\text{m}$

$l = 5{,}36\,\text{m}$ $A = 17{,}15\,\text{m}^2$

14. $\sin 35^\circ\, 9' = \frac{3{,}0\,\text{m}}{S_1}$ $\cos 35^\circ\, 9' = \frac{0{,}50\,\text{m}}{S_2}$

$S_1 = 5{,}21\,\text{m}$ $S_2 = 0{,}61\,\text{m}$

$S = 5{,}82\,\text{m}$

15. $\alpha = 360^\circ : 5$ 70

$\alpha = 72^\circ$

$\sin 36^\circ = \frac{\frac{a}{2}}{3{,}80\,\text{m}}$

$a = 4{,}47\,\text{m}$

$\cos 36^\circ = \frac{b}{3{,}80\,\text{m}}$

$b = 3{,}07\,\text{m}$

a) $l = 4{,}47\,\text{m} \cdot 5$

$l = 22{,}35\,\text{m}$

b) $n = \frac{4{,}47\,\text{m} \cdot 3{,}07\,\text{m}}{2 \cdot 12{,}5\,\text{m}^2/\text{Rolle}} \cdot 5 \cdot 3$

$n = 8{,}23$

$n = 9$ Rollen

70

16. a) $\cos 62^\circ = \dfrac{1{,}60\,\text{m}}{l_1}$ $\qquad$ $\cos 54^\circ = \dfrac{3{,}40\,\text{m}}{l_2}$

$l_1 = 3{,}41\,\text{m}$ $\qquad$ $l_2 = 5{,}78\,\text{m}$

b) $\tan 62^\circ = \dfrac{h_1}{1{,}60\,\text{m}}$

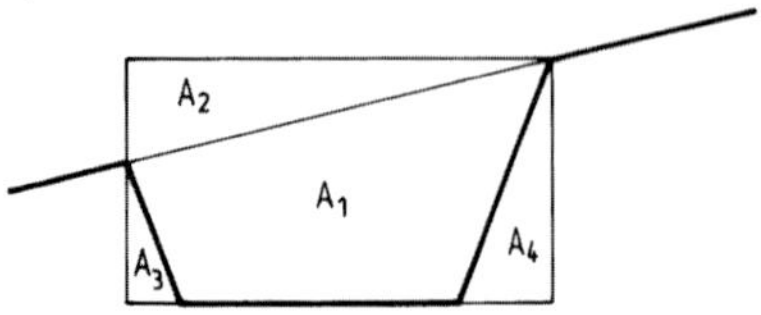

$h_1 = 3{,}0\,\text{m}$

$\tan 54^\circ = \dfrac{h_2}{3{,}40\,\text{m}}$

$h_2 = 4{,}68\,\text{m}$

$$A = A_1 - A_2 - A_3 - A_4$$

$$= 13{,}75\,\text{m} \cdot 4{,}68\,\text{m} - \frac{1{,}68\,\text{m} \cdot 13{,}75\,\text{m}}{2} - \frac{1{,}60\,\text{m} \cdot 3{,}0\,\text{m}}{2} - \frac{3{,}40\,\text{m} \cdot 4{,}68\,\text{m}}{2}$$

$$A = 42{,}44\,\text{m}^2$$

$$V = 6\,366\,\text{m}^3$$

17. a) $\tan 39{,}50^\circ = \dfrac{l}{28\,\text{m}}$ $\qquad$ b) $\cos 39{,}50^\circ = \dfrac{28\,\text{m}}{s}$

$l = 23{,}08\,\text{m}$ $\qquad$ $s = 36{,}29\,\text{m}$

18. a) $\cos 23^\circ = \dfrac{4{,}25\,\text{m}}{s}$

$s = 4{,}62\,\text{m}$

b) $\cos 18^\circ = \dfrac{b}{4{,}62\,\text{m}}$

$b = 4{,}39\,\text{m}$

$\tan 16{,}51^\circ = \dfrac{1{,}313\,\text{m}}{b}$

$b = 4{,}43\,\text{m}$

$\sin 18^\circ = \dfrac{\frac{l}{2}}{4{,}25\,\text{m}}$

$l = 2{,}626\,\text{m}$

$A = \dfrac{2{,}626\,\text{m} \cdot 4{,}43\,\text{m}}{2} \cdot 10 = 58{,}17\,\text{m}^2$

c) $l = 2{,}626\,\text{m} \cdot 10$

$l = 26{,}26\,\text{m}$

d) $\sin \dfrac{\alpha}{2} = \dfrac{1{,}313\,\text{m}}{4{,}62\,\text{m}}$

$\alpha = 33{,}02^\circ$

$\alpha = 33^\circ\ 1'$

19. a) $\tan \dfrac{\alpha}{2} = \dfrac{30\,\text{m}}{45\,\text{m}}$ $\qquad$ $\tan \dfrac{\beta}{2} = \dfrac{45\,\text{m}}{30\,\text{m}}$

$\alpha = 67{,}38^\circ = 67^\circ\ 22'$ $\qquad$ $\beta = 112{,}62^\circ = 112^\circ\ 37'$

b) $\sin 33^\circ\ 41' = \dfrac{30\,\text{m}}{s}$

$s = 54{,}09\,\text{m}$

$l = 54{,}09 \cdot 4$

$l = 216{,}36\,\text{m}$

c) $\sin\gamma = \dfrac{b}{s}$

$b = 54{,}09 \cdot \sin 67^\circ\, 22'$

$= 54{,}09 \cdot 0{,}9230$

$b = 49{,}92\,\text{m}$ **70**

Preis $= 54{,}09\,\text{m} \cdot 49{,}92\,\text{m} \cdot 285\ €/\text{m}^2$

Preis $= 769\,549{,}25\ €$

20. $\cos\alpha = \dfrac{40\,\text{cm}}{50\,\text{cm}}$ **71**

$\alpha = 36{,}87^\circ$

Zentriwinkel $\gamma = 73{,}74^\circ$

a) $A = \left(2 \cdot 0{,}80\,\text{m} + \dfrac{0{,}50\,\text{m} \cdot \pi}{180^\circ} \cdot 73{,}7^\circ \cdot 2\right) \cdot 4{,}30\,\text{m}$

$A = 12{,}41\,\text{m}^2$

b) $V = \left(\dfrac{0{,}80\,\text{m} \cdot 0{,}30\,\text{m}}{2} \cdot 2 + \dfrac{0{,}50^2\,\text{m}^2 \cdot \pi}{360^\circ} \cdot 73{,}7^\circ \cdot 2\right) \cdot 4{,}30\,\text{m}$

$V = 2{,}41\,\text{m}^3$

21. $\tan 58^\circ = \dfrac{5{,}20\,\text{m}}{b_1}$

$b_1 = 3{,}25\,\text{m}$

a) Sohle $s = 36{,}50\,\text{m}$

b) $\sin\ 58^\circ = \dfrac{5{,}20\,\text{m}}{l}$

$l = 6{,}13\,\text{m}$

c) $V = \dfrac{36{,}50\,\text{m} + 30{,}0\,\text{m}}{2} \cdot 5{,}20\,\text{m} \cdot 100\,\text{m}$

$V = 17\,290\,\text{m}^3$

$n = 3\,458$ Fuhren

22. a) $\cos 40^\circ = \dfrac{4{,}75\,\text{m}}{S}$

$S = 6{,}20\,\text{m}$

b) $\tan 40^\circ = \dfrac{h}{4{,}75\,\text{m}}$

$h = 3{,}99\,\text{m}$

$d = \sqrt{4{,}75^2\,\text{m}^2 + 4{,}75^2\,\text{m}^2}$

$d = 6{,}72\,\text{m}$

$G = \sqrt{6{,}72^2\,\text{m}^2 + 3{,}99^2\,\text{m}^2}$

$G = 7{,}82\,\text{m}$

oder $4{,}75^2\,\text{m}^2 + 6{,}20^2\,\text{m}^2 = G^2$

$G = 7{,}81\,\text{m}$

oder $G^2 = 4{,}75^2\,\text{m}^2 + 4{,}75^2\,\text{m}^2 + 3{,}99^2\,\text{m}^2$

$G = 7{,}81\,\text{m}$

$3{,}99\,\text{m} : 9{,}50\,\text{m} = h_1 : 4{,}20\,\text{m}$

$h_1 = 1{,}76\,\text{m}$

c) $\tan 40^\circ = \dfrac{1{,}76\,\text{m}}{a}$

$a = 2{,}10\,\text{m}$

$\sin 40^\circ = \dfrac{1{,}76\,\text{m}}{h_W}$

$h_W = 2{,}74\,\text{m}$

$G^2 = 3{,}10^2 + 2{,}10^2$

$G = 3{,}45\,\text{m}$

oder $G^2 = 2{,}10^2\,\text{m}^2 + 2{,}10^2\,\text{m}^2 + 1{,}76^2\,\text{m}^2$

$G = 3{,}45\,\text{m}$

71

d) $A_D = \left(\frac{16\,\text{m} + 11{,}25\,\text{m}}{2} \cdot 6{,}20\,\text{m} + \frac{6{,}50\,\text{m} + 11{,}25\,\text{m}}{2} \cdot 6{,}20\,\text{m}\right) \cdot 2$

$- \frac{2{,}37\,\text{m} \cdot 2{,}89\,\text{m}}{2} \cdot 2 + \frac{4{,}20\,\text{m} \cdot 3{,}10\,\text{m}}{2}$

$A_D = 278{,}66\,\text{m}^2$

oder

$A_D = 2 \cdot l_1 \cdot s_1 + 2 \cdot l_2 \cdot s_2$

$= 2 \cdot 16\,\text{m} \cdot 6{,}20\,\text{m} + 2 \cdot 6{,}50\,\text{m} \cdot 6{,}20\,\text{m}$

$A = 279{,}0\,\text{m}^2$

oder

$A_D = \frac{A_{\text{Gr}}}{\cos\alpha}$

$= \frac{16{,}0^2\,\text{m}^2 - 6{,}50^2\,\text{m}^2}{\cos 40^\circ}$

$A_D = 279{,}03\,\text{m}^2$

$n = 278{,}66\,\text{m}^2 \cdot \frac{15 \text{ Ziegel}}{\text{m}^2} + \text{Verhau}$

$= 4\,179{,}9 + 167{,}20$

$= 4\,347{,}1$

$n = 4\,348$ Ziegel

e) First

$l = 16\,\text{m} - 2{,}10\,\text{m} + 11{,}25\,\text{m}$

$l = 25{,}15\,\text{m}$

$n = 25{,}15\,\text{m} \cdot 3\frac{1}{\text{m}}$

$n = 75{,}45$

$n = 76$ Ziegel

Krüppelwalm

${g_k}^2 = 2{,}10^2 + 2{,}10^2 + 1{,}76^2$

$g_k = 3{,}45\,\text{m}$

$n = 3{,}45\,\text{m} \cdot 2 \cdot 3$

$n = 20{,}71$

$n = 21$ Ziegel

Grat/Kehle

$g^2 = 4{,}75^2 + 4{,}75^2 + 3{,}99^2$

$g = 7{,}81\,\text{m}$

$n = 7{,}81\,\text{m} \cdot 2 \cdot 3$

$n = 46{,}86$

$n = 47$ Ziegel

f) Ortgang

$\sin 40^\circ = \frac{2{,}23\,\text{m}}{c}$

$c = 3{,}47\,\text{m}$

$n = (3{,}47\,\text{m} + 6{,}20\,\text{m}) \cdot 2 \cdot 3$

$n = 58{,}02$

$n = 59$ Ziegel

23. a)

Fläche 1 :	$95{,}445\,\text{m}^2$
Fläche 2 :	$35{,}35\,\text{m}^2$
Fläche 3 :	$72{,}81\,\text{m}^2$
Fläche 4 :	$113{,}20\,\text{m}^2$
Fläche 5 :	$22{,}64\,\text{m}^2$
	$339{,}45\,\text{m}^2$

$b_1 = 7{,}07\,\text{m}$

$b_2 = 5{,}66\,\text{m}$

b) $n = 339{,}45\,\text{m}^2 \cdot 15 \text{ Ziegel}/\,\text{m}^2$

$n = 5\,092$ Ziegel

c) $l = 11{,}0\,\text{m} + 10{,}0\,\text{m} + 8{,}66\,\text{m} \cdot 2 + 6{,}93\,\text{m} \cdot 2$ **71**

$l = 52{,}18\,\text{m}$

$n = 52{,}18\,\text{m} \cdot 2{,}5\,\text{Ziegel/m}$

$n = 131$ Firstziegel

d) $n = 7{,}07\,\text{m} \cdot 2 \cdot 3\,\text{Ziegel/m}$

$n = 43$

$n = 2 \cdot 22$ Ortgangziegel

24. $l = 1{,}90\,\text{m} + 0{,}485\,\text{m} + 4{,}65\,\text{m} + 0{,}653\,\text{m} + 1{,}55\,\text{m}$

$l = 9{,}24\,\text{m}$

25. $\sin 22^\circ\, 30' = \dfrac{\frac{l}{2}}{40}$ **72**

$l = 30{,}61\,\text{cm}$

$\cos 22{,}5^\circ = \dfrac{b}{40}$

$b = 36{,}96\,\text{m}$

a) $V = \dfrac{0{,}3061\,\text{m} \cdot 0{,}3696\,\text{m}}{2} \cdot 8 \cdot 4{,}40\,\text{m} \cdot 8 = 15{,}93\,\text{m}^3$

b) $A = 0{,}3061\,\text{m} \cdot 8 \cdot 4{,}40\,\text{m} + \text{Verschnitt}$

$A = 11{,}85\,\text{m}^2$

26. $\tan\alpha = \dfrac{2{,}30\,\text{m}}{6{,}25\,\text{m}}$

$\alpha = 20{,}20^\circ = 20^\circ\, 12'$

27.

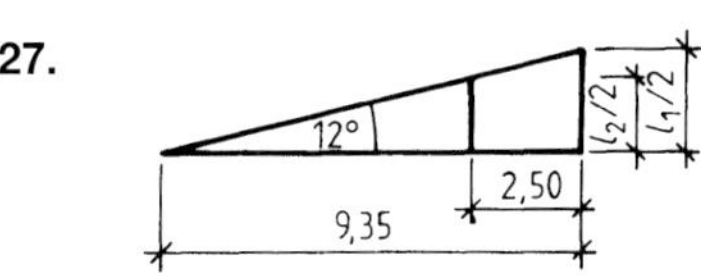

$\tan 12^\circ = \dfrac{\frac{l_1}{2}}{9{,}35\,\text{m}}$

$l_1 = 3{,}9748\,\text{m}$

a) $A = \dfrac{3{,}9748\,\text{m} + 2{,}91\,\text{m}}{2} \cdot 2{,}50\,\text{m} \cdot 15$

$A = 129{,}09\,\text{m}^2$

b) $l = 3{,}9748\,\text{m} \cdot 15 + 2{,}91\,\text{m} \cdot 15$

$l = 103{,}27\,\text{m}$

28.

$\dfrac{250\,\text{m} \cdot b}{2} = 12\,500\,\text{m}^2$

$b = 100\,\text{m}$

$\cos\alpha_1 = \dfrac{100\,\text{m}}{210\,\text{m}}$

$\alpha_1 = 61{,}57^\circ = 61^\circ\, 34'$

$\cos\alpha_2 = \dfrac{100\,\text{m}}{119{,}45\,\text{m}}$

$\alpha_2 = 33{,}15^\circ = 33^\circ\, 9'$

$\alpha = 94{,}72^\circ = 94^\circ\, 43'$

29. $\tan\alpha = \dfrac{13\,\text{m}}{8\,\text{m}}$

$\alpha = 58{,}4^\circ = 58^\circ\, 24'$

$\beta = 121{,}6^\circ = 121^\circ\, 36'$

$\tan\gamma_1 = \dfrac{105\,\text{m}}{55\,\text{m}}$

$\gamma_1 = 62{,}35^\circ = 62^\circ\, 21'$

$\gamma = 120{,}62^\circ = 120^\circ\, 37'$

$\delta = 59{,}38^\circ = 59^\circ\, 23'$

$\tan\gamma_2 = \dfrac{97\,\text{m}}{60\,\text{m}}$

$\gamma_2 = 58{,}26^\circ = 58^\circ\, 15'$

73 **30.**

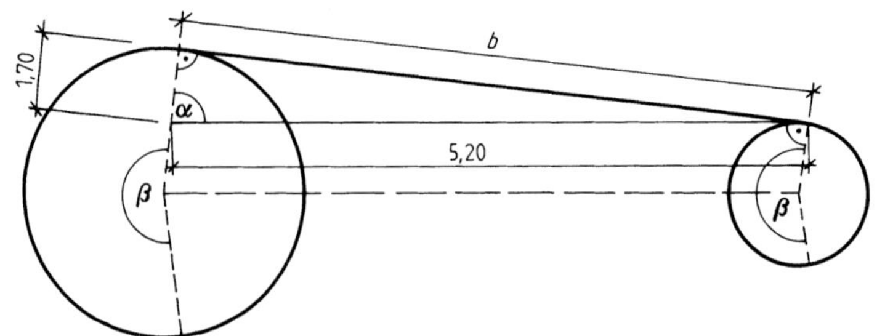

$\cos\alpha = \dfrac{1{,}70\,\text{m}}{5{,}20\,\text{m}}$ $\qquad 1{,}70^2\,\text{m}^2 + b^2 = 5{,}20^2\,\text{m}^2$

$\alpha = 70{,}92°$ $\qquad b = 4{,}91\,\text{m}$

$\beta = 218{,}10°$

a) $A = \dfrac{2{,}50\,\text{m} + 0{,}80\,\text{m}}{2} \cdot 4{,}91\,\text{m} \cdot 2 + \dfrac{2{,}50^2\,\text{m}^2 \cdot \pi}{360°} \cdot 218{,}2° + \dfrac{0{,}80^2\,\text{m}^2 \cdot \pi \cdot 141{,}8°}{360°}$

$A = 28{,}90\,\text{m}^2$

b) $l = 4{,}91\,\text{m} \cdot 2 + \dfrac{2{,}50\,\text{m} \cdot \pi \cdot 218{,}2°}{180°} + \dfrac{0{,}80\,\text{m} \cdot \pi \cdot 141{,}8°}{180°}$

$l = 21{,}32\,\text{m}$

31. a) Dachhöhe: $\tan 30° = \dfrac{h}{5{,}25\,\text{m}}$

$h = 3{,}03\,\text{m}$

Dachflächenhöhe: $\cos 30° = \dfrac{5{,}25\,\text{m}}{h_1}$

$h_1 = 6{,}06\,\text{m}$

Walmflächenhöhe: ${h_2}^2 = 3{,}50^2\,\text{m}^2 + 3{,}03^2\,\text{m}^2$

$h_2 = 4{,}63\,\text{m}$

b) $A = \dfrac{12{,}0\,\text{m} + 5{,}0\,\text{m}}{2} \cdot 6{,}06\,\text{m} \cdot 2 + \dfrac{10{,}50\,\text{m} \cdot 4{,}63\,\text{m}}{2} \cdot 2$

$A = 151{,}64\,\text{m}^2$

$n = 2\,578$ Ziegel

c) $G^2 = 5{,}25^2\,\text{m}^2 + 4{,}63^2\,\text{m}^2$

$G = 7{,}0\,\text{m}$

$l = 7{,}0\,\text{m} \cdot 4 + 5{,}0\,\text{m}$

$l = 33\,\text{m}$

$n = 99$ Firstziegel

d) $V = \dfrac{10{,}50\,\text{m} \cdot 3{,}03\,\text{m}}{2} \cdot 5{,}0\,\text{m} + \dfrac{7{,}0\,\text{m} \cdot 10{,}50\,\text{m} \cdot 3{,}03\,\text{m}}{3}$

$V = 153{,}77\,\text{m}^3$

32. a)

$$\sin\alpha_1 = \frac{14{,}90\,\text{m}}{27{,}0\,\text{m}} \qquad \sin\alpha_2 = \frac{11{,}30\,\text{m}}{27{,}0\,\text{m}} \qquad \alpha = 58{,}23^\circ$$

$$\alpha_1 = 33{,}49^\circ \qquad \alpha_2 = 24{,}74^\circ$$

b)

$$A = \frac{18{,}40\,\text{m} + 3{,}50\,\text{m}}{2} \cdot 22{,}52\,\text{m} + \frac{14{,}80\,\text{m} + 3{,}50\,\text{m}}{2} \cdot 24{,}52\,\text{m} + \frac{3{,}50^2\,\text{m}^2 \cdot \pi \cdot 121{,}8^\circ}{360^\circ}$$

$$A = 483{,}57\,\text{m}^2$$

c)

$$l = 14{,}80\,\text{m} + 18{,}40\,\text{m} + 22{,}52\,\text{m} + 24{,}52\,\text{m} + \frac{3{,}50\,\text{m} \cdot \pi \cdot 121{,}8^\circ}{180^\circ}$$

$$l = 87{,}68\,\text{m}$$

33.

$$\tan\alpha = \frac{h_1}{64{,}0\,\text{m}}$$

$$h_1 = 34{,}03\,\text{m}$$

$$h = 35{,}80\,\text{m}$$

34.

$$d = 5{,}0\,\text{m}$$

$$2{,}50^2 + h^2 = 10^2$$

$$h = 9{,}68\,\text{m}$$

a)

$$V = \frac{5{,}0^2\,\text{m}^2 \cdot \pi}{4} \cdot \frac{9{,}68\,\text{m}}{3}$$

$$V = 63{,}36\,\text{m}^3$$

b)

$$\cos\alpha = \frac{2{,}50\,\text{m}}{10{,}0\,\text{m}}$$

$$\alpha = 75{,}52^\circ$$

c)

$$A = \frac{5{,}0\,\text{m} \cdot \pi \cdot 10\,\text{m}}{2} + \text{Verschnitt}$$

$$A = 84{,}82\,\text{m}^2$$

35.

$$\sin\frac{\alpha}{2} = \frac{12\,\text{cm}}{22{,}5\,\text{cm}}$$

$$\alpha = 64{,}46^\circ$$

a)

$$V = \left(\frac{0{,}225^2\,\text{m}^2 \cdot \pi \cdot 295{,}5^\circ}{360^\circ} + \frac{0{,}24\,\text{m} \cdot 0{,}19\,\text{m}}{2}\right) 4{,}75\,\text{m} = 0{,}728\,\text{m}^3$$

b)

$$A = \left(\frac{0{,}225\,\text{m} \cdot \pi \cdot 295{,}5^\circ}{180^\circ} + 0{,}24\,\text{m}\right) 4{,}75\,\text{m} = 6{,}65\,\text{m}^2$$

74 **36.**

$$\sin 30° = \frac{h_1}{7{,}20\,\text{m}}$$

$$h_1 = 3{,}60\,\text{m}$$

$$\cos 30° = \frac{s/2}{7{,}20\,\text{m}}$$

$$s = 12{,}47\,\text{m}$$

Verkleinerung von s um 1,77 m

$$A_1 = \frac{12{,}47\,\text{m} \cdot 3{,}60\,\text{m}}{2}$$

$$A_1 = 22{,}45\,\text{m}$$

$$\sin 42° = \frac{h_2}{7{,}20\,\text{m}}$$

$$h_2 = 4{,}82\,\text{m}$$

$$\cos 42° = \frac{s/2}{7{,}20\,\text{m}}$$

$$s = 10{,}70\,\text{m}$$

$$A_2 = 10{,}70\,\text{m} \cdot 4{,}82\,\text{m}$$

$$A_2 = 25{,}79\,\text{m}^2$$

Vergrößerung der Fläche um $3{,}33\,\text{m}^2$

37.

$$\tan\alpha = \frac{40\,\text{cm}}{10\,\text{cm}}$$

$$\alpha = 75{,}96°$$

$$\beta = 14{,}06°$$

$$\sin 75{,}96° = \frac{30\,\text{cm}}{c}$$

$$c = 30{,}92\,\text{cm}$$

$$\tan 75{,}96° = \frac{10\,\text{cm}}{e}$$

$$e = 2{,}5\,\text{cm}$$

$$A_1 = 0{,}3092\,\text{m} \cdot 0{,}10\,\text{m}$$

$$A_1 = 0{,}03092\,\text{m}^2$$

$$A_2 = \frac{0{,}425\,\text{m} + 0{,}40\,\text{m}}{2} \cdot 0{,}10\,\text{m}$$

$$A_2 = 0{,}04125\,\text{m}^2$$

$$A_3 = (0{,}48^2\,\text{m}^2 + 0{,}38^2\,\text{m}^2) \cdot \frac{\pi}{4}$$

$$A_3 = 0{,}0558\,\text{m}^2$$

$$A_4 = 0{,}55\,\text{m} \cdot 0{,}20\,\text{m}$$

$$A_4 = 0{,}11\,\text{m}^2$$

$$A_5 = 0{,}28\,\text{m} \cdot 0{,}83\,\text{m} - 0{,}28\,\text{m} \cdot 0{,}14\,\text{m} + 0{,}10\,\text{m} \cdot 0{,}16\,\text{m}$$

$$A_5 = 0{,}2092\,\text{m}^2$$

$$A_6 = \frac{0{,}16\,\text{m} + 0{,}10\,\text{m}}{2} \cdot 1{,}0\,\text{m}$$

$$A_6 = 0{,}13\,\text{m}^2$$

$$V = 0{,}57717\,\text{m}^2 \cdot 6{,}50\,\text{m}$$

$$V = 3{,}75\,\text{m}^3$$

38. a)

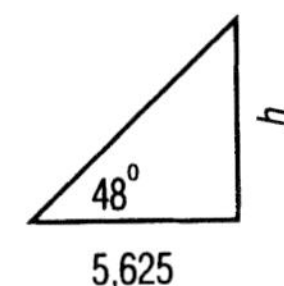

$$\tan 48^\circ = \frac{h}{5{,}625\,\text{m}}$$

$$h = 6{,}25\,\text{m}$$

b) $$\cos 48^\circ = \frac{5{,}625\,\text{m}}{l_\text{n}}$$

$$l_\text{n} = 8{,}41\,\text{m}$$

c)

$$\sin 48^\circ = \frac{2{,}25\,\text{m}}{l_\text{m}}$$

$$l_\text{m} = 3{,}03\,\text{m}$$

d)

$$6{,}25\,\text{m} : 5{,}625\,\text{m} = 2{,}25\,\text{m} : a$$

$$a = 2{,}025\,\text{m}$$

$$\frac{11{,}25\,\text{m} - 2 \cdot 2{,}025\,\text{m}}{2} = 3{,}60\,\text{m}$$

$$l_f^{\,2} = 3{,}20^2\,\text{m}^2 + 3{,}60^2\,\text{m}^2 + 4{,}0^2\,\text{m}^2$$

$$l_f = 6{,}26\,\text{m}$$

e) $$A = \frac{\frac{24{,}90\,\text{m} + 18{,}50\,\text{m}}{2} \cdot 11{,}25\,\text{m} + \frac{24{,}90\,\text{m} - 18{,}50\,\text{m}}{2} \cdot 4{,}05\,\text{m}}{\cos 48}$$

$$A = 384{,}21\,\text{m}^2$$

oder

$$A_D = \frac{A_\text{Gr}}{\cos\alpha}$$

$$= \frac{24{,}90\,\text{m} \cdot 11{,}25\,\text{m} - \frac{3{,}20\,\text{m} \cdot 3{,}60\,\text{m}}{2} \cdot 4}{\cos 48^\circ}$$

$$A_D = 384{,}21\,\text{m}^2$$

Der Sinus-Satz

76

39. a) $a : b : c = \sin\alpha : \sin\beta : \sin\gamma$

$$b : c = \sin\beta : \sin\gamma$$

$$\sin\gamma = \frac{18{,}50\,\text{m} \cdot \sin 38^\circ}{13{,}80\,\text{m}}$$

$$\gamma = 55{,}62^\circ \rightarrow \alpha = 86{,}38^\circ$$

$$a : b = \sin\alpha : \sin\beta$$

$$a = \frac{b \cdot \sin\alpha}{\sin\beta}$$

$$a = 22{,}37\,\text{m}$$

b) $a : c = \sin\alpha : \sin\gamma$

$$\sin\gamma = \frac{c \cdot \sin\alpha}{a}$$

$$\gamma = 29{,}73^\circ$$

$$\rightarrow \beta = 80{,}27^\circ$$

$$a : b = \sin\alpha : \sin\beta$$

$$b = \frac{7{,}20\,\text{m} \cdot \sin 80{,}27^\circ}{\sin 70^\circ}$$

$$b = 7{,}55\,\text{m}$$

c) $\sin\alpha = \dfrac{a \cdot \sin\beta}{b}$

$$\alpha = 47{,}65^\circ$$

$$\rightarrow \gamma = 60{,}02^\circ$$

$$c = \frac{a \cdot \sin\gamma}{\sin\alpha}$$

$$c = 14{,}18\,\text{m}$$

40. a) $b = \dfrac{a \cdot \sin\beta}{\sin\alpha}$

$$b = 4{,}48\,\text{m}$$

$$c = \frac{a \cdot \sin\gamma}{\sin\alpha}$$

$$c = 3{,}66\,\text{m}$$

b) $a = \dfrac{c \cdot \sin\alpha}{\sin\gamma}$

$$a = 13{,}98\,\text{m}$$

$$b = \frac{c \cdot \sin\beta}{\sin\gamma}$$

$$b = 11{,}99\,\text{m}$$

c) $a = \dfrac{b \cdot \sin\alpha}{\sin\beta}$

$$a = 11{,}74\,\text{m}$$

$$c = \frac{b \cdot \sin\gamma}{\sin\beta}$$

$$c = 7{,}04\,\text{m}$$

41. a) $a : c = \sin\alpha : \sin\gamma$

$$a = 6{,}57\,\text{m} \mathrel{\hat{=}} S_2$$

$$b : c = \sin\beta : \sin\gamma$$

$$b = 7{,}72\,\text{m} \mathrel{\hat{=}} S_1$$

b) $\sin\ 30^\circ = \dfrac{h}{7{,}72\,\text{m}}$

$$h = 3{,}86\,\text{m}$$

$$A = \frac{12{,}0\,\text{m} \cdot 3{,}86\,\text{m}}{2} \cdot 2$$

$$A = 46{,}32\,\text{m}^2$$

42.

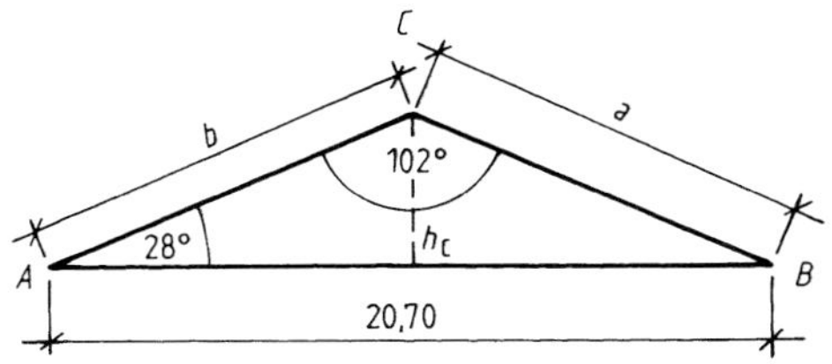

$b = \dfrac{c \cdot \sin\beta}{\sin\gamma}$ $\quad a = \dfrac{c \cdot \sin\alpha}{\sin\gamma}$ $\quad \sin 28° = \dfrac{h_c}{16{,}21\,\text{m}}$

$b = 16{,}21\,\text{m}$ $\quad a = 9{,}94\,\text{m}$ $\quad h_c = 7{,}61\,\text{m}$

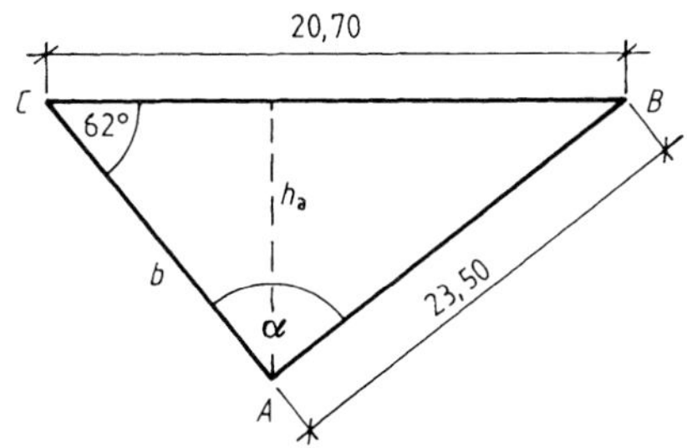

$\sin\alpha = \dfrac{a \cdot \sin\gamma}{c}$ $\quad b = \dfrac{a \cdot \sin\beta}{\sin\alpha}$ $\quad \sin 62° = \dfrac{h_a}{24{,}49\,\text{m}}$

$\alpha = 51{,}1°$ $\quad b = 24{,}49\,\text{m}$ $\quad h_a = 21{,}62\,\text{m}$

$\rightarrow \beta = 66{,}95°$

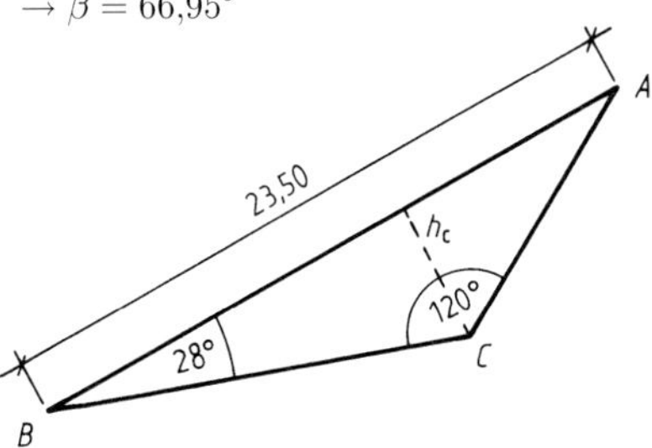

$a = \dfrac{c \cdot \sin\alpha}{\sin\gamma}$ $\quad b = \dfrac{c \cdot \sin\beta}{\sin\gamma}$ $\quad \sin 28° = \dfrac{h_c}{14{,}38\,\text{m}}$

$a = 14{,}38\,\text{m}$ $\quad b = 12{,}74\,\text{m}$ $\quad h_c = 6{,}75\,\text{m}$

a) $l = 16{,}21\,\text{m} + 24{,}49\,\text{m} + 14{,}38\,\text{m} + 12{,}74\,\text{m} + 9{,}94\,\text{m}$

$l = 77{,}76\,\text{m}$

b) $A = A_1 + A_2 + A_3$

$= 78{,}7635\,\text{m}^2 + 223{,}767\,\text{m}^2 + 79{,}3125\,\text{m}^2$

$A = 381{,}84\,\text{m}^2$

Preis $= 99\,278{,}40$ €

76 **43.** a) $b = \dfrac{c \cdot \sin\beta}{\sin\gamma}$ b) $\sin 12° = \dfrac{h}{15{,}94}$ c) $a = \dfrac{c \cdot \sin\alpha}{\sin\gamma}$

$b = 15{,}94\,\text{m}$ $h = 3{,}31\,\text{m}$ $a = 3{,}34\,\text{m}$

d) $A = 48{,}0\,\text{m} \cdot 8{,}5\,\text{m} + \dfrac{48{,}0\,\text{m} \cdot 3{,}31\,\text{m}}{2}$

$A = 487{,}44\,\text{m}^2$

11 Flächenberechnung

Flächen: Umrechnen von Einheiten

81 **1.** a) $144{,}50\ \text{dm}^2$ b) $0{,}0063\ \text{dm}^2$ c) $0{,}1357\ \text{dm}^2$ d) $4{,}20\ \text{dm}^2$

2. a) $4\,452\,\text{cm}^2$ b) $243{,}36\,\text{cm}^2$ c) $1\,664\,\text{cm}^2$ d) $280\,400\,\text{cm}^2$

3. a) $0{,}3527\,\text{m}^2$ b) $0{,}1467\,\text{m}^2$ c) $0{,}0234\,\text{m}^2$ d) $0{,}0068\,\text{m}^2$

4. a) $1\,496\,000\,\text{mm}^2$ b) $450\,\text{mm}^2$ c) $73\,095\,\text{mm}^2$ d) $4\,830\,\text{mm}^2$

5. a) $1{,}74748\,\text{m}^2$; $174{,}748\,\text{dm}^2$; $17\,474{,}8\,\text{cm}^2$; $1\,747\,480\,\text{mm}^2$

b) $0{,}85\,\text{m}^2$; $85\,\text{dm}^2$; $8\,500\,\text{cm}^2$; $850\,000\,\text{mm}^2$

c) $13{,}0\,\text{m}^2$; $1\,300{,}3765\,\text{dm}^2$; $130\,037{,}65\,\text{cm}^2$; $13\,003\,765\,\text{mm}^2$

6. a) $16{,}388\,\text{m}^2$; $1\,638{,}8\,\text{dm}^2$; $163\,880\,\text{cm}^2$; $16\,388\,000\,\text{mm}^2$

b) $1{,}64\,\text{m}^2$; $164\,\text{dm}^2$; $16\,400\,\text{cm}^2$; $1\,640\,000\,\text{mm}^2$

c) $0{,}945742\,\text{m}^2$; $94{,}5742\,\text{dm}^2$; $9\,457, 42\,\text{cm}^2$; $945\,742\,\text{mm}^2$

Quadrate

7. $A = 2{,}80^2\,\text{m}^2$ $U = 4 \cdot 2{,}80\,\text{m}$

$A = 7{,}84\,\text{m}^2$ $U = 11{,}20\,\text{m}$

8. $s = \sqrt{2{,}56\,\text{m}^2}$

$s = 1{,}60\,\text{m}$

9. a) $A = 484\,\text{cm}^2$ b) $A = 0{,}22\,\text{m} \cdot 4 \cdot 3{,}80\,\text{m}$

$A = 3{,}34\,\text{m}^2$

10. a) $A = 4{,}50^2\,\text{m}^2$ b) $l = 4{,}50\,\text{m} \cdot 4 - 1{,}0\,\text{m}$ c) $n = 4\,500 : 100$

$A = 20{,}25\,\text{m}^2$ $l = 17{,}0\,\text{m}$ $n = 45$

11. a) $s = \sqrt{64\,\text{cm}^2}$ c) $s = \sqrt{158\,\text{cm}^2}$

$s = 8\,\text{cm}$ $s = 12{,}57\,\text{cm}$

b) $s = \sqrt{144\,\text{cm}^2}$ d) $s = \sqrt{77\,\text{cm}^2}$

$s = 12\,\text{cm}$ $s = 8{,}77\,\text{cm}$

12. a) $A = 2{,}55^2\,\text{m}^2$ b) $n = \dfrac{65\,025\,\text{cm}^2}{104{,}04\,\text{cm}^2}$ **81**

$A = 6{,}50\,\text{m}^2$ $n = 625$

$A_\text{W} = 65\,025\,\text{cm}^2$

$A_\text{F} = 10{,}2^2\,\text{cm}^2$

$A_\text{F} = 104{,}04\,\text{cm}^2$

13. a) $A = 0{,}20^2\,\text{m}^2$ b) $V = (0{,}70^2\,\text{m}^2 - 0{,}20^2\,\text{m}^2) \cdot 0{,}05\,\text{m}$ **82**

$A = 0{,}04\,\text{m}^2$ $V = 0{,}0225\,\text{m}^3$

14. $A = 35^2\,\text{mm}^2 - 29^2\,\text{mm}^2$

$A = 384\,\text{mm}^2$

Rechtecke

15. a) $A = 0{,}25\,\text{m} \cdot 0{,}40\,\text{m}$ b) $A = (0{,}30\,\text{m} \cdot 2 + 0{,}40\,\text{m} \cdot 2) \cdot 3{,}70\,\text{m}$

$A = 0{,}10\,\text{m}^2$ $A = 5{,}18\,\text{m}^2$

c) $V - 0{,}25\,\text{m} \cdot 0{,}40\,\text{m} \cdot 3{,}70\,\text{m}$

$V = 0{,}37\,\text{m}^3$

16. $A = 6{,}90\,\text{m} \cdot 2{,}85\,\text{m} - 2{,}0\,\text{m} \cdot 1{,}0\,\text{m} - 2{,}30\,\text{m} \cdot 1{,}20\,\text{m}$

$A = 14{,}91\,\text{m}^3$

17. a) $n = 77{,}7\,\text{m}^2 : 0{,}055\,\text{m}^2$ b) Bruch $70{,}64 \rightarrow 71$

$n = 1\,412{,}73$ $n = 1\,413 + 71$

$n = 1\,413$ Steine $n = 1\,484$ Steine

18. a) $n = 11 \cdot 2$ b) $n = (5{,}76\,\text{m} - 0{,}24\,\text{m}) : 0{,}24\,\text{m}$

$n = 22$ Querrippensteine $n = 23$

$n_\text{g} = 23 \cdot 11$

$n_\text{g} = 253$ Deckensteine

19. $A = (0{,}36\,\text{m} \cdot 2 \cdot 4 + 0{,}45\,\text{m} \cdot 2 \cdot 4)\ 4{,}20\,\text{m}$ **83**

$A = 27{,}22\,\text{m}^2$

20. a) $A = 210\,\text{m} \cdot 58\,\text{m} - 87\,\text{m} \cdot 13\,\text{m}$ b) $l = 210\,\text{m} + 58\,\text{m} + 123\,\text{m} + 13\,\text{m} + 87\,\text{m} + 45\,\text{m}$

$A = 11{,}049\,\text{Ar}$ $l = 536\,\text{m}$

83

21. $A = 53{,}25\,\text{m} \cdot 27{,}85\,\text{m}\ mm$ $\qquad l \cdot 24{,}20\,\text{m} = 1\,483{,}0125\,\text{m}^2$

$A = 1\,483{,}0125\,\text{m}^2$ $\qquad l = 61{,}28\,\text{m}$

22. a) $A_1 = 7{,}51\,\text{m} \cdot 5{,}76\,\text{m}$ $\qquad A_2 = 8{,}51\,\text{m} \cdot 5{,}26\,\text{m} - 2{,}875\,\text{m} \cdot 3{,}125\,\text{m}$

$A_1 = 43{,}26\,\text{m}^2$ $\qquad A_2 = 35{,}78\,\text{m}^2$

$A_3 = 2{,}76\,\text{m} \cdot 3{,}01\,\text{m}$

$A_3 = 8{,}31\,\text{m}^2$

b) $l_1 = 5{,}76\,\text{m} \cdot 2 + 7{,}51\,\text{m} \cdot 2 - 1{,}0\,\text{m}$

$l_1 = 25{,}54\,\text{m}$

$l_2 = 8{,}51\,\text{m} + 4{,}26\,\text{m} + 5{,}635\,\text{m} + 2{,}25\,\text{m} + 2{,}875\,\text{m} + 1{,}135\,\text{m}$

$l_2 = 24{,}67\,\text{m}$

$l_3 = 2{,}76\,\text{m} \cdot 2 + 3{,}01\,\text{m} \cdot 2 - 0{,}875\,\text{m}$

$l_3 = 10{,}67\,\text{m}$

23. a) $A = 33{,}50\,\text{m} \cdot 26{,}30\,\text{m}$

$A = 881{,}05\,\text{m}^2$

unbebaut $A = 668{,}78\,\text{m}^2$

$A = 18{,}25\,\text{m} \cdot 10{,}25\,\text{m} + 4{,}20\,\text{m} \cdot 6{,}0\,\text{m}$

$A = 212{,}27\,\text{m}^2$

b) $p = \dfrac{100\% \cdot 212{,}27\,\text{m}^2}{881{,}05\,\text{m}^2}$

$p = 24{,}09\%$

24. a) $A = 9{,}50\,\text{m} \cdot 2 \cdot 1{,}40\,\text{m} + 4{,}50\,\text{m} \cdot 2 \cdot 1{,}40\,\text{m} + 9{,}50\,\text{m} \cdot 4{,}50\,\text{m}$

$A = 81{,}95\,\text{m}^2$

b) $n = 81{,}95\,\text{m}^2 : 0{,}02\,\text{m}^2$

$n = 4\,097{,}5 + 5\%$

$\quad = 4\,097{,}5 + 204{,}88$

$n = 4\,303$ Fliesen

Dreiecke

84

25. a) $A = \dfrac{4{,}75\,\text{m} \cdot 2{,}25\,\text{m}}{2}$ $\qquad$ b) $A = \dfrac{4{,}75\,\text{m} \cdot 2{,}25\,\text{m}}{2}$ $\qquad$ c) $A = \dfrac{4{,}75\,\text{m} \cdot 2{,}25\,\text{m}}{2}$

$A = 5{,}34\,\text{m}^2$ $\qquad A = 5{,}34\,\text{m}^2$ $\qquad A = 5{,}34\,\text{m}^2$

84

26. $s = \dfrac{5{,}20\,\text{m} + 6{,}90\,\text{m} + 7{,}86\,\text{m}}{2}$

$s = 9{,}98\,\text{m}$

$A = \sqrt{9{,}98\,\text{m}\,(9{,}98\,\text{m} - 5{,}20\,\text{m})\,(9{,}98\,\text{m} - 6{,}90\,\text{m})\,(9{,}98\,\text{m} - 7{,}86\,\text{m})}$

$A = 17{,}65\,\text{m}^2$

27. $2{,}40^2\,\text{m}^2 + b^2 = 4{,}80^2\,\text{m}^2$

$b = 4{,}16\,\text{m}$

$A = \dfrac{4{,}80\,\text{m} \cdot 4{,}16\,\text{m} \cdot 6}{2}$

$A = 59{,}86\,\text{m}^2$

28. $A = \dfrac{12{,}70\,\text{m} \cdot 4{,}10\,\text{m}}{2}$

$A = 26{,}04\,\text{m}^2$

$n = 26{,}04\,\text{m}^2 \cdot 44\ \text{Ziegel/m}^2$

$n = 1\,145{,}54$

$n = 1\,146\ \text{Ziegel}$

$V = 26{,}04\,\text{m}^2 \cdot 43\ \text{l/m}^2$

$V = 1\,119{,}51\ \text{l Mörtel}$

29. a) $A = \dfrac{24{,}45\,\text{m} \cdot 3{,}70\,\text{m} \cdot 2}{2}$

$A = 90{,}465\,\text{m}^2$

$n = 90{,}465\,\text{m}^2 \cdot 33\ \text{Ziegel/m}^2$

$= 2\,986 + 5\%$

$n = 3\,135\ \text{Mauerziegel}$

b) $V = 90{,}465\,\text{m}^2 \cdot 40\ \text{l/m}^2$

$V = 3\,618{,}60\ \text{l Mörtel}$

c) $A = 90{,}465\,\text{m}^2 + 7\%$

$A = 96{,}80$ Faserzementplatten

30. a) Holzschalung

$A = \dfrac{5{,}45\,\text{m} \cdot 7{,}95\,\text{m}}{2} \cdot 4$

$A = 86{,}66\,\text{m}^2$

b) Schiefer

$A = 86{,}66\,\text{m} + 18{,}5\%$

$A = 102{,}69\,\text{m}^2$

85

31. $a = 28{,}80\,\text{m} : 9$

$a = 3{,}20\,\text{m}$

$A = \dfrac{3{,}20\,\text{m} \cdot 4{,}60\,\text{m}}{2} \cdot 9 \cdot 3$

$A = 198{,}72\,\text{m}^2$

32. $U = \dfrac{15{,}30\,\text{m}^2}{4{,}25\,\text{m}}$

$U = 3{,}60\,\text{m}$

$a = 0{,}60\,\text{m}$

$A = \dfrac{0{,}60\,\text{m} \cdot 0{,}52\,\text{m}}{2} \cdot 6$

$A = 0{,}936\,\text{m}^2$

33. $A = \dfrac{2{,}25\,\text{m} \cdot 8{,}70\,\text{m}}{2} \cdot 6$

$A = 58{,}725\,\text{m}^2 + 19\%$

$A = 69{,}88\,\text{m}^2$

Trapeze

85 **34.** $A = \frac{23{,}85\,\text{m} + 11{,}25\,\text{m}}{2} \cdot 2 \cdot 7{,}30\,\text{m} + \frac{12{,}60\,\text{m} \cdot 7{,}30\,\text{m}}{2} \cdot 2$

$A = 348{,}21\,\text{m}^2$

$n = 348{,}21\,\text{m}^2 \cdot 35\,\frac{\text{Ziegel}}{\text{m}^2} + 7{,}5\%$

$n = 13\,102$ Biberschwänze

35. Walmfläche

$A = \frac{11{,}75\,\text{m} + 2{,}70\,\text{m}}{2} \cdot 3{,}45\,\text{m}$

$A = 24{,}93\,\text{m}^2$

Krüppelwalmfläche

$A = \frac{2{,}70\,\text{m} \cdot 1{,}60\,\text{m}}{2}$

$A = 2{,}16\,\text{m}^2$

36. $A_1 = \frac{16{,}70\,\text{m} + 11{,}60\,\text{m}}{2} \cdot 4{,}63\,\text{m} + \frac{11{,}60\,\text{m} + 6{,}50\,\text{m}}{2} \cdot 4{,}63\,\text{m}$

$A_1 = 107{,}42\,\text{m}^2$

$A_2 = \frac{22{,}75\,\text{m} + 19{,}50\,\text{m}}{2} \cdot 6{,}07\,\text{m} + \frac{19{,}50\,\text{m} + 16{,}25\,\text{m}}{2} \cdot 6{,}07\,\text{m}$

$A_2 = 236{,}73\,\text{m}^2$

$A = 107{,}42\,\text{m}^2 + 236{,}73\,\text{m}^2$

$A = 344{,}15\,\text{m}^2$

$n = 344{,}15\,\text{m}^2 \cdot 15\,\frac{\text{Ziegel}}{\text{m}^2} + 3{,}5\%$

$n = 5\,343$ Ziegel

86 **37.** $A = \frac{45{,}0\,\text{m} + 36{,}60\,\text{m}}{2} \cdot 6{,}40\,\text{m} + \frac{32{,}0\,\text{m} + 18{,}0\,\text{m}}{2} \cdot 3{,}80\,\text{m}$

$A = 356{,}12\,\text{m}^2$

38. $A = \frac{3{,}60\,\text{m} \cdot 4{,}40\,\text{m}}{2} + \frac{15{,}80\,\text{m} + 13{,}40\,\text{m}}{2} \cdot 2{,}40\,\text{m} + \frac{9{,}90\,\text{m} + 5{,}20\,\text{m}}{2} \cdot 2{,}0\,\text{m}$

$A = 58{,}06\,\text{m}^2$

39. $A = \frac{0{,}40\,\text{m} + 0{,}60\,\text{m}}{2} \cdot 0{,}80\,\text{m} \cdot 4 + \frac{0{,}60\,\text{m} + 1{,}20\,\text{m}}{2} \cdot 0{,}50\,\text{m} \cdot 4$

$A = 3{,}40\,\text{m}^2$

40. $\frac{l_1 + 2{,}40\,\text{m}}{2} \cdot 1{,}20\,\text{m} = 4{,}20\,\text{m}^2 \qquad l_1 = 4{,}60\,\text{m}$

41. $A = \frac{1{,}50\,\text{m} + 0{,}90\,\text{m}}{2} \cdot 2{,}0\,\text{m}$

$A = 2{,}40\,\text{m}^2$

42. a) Schalfläche

$$A = \frac{3{,}10\,\text{m} \cdot 1{,}21\,\text{m}}{2}$$

$$A = 1{,}88\,\text{m}^2$$

b) Putzfläche

$$A = \frac{10{,}60\,\text{m} + 3{,}10\,\text{m}}{2} \cdot 2{,}94\,\text{m}$$

$$A = 20{,}14\,\text{m}^2$$

86

Rhombus/Rhomboid

43. $h^2 + 3{,}25^2\,\text{m}^2 = 4{,}45^2\,\text{m}^2$ $\quad h = 3{,}04\,\text{m}$ 87

a) Walmfläche

$$A = \frac{6{,}50\,\text{m} \cdot 4{,}45\,\text{m}}{2} \cdot 2$$

$$A = 28{,}93\,\text{m}^2$$

b) übrige Dachfläche

$$A = \frac{19{,}25\,\text{m} + 12{,}75\,\text{m}}{2} \cdot 4{,}45\,\text{m} + 12{,}75\,\text{m} \cdot 4{,}45\,\text{m}$$

$$+ \frac{17{,}50\,\text{m} + 11{,}0\,\text{m}}{2} \cdot 4{,}45\,\text{m} + 11{,}0\,\text{m} \cdot 4{,}45\,\text{m}$$

$$+ \frac{6{,}50\,\text{m} \cdot 4{,}45\,\text{m}}{2} \cdot 2$$

$$A = 269{,}23\,\text{m}^2$$

alternativ: $A_\text{D} = \frac{A_\text{Gr}}{\cos\alpha} = \frac{196{,}625\,\text{m}^2}{\cos 43{,}08°} = 269{,}24\,\text{m}^2$

c) Firstlänge

$l = 12{,}75\,\text{m} + 11{,}0\,\text{m}$ $\quad l = 23{,}75\,\text{m}$

44. Flurstück Nr. 1537

a) Einzäunung

$l = 47{,}50\,\text{m} \cdot 4$

$l = 190{,}0\,\text{m}$

b) Preis

$\text{P} = 47{,}50\,\text{m} \cdot 33{,}40\,\text{m} \cdot 285\ €/\text{m}^2$

$\text{P} = 452\,152{,}50\ €$

Flurstück Nr. 1540

a) $l = 96{,}80\,\text{m} \cdot 2 + 32{,}0\,\text{m} \cdot 2$

$l = 257{,}60\,\text{m}$

b) $\text{P} = 96{,}80\,\text{m} \cdot 22{,}50\,\text{m} \cdot 285\ €/\text{m}^2$

$\text{P} = 620\,730{,}–\ €$

45. $4{,}0^2\,\text{m}^2 + 4{,}0^2\,\text{m}^2 = S^2$

$S = 5{,}66\,\text{m}$

$A = 10{,}0\,\text{m} \cdot 5{,}66\,\text{m} \cdot 2$

$A = 113{,}20\,\text{m}^2$

46. $A = (3{,}10\,\text{m} + 5{,}20\,\text{m} + 4{,}0\,\text{m}) \cdot 4{,}0\,\text{m}$

$A = 49{,}20\,\text{m}^2$

47 a) $A = 18{,}50\,\text{m} \cdot 7{,}50\,\text{m} \cdot 2$

$A = 277{,}50\,\text{m}^2$

Mörtel

$V = 277{,}50\,\text{m}^2 \cdot 22\ \text{l}/\text{m}^2$

$V = 6\,105\ \text{l}$

b) Holzschalung

$A = 55{,}0\,\text{m} \cdot 7{,}50\,\text{m} - 277{,}50\,\text{m}^2 - 10{,}80\,\text{m} \cdot 3{,}0\,\text{m}$

$A = 102{,}60\,\text{m}^2$

88 **48.** a) $A = (1{,}80^2\,\text{m}^2 - 1{,}20^2\,\text{m}^2) \cdot \pi$

$A = 5{,}65\,\text{m}^2$

b) $A = (3{,}40^2\,\text{m}^2 - 2{,}20^2\,\text{m}^2) \cdot \pi$

$A = 21{,}11\,\text{m}^2$

49. a) $A_1 = \dfrac{1{,}20^2\,\text{m}^2 \cdot \pi}{4}$

$A_1 = 1{,}13\,\text{m}^2$

$A_2 = \dfrac{2{,}40^2\,\text{m}^2 \cdot \pi}{4}$

$A = 4{,}52\,\text{m}^2$

Vielfaches $\dfrac{4{,}52\,\text{m}^2}{1{,}13\,\text{m}^2} =$ 4fach

Bei Verdoppelung des Durchmessers vervierfacht sich der Querschnitt.

b) $A_1 = \dfrac{d^2 \cdot \pi}{4}$

$A_2 = \dfrac{(3d)^2 \cdot \pi}{4}$

$A_2 = \dfrac{9d^2 \cdot \pi}{4}$

Bei Verdreifachung des Durchmessers verneunfacht sich der Querschnitt.

50. $A = \dfrac{100^2\,\text{mm}^2 \cdot \pi}{4} \cdot 3$

$A = 23\,561{,}94\,\text{mm}^2$

$\dfrac{d^2 \cdot \pi}{4} = 23\,561{,}94\,\text{mm}^2$

$d = 173{,}21\,\text{mm}$

gewählt: $d = 175\,\text{mm}$

51. a) $\dfrac{d^2 \cdot \pi}{4} \cdot 4{,}20\,\text{m} \cdot 3 = 3{,}80\,\text{m}^3$

$d = 0{,}62\,\text{m}$

Querschnittsfläche

$A = \dfrac{0{,}62^2\,\text{m}^2 \cdot \pi}{4}$

$A = 0{,}30\,\text{m}^2$

b) Schalfläche

$A_\text{M} = 0{,}62\,\text{m} \cdot \pi \cdot 4{,}20\,\text{m} \cdot 3$

$A_\text{M} = 24{,}54\,\text{m}^2 + 7\%$

$A_\text{M} = 26{,}26\,\text{m}^2$

52. $A_\text{M} = d \cdot \pi \cdot h$

$d \cdot \pi \cdot 3{,}50\,\text{m} = 4{,}50\,\text{m}^2$

$d = 0{,}41\,\text{m}$

$A = \dfrac{0{,}41^2\,\text{m}^2 \cdot \pi}{4}$

$A = 0{,}132\,\text{m}^2$

53. a) Platten

$A = (9{,}50^2\,\text{m}^2 - 5{,}50^2\,\text{m}^2) \cdot \frac{\pi}{4}$

$A = 47{,}12\,\text{m}^2$

b) Randsteine

$U = 9{,}50\,\text{m} \cdot \pi$

$U = 29{,}85\,\text{m}$

88

54. a) $A \cdot h = V$

$A = \frac{2{,}92\,\text{m}^3}{0{,}25\,\text{m}}$

$A = 11{,}68\,\text{m}^2$

b) $\frac{d^2 \cdot \pi}{4} = 11{,}68\,\text{m}^2$

$d = 3{,}86\,\text{m}$

55. $A = \frac{1{,}27^2\,\text{m}^2 \cdot \pi}{4}$

$A = 1{,}27\,\text{m}^2$

56. $A = 3{,}60\,\text{m} \cdot 2{,}20\,\text{m} - \frac{0{,}90^2\,\text{m}^2 \cdot \pi}{4} \cdot 2 + 0{,}90\,\text{m} \cdot \pi \cdot 0{,}15\,\text{m} \cdot 2$

$A = 7{,}50\,\text{m}^2$

Mörtel

$V = 7{,}50\,\text{m}^2 \cdot 22\,\text{l/m}^2$

$V = 165\,\text{l}$

57. $A = (65^2\,\text{mm}^2 - 57^2\,\text{mm}^2) \cdot \frac{\pi}{4}$

$A = 766{,}55\,\text{mm}^2$

58. $A = \frac{1{,}4^2\,\text{mm}^2 \cdot \pi}{4} \cdot 37 \cdot 6$

$A = 341{,}74\,\text{mm}^2$

Kreissektor – Kreissegment

89

59. a) Schalholzbedarf

$b = \frac{d \cdot \pi \cdot \alpha}{360°}$

$= \frac{0{,}60\,\text{m} \cdot \pi \cdot 300°}{360°}$

$b = 1{,}57\,\text{m}$

$A = (1{,}57\,\text{m} + 0{,}30\,\text{m}) \cdot 4{,}60\,\text{m}$

$A = 8{,}61\,\text{m}^2$

b) Festbetonmenge

$A = \frac{r^2 \cdot \pi \cdot \alpha}{360°} + \frac{l \cdot b}{2}$

$A = \frac{0{,}30^2\,\text{m}^2 \cdot \pi \cdot 300°}{360°} + \frac{0{,}30\,\text{m} \cdot 0{,}26\,\text{m}}{2}$

$A = 0{,}275\,\text{m}^2$

$V = 0{,}275\,\text{m}^2 \cdot 4{,}60\,\text{m}$

$V = 1{,}265\,\text{m}^3$

89 **60.** $A = 4{,}25\,\text{m} \cdot 2{,}60\,\text{m} - 1{,}80\,\text{m} \cdot 1{,}0\,\text{m} - \dfrac{1{,}0^2\,\text{m}^2 \cdot \pi}{4 \cdot 2}$

$+ 1{,}80\,\text{m} \cdot 2 \cdot 0{,}15\,\text{m} + \dfrac{1{,}0\,\text{m} \cdot \pi}{2} \cdot 0{,}15\,\text{m}$

$A = 9{,}63\,\text{m}^2$

61. $A = \left\{3{,}45\,\text{m} \cdot 2{,}65\,\text{m} - 0{,}80\,\text{m} \cdot 1{,}95\,\text{m} - \left[\dfrac{0{,}55^2\,\text{m}^2 \cdot \pi \cdot 93{,}3°}{360°}\right.\right.$

$\left.\left. - 0{,}80\,\text{m}\left(0{,}55\,\text{m} - 0{,}1725\,\text{m}\right)\right]\right\} 2 +$

$1{,}95\,\text{m} \cdot 0{,}205\,\text{m} \cdot 2 + \dfrac{1{,}10\,\text{m} \cdot \pi \cdot 93{,}3° \cdot 0{,}205\,\text{m}}{360°}$

$A = 15{,}96\,\text{m}^2$

62. a) Randsteine

$l = 12{,}65\,\text{m} \cdot 2 + \dfrac{4{,}80\,\text{m} \cdot \pi \cdot 186{,}33°}{360°} + \dfrac{3{,}40\,\text{m} \cdot \pi \cdot 173{,}67°}{360°}$

$l = 38{,}25\,\text{m}$

b) Stellplatten

$l = 12{,}65\,\text{m} \cdot 2 + \dfrac{3{,}60\,\text{m} \cdot \pi \cdot 186{,}33°}{360°} + \dfrac{2{,}20\,\text{m} \cdot \pi \cdot 173{,}67°}{360°}$

$l = 34{,}49\,\text{m}$

c) Verbundpflaster

$A = 12{,}65\,\text{m} \cdot 0{,}60\,\text{m} \cdot 2 + (2{,}40^2\,\text{m}^2 - 1{,}80^2\,\text{m}^2) \cdot \pi \cdot \dfrac{186{,}33°}{360°}$

$+ (1{,}70^2\,\text{m}^2 - 1{,}10^2\,\text{m}^2) \cdot \pi \cdot \dfrac{173{,}67°}{360°}$

$A = 21{,}82\,\text{m}^2$

63. $A = \dfrac{2{,}20^2\,\text{m}^2 \cdot \pi \cdot 225°}{4 \cdot 360°} + \dfrac{1{,}10\,\text{m} + 0{,}60\,\text{m}}{2} \cdot 1{,}20\,\text{m} \cdot 2 + \dfrac{1{,}20^2\,\text{m}^2 \cdot \pi \cdot 135°}{4 \cdot 360°}$

$A = 4{,}84\,\text{m}^2$

90 **64.** $0{,}58^2\,\text{m}^2 + 0{,}58^2\,\text{m}^2 = d^2$ $\quad 1{,}16\,\text{m} - 0{,}82\,\text{m} = 0{,}34\,\text{m}$

$d = 0{,}82\,\text{m}$

Oval: $d_1 = 1{,}84\,\text{m}$

$d_2 = 1{,}16\,\text{m}$

$A = \dfrac{1{,}84\,\text{m} \cdot 1{,}16\,\text{m} \cdot \pi}{4 \cdot 2} + \dfrac{0{,}58^2\,\text{m}^2 \cdot \pi}{2} = 0{,}838\,\text{m}^2 + 0{,}528\,\text{m}^2$

$A = 1{,}37\,\text{m}^2$

65. a) Betonbedarf

$$V = \left(0{,}24\,\text{m} \cdot 0{,}16\,\text{m} + \frac{0{,}16\,\text{m} \cdot 0{,}023\,\text{m} \cdot 2}{3} \cdot 2\right) 4{,}30\,\text{m} = 0{,}186\,\text{m}^3$$

b) Schalholzbedarf

$$\frac{b \cdot r}{2} - 0{,}5\ s\ (r - h) = 24{,}55\,\text{cm}^2 \qquad A = 24{,}55\,\text{cm}^2$$

$$\frac{b \cdot 15\,\text{cm}}{2} - 0{,}5 \cdot 16\,\text{cm}\ (15\,\text{cm} - 2{,}3\,\text{cm}) = 24{,}55\,\text{cm}^2$$

$$b = 16{,}82\,\text{cm}$$

$$A_\text{M} = (0{,}1682\,\text{m} \cdot 2 + 0{,}24\,\text{m} \cdot 2) \cdot 4{,}30\,\text{m} = 3{,}51\,\text{m}^2$$

66. $$A = \frac{8{,}70\,\text{m} \cdot 1{,}10\,\text{m} \cdot 2}{3} \cdot 2 = 12{,}76\,\text{m}^2$$

67. a) Verbundpflaster

$$A = \frac{10^2\,\text{m}^2 \cdot \pi}{4} + \frac{2{,}50^2\,\text{m}^2 \cdot \pi}{2} - \frac{5{,}0^2\,\text{m}^2 \cdot \pi}{4} - 5{,}0\,\text{m} \cdot 5{,}0\,\text{m}$$

$$A = 43{,}73\,\text{m}^2$$

b) Randsteine

$$l = \frac{20{,}0\,\text{m} \cdot \pi}{4} + \frac{10{,}0\,\text{m} \cdot \pi}{4} + 5{,}0\,\text{m} + \frac{5{,}0\,\text{m} \cdot \pi}{2}$$

$$l = 36{,}41\,\text{m}$$

68.

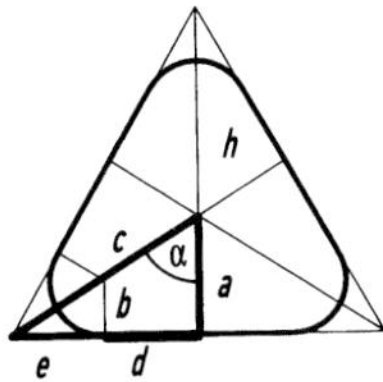

$$\alpha = 60°$$

$$0{,}30^2\,\text{m}^2 + h^2 = 0{,}60^2\,\text{m}^2$$

$$h = 0{,}52\,\text{m}$$

$$\tan 30° = \frac{a}{0{,}30\,\text{m}}$$

$$a = 0{,}173\,\text{m}$$

$$\cos 30° = \frac{0{,}30\,\text{m}}{c}$$

$$c = 0{,}346\,\text{m}$$

$$c - a = 0{,}173\,\text{m}$$

$$\sin 30° = \frac{b}{0{,}173\,\text{m}}$$

$$b = 0{,}0865\,\text{m}$$

Da a doppelt so groß wie b ist,

ist $d = e = 0{,}15\,\text{m}$

$$\cos 30° = \frac{e}{0{,}173\,\text{m}}$$

$$e = 0{,}15\,\text{m}$$

90 a) $A = \frac{a+b}{2} \cdot d \cdot 6 + \frac{b^2 \cdot \pi \cdot 120°}{360°} \cdot 3$

$= \frac{0{,}173\,\text{m} + 0{,}0865\,\text{m}}{2} \cdot 0{,}15\,\text{m} \cdot 6 + \frac{0{,}0865^2\,\text{m}^2 \cdot \pi \cdot 120°}{360°} \cdot 3$

$A = 0{,}1403\,\text{m}^2$

b) Schalholzbedarf

$A_\text{M} = U \cdot h$

$= \left(0{,}30\,\text{m} \cdot 3 + \frac{0{,}173\,\text{m} \cdot \pi \cdot 120°}{360°} \cdot 3\right) \cdot 4{,}0\,\text{m}$

$A_\text{M} = 5{,}77\,\text{m}^2$

69. $A = A_\Delta + A_{\text{Oa}} + A_{\text{Ob}} - A_{\text{Oc}}$

$A = \frac{a \cdot b}{2} + \frac{a^2 \cdot \pi}{4 \cdot 2} + \frac{b^2 \cdot \pi}{4 \cdot 2} - \frac{c^2 \cdot \pi}{4 \cdot 2}$

$A = \frac{a \cdot b}{2} + \frac{\pi}{8}(a^2 + b^2) - \frac{c^2 \cdot \pi}{8}$

$A = \frac{a \cdot b}{2}$

Ellipse

91 **70.** a) Rasenfläche

$A = 7{,}70\,\text{m} \cdot 2{,}80\,\text{m} \cdot \frac{\pi}{4}$

$A = 16{,}93\,\text{m}^2$

b) Blumenfläche

$A = \frac{8{,}50\,\text{m} \cdot 3{,}60\,\text{m} \cdot \pi}{4} - \frac{7{,}70\,\text{m} \cdot 2{,}80\,\text{m} \cdot \pi}{4}$

$A = 7{,}10\,\text{m}^2$

c) Randeinfassung

$l = \frac{8{,}50\,\text{m} + 3{,}60\,\text{m}}{2} \cdot \pi + \frac{7{,}70\,\text{m} + 2{,}80\,\text{m}}{2} \cdot \pi$

$l = 35{,}50\,\text{m}$

71. $A = \frac{7{,}60\,\text{m} \cdot 2{,}30\,\text{m} \cdot \pi}{4} - \frac{7{,}10\,\text{m} \cdot 1{,}80\,\text{m} \cdot \pi}{4}$

$A = 3{,}69\,\text{m}^2$

72. a) $A = 10{,}40\,\text{m} \cdot 4{,}60\,\text{m} - \left(3{,}20\,\text{m} \cdot 2{,}0\,\text{m} + \frac{3{,}20\,\text{m} \cdot 1{,}80\,\text{m} \cdot \pi}{4 \cdot 2}\right) - \frac{1{,}60\,\text{m} \cdot 0{,}70\,\text{m} \cdot \pi}{4}$

$+ \left(2{,}0\,\text{m} \cdot 2 + \frac{3{,}20\,\text{m} + 1{,}80\,\text{m}}{2 \cdot 2} \cdot \pi\right) \cdot 0{,}18\,\text{m} + \frac{1{,}60\,\text{m} + 0{,}70\,\text{m}}{2} \cdot \pi \cdot 0{,}125\,\text{m}$

$A = 40{,}18\,\text{m}^2$

b) Tor

$A = 8{,}66\,\text{m}^2$

73. $4{,}25^2\,\text{m}^2 + 0{,}50^2\,\text{m}^2 = c^2$ **91**

$c = 4{,}28\,\text{m}$

$d_1 = 8{,}56\,\text{m}$

$d_2 = 8{,}50\,\text{m}$

$$A = \frac{8{,}50^2\,\text{m}^2 \cdot \pi}{4 \cdot 2} + \frac{8{,}56\,\text{m} \cdot 8{,}50\,\text{m} \cdot \pi}{4 \cdot 2} + \frac{8{,}50\,\text{m} \cdot \pi \cdot 1{,}70\,\text{m}}{2}$$

$$+ \frac{1{,}70\,\text{m} + 1{,}20\,\text{m}}{2} \cdot \frac{8{,}50\,\text{m} \cdot \pi}{4} \cdot 2$$

$A = 56{,}95\,\text{m}^2 + 33{,}05\,\text{m}^2$

$A = 99{,}00\,\text{m}^2$

74. $0{,}80^2\,\text{m}^2 + 0{,}80^2\,\text{m}^2 = c^2$

$c = 1{,}13\,\text{m}$

$d_1 = 1{,}13$

$d_2 = 0{,}80\,\text{m}$

$$A = \frac{1{,}13\,\text{m} \cdot 0{,}80\,\text{m} \cdot \pi}{4}$$

$A = 0{,}71\,\text{m}^2$

Zusammengesetzte Flächen

75. a) **92**

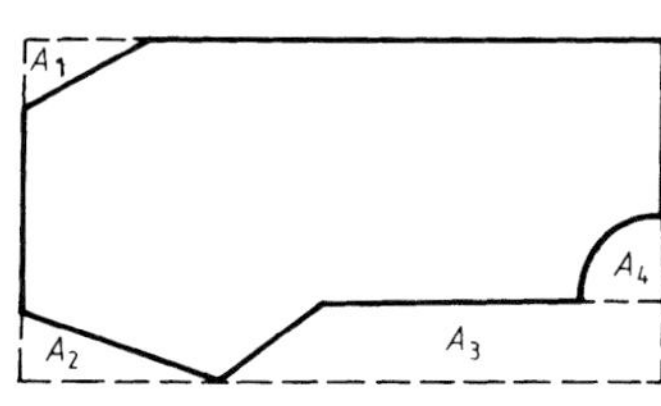

$A_{ges} = 31{,}55\,\text{m} \cdot 15{,}60\,\text{m} = 492{,}18\,\text{m}^2$

$A_1 = \dfrac{2{,}90\,\text{m} \cdot 4{,}60\,\text{m}}{2} = 6{,}67\,\text{m}^2$

$A_2 = \dfrac{11{,}75\,\text{m} \cdot 2{,}40\,\text{m}}{2} = 14{,}10\,\text{m}^2$

$A_3 = \dfrac{19{,}80\,\text{m} + 17{,}0\,\text{m}}{2} \cdot 4{,}0\,\text{m} = 73{,}60\,\text{m}^2$

$A_4 = \dfrac{3{,}5^2(\text{m})^2 \cdot \pi}{4} = 9{,}62\,\text{m}^2$

$A = 388{,}19\,\text{m}^2$

b) $2{,}90^2\,\text{m}^2 + 4{,}60^2\,\text{m}^2 = {c_1}^2$

$c_1 = 5{,}44\,\text{m}$

$2{,}40^2\,\text{m}^2 + 11{,}75^2\,\text{m}^2 = {c_2}^2$

$c_2 = 11{,}99\,\text{m}$

$2{,}80^2\,\text{m}^2 + 4{,}0^2\,\text{m}^2 = {c_3}^2$

$c_3 = 4{,}88\,\text{m}$

$c_4 = \dfrac{7{,}0\,\text{m} \cdot \pi}{4}$

$c_4 = 5{,}50\,\text{m}$

$U = 5{,}44\,\text{m} + 26{,}95\,\text{m} + 8{,}10\,\text{m} + 5{,}50\,\text{m} + 13{,}50\,\text{m}$

$+ 4{,}88\,\text{m} + 11{,}99\,\text{m} + 10{,}30\,\text{m}$

$U = 86{,}66\,\text{m}$

92 **76.** a)

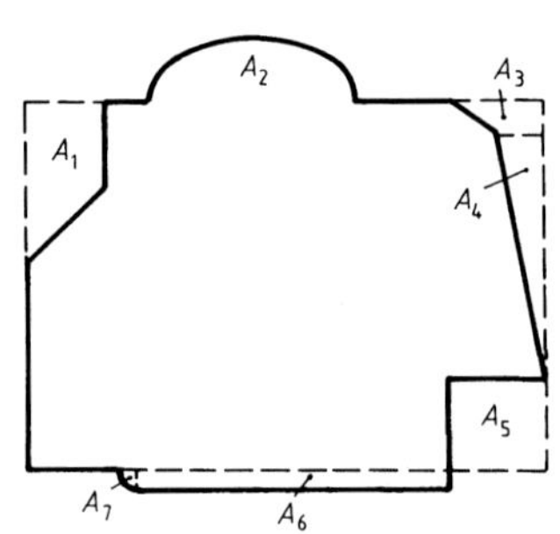

$$A_{ges} = 57{,}15\,\text{m} \cdot 44{,}70\,\text{m} = 2\,554{,}61\,\text{m}^2$$
$$-A_1 = \frac{22{,}60\,\text{m} + 13{,}80\,\text{m}}{2} \cdot 8{,}40\,\text{m} = 152{,}88\,\text{m}^2$$
$$+A_2 = \frac{22{,}50\,\text{m} \cdot 10{,}0\,\text{m} \cdot \pi}{2 \cdot 4} = 88{,}36\,\text{m}^2$$
$$-A_3 = \frac{14{,}20\,\text{m} + 10{,}30\,\text{m}}{2} \cdot 3{,}90\,\text{m} = 47{,}78\,\text{m}^2$$
$$-A_4 = \frac{10{,}30\,\text{m} \cdot 30{,}40\,\text{m}}{2} = 156{,}56\,\text{m}^2$$
$$-A_5 = 10{,}80\,\text{m} \cdot 10{,}40\,\text{m} = 112{,}32\,\text{m}^2$$
$$+A_6 = 31{,}25\,\text{m} \cdot 2{,}50\,\text{m} = 78{,}13\,\text{m}^2$$
$$+A_7 = \frac{2{,}50^2\,\text{m}^2 \cdot \pi}{4} = 4{,}91\,\text{m}^2$$
$$A = 2\,256{,}47\,\text{m}^2$$

$$8{,}80^2\,\text{m}^2 + 8{,}40^2\,\text{m}^2 = {c_1}^2$$
$$c_1 = 12{,}17\,\text{m}$$
$$c_2 = \frac{22{,}50\,\text{m} + 10{,}0\,\text{m}}{2 \cdot 2} \cdot \pi = 25{,}53\,\text{m}$$
$$3{,}90^2\,\text{m}^2 + 3{,}90^2\,\text{m}^2 = {c_3}^2$$
$$c_3 = 5{,}52\,\text{m}$$
$$10{,}30^2\,\text{m}^2 + 30{,}40^2\,\text{m}^2 = {c_4}^2$$
$$c_4 = 32{,}10\,\text{m}$$
$$c_5 = \frac{5{,}0\,\text{m} \cdot \pi}{4} = 3{,}93\,\text{m}$$

b) $U = 22{,}10\,\text{m} + 12{,}17\,\text{m} + 13{,}80\,\text{m} + 4{,}20\,\text{m} + 25{,}53\,\text{m} + 7{,}85\,\text{m} + 5{,}52\,\text{m}$
$+ 32{,}10\,\text{m} + 10{,}80\,\text{m} + 12{,}90\,\text{m} + 31{,}25\,\text{m} + 3{,}93\,\text{m} + 12{,}60\,\text{m}$
$U = 194{,}75\,\text{m}$

77. a) $$A = \frac{38{,}54\,\text{m} \cdot 15{,}14\,\text{m}}{2} + \frac{38{,}54\,\text{m} \cdot 14{,}04\,\text{m}}{2}$$
$$A = 562{,}30\,\text{m}^2$$

b) $$26{,}10^2\,\text{m}^2 + 14{,}04^2\,\text{m}^2 = c^2$$
$$c = 29{,}637\,\text{m}$$
$$12{,}44^2\,\text{m}^2 + 14{,}04^2\,\text{m}^2 = c^2$$
$$c = 18{,}758\,\text{m}$$
$$26{,}52^2\,\text{m}^2 + 15{,}14^2\,\text{m}^2 = c^2$$
$$c = 30{,}537$$
$$12{,}02^2\,\text{m}^2 + 15{,}14^2\,\text{m}^2 = c^2$$
$$c = 19{,}331\,\text{m}$$
$$l = 98{,}26\,\text{m}$$

78. a)

$$A_1 = \frac{32{,}60\,\text{m} \cdot 29{,}20\,\text{m}}{2}$$

$$A_1 = 475{,}96\,\text{m}^2$$

$$A_2 = \frac{64{,}35\,\text{m} + 39{,}65\,\text{m}}{2} \cdot 41{,}46\,\text{m}$$

$$A_2 = 2\,155{,}92\,\text{m}^2$$

$$A_3 = \frac{64{,}35\,\text{m} + 48{,}50\,\text{m}}{2} \cdot 20{,}79\,\text{m}$$

$$A_3 = 1\,173{,}076\,\text{m}^2$$

$$A_4 = \frac{41{,}43\,\text{m} \cdot 48{,}50\,\text{m}}{2}$$

$$A_4 = 1\,004{,}678\,\text{m}^2$$

$$A_5 = \frac{46{,}63\,\text{m} \cdot 67{,}75\,\text{m}}{2}$$

$$A_5 = 1\,579{,}59\,\text{m}^2$$

$$A_6 = \frac{67{,}75\,\text{m} + 38{,}07\,\text{m}}{2} \cdot 20{,}75\,\text{m}$$

$$A_6 = 1\,097{,}882\,\text{m}^2$$

$$A_7 = \frac{38{,}07\,\text{m} + 9{,}24\,\text{m}}{2} \cdot 44{,}20\,\text{m}$$

$$A_7 = 1\,045{,}551\,\text{m}^2$$

$$A_8 = \frac{24{,}70\,\text{m} \cdot 9{,}24\,\text{m}}{2}$$

$$A_8 = 114{,}114\,\text{m}^2$$

$$A_{\text{ges}} = 8\,646{,}77\,\text{m}^2$$

Gebäude

$$A = 50{,}75\,\text{m} \cdot 26{,}50\,\text{m}$$

$$A = 1\,344{,}88\,\text{m}^2$$

$$p = \frac{1\,344{,}88\,\text{m}^2 \cdot 100\%}{8\,646{,}77\,\text{m}^2}$$

$$p = 15{,}55\%$$

b)

$$32{,}60^2\,\text{m}^2 + 29{,}20^2\,\text{m}^2 = c^2$$

$$c_1 = 43{,}765\,\text{m}$$

$$c_2 = 10{,}45\,\text{m}$$

$$24{,}70^2\,\text{m}^2 + 41{,}46^2\,\text{m}^2 = c^2$$

$$c_3 = 48{,}26\,\text{m}$$

$$15{,}85^2\,\text{m}^2 + 20{,}79^2\,\text{m}^2 = c^2$$

$$c_4 = 26{,}143\,\text{m}$$

$$41{,}43^2\,\text{m}^2 + 48{,}50^2\,\text{m}^2 = c^2$$

$$c_5 = 63{,}786\,\text{m}$$

$$46{,}63^2\,\text{m}^2 + 67{,}75^2\,\text{m}^2 = c^2$$

$$c_6 = 82{,}246\,\text{m}$$

$$29{,}68^2\,\text{m}^2 + 20{,}75^2\,\text{m}^2 = c^2$$

$$c_7 = 36{,}214\,\text{m}$$

$$28{,}83^2\,\text{m}^2 + 44{,}20^2\,\text{m}^2 = c^2$$

$$c_8 = 52{,}771\,\text{m}$$

$$24{,}70^2\,\text{m}^2 + 9{,}24^2\,\text{m}^2 = c^2$$

$$c_9 = 26{,}372\,\text{m}$$

$$l = 390{,}0\,\text{m}$$

79. a)

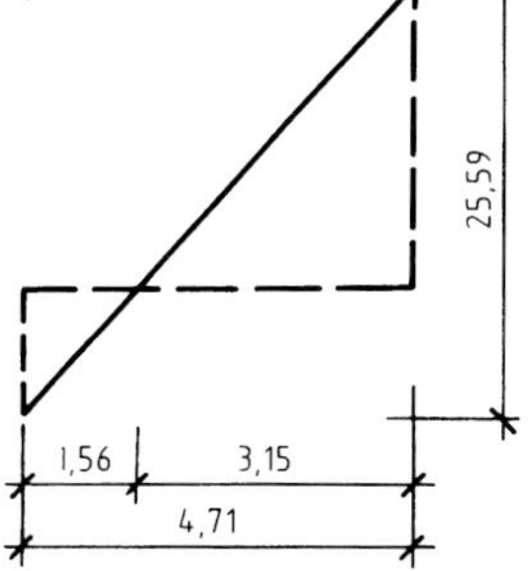

$$25{,}59\,\text{m} : 4{,}71\,\text{m} = 17{,}13\,\text{m} : x$$

$$x = 3{,}15\,\text{m}$$

92

$$A_1 = \frac{13{,}06\,\text{m} \cdot 12{,}04\,\text{m}}{2} \qquad A_2 = \frac{17{,}13\,\text{m} + 12{,}04\,\text{m}}{2} \cdot 18{,}31\,\text{m} - \frac{3{,}15\,\text{m} \cdot 17{,}13\,\text{m}}{2}$$

$$A_1 = 78{,}62\,\text{m}^2 \qquad A_2 = 240{,}07\,\text{m}^2$$

$$A_3 = \frac{8{,}46\,\text{m} + 7{,}0\,\text{m}}{2} \cdot 17{,}16\,\text{m} + \frac{1{,}56\,\text{m} \cdot 8{,}46\,\text{m}}{2} \qquad A_4 = \frac{9{,}50 \cdot 7{,}0\,\text{m}}{2}$$

$$A_3 = 139{,}25\,\text{m}^2 \qquad A_4 = 33{,}25\,\text{m}^2$$

$$A = 491{,}19\,\text{m}^2$$

b) $A = 491{,}19\,\text{m}^2 \cdot \frac{25}{100} = 122{,}80\,\text{m}^2$

c) $13{,}06^2\,\text{m}^2 + 12{,}04^2\,\text{m}^2 = c^2$

$c_1 = 17{,}76\,\text{m}$

$5{,}09^2\,\text{m}^2 + 18{,}31^2\,\text{m}^2 = c^2$

$c_2 = 19{,}0\,\text{m}$

$25{,}59^2\,\text{m}^2 + 4{,}71^2\,\text{m}^2 = c^2$

$c_3 = 26{,}02\,\text{m}$

$1{,}46^2\,\text{m}^2 + 17{,}16^2\,\text{m}^2 = c^2$

$c_4 = 17{,}22\,\text{m}$

$9{,}50^2\,\text{m}^2 + 7{,}0^2\,\text{m}^2 = c^2$

$c_5 = 11{,}80\,\text{m}$ $\qquad l = 91{,}80\,\text{m}^2$

12 Körperberechnung

Umrechnen von Einheiten

95

1. a) $2\,946\,\text{dm}^3$
b) $0{,}384\,\text{dm}^3$
c) $0{,}004465\,\text{dm}^3$
d) $42{,}5\,\text{dm}^3$

2. a) $4\,620\,\text{cm}^3$
b) $18\,720\,\text{cm}^3$
c) $0{,}1437\,\text{cm}^3$
d) $1\,460\,000\,\text{cm}^3$

3. a) $420\,000\,\text{mm}^3$
b) $1\,527\,000\,\text{mm}^3$
c) $94\,520\,\text{mm}^3$
d) $4{,}25 \cdot 10^9\,\text{mm}^3$

4. a) $0{,}26524\,\text{m}^3$
b) $1{,}85733\,\text{m}^3$
c) $0{,}001487354\,\text{m}^3$
d) $0{,}00084\,\text{m}^3$
e) $0{,}23\,\text{m}^3$
f) $0{,}063\,\text{m}^3$

Würfel

5. $l = \sqrt[3]{1{,}33\,\text{m}^3}$

$l = 1{,}10\,\text{m}$

6. $l^2 = \frac{18}{6}\,\text{m}^2$

$l = 1{,}73\,\text{m}$

7. $V = 2{,}0^3\,\text{dm}^3 \cdot 3$

$V = 24\,\text{dm}^3$

95

8. a) Betonbedarf

$V = 0{,}60^3\,\text{dm}^3 \cdot 30$

$V = 6{,}48\,\text{m}^3$

b) Schalholz

$A = 0{,}625\,\text{m} \cdot 0{,}60\,\text{m} \cdot 4 \cdot 5$

$A = 7{,}50\,\text{m}^2$

Prismen

9. $l^2 \cdot 2{,}50\,\text{m} = 0{,}96\,\text{m}^3$

$l = 0{,}62\,\text{m}$

$A = 0{,}62^2\,\text{m}^2 \cdot 2 + 0{,}62\,\text{m} \cdot 2{,}50\,\text{m} \cdot 4$

$A = 6{,}97\,\text{m}^2$

10. $l \cdot 4 \cdot 3{,}90\,\text{m} = 6{,}90\,\text{m}^2$

$l = 0{,}44\,\text{m}$

$V = 0{,}44^2\,\text{m}^2 \cdot 3{,}90\,\text{m}$

$V = 0{,}755\,\text{m}^3$

11. $2\,d^2 \cdot 4{,}50\,\text{m} = 0{,}95\,\text{m}^3$

$d = 0{,}32\,\text{m}$

Abmessung: 32/64 cm

12. $V = (0{,}24\,\text{m} \cdot 0{,}35\,\text{m} - 0{,}12\,\text{m} \cdot 0{,}06\,\text{m})\ 2{,}60\,\text{m} \cdot 8$

$V = 1{,}597\,\text{m}^3$

13. a) Schalholz

$A = (0{,}15\,\text{m} \cdot 2 + 0{,}50\,\text{m} + 0{,}80\,\text{m} + 0{,}80\,\text{m} \cdot 2)\ 8{,}20\,\text{m} + 0{,}50\,\text{m} \cdot 0{,}80\,\text{m} \cdot 2$

$+ 0{,}15\,\text{m} \cdot 1{,}30\,\text{m} \cdot 2$

$A = 27{,}43\,\text{m}^2 + 12\%$

$A = 30{,}72\,\text{m}^2$

b) Betonbedarf

$V = (0{,}50\,\text{m} \cdot 0{,}80\,\text{m} + 0{,}15\,\text{m} \cdot 1{,}30\,\text{m})\ 8{,}20\,\text{m}$

$V = 4{,}88\,\text{m}^3$

14. $V = 1{,}20\,\text{m} \cdot 2{,}20\,\text{m} \cdot 100\,\text{m} + 17\%$

$V = 308{,}88\,\text{m}^3$

96

15. a) Aushub

$V = 22{,}40\,\text{m} \cdot 15{,}80\,\text{m} \cdot 1{,}80\,\text{m}$

$V = 637{,}06\,\text{m}^3$

b) Lagern

$V = 637{,}06\,\text{m}^3 + 76{,}447\,\text{m}^3$

$V = 713{,}51\,\text{m}^3$

16.
$$\frac{l^2 \cdot 4{,}85\,\text{m}}{3} = 54{,}75\,\text{m}^3$$
$$l = 5{,}82\,\text{m}$$

17.
$$\frac{l \cdot 5{,}25\,\text{m}}{2} \cdot 4 = 14{,}55\,\text{m}^2$$
$$l = 1{,}386\,\text{m}$$
$$h^2 + 0{,}693^2\,\text{m}^2 = 5{,}25^2\,\text{m}^2$$
$$h = 5{,}20\,\text{m}$$
$$V = \frac{1{,}386^2\,\text{m}^2 \cdot 5{,}20\,\text{m}}{3}$$
$$V = 3{,}33\,\text{m}^3$$

18. a) Dachraum
$$h^2 + 1{,}90^2\,\text{m}^2 = 5{,}07^2\,\text{m}^2$$
$$h = 4{,}70\,\text{m}$$
$$V = \frac{3{,}80^2\,\text{m}^2 \cdot 4{,}70\,\text{m}}{3}$$
$$V = 22{,}62\,\text{m}^3$$

b) Dachfläche
$$A = \frac{3{,}80\,\text{m} \cdot 5{,}07\,\text{m}}{2} \cdot 4$$
$$A = 38{,}53\,\text{m}^2$$

19. a) Volumen
$$V = \frac{6{,}47^2\,\text{m}^2 \cdot 11{,}50\,\text{m}}{3}$$
$$V = 160{,}47\,\text{m}^3$$

b) Trauflänge
$$2\,s^2 = 9{,}15\,\text{m}^2$$
$$s = 6{,}47\,\text{m}$$
$$l = 6{,}47\,\text{m} \cdot 4$$
$$l = 25{,}88\,\text{m}$$
$$11{,}50^2\,\text{m}^2 + 3{,}235^2\,\text{m}^2 = h^2$$
$$h = 11{,}95\,\text{m}$$

c) Dachfläche
$$A = \frac{6{,}47\,\text{m} \cdot 11{,}95\,\text{m}}{2} \cdot 4$$
$$A = 154{,}63\,\text{m}^2$$

20. a) Betonbedarf
$$V = \left(0{,}15\,\text{m} \cdot 0{,}12\,\text{m} \cdot 2{,}0\,\text{m} + \frac{0{,}15\,\text{m} \cdot 0{,}12\,\text{m} \cdot 0{,}40\,\text{m}}{3}\right) 50 = 1{,}92\,\text{m}^3$$

b) Oberfläche
$$A = 0{,}12\,\text{m} \cdot 2{,}0\,\text{m} \cdot 2 + 0{,}15\,\text{m} \cdot 2{,}0\,\text{m} \cdot 2 + 0{,}15\,\text{m} \cdot 0{,}12\,\text{m}$$
$$+ \frac{0{,}12\,\text{m} \cdot 0{,}407\,\text{m}}{2} \cdot 2 + \frac{0{,}15\,\text{m} \cdot 0{,}404\,\text{m}}{2} \cdot 2 = 1{,}21\,\text{m}^2 \cdot 50 = 60{,}50\,\text{m}^2$$

Streichmittel $60{,}5 \cdot \frac{1}{4} = 15{,}13\ \text{l}$

21. a) Dachraum **96**

$$3{,}65^2\,\text{m}^2 + b^2 = 7{,}30^2\,\text{m}^2$$

$$b = 6{,}32\,\text{m}$$

$$V = \frac{7{,}30\,\text{m} \cdot 6{,}32\,\text{m}}{2} \cdot 6 \cdot \frac{16{,}20\,\text{m}}{3}$$

$$V = 747{,}40\,\text{m}^3$$

b) Dachfläche

$$3{,}65^2\,\text{m}^2 + h^2 = 17{,}77^2\,\text{m}^2$$

$$h = 17{,}39\,\text{m}$$

$$A = \frac{7{,}30\,\text{m} \cdot 17{,}39\,\text{m}}{2} \cdot 6$$

$$A = 380{,}84\,\text{m}^2$$

Anzahl der Ziegel

$$n = 380{,}84\,\text{m}^2 \cdot 37\,\frac{\text{Ziegel}}{\text{m}^2} + 15\%$$

$$n = 16\,205$$

c) Gratsparrenlänge

$$16{,}20^2\,\text{m}^2 + 7{,}30^2\,\text{m}^2 = G^2$$

$$G = 17{,}77\,\text{m}$$

22. $$V = \left(0{,}40^2\,\text{m}^2 \cdot 0{,}045\,\text{m} + \frac{0{,}40^2\,\text{m}^2 \cdot 0{,}07}{3}\right) \cdot 150\,\text{m}$$

$$V = 1{,}64\,\text{m}^3$$

Pyramidenstumpf

23. a) $$V = \frac{0{,}60\,\text{cm}}{3}\left(0{,}90^2\,\text{m}^2 + 0{,}40^2\,\text{m}^2 + \sqrt{0{,}90^2\,\text{m}^2 \cdot 0{,}40^2\,\text{m}^2}\right)$$ **97**

$$V = 0{,}266\,\text{m}^3$$

b) $$A_o = 0{,}90^2\,\text{m}^2 + 0{,}40^2\,\text{m}^2 + \frac{0{,}90\,\text{m} + 0{,}40\,\text{m}}{2} \cdot 0{,}65\,\text{m} \cdot 4$$

$$A_o = 2{,}66\,\text{m}^2$$

24. a) Volumen

$$V = \frac{0{,}583\,\text{m}}{3}\left(1{,}10^2\,\text{m}^2 + 0{,}40^2\,\text{m}^2 + \sqrt{1{,}10^2\,\text{m}^2 \cdot 0{,}40^2\,\text{m}^2}\right)$$

$$V = 0{,}35\,\text{m}^3$$

b) Oberfläche

$$A = 1{,}10^2\,\text{m}^2 + 0{,}40^2\,\text{m}^2 + \frac{1{,}10\,\text{m} + 0{,}40\,\text{m}}{2} \cdot 0{,}68\,\text{m} \cdot 4$$

$$A = 3{,}41\,\text{m}^2$$

25. $$\frac{h}{3}\left(1{,}60^2\,\text{m}^2 + 0{,}60^2\,\text{m}^2 + \sqrt{1{,}60^2\,\text{m}^2 \cdot 0{,}60^2\,\text{m}^2}\right) = 3{,}14\,\text{m}^3$$

$$h = 2{,}43\,\text{m}$$

97 **26.** $0{,}70\,\text{m} \cdot 1{,}10\,\text{m} + 0{,}80\,\text{m} \cdot 0{,}40\,\text{m} + A_\text{M} = 3{,}20\,\text{m}^2$

$$A_\text{M} = 2{,}11\,\text{m}^2$$

$$\frac{1{,}10\,\text{m} + 0{,}80\,\text{m}}{2} \cdot h_1 \cdot 2 + \frac{0{,}70\,\text{m} + 0{,}40\,\text{m}}{2} \cdot h_2 \cdot 2 = 2{,}11\,\text{m}^2$$

$$h_1 = h_2$$

$$h_1 = 0{,}703\,\text{m}$$

$$0{,}15^2\,\text{m}^2 + h^2 = 0{,}703^2\,\text{m}^2$$

$$h = 0{,}69\,\text{m}$$

$$V = \frac{0{,}69\,\text{m}}{3}\left(0{,}70\,\text{m} \cdot 1{,}10\,\text{m} + 0{,}40\,\text{m} \cdot 0{,}80\,\text{m} + \sqrt{0{,}77\,\text{m}^2 + 0{,}32\,\text{m}^2}\right)$$

$$V = 0{,}365\,\text{m}^3$$

27. $0{,}15^2\,\text{m}^2 + h^2 = 0{,}75^2\,\text{m}^2$

$$h = 0{,}73\,\text{m}$$

a) Betonbedarf

$$V = \frac{0{,}73\,\text{m}}{3}\left(0{,}60\,\text{m} \cdot 0{,}90\,\text{m} + 0{,}60\,\text{m} \cdot 0{,}30\,\text{m} + \sqrt{0{,}54\,\text{m}^2 \cdot 0{,}18\,\text{m}^2}\right)$$

$$V = 0{,}251\,\text{m}^3$$

b) Schalholzbedarf

$$A = \left(\frac{0{,}60\,\text{m} + 0{,}30\,\text{m}}{2} + \frac{0{,}95\,\text{m} + 0{,}65\,\text{m}}{2}\right) 0{,}75\,\text{m} \cdot 2$$

$$A = 1{,}875\,\text{m}^2$$

28. $V = \frac{0{,}42\,\text{m}}{3} \cdot \frac{3}{4}\left(0{,}90\,\text{m} \cdot 0{,}40\,\text{m} + 0{,}70\,\text{m} \cdot 0{,}28\,\text{m} + \sqrt{0{,}36\,\text{m}^2 \cdot 0{,}196\,\text{m}^2}\right)$

$$V = 86{,}27\ \text{l}$$

29. Grundseitenlänge Aufbau

$$3{,}45^2\,\text{m}^2 + 3{,}45^2\,\text{m}^2 = s^2$$

$$s = 4{,}88\,\text{m}$$

Gratsparren Unterbau

$$2{,}80^2\,\text{m}^2 + 2{,}56^2\,\text{m}^2 = G^2$$

$$G = 3{,}79\,\text{m}$$

Dachflächenhöhe Unterbau

$$8{,}50\,\text{m} - 4{,}88\,\text{m} = 3{,}62\,\text{m} : 2 = 1{,}81\,\text{m}$$

$$1{,}81^2\,\text{m}^2 + {h_1}^2 = 3{,}79^2\,\text{m}^2$$

$$h_1 = 3{,}33\,\text{m}$$

Dachflächenhöhe Aufbau

$$1{,}50^2\,\text{m}^2 + 2{,}44^2\,\text{m}^2 = {h_2}^2$$

$$h_2 = 2{,}86\,\text{m}$$

Diagonale Unterbau

$$8{,}50^2\,\text{m}^2 + 8{,}50^2\,\text{m}^2 = d^2$$

$$d = 12{,}02\,\text{m}$$

$$\frac{d}{2} = 6{,}01\,\text{m}$$

$$\Delta d = 6{,}01\,\text{m} - 3{,}45\,\text{m}$$

$$\Delta d = 2{,}56\,\text{m}$$

a) Volumen **97**

$$V = \frac{2{,}80\,\text{m}}{3}\left(8{,}50^2\,\text{m}^2 + 4{,}88^2\,\text{m}^2 + \sqrt{72{,}25\,\text{m}^2 \cdot 23{,}81\,\text{m}^2}\,\right) + \frac{4{,}88^2\,\text{m}^2 \cdot 1{,}50\,\text{m}}{3}$$

$$V = 139{,}49\,\text{m}^3$$

b) Gratsparrenlänge

Unterbau $G_1 = 3{,}79\,\text{m}$ $\qquad 3{,}45^2\,\text{m}^2 + 1{,}50^2\,\text{m}^2 = {G_2}^2$

Aufbau $G_2 = 3{,}76\,\text{m}$ $\qquad G_2 = 3{,}76\,\text{m}$

c) Bretterschalung

$$A = \frac{8{,}50\,\text{m} + 4{,}88\,\text{m}}{2} \cdot 3{,}33\,\text{m} \cdot 4 + \frac{4{,}88\,\text{m} \cdot 2{,}86\,\text{m}}{2} \cdot 4$$

$$A = 117{,}02\,\text{m}^2$$

d) Schieferbedarf

$$A = 117{,}02\,\text{m}^2 + 18{,}5\%$$

$$A = 138{,}67\,\text{m}^2$$

30. **98**

$$V = 0{,}25\,\text{m} \cdot 0{,}15\,\text{m} \cdot 0{,}50\,\text{m} + \frac{0{,}25\,\text{m}}{3} \cdot \left(0{,}25\,\text{m} \cdot 0{,}15\,\text{m} + 0{,}19\,\text{m} \cdot 0{,}09\,\text{m} + \sqrt{0{,}0375\,\text{m}^2 \cdot 0{,}0171\,\text{m}^2}\right) + \frac{0{,}19\,\text{m} \cdot 0{,}09\,\text{m} \cdot 0{,}20\,\text{m}}{3}$$

$$V = 0{,}02655\,\text{m}^3$$

$$V_{\text{ges}} = 26{,}55\,\text{m}^3$$

31. a)

$$V = \frac{12{,}22\,\text{m} \cdot 3{,}25\,\text{m}}{6}\,(2 \cdot 16{,}50\,\text{m} + 4{,}28\,\text{m})$$

$$V = 246{,}76\,\text{m}^3$$

b)

3,25

6,11

$$h_\text{b} = h_l = \sqrt{6{,}11^2\,\text{m}^2 + 3{,}25^2\,\text{m}^2}$$

$$h_\text{b} = h_l = 6{,}92\,\text{m}$$

$$A = 6{,}92\,\text{m}\,(16{,}50\,\text{m} + 4{,}28\,\text{m}) + 6{,}92\,\text{m} \cdot 12{,}22\,\text{m}$$

$$A = 228{,}36\,\text{m}^2$$

alternativ

3,25

α

6,11

$$A = \frac{16{,}50\,\text{m} \cdot 12{,}22\,\text{m}}{\cos 28^\circ}$$

$$A = 228{,}36\,\text{m}^2$$

98

$\tan\alpha = \dfrac{3{,}25\,\text{m}}{6{,}11\,\text{m}}$

$\alpha = 28°$

$n = 228{,}36\,\text{m}^2 \cdot 13\ \text{Ziegel/m}^2$

$n = 2\,968{,}68$

$n = 2\,969$ Nonnen

$n = 2\,969$ Mönche

c)

$h_b = 6{,}92$

G

6,11

$G^2 = 6{,}92^2\,\text{m}^2 + 6{,}11^2\,\text{m}^2$

$G = 9{,}23\,\text{m}$

$n = (9{,}23\,\text{m} \cdot 4 + 4{,}28\,\text{m}) \cdot 3\ \text{Ziegel/m}$

$n = 123{,}6$

$n = 124$ Ziegel

32. a) $V = \dfrac{11{,}20\,\text{m} \cdot 3{,}50\,\text{m}}{6}(2 \cdot 18{,}75\,\text{m} + 7{,}55\,\text{m})$

$V = 294{,}33\,\text{m}^3$

b) $5{,}60^2\,\text{m}^2 + 5{,}60^2\,\text{m}^2 = G'^2$

$G' = 7{,}92\,\text{m}$

$7{,}92^2\,\text{m}^2 + 3{,}50^2\,\text{m}^2 = G^2$

$G = 8{,}66\,\text{m}$

$n = (8{,}66\,\text{m} \cdot 4 + 7{,}55\,\text{m}) \cdot 3$

$n = 126{,}57$

$n = 127$ Ziegel

c)

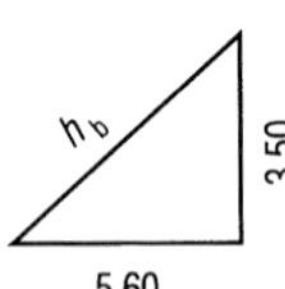

$5{,}60^2\,\text{m}^2 + 3{,}50^2\,\text{m}^2 = {h_b}^2$

$h_b = h_l = 6{,}60\,\text{m}$

$A = 6{,}60\,\text{m}\,(18{,}75\,\text{m} + 7{,}55\,\text{m}) + 11{,}20\,\text{m} \cdot 6{,}60\,\text{m}$

$A = 247{,}50\,\text{m}^2$

alternativ

$\tan\alpha = \dfrac{3{,}50\,\text{m}}{5{,}60\,\text{m}}$

$\alpha = 32°$

$A = \dfrac{18{,}75\,\text{m} \cdot 11{,}20\,\text{m}}{\cos 32°}$

$A = 247{,}63\,\text{m}^2$

$n = 247{,}50\,\text{m}^2 \cdot 37\ \text{Ziegel/m}^2$

$n = 9\,157{,}5$

$n = 9\,158$ Ziegel

Zylinder

33. $\frac{d^2 \cdot \pi}{4} = 0{,}30\,\text{m}^2$ 98

$d = 0{,}618\,\text{m}$

a) Mantelfläche

$A_{\text{M}} = 0{,}618\,\text{m} \cdot \pi \cdot 0{,}70\,\text{m}$

$A_{\text{M}} = 1{,}36\,\text{m}^2$

b) Volumen

$V = \frac{0{,}618^2\,\text{m}^2 \cdot \pi}{4} \cdot 0{,}70\,\text{m}$

$V = 0{,}21\,\text{m}^3$

34. a) Betonbedarf

$V = \frac{0{,}46^2\,\text{m}^2 \cdot \pi}{4} \cdot 3{,}10\,\text{m}$

$V = 0{,}515\,\text{m}^3$

b) Schalholzbedarf

$A = 0{,}46\,\text{m} \cdot \pi \cdot 3{,}10\,\text{m}$

$A = 4{,}48\,\text{m}^2$

35. $d \cdot \pi \cdot 3{,}85\,\text{m} \cdot 3 \cdot 1{,}06\,\text{m} = 13{,}90\,\text{m}^2$

$d = 0{,}36\,\text{m}$

$V = \frac{0{,}36^2\,\text{m}^2 \cdot \pi}{4} \cdot 3{,}85\,\text{m} \cdot 3$

$V = 1{,}176\,\text{m}^3$

36. a) $\frac{d^2 \cdot \pi}{4} \cdot h = V$

$\frac{0{,}35^2 \cdot \pi}{4} \cdot h \cdot 2 = 0{,}625$

$h = 3{,}248\,\text{m}$

b) Schalfläche

$A = 0{,}35\,\text{m} \cdot \pi \cdot 3{,}248\,\text{m}$

$A = 3{,}57\,\text{m}^2$

37. a) Betonbedarf 99

$V = \frac{(1{,}20^2\,\text{m}^2 - 1{,}06^2\,\text{m}^2) \cdot \pi \cdot 2{,}0\,\text{m}}{4}$

$V = 0{,}497\,\text{m}^3$

b) wasserführender Querschnitt

$A = 0{,}8825\,\text{m}^2$

c) Gewicht des Rohres

$m = 497\,\text{dm}^3 \cdot 2{,}4\ \text{kg/dm}^3$

$m = 1\,192{,}8\ \text{kg}$

$F = 11\,928\ \text{N}$

38. $A_1 = \frac{54^2\,\text{cm}^2 \cdot \pi}{4}$

$A_1 = 2\,290{,}22\,\text{cm}^2$

$A_2 = \frac{34^2\,\text{cm}^2 \cdot \pi}{4}$

$A\ = 907{,}92\,\text{cm}^2$

99 a) Verkleinerung

$$p = 100\% - \frac{100\% \cdot 907{,}92\,\text{cm}^2}{2\,290{,}22\,\text{cm}^2}$$

$$p = 60{,}36\%$$

b) Gewicht des Rohres

$$m = \frac{(6{,}2^2\,\text{dm}^2 - 5{,}4^2\,\text{dm}^2) \cdot \pi \cdot 10\,\text{dm}}{4} \cdot \frac{7{,}9\ \text{kg}}{\text{dm}^3}$$

$$m = 575{,}79\ \text{kg}$$

$$F = 5{,}76\ \text{kN}$$

39. $\frac{d_2 \cdot \pi}{4} \cdot 1{,}12\,\text{m} = 0{,}20\,\text{m}$

$d_2 = 0{,}4768\,\text{m}$

$d = 540\,\text{mm} - 476{,}8\,\text{mm}$

$d = 63{,}2\,\text{mm}$

Kegel

40. $\frac{d^2 \cdot \pi}{4} \cdot \frac{1{,}95\,\text{m}}{3} = 0{,}80\,\text{m}^3$

$d = 1{,}25\,\text{m}$

41. $\frac{d \cdot \pi \cdot 3{,}98\,\text{m}}{2} = 8{,}44\,\text{m}^2$

$d = 1{,}35\,\text{m}$

42. $\frac{2{,}40^2\,\text{m}^2 \cdot \pi}{4} + \frac{2{,}40\,\text{m} \cdot \pi \cdot s}{2} = 17{,}53\,\text{m}^2$

$s = 3{,}45\,\text{m}$

a) Volumen

$1{,}20^2\,\text{m}^2 + h^2 = 3{,}45^2\,\text{m}^2$

$h = 3{,}23\,\text{m}$

$$V = \frac{2{,}40^2\,\text{m}^2 \cdot \pi}{4} \cdot \frac{3{,}23\,\text{m}}{3}$$

$V = 4{,}87\,\text{m}^3$

b) Mantellinie s

$s = 3{,}45\,\text{m}$

c) Mantelfläche

$$A_\text{M} = \frac{2{,}40\,\text{m} \cdot \pi \cdot 3{,}45\,\text{m}}{2}$$

$A_\text{M} = 13{,}01\,\text{m}^2$

100 **43.** $r^2 + 2{,}15^2\,\text{m}^2 = 2{,}30^2\,\text{m}^2$

$r = 0{,}817\,\text{m}$

$d = 1{,}634\,\text{m}$

a) Volumen

$$V = \frac{1{,}634^2\,\text{m}^2 \cdot \pi \cdot 2{,}15\,\text{m}}{4 \cdot 3}$$

$$V = 1{,}50\,\text{m}^3$$

b) Grundfläche

$$A = \frac{1{,}634^2\,\text{m}^2 \cdot \pi}{4}$$

$$A = 2{,}097\,\text{m}^2$$

c) Oberfläche

$$A = 2{,}097\,\text{m}^2 + \frac{1{,}634\,\text{m} \cdot \pi \cdot 2{,}30\,\text{m}}{2}$$

$$A = 8{,}0\,\text{m}^2$$

44. $$\frac{4{,}15^2\,\text{m}^2 \cdot \pi}{4} \cdot \frac{h}{3} = 20\,\text{m}^3$$

$$h = 4{,}44\,\text{m}$$

45. a) Mörtelbedarf

$$V = 3{,}15\,\text{m} \cdot \pi \cdot 8{,}95\,\text{m} \cdot 24\ \text{l/m}^2$$

$$V = 2\,125{,}66\ \text{l}$$

Dachfläche

$$1{,}575^2\,\text{m}^2 + 3{,}20^2\,\text{m}^2 = s^2$$

$$s = 3{,}567\,\text{m}$$

$$A = \frac{3{,}15\,\text{m} \cdot \pi \cdot 3{,}567\,\text{m}}{2}$$

$$A = 17{,}6495\,\text{m}^2$$

b) Holzschalung

$$A = 17{,}6495\,\text{m}^2 + 3\%$$

$$A = 18{,}18\,\text{m}^2$$

c) Kupferblech

$$A = 17{,}6495\,\text{m}^2 + 7{,}5\%$$

$$A = 18{,}973\,\text{m}^2$$

$$m = 1\,897{,}32\,\text{dm}^2 \cdot 0{,}012\,\text{dm} \cdot 8{,}93\ \text{kg/dm}^3$$

$$m = 203{,}317\ \text{kg}$$

46. $$V = \left(\frac{0{,}125^2\,\text{m}^2 \cdot \pi}{4} \cdot 0{,}50\,\text{m} + \frac{0{,}125^2\,\text{m}^2 \cdot \pi}{4} \cdot \frac{0{,}15\,\text{m}}{3}\right) 200$$

$$V = 1{,}35\,\text{m}^3$$

47. a) $$V = \frac{6{,}30^2\,\text{m}^2 \cdot \pi \cdot 4{,}45\,\text{m}}{4 \cdot 2} + \frac{6{,}30^2\,\text{m}^2 \cdot \pi \cdot 1{,}70\,\text{m}}{4 \cdot 3 \cdot 2}$$

$$V = 78{,}19\,\text{m}^3$$

b) Kupferblech

$$A = \frac{6{,}30\,\text{m} \cdot \pi \cdot 3{,}58\,\text{m}}{2 \cdot 2}$$

$$1{,}7^2\,\text{m}^2 + 3{,}15^2\,\text{m}^2 = s^2$$

$$s = 3{,}58\,\text{m}$$

$$A = 17{,}71\,\text{m}^2 + 8\%$$

$$A = 19{,}13\,\text{m}^2$$

100 c) Putzfläche

$$A = \frac{6{,}30\,\text{m} \cdot \pi \cdot 4{,}45\,\text{m}}{2}$$

$$A = 44{,}04\,\text{m}^2$$

Kegelstumpf

48. a) Volumen

$$V = \frac{\pi \cdot 0{,}58\,\text{m}}{12}\left(0{,}80^2\,\text{m}^2 + 0{,}50^2\,\text{m}^2 + 0{,}80\,\text{m} \cdot 0{,}50\,\text{m}\right)$$

$$V = 0{,}196\,\text{m}^3$$

Oberfläche

$$A_0 = \frac{0{,}80^2\,\text{m}^2 \cdot \pi}{4} + \frac{0{,}50^2\,\text{m}^2 \cdot \pi}{4} + \left(\frac{0{,}80\,\text{m} + 0{,}50\,\text{m}}{2}\right) \cdot \pi \cdot 0{,}60\,\text{m}$$

$$A_0 = 1{,}92\,\text{m}^2$$

b) Volumen

$$V = \frac{\pi \cdot 3{,}0\,\text{m}}{12}(2{,}60^2\,\text{m}^2 + 1{,}35^2\,\text{m}^2 + 2{,}60\,\text{m} \cdot 1{,}35\,\text{m})$$

$$V = 9{,}497\,\text{m}^3$$

Oberfläche

$$A_0 = \frac{2{,}60^2\,\text{m}^2 \cdot \pi}{4} + \frac{1{,}35^2\,\text{m}^2 \cdot \pi}{4} + \left(\frac{2{,}60\,\text{m} + 1{,}35\,\text{m}}{2}\right) \cdot \pi \cdot 3{,}25\,\text{m}$$

$$A_0 = 26{,}91\,\text{m}^2$$

101 **49.**

$$a^2 + 3{,}70^2\,\text{m}^2 = 3{,}75^2\,\text{m}^2$$

$$a = 0{,}61\,\text{m}$$

$$\rightarrow d = 2{,}37\,\text{m}$$

a) Volumen

$$V = \frac{\pi \cdot 3{,}70\,\text{m}}{12}(2{,}37^2\,\text{m}^2 + 1{,}15^2\,\text{m}^2 + 2{,}37\,\text{m} \cdot 1{,}15\,\text{m})$$

$$V = 9{,}36\,\text{m}^3$$

b) Mantelfläche

$$A_\text{M} = \frac{2{,}37\,\text{m} + 1{,}15\,\text{m}}{2} \cdot \pi \cdot 3{,}75\,\text{m}$$

$$A_\text{M} = 20{,}73\,\text{m}^2$$

c) Oberfläche

$$A_\text{o} = 20{,}73\,\text{m} + \frac{2{,}73^2\,\text{m}^2 \cdot \pi}{4} + \frac{1{,}15^2\,\text{m}^2 \cdot \pi}{4}$$

$$A_\text{o} = 26{,}18\,\text{m}^2$$

50. $0{,}265^2\,\text{m}^2 + h^2 = 2{,}85^2\,\text{m}^2$

$h = 2{,}837\,\text{m}$

a) Volumen

$$V = \frac{\pi \cdot 2{,}837\,\text{m}}{12}\,(2{,}43^2\,\text{m}^2 + 1{,}90^2\,\text{m}^2 + 2{,}43\,\text{m} \cdot 1{,}90\,\text{m})$$

$$V = 10{,}496\,\text{m}^3$$

b) Oberfläche

$$A_\text{o} = \frac{2{,}43^2\,\text{m}^2 \cdot \pi}{4} + \frac{1{,}90^2\,\text{m}^2 \cdot \pi}{4} + \left(\frac{2{,}43\,\text{m} + 1{,}90\,\text{m}}{2}\right) \cdot \pi \cdot 2{,}85\,\text{m}$$

$$A_\text{o} = 25{,}51\,\text{m}^2$$

51. $a^2 + 0{,}76^2\,\text{m}^2 = 0{,}81^2\,\text{m}^2$

$a = 0{,}28\,\text{m}$

$\rightarrow d = 0{,}29\,\text{m}$

a) Volumen

$$V = \frac{\pi \cdot 0{,}76\,\text{m}}{12}\,(0{,}85^2\,\text{m}^2 + 0{,}29^2\,\text{m}^2 + 0{,}85\,\text{m} \cdot 0{,}29\,\text{m})$$

$$V = 0{,}21\,\text{m}^3$$

b) Oberfläche

$$A_0 = \frac{0{,}85^2\,\text{m}^2 \cdot \pi}{4} + \frac{0{,}29^2\,\text{m}^2 \cdot \pi}{4} + \left(\frac{0{,}85\,\text{m} + 0{,}29\,\text{m}}{2}\right) \cdot \pi \cdot 0{,}81\,\text{m}$$

$$A_0 = 2{,}084\,\text{m}^2$$

52. $\dfrac{\pi \cdot h}{12}\,(1{,}87^2\,\text{m}^2 + 0{,}43^2\,\text{m}^2 + 0{,}43\,\text{m} \cdot 1{,}87\,\text{m}) = 2{,}94\,\text{m}^3$

$h = 2{,}50\,\text{m}$

53. $\dfrac{1{,}75^2\,\text{m}^2 \cdot \pi}{4} + \dfrac{0{,}95^2\,\text{m}^2 \cdot \pi}{4} + \left(\dfrac{1{,}75m + 0{,}95\,\text{m}}{2}\right) \cdot \pi \cdot s = 16{,}17\,\text{m}^2$

$s = 3{,}08\,\text{m}$

$0{,}40^2\,\text{m}^2 + h^2 = 3{,}08^2\,\text{m}^2$

$h = 3{,}05\,\text{m}$

$$V = \frac{\pi \cdot 3{,}05\,\text{m}}{12}\,(1{,}75^2\,\text{m}^2 + 0{,}95^2\,\text{m}^2 + 1{,}75\,\text{m} \cdot 0{,}95\,\text{m})$$

$$V = 4{,}493\,\text{m}^3$$

101 **54.** $V = \frac{\pi \cdot 0{,}25\,\text{m}}{12}\,(0{,}26^2\,\text{m}^2 + 0{,}20^2\,\text{m}^2 + 0{,}26\,\text{m} \cdot 0{,}20\,\text{m})$

$V = 10{,}45\ \text{l}$

$m = 10{,}45\ \text{kg} + 0{,}6\ \text{kg}$

$m = 11{,}05\ \text{kg}$

$m = 110{,}5\ \text{N}$

55. a) Volumen

$V = \frac{2{,}40^2\,\text{m}^2 \cdot \pi}{4} \cdot 5{,}70\,\text{m} + \frac{\pi \cdot 2{,}80\,\text{m}}{12}\,(2{,}40^2\,\text{m}^2 + 0{,}40^2\,\text{m}^2 + 2{,}40\,\text{m} \cdot 0{,}40\,\text{m})$

$V = 30{,}826\,\text{m}^3$

b) Siloinhalt

$m = 30\,826\,\text{dm}^3 \cdot 2{,}2\ \text{kg/dm}^3$

$m = 67\,817{,}2\ \text{kg}$

$m = 67{,}817\,\text{t}$

56. a) Betonbedarf

$V = \frac{0{,}55^2\,\text{m}^2 \cdot \pi}{4} \cdot 3{,}90\,\text{m} + \frac{\pi \cdot 0{,}35\,\text{m}}{12}\,(0{,}85^2\,\text{m}^2 + 0{,}55^2\,\text{m}^2 + 0{,}85\,\text{m} \cdot 0{,}55\,\text{m})$

$+ \frac{\pi \cdot 0{,}25\,\text{m}}{12}(1{,}83^2\,\text{m}^2 + 0{,}85^2\,\text{m}^2 + 1{,}83\,\text{m} \cdot 0{,}85\,\text{m})$

$V = 1{,}432\,\text{m}^3$

b) Schalungsfläche

$0{,}35^2\,\text{m}^2 + 0{,}15^2\,\text{m}^2 = {s_1}^2$

$s_1 = 0{,}38\,\text{m}$

$0{,}49^2\,\text{m}^2 + 0{,}25^2\,\text{m}^2 = {s_2}^2$

$s_2 = 0{,}55\,\text{m}$

$A = 0{,}55\,\text{m} \cdot \pi \cdot 3{,}90\,\text{m} + \left(\frac{0{,}85\,\text{m} + 0{,}55\,\text{m}}{2}\right) \cdot \pi \cdot 0{,}38\,\text{m}$

$+ \left(\frac{1{,}83\,\text{m} + 0{,}85\,\text{m}}{2}\right) \cdot \pi \cdot 0{,}55\,\text{m} = 9{,}89\,\text{m}^2$

102 **57.** $V_1 = \frac{\pi \cdot 1{,}60\,\text{m}}{12}\,(3{,}50^2\,\text{m}^2 + 0{,}35^2\,\text{m}^2 + 3{,}50\,\text{m} \cdot 0{,}35\,\text{m})$

$V_1 = 5{,}6957\,\text{m}^3$

$V_2 = 50\,\text{m}^3 - 5{,}6957\,\text{m}^3$

$V_2 = 44{,}3043\,\text{m}^3$

$\frac{3{,}50^2\,\text{m}^2 \cdot \pi}{4} \cdot h_1 = 44{,}3043\,\text{m}^3$

$h_1 = 4{,}60\,\text{m}$

$h = 4{,}60\,\text{m} + 1{,}60\,\text{m}$

$h = 6{,}20\,\text{m}$

58. a) $V_1 = \frac{\pi \cdot 30{,}0\,\text{m}}{12}(3{,}25^2\,\text{m}^2 + 1{,}50^2\,\text{m}^2 + 3{,}25\,\text{m} \cdot 1{,}50\,\text{m})$

$V_1 = 138{,}917\,\text{m}^3$

$V_2 = \frac{\pi \cdot 30{,}0\,\text{m}}{12}(2{,}52^2\,\text{m}^2 + 0{,}77^2\,\text{m}^2 + 2{,}52\,\text{m} \cdot 0{,}77\,\text{m})$

$V_2 = 69{,}772\,\text{m}^3$

$V\ = 69{,}15\,\text{m}^3$

alternativ

$A_1 = \frac{\pi}{4}(3{,}25^2\,\text{m}^2 - 2{,}52^2\,\text{m}^2)$

$A_1 = 3{,}308\,\text{m}^2$

$A_2 = \frac{\pi}{4}(1{,}50^2\,\text{m}^2 - 0{,}77^2\,\text{m}^2)$

$A_2 = 1{,}301\,\text{m}^2$

$V \approx \frac{3{,}308\,\text{m}^2 + 1{,}301\,\text{m}^2}{2} \cdot 30{,}0\,\text{m}$

$V \approx 69{,}14\,\text{m}^3$

b) Innenfläche

$A = \frac{2{,}52\,\text{m} + 0{,}77\,\text{m}}{2} \cdot \pi \cdot 30{,}01\,\text{m}$

$A = 155{,}09\,\text{m}^2$

Außenfläche

$A = \frac{3{,}25\,\text{m} + 1{,}50\,\text{m}}{2} \cdot \pi \cdot 30{,}01\,\text{m}$

$A = 223{,}91\,\text{m}^2$

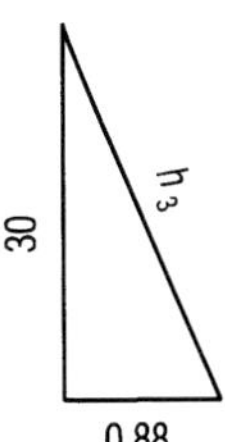

${h_s}^2 = 0{,}88^2\,\text{m}^2 + 30{,}0^2\,\text{m}^2$

$h_s = 30{,}01\,\text{m}$

Kugel

59. Volumen

a) $V = \frac{0{,}60^3\,\text{m}^3 \cdot \pi}{6}$

$V = 0{,}113\,\text{m}^3$

b) $V = \frac{1{,}50^3\,\text{m}^3 \cdot \pi}{6}$

$V = 1{,}767\,\text{m}^3$

c) $V = \frac{12{,}70^3\,\text{m}^3 \cdot \pi}{6}$

$V = 1\,072{,}53\,\text{m}^3$

Oberfläche

a) $A_o = 0{,}60^2\,\text{m}^2 \cdot \pi$

$A_o = 1{,}13\,\text{m}^2$

b) $A_o = 1{,}50^2\,\text{m}^2 \cdot \pi$

$A_o = 7{,}07\,\text{m}^2$

c) $A_o = 12{,}70^2\,\text{m}^2 \cdot \pi$

$A_o = 506{,}71\,\text{m}^2$

102 **60.** $d^2 \cdot \pi = 22{,}90\,\text{m}^2$

$d = 2{,}70\,\text{m}$

$V = \dfrac{2{,}70^3\,\text{m}^3 \cdot \pi}{6}$

$V = 10{,}31\,\text{m}^3$

61. a) Volumen

$V = \dfrac{11{,}76^3\,\text{m}^3 \cdot \pi}{6 \cdot 4}$

$V = 212{,}893\,\text{m}^3$

b) Dachfläche

$A = \dfrac{12{,}0^2\,\text{m}^2 \cdot \pi}{4} + 8\%$

$A = 122{,}15\,\text{m}^2$

c) Fußboden

$A = \dfrac{11{,}76^2\,\text{m}^2 \cdot \pi}{4 \cdot 2}$

$A = 54{,}31\,\text{m}^2$

d) Innenputz

$A = \dfrac{11{,}76^2\,\text{m}^2 \cdot \pi}{4}$

$A = 108{,}62\,\text{m}^2$

62. $V = \dfrac{2{,}60^2\,\text{m}^2 \cdot \pi}{4} \cdot 0{,}70\,\text{m}$

$V = 3{,}717\,\text{m}^3$

$\dfrac{d^3 \cdot \pi}{6 \cdot 2} = 3{,}717\,\text{m}^3$

$d = 2{,}42\,\text{m}$

103 **63.** a) Außenputz

$A = 6{,}50\,\text{m} \cdot \pi \cdot 8{,}70\,\text{m} - 1{,}20\,\text{m} \cdot 2{,}40\,\text{m}$

$A = 174{,}78\,\text{m}^2$

b) Innenputz

$A = 5{,}90\,\text{m} \cdot \pi \cdot 8{,}70\,\text{m} + \dfrac{5{,}90^2\,\text{m}^2 \cdot \pi}{2} - 1{,}09\,\text{m} \cdot 2{,}40\,\text{m}$

$A = 213{,}32\,\text{m}^2$

c) Kupferbedarf

$A = \dfrac{65{,}0^2\,\text{dm}^2 \cdot \pi}{2} + 9{,}5\%$

$A = 7\,267{,}09\,\text{dm}^2$

$m = 7\,267{,}09\,\text{dm}^2 \cdot 0{,}008\,\text{dm} \cdot 8{,}93\ \text{kg/dm}^3$

$m = 519{,}161\ \text{kg}$

64. $V = \dfrac{1{,}20^2\,\text{m}^2 \cdot \pi}{4} \cdot 0{,}53\,\text{m}$

$V = 0{,}5994\,\text{m}^3$

$\dfrac{d^3 \cdot \pi}{6} = 0{,}5994\,\text{m}^3$

$d = 1{,}05\,\text{m}$

65. a) $V_1 = \dfrac{0{,}45^2\,\text{m}^2 \cdot \pi}{4} \cdot 4{,}75\,\text{m}$

$V_1 = 0{,}755\,\text{m}^3$

$V_2 = \dfrac{1{,}55^2\,\text{m}^2 \cdot \pi}{4} \cdot 0{,}65\,\text{m}$

$V_2 = 1{,}226\,\text{m}^3$

$V_3 = \dfrac{0{,}55^2 \cdot \pi}{4} \cdot 0{,}545 \cdot 2 \cdot \pi$

$V_3 = 0{,}81\,\text{m}^3$

$V = V_1 + V_2 - V_3$

$V = 1{,}17\,\text{m}^3$

b) $A_1 = 0{,}45\,\text{m} \cdot \pi \cdot 4{,}75\,\text{m}$ 103

$A_1 = 6{,}715\,\text{m}^2$

$A_2 = b \cdot U$

$= \dfrac{2 \cdot 0{,}55\,\text{m} \cdot \pi \cdot 90°}{360°} \cdot 1{,}55\,\text{m} \cdot \pi$

$A_2 = 4{,}207\,\text{m}^2$

$A_3 = 0{,}10\,\text{m} \cdot 1{,}55\,\text{m} \cdot \pi$

$A_3 = 0{,}487\,\text{m}^2$

$A\ = 11{,}23\,\text{m}^2$

66. $V = \dfrac{8{,}75^2\,\text{m}^2}{6}(4-3)\left(3 \cdot 4{,}20\,\text{m} + 2 \cdot 0{,}5 \cdot 8{,}75\,\text{m} \cdot \dfrac{4-3}{4}\right)$

$V = 188{,}69\,\text{m}^3$

13 Treppen

1. a) $n = 295\,\text{cm} : 17{,}5\,\text{cm}$ 112

$n = 16{,}86$

$n = 17$

$\text{s} = 295\,\text{cm} : 17$

$\text{s} = 17{,}4\ \text{cm}$

$\text{a} = 63\,\text{cm} - 2 \cdot 17{,}4\,\text{cm}$

$\text{a} = 28{,}2\,\text{cm}$

$l = (17-1) \cdot 28{,}2\,\text{cm}$

$l = 4{,}51\,\text{m}$

b) $n = 270\,\text{cm} : 17{,}5\,\text{cm}$

$n = 15{,}4$

$n = 15$

$\text{s} = 270\,\text{cm} : 15$

$\text{s} = 18\,\text{cm}$

$\text{a} = 63\,\text{cm} - 2 \cdot 18\,\text{cm}$

$\text{a} = 27\,\text{cm}$

$l = (15-1) \cdot 27\,\text{cm}$

$l = 3{,}78\,\text{m}$

c) $n = 285\,\text{cm} : 17{,}5\,\text{cm}$

$n = 16{,}2$

$n = 16$

$\text{s} = 285\,\text{cm} : 16$

$\text{s} = 17{,}8\,\text{cm}$

$\text{a} = 63\,\text{cm} - 2 \cdot 17{,}8\,\text{cm}$

$\text{a} = 27{,}4\,\text{cm}$

$l = (16-1) \cdot 27{,}4\,\text{cm}$

$l = 4{,}11\,\text{m}$

d) $n = 300\,\text{cm} : 17{,}5\,\text{cm}$

$n = 17{,}1$

$n = 17$

$\text{s} = 300\,\text{cm} : 17$

$\text{s} = 17{,}6\,\text{cm}$

$\text{a} = 63\,\text{cm} - 2 \cdot 17{,}6\,\text{cm}$

$\text{a} = 27{,}8\,\text{cm}$

$l = (17-1) \cdot 27{,}8\,\text{cm}$

$l = 4{,}45\,\text{m}$

112

2. a) $n = 280\,\text{cm} : 17{,}5\,\text{cm}$

$n = 16$

b) $s = 280\,\text{cm} : 16$

$s = 17{,}5\,\text{cm}$

c) $a = 63\,\text{cm} - 2 \cdot 17{,}5\,\text{cm}$

$a = 28\,\text{cm}$

d) $l = (16 - 1) \cdot 28\,\text{cm}$

$l = 4{,}20\,\text{m}$

3. a) $n = 420\,\text{cm} : 15\,\text{cm}$

$n = 28$

$n = 14$ je Teillauf

b) $s = 420\,\text{cm} : 28$

$s = 15\,\text{cm}$

c) $a = 60\,\text{cm} - 2 \cdot 15\,\text{cm}$

$a = 30\,\text{cm}$

d) $l_p = 30\,\text{cm} + 2 \cdot 60\,\text{cm}$

$l_p = 1{,}50\,\text{m}$

e) $l = 1{,}50\,\text{m} + (14 - 1) \cdot 0{,}30\,\text{m} + (14 - 1) \cdot 0{,}30\,\text{m}$

$l = 9{,}30\,\text{m}$

4. a) $n = 295\,\text{cm} : 17{,}5\,\text{cm}$

$n = 16{,}8$

$n = 17$

b) $s = 295\,\text{cm} : 17$

$s = 17{,}3\,\text{cm}$

c) $a = 63\,\text{cm} - 2 \cdot 17{,}3\,\text{cm}$

$a = 28{,}4\,\text{cm}$

d) $SV = 17{,}3/28{,}4\,\text{cm}$

e) $l = (17 - 1) \cdot 28{,}4\,\text{cm} = 454{,}4\,\text{cm}$

5. a) $n = 278\,\text{cm} : 17{,}5\,\text{cm}$

$n = 15{,}88$

$n = 16$

b) $s = 278\,\text{cm} : 16$

$s = 17{,}4\,\text{cm}$

c) $a = 63\,\text{cm} - 2 \cdot 17{,}4\,\text{cm}$

$a = 28{,}2\,\text{cm}$

d) $\text{SV} = 17{,}4/28{,}2\,\text{cm}$

e) $x \cdot 17{,}4\,\text{cm} + 200\,\text{cm} = 252\,\text{cm}$

$x = 2{,}99$

$x = 3$

$l = 13 \cdot 28{,}2\,\text{cm} = 3{,}67\,\text{m}$

oder $l_x = \dfrac{h_1 \cdot a}{s} = \dfrac{2{,}26\,\text{m} \cdot 28{,}2\,\text{cm}}{17{,}4\,\text{cm}}$

$l_x = 3{,}66\,\text{m}$

f) Antritt

$s = 17{,}4\,\text{cm} + 7\,\text{cm}$

$s = 24{,}4\,\text{cm}$

Austritt

$s = 17{,}4\,\text{cm} - 10\,\text{cm}$

$s = 7{,}4\,\text{cm}$

oder $\tan \alpha = \dfrac{17{,}4\,\text{cm}}{28{,}2\,\text{cm}}$

$\alpha = 31{,}675°$

$\tan(90 - \alpha) = \dfrac{l}{2{,}26\,\text{m}}$

$l = 3{,}66\,\text{m}$

6. a) $n = 275\,\text{cm} : 17{,}5\,\text{cm}$

$n = 15{,}7 = 16$

b) $s = 275\,\text{cm} : 16 = 17{,}2\,\text{cm}$

c) $a = 63\,\text{cm} - 2 \cdot 17{,}2\,\text{cm}$

$a = 28{,}6\,\text{cm}$

d) $l = (16 - 1) \cdot 28{,}6\,\text{cm}$

$l = 4{,}29\,\text{m}$

e) $l_1 = \dfrac{1{,}20\,\text{m} \cdot \pi}{4} = 0{,}942\,\text{m}$

$l_2 = \dfrac{0{,}60\,\text{m} \cdot \pi}{4} = 0{,}471\,\text{m}$

$l_1 - l_2 = 0{,}471\,\text{m}$

		zus.	Vermind. je Stufe	Auftrittsbreite
Stufen 1 und 7	1 Teil	2 Teile	2,94 cm	25,7 cm
2 und 6	2 Teile	4 Teile	5,88 cm	22,7 cm
3 und 5	3 Teile	6 Teile	8,82 cm	19,8 cm
4	4 Teile	4 Teile	11,76 cm	16,8 cm
		16 Teile		

16 Teile $\hat{=}$ 47,1 cm

1 Teil $\hat{=}$ 2,94 cm

f) $l_1 = 429\,\text{cm} - 53\,\text{cm} - \dfrac{120\,\text{cm} \cdot \pi}{4} + 15\,\text{cm} + 90\,\text{cm}$

$l_1 = 3{,}87\,\text{m}$

7. a) $n = 300\,\text{cm} : 17{,}5\,\text{cm}$

$n = 17{,}1$

$n = 17$

b) $s = 300\,\text{cm} : 17$

$s = 17{,}6\,\text{cm}$

c) $a = 64\,\text{cm} - 2 \cdot 17{,}6\,\text{cm}$

$a = 28{,}8\,\text{cm}$

d) $l = (17 - 1)\ 28{,}8\,\text{cm}$

$l = 4{,}608\,\text{m}$

e) $x \cdot 17{,}6\,\text{cm} + 210\,\text{cm} = (300\,\text{cm} - 25\,\text{cm})$

$x = 3{,}69$

$n_1 = 17 - 3{,}69$

$n_1 = 13,31$

$l_1 = 13,31 \cdot 28{,}8\,\text{cm}$

$l_1 = 3,83\,\text{m}$

$\tan\alpha = \dfrac{17{,}6\,\text{cm}}{28{,}8\,\text{cm}}$

$\alpha = 31{,}43°$

$\tan 58{,}57° = \dfrac{l_ö}{2{,}3408\,\text{m}}$

$l_ö = 3{,}83\,\text{m}$

f) Antritt

$s = 17{,}6\,\text{cm} - 2\,\text{cm} + 10\,\text{cm}$

$s = 25{,}6\,\text{cm}$

Austritt

$s = 17{,}6\,\text{cm} + 2\,\text{cm} - 8\,\text{cm}$

$s = 11{,}6\,\text{cm}$

113 **8.** a) $n = 260\,\text{cm} : 17{,}5\,\text{cm}$

$n = 14{,}8$

$n = 15$

b) $s = 260\,\text{cm} : 15$

$s = 17{,}3\,\text{cm}$

c) $384\,\text{cm} - 200\,\text{cm} = 184{,}00\,\text{cm}$

$\frac{110\,\text{cm} \cdot \pi}{4} \cdot 2 + 10\,\text{cm} \cdot 2 = \underline{192{,}79\,\text{cm}}$

$l = 376{,}79\,\text{cm}$

$a = 376{,}79\,\text{cm} : 14$

$a = 26{,}9\,\text{cm}$

		Vermind. je Stufe	Auftrittsbreite
Stufe 6	1 Teil	2,24 cm	24,7 cm
5	2 Teile	4,48 cm	22,4 cm
4	3 Teile	6,72 cm	20,2 cm
3	4 Teile	8,96 cm	17,9 cm
2	5 Teile	11,20 cm	15,7 cm
1	6 Teile	13,44 cm	13,5 cm
	21 Teile		

21 Teile $\hat{=}$ 47,1 cm

1 Teil $\hat{=}$ 2,24 cm

d) $l_1 = \frac{1{,}10\,\text{m} \cdot \pi}{4}$

$l_1 = 0{,}864\,\text{m}$

$l_1 - l_2 = 47{,}1\,\text{cm}$

$l_2 = \frac{0{,}5\,\text{m} \cdot \pi}{4}$

$l_2 = 0{,}393\,\text{m}$

e) $l = \left(0{,}10\,\text{m} + \frac{1{,}10\,\text{m} \cdot \pi}{4}\right) 2 + 1{,}84\,\text{m}$

$l = 3{,}77\,\text{m}$

f) Schrittmaßregel

$2 \cdot 17{,}3\,\text{cm} + 26{,}9\,\text{cm} = 61{,}5\,\text{cm} < 63\,\text{cm}$

Sicherheitsregel

$26{,}9\,\text{cm} + 17{,}3\,\text{cm} = 44{,}2\,\text{cm} < 46\,\text{cm}$

Bequemlichkeitsregel

$26{,}9\,\text{cm} - 17{,}3\,\text{cm} = 9{,}6\,\text{cm} < 12\,\text{cm}$

9. a) $n = 180\,\text{cm} : 18\,\text{cm}$ 113

$n = 10$

$\text{s} = 180\,\text{cm} : 10$

$\text{s} = 18\,\text{cm}$

$\text{a} = 64\,\text{cm} - 2 \cdot 18\,\text{cm}$

$\text{a} = 28\,\text{cm}$

$\text{SV} = 18/28\,\text{cm}$

b) $l = 0{,}30\,\text{m} + 1{,}20\,\text{m} + 0{,}12\,\text{m} + 9 \cdot 0{,}28\,\text{m}$

$l = 4{,}14\,\text{m}$

c) Stellplatten $b = 16{,}4\,\text{cm}$

Auftritt $b = 29\,\text{cm}$

$A = 1{,}20\,\text{m} \cdot 1{,}0\,\text{m} + 0{,}164\,\text{m} \cdot 1{,}0\,\text{m} \cdot 10 + 0{,}29\,\text{m} \cdot 9 \cdot 1{,}0\,\text{m} + 0{,}30\,\text{m} \cdot 1{,}0\,\text{m}$

$A = 5{,}75\,\text{m}^2 + 8\%$

$A = 6{,}21\,\text{m}^2$

10. a) $n = 460\,\text{cm} : 15\,\text{cm}$ 114

$n = 30{,}6$

$n = 30$

b) $\text{s} = 460\,\text{cm} : 30$

$\text{s} = 15{,}3\,\text{cm}$

c) $\text{a} = 61\,\text{cm} - 2 \cdot 15{,}3\,\text{cm}$

$\text{a} = 30{,}4\,\text{cm}$

d) $l_\text{p} = a + x \cdot$ Schrittlänge

$l_\text{p} = 30{,}4\,\text{cm} + 2 \cdot 61\,\text{cm}$

$l_\text{p} = 1{,}524\,\text{m}$

$l = (30 - 2)\ 30{,}4\,\text{cm} + 152{,}4\,\text{cm}$

$l = 10{,}04\,\text{m}$

e) $x \cdot s - 29\,\text{cm} = 220\,\text{cm}$

$x = \dfrac{249\,\text{cm}}{15{,}3\,\text{cm}}$

$x = 16{,}27$

$x = 17$

$h = 17 \cdot 15{,}3\,\text{cm} - 29\,\text{cm}$

$h = 2{,}31\,\text{m}$

f) $A = 2{,}20\,\text{m} \cdot 0{,}138\,\text{m} \cdot 30 + 2{,}20\,\text{m} \cdot 0{,}319\,\text{m} \cdot 28 + 1{,}524\,\text{m} \cdot 2{,}20\,\text{m}$

$A = 32{,}11\,\text{m}^2 + 12\%$

$A = 35{,}96\,\text{m}^2$

11. $n = 285\,\text{cm} : 17{,}5\,\text{cm}$

$n = 16{,}2$

$n = 16$

$\text{s} = 285\,\text{cm} : 16$

$\text{s} = 17{,}8\,\text{cm}$

$\text{a} = 432\,\text{cm} : 15$

$\text{a} = 28{,}8\,\text{cm}$

$\text{SV} = 17{,}8/28{,}8\,\text{cm}$

12. a) $n = 270\,\text{cm} : 17{,}5\,\text{cm}$

$n = 15{,}4$

$n = 15$

b) $\text{s} = 270\,\text{cm} : 15$

$\text{s} = 18\,\text{cm}$

c) $\text{a} = 408\,\text{cm} : 14$

$\text{a} = 29{,}1\,\text{cm}$

d) $l = (3{,}98\,\text{m} - 1{,}20\,\text{m}) + \dfrac{1{,}40\,\text{m} \cdot \pi}{4} + 0{,}20\,\text{m} = 4{,}08\,\text{m}$

e) $l_1 = \dfrac{1{,}40\,\text{m} \cdot \pi}{4}$ $\quad l_2 = \dfrac{0{,}70\,\text{m} \cdot \pi}{4}$

$l_1 = 1{,}10\,\text{m}$ $\quad l_2 = 0{,}55\,\text{m}$

$l_1 - l_2 = 55{,}0\,\text{cm}$

		Vermind. je Stufe	Auftrittsbreite
Stufe 10	1 Teil	3,67 cm	25,4 cm
11	2 Teile	7,33 cm	21,8 cm
12	3 Teile	11,00 cm	18,1 cm
13	4 Teile	14,67 cm	14,4 cm
14	5 Teile	18,33 cm	10,8 cm
	15 Teile		

15 Teile $\hat{=}$ 55 cm

1 Teil $\hat{=}$ 3,67 cm

13. a) $n = 300\,\text{cm} : 17\,\text{cm}$ 114

$n = 17{,}6$

$n = 18$

b) $\text{s} = 300\,\text{cm} : 18$

$\text{s} = 16{,}7\,\text{cm}$

c) $\text{a} = 63\,\text{cm} - 2 \cdot 16{,}7\,\text{cm}$

$\text{a} = 29{,}6\,\text{cm}$

d) $l = (18 - 2)\ 29{,}6\,\text{cm} + 100\,\text{cm}$

$l = 5{,}74\,\text{m}$

e) $x \cdot s - 22\,\text{cm} = 210\,\text{cm}$

$x = \dfrac{232\,\text{cm}}{16{,}7\,\text{cm}}$

$x = 13{,}89$

$x = 14$

$h = 14 \cdot 16{,}7\,\text{cm} - 22\,\text{cm}$

$h = 2{,}12\,\text{m}$

f) $l_1 = 3 \cdot 29{,}6\,\text{cm} + 120\,\text{cm}$

$l_1 = 2{,}09\,\text{m}$

$l_2 = 13 \cdot 29{,}6\,\text{cm} + 120\,\text{cm}$

$l_2 = 5{,}05\,\text{m}$

g) $3{,}85^2\,\text{m}^2 + 2{,}12^2\,\text{m}^2 = c^2$

$c = 4{,}40\,\text{m}$

$0{,}89^2\,\text{m}^2 + 0{,}37^2\,\text{m}^2 = c^2$

$c = 0{,}96\,\text{m}$

$A = 4{,}40\,\text{m} \cdot 1{,}20\,\text{m} + 1{,}20^2\,\text{m}^2 + 0{,}96\,\text{m} \cdot 1{,}20\,\text{m}$

$A = 7{,}87\,\text{m}^2$

14. a) $n = 300\,\text{cm} : 17\,\text{cm}$ 115

$n = 17{,}6$

$n = 18$

b) $\text{s} = 300\,\text{cm} : 18$

$\text{s} = 16{,}7\,\text{cm}$

c) $\text{a} = 63\,\text{cm} - 2 \cdot 16{,}7\,\text{cm}$

$\text{a} = 29{,}6\,\text{cm}$

d) $l = (18 - 2) \cdot 29{,}6\,\text{cm} + 100\,\text{cm} + 120\,\text{cm}$

$l = 6{,}94\,\text{m}$

e) $l = 8 \cdot 29{,}6\,\text{cm} + 130\,\text{cm}$

$l = 3{,}67\,\text{m}$

f) $h = 16{,}7\,\text{cm} \cdot 9 - 25\,\text{cm}$

$h = 1{,}25\,\text{m}$

g) $2{,}37^2\,\text{m}^2 + 1{,}25^2\,\text{m}^2 = c^2$

$c = 2{,}68\,\text{m}$

$A = 2{,}68 \cdot 1{,}10\,\text{m} \cdot 2$

$+ 2{,}40\,\text{m} \cdot 1{,}30\,\text{m}$

$A = 9{,}02\,\text{m}^2$

115 **15.** Hauptlauf

a) $n = 240\,\text{cm} : 16\,\text{cm}$

$n = 15$

b) $\text{s} = 240\,\text{cm} : 15\,\text{cm}$

$\text{s} = 16{,}0\,\text{cm}$

c) $\text{a} = 62\,\text{cm} - 2 \cdot 16\,\text{cm}$

$\text{a} = 30{,}0\,\text{cm}$

Anzahl der Auftritte des Nebenlaufes

$n = 360\,\text{cm} : 30\,\text{cm}$

$n = 12 \rightarrow 13$ Steigungen

d) Höhe des OG

$h = 13 \cdot 16\,\text{cm} + 240\,\text{cm}$

$h = 4{,}48\,\text{m}$

e) Plattenbedarf

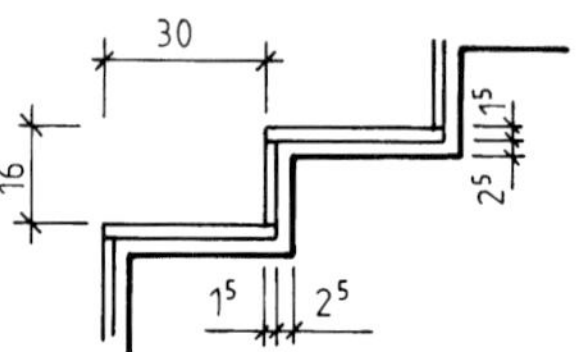

Stellplatten $b = 16\,\text{cm} - 1{,}5\,\text{cm}$

$b = 14{,}5\,\text{cm}$

Auftritt $b = 31{,}5\,\text{cm}$

$A = 0{,}145\,\text{m} \cdot 2{,}50\,\text{m} \cdot 15 + 0{,}145\,\text{m} \cdot 1{,}40\,\text{m} \cdot 13 \cdot 2 + 0{,}315\,\text{m} \cdot 2{,}50\,\text{m} \cdot 14$

$+\, 0{,}315\,\text{m} \cdot 1{,}40\,\text{m} \cdot 12 \cdot 2 + 5{,}90\,\text{m} \cdot 1{,}60\,\text{m}$

$A = 41{,}76\,\text{m}^2 + 8{,}5\%$

$A = 45{,}31\,\text{m}^2$

16. a) $n = 350\,\text{cm} : 15\,\text{cm}$

$n = 23{,}3$

$n = 24$

b) $\text{s} = 350\,\text{cm} : 24$

$\text{s} = 14{,}6\,\text{cm}$

c) $\text{a} = 60\,\text{cm} - 2 \cdot 14{,}6\,\text{cm}$

$\text{a} = 30{,}8\,\text{cm}$

d) $l = 23 \cdot 30{,}8\,\text{cm}$

$l = 7{,}084\,\text{m}$

e) $\dfrac{\gamma \cdot \pi}{180^\circ} \cdot \alpha = b$

$\alpha = \dfrac{7{,}084\,\text{m} \cdot 180^\circ}{5{,}15\,\text{m} \cdot \pi}$

$\alpha = 78{,}8^\circ$

$\alpha = 78^\circ\ 48'$

f) Breitenmaße der Auftritte

$b_1 = \dfrac{4{,}50\,\text{m} \cdot \pi \cdot 78{,}8^\circ}{180^\circ}$

$b_1 = 6{,}19\,\text{m}$

$b_{01} = 619\,\text{cm} : 23$

$b_{01} = 26{,}91\,\text{cm}$

$b_2 = \dfrac{5{,}80\,\text{m} \cdot \pi \cdot 78{,}8^\circ}{180^\circ}$

$b_2 = 7{,}98\,\text{m}$

$b_{02} = 798\,\text{cm} : 23$

$b_{02} = 34{,}70\,\text{cm}$

g) Schalfläche

$l = 23 \cdot \text{a}$

$l = 7{,}08\,\text{m}$

$7{,}08^2\,\text{m}^2 + 3{,}50^2\,\text{m}^2 = c^2$

$c = 7{,}90\,\text{m}$

$h = 24 \cdot \text{s}$

$h = 3{,}50\,\text{m}$

$A = 7{,}90\,\text{m} \cdot 1{,}30\,\text{m}$

$A = 10{,}27\,\text{m}^2$

17. a) $l = 27{,}4\,\text{cm} \cdot 15$ 115

$l = 4{,}11\,\text{m}$

b) $l_1 = l - 1{,}03\,\text{m} - \dfrac{1{,}40\,\text{m} \cdot \pi}{4} + 1{,}20\,\text{m}$

$l_1 = 3{,}18\,\text{m}$

$l_2 = 1{,}0\,\text{m} + 0{,}20\,\text{m} + 1{,}03\,\text{m}$

$l_2 = 2{,}23\,\text{m}$

c) $l_1 = \dfrac{1{,}40\,\text{m} \cdot \pi}{4}$

$l_1 = 1{,}10\,\text{m}$

$l_2 = \dfrac{0{,}70\,\text{m} \cdot \pi}{4}$

$l_2 = 0{,}55\,\text{m}$

$l_1 - l_2 = 0{,}55\,\text{m}$

		zus.	Vermind. je Stufe	Auftrittsbreite
Stufen 7 und 13	je 1 Teil	2 Teile	3,4 cm	24,0 cm
8 und 12	je 2 Teile	4 Teile	6,9 cm	20,5 cm
9 und 11	je 3 Teile	6 Teile	10,3 cm	17,1 cm
10	4 Teile	4 Teile	13,8 cm	13,6 cm
		16 Teile		

16 Teile ≙ 55 cm

1 Teil ≙ 3,44 cm

18. a) Lauflänge 116

$l = \dfrac{1{,}20\,\text{m} \cdot \pi}{4} \cdot 2 + 3{,}85\,\text{m} - 1{,}05\,\text{m}$

$l = 4{,}69\,\text{m}$

b) Auftrittsbreite

a = 469 cm : 16

a = 29,3 cm

19. a) 170 cm : 18 cm = 9,4 → 9 Steigungen

b) 170 cm : 9 cm = 18,9 cm Steigungshöhe

c) 65 cm − 2 · 18,9 cm = 27,2 cm Auftrittsbreite

d) $n = 4 \cdot 16 \cdot 9$

$n = 576$ Steine

e)

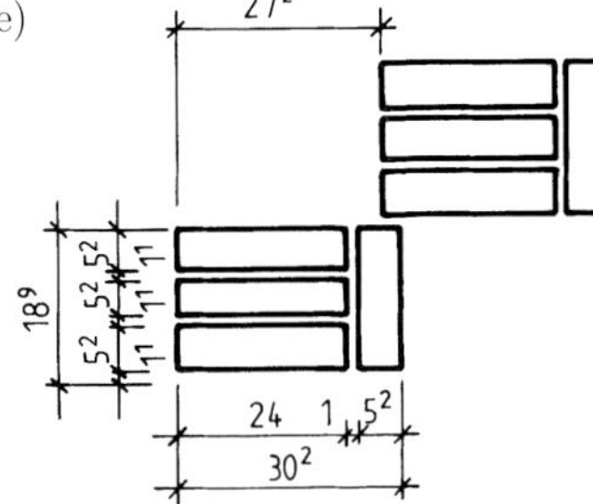

20. a) $n = 325\,\text{cm} : 17\,\text{cm}$

$n = 19 \rightarrow 2 \cdot 6 + 1 \cdot 7$ Steigungen

b) s = 325 cm : 19

s = 17,1 cm

c) a = 63 cm − 2 · 17,1 cm

a = 28,8 cm

d) $l = (19 - 3) \cdot 28{,}8\,\text{cm} + 4 \cdot 50\,\text{cm}$

$l = 6{,}61\,\text{m}$

Teilläufe $l_3 = (6 - 1)\ 28{,}8\,\text{cm}$

$l_3 = 1{,}44\,\text{m}$

$l_4 = (7 - 1)\ 28{,}8\,\text{cm}$

$l_4 = 1{,}73\,\text{m}$

116 e) $l_1 = (7-1) \cdot 28{,}8\,\text{cm} + 2 \cdot 100\,\text{cm}$ $\quad l_2 = (6-1) \cdot 28{,}8\,\text{cm} + 100\,\text{cm}$

$l_1 = 3{,}73\,\text{m}$ $\quad l_2 = 2{,}44\,\text{m}$

21. a) $n = 325\,\text{cm} : 17$

$n = 19\ (19{,}1)$

b) $\text{s} = 325\,\text{cm} : 19$

$\text{s} = 17{,}1\,\text{cm}$

c) $a = 63\,\text{cm} - 2 \cdot 17{,}1\,\text{cm}$

$a = 28{,}8\,\text{cm}$

d) $l\ = (19-1)\ 28{,}8\,\text{cm}$

$l\ = 5{,}18\,\text{m}$

$$l'_1 = \frac{1{,}50\,\text{m} \cdot \pi}{2}$$

$l'_1 = 2{,}356\,\text{m}$

$$l'_2 = \frac{0{,}60\,\text{m} \cdot \pi}{2}$$

$l'_2 = 0{,}942\,\text{m}$

$l'_1 - l'_2 = 1{,}414\,\text{m}$

e)

		zus.	Vermind. je Stufe	Auftrittsbreite
Stufe 1 und 15	je 1 Teil	2 Teile	2,21 cm	26,6 cm
2 und 14	je 2 Teile	4 Teile	4,42 cm	24,4 cm
3 und 13	je 3 Teile	6 Teile	6,63 cm	22,5 cm
4 und 12	je 4 Teile	8 Teile	8,84 cm	20,0 cm
5 und 11	je 5 Teile	10 Teile	11,05 cm	17,7 cm
6 und 10	je 6 Teile	12 Teile	13,26 cm	15,5 cm
7 und 9	je 7 Teile	14 Teile	15,47 cm	13,3 cm
8	8 Teile	8 Teile	17,68 cm	11,1 cm
		64 Teile		

64 Teile $\widehat{=}$ 1,414 m

1 Teil $\widehat{=}$ 2,21 cm

f)

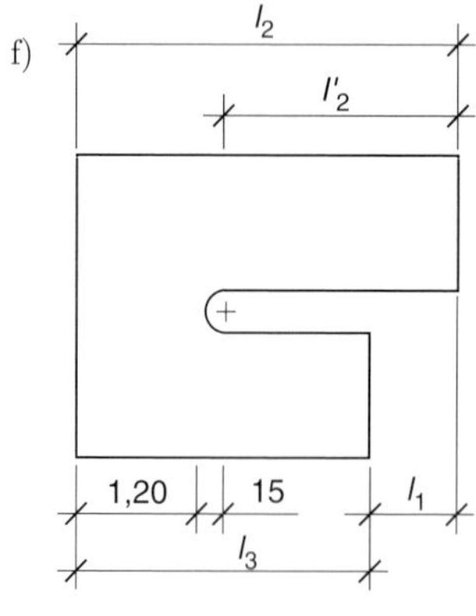

$$l'_2 = \frac{5{,}18\,\text{m} - 2 \cdot 2{,}356\,\text{m} + 0{,}864\,\text{m}}{2}$$

$l'_2 = 1{,}844\,\text{m}$

$l_2 = 1{,}844\,\text{m} + 0{,}15\,\text{m} + 1{,}20\,\text{m}$

$l_2 = 3{,}19\,\text{m}$

$n_1 = 80\,\text{cm} : 28{,}8\,\text{cm}$

$n_1 = 2{,}77 \rightarrow 3$

$l_1 = 3 \cdot 28{,}8\,\text{cm}$

$l_1 = 86{,}4\,\text{cm}$

$l_3 = 3{,}194\,\text{m} - 0{,}864\,\text{m}$

$l_3 = 2{,}33\,\text{m}$

22. a) $n = 287\,\text{cm} : 17{,}5\,\text{cm}$

$n = 16\ (16{,}4)$

b) $\text{s} = 287\,\text{cm} : 16$

$\text{s} = 17{,}9\,\text{cm}$

c) $\text{a} = 63\,\text{cm} - 2 \cdot 17{,}9\,\text{cm}$

$\text{a} = 27{,}2\,\text{cm}$

d) $l = (16 - 1)\ 27{,}2\,\text{cm}$

$l = 4{,}08\,\text{m}$

e) $l_2 = 2{,}50\,\text{m} + 0{,}15\,\text{m} + 1{,}10\,\text{m}$

$l_2 = 3{,}75\,\text{m}$

$$l'_1 = \frac{1{,}40\,\text{m} \cdot \pi}{4} + 2{,}50\,\text{m}$$

$l'_1 = 3{,}60\,\text{m}$

$l'_2 = 4{,}08\,\text{m} - 3{,}60\,\text{m}$

$l'_2 = 0{,}48\,\text{m}$

$l_1 = 0{,}48\,\text{m} + 0{,}15\,\text{m} + 1{,}10\,\text{m}$

$l_1 = 1{,}73\,\text{m}$

23. a) $n = 326\,\text{cm} : 17{,}5\,\text{cm}$

$n = 19\ (18{,}6)$

b) $\text{s} = 326\,\text{cm} : 19$

$\text{s} = 17{,}2\,\text{cm}$

c) $\text{a} = 63\,\text{cm} - 2 \cdot 17{,}2\,\text{cm}$

$\text{a} = 28{,}6\,\text{cm}$

d) $l = (19 - 1)\ 28{,}6\,\text{cm}$

$l = 5{,}15\,\text{m}$

e) $x \cdot \text{s} + 215\,\text{cm} + 40\,\text{cm} = 326\,\text{cm}$

$x = 4{,}13$

$l_{\text{ö}} = (19 - 4{,}13)\ 28{,}6\,\text{cm}$

$l_{\text{ö}} = 4{,}25\,\text{m}$

$$\tan\alpha = \frac{17{,}2\,\text{cm}}{28{,}6\,\text{cm}}$$

$\alpha = 31{,}02°$

$\beta = 58{,}98°$

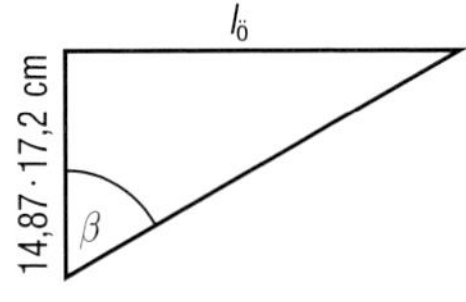

$19 - 4{,}13 = 14{,}87$

$$\tan\beta = \frac{l_{\text{ö}}}{14{,}87 \cdot 17{,}2\,\text{cm}}$$

$l_{\text{ö}} = 4{,}25\,\text{m}$

$$l_{\text{ö}} = \frac{h_1 \cdot a}{s} = \frac{2{,}55\,\text{m} \cdot 28{,}68\,\text{cm}}{17{,}16\,\text{cm}}$$

$l_{\text{ö}} = 4{,}25\,\text{m}$

f) Antritt

$\text{S}_{\text{Antritt}} = 17{,}2\,\text{cm} - 2\,\text{cm} - 1{,}5\,\text{cm} + 6\,\text{cm}$

$\text{S}_{\text{Antritt}} = 19{,}7\,\text{cm}$

Austritt

$\text{S}_{\text{Austritt}} = 17{,}2\,\text{cm} - 10\,\text{cm} + 2\,\text{cm} + 1{,}5\,\text{cm}$

$\text{S}_{\text{Austritt}} = 10{,}7\,\text{cm}$

117 **24.**

$n = 294\,\text{cm} : 17{,}3\,\text{cm}$

$n = 16{,}99$

$n = 17$

$\text{s} = 294\,\text{cm} : 17$

$\text{s} = 17{,}3\,\text{cm}$

$\text{a} = 63\,\text{cm} - 2 \cdot 17{,}3\,\text{cm}$

$\text{a} = 28{,}4\,\text{cm}$

$l = 17 \cdot 28{,}4\,\text{cm}$

$l = 4{,}828\,\text{m} \rightarrow$ Verlängerung um 32,8 cm

25.

$n = 420\,\text{cm} : 28\,\text{cm} = 15$ Auftritte $\rightarrow$ 16 Steigungen

$h_1 = 16 \cdot 17{,}5\,\text{cm}$

$h_1 = 2{,}80\,\text{m}$

$h = 2{,}80\,\text{m} - 0{,}08\,\text{m}$

$h = 2{,}72\,\text{m}$

14 Mörtel

124 **1.**

4,5 Teile $\hat{=}$ 850 l

1 Teil $\hat{=}$ 188,89 l

Kalkhydrat 188,89 l

Sand 661,11 l

2.

11,5 Teile $\hat{=}$ 1 210 l

1 Teil $\hat{=}$ 105,22 l

Kalkteig	:	Zement	:	Sand
1,5	:	1	:	9
157,82 l	:	105,22 l	:	946,96 l

3.

460 l : 5 = 92 l Zement

92 l · 4 = 368 l Sand

4.

4,5 Teile $\hat{=}$ 550 l

1 Teil $\hat{=}$ 122,22 l Hydraulischer Kalk

5.

750 l : 3 = 250 l Zement

$250\,\text{l} \cdot 1{,}7\,\frac{\text{kg}}{\text{dm}^3} = 425\,\text{kg}$ Zement $\hat{=}$ 8,5 Säcke

6. 8 Teile $\hat{=}$ 680 l Sand 124

1 Teil $\hat{=}$ 85 l Zement = 102 kg

2 Teile $\hat{=}$ 170 l Kalkhydrat = 102 kg

7.

Hochhydraulischer Kalk	:	Zement	:	Sand
2	:	1	:	8
135 l	:	67,5 l	:	540 l

67,5 l Zement $\hat{=}$ 81 kg

8. Zement 125

$1\,000 \text{ l} : 380 \text{ l} = 150 \text{ l} : x$

$x = 57 \text{ l}$

$x = 62{,}7 \text{ kg}$

Sand

$1\,000 \text{ l} : 1\,140 \text{ l} = 150 \text{ l} : x$

$x = 171 \text{ l}$

9. Zement

$3 \cdot 50 \text{ kg} = 150 \text{ kg} \; \hat{=} \; 93{,}75 \text{ l}$

Sand: $93{,}75 \text{ l} \cdot 3{,}5 = 328{,}13 \text{ l}$

10. a) Mörtelausbeute

$$p = \frac{168 \text{ l} \cdot 100\%}{260 \text{ l}}$$

$p = 64{,}62\%$

b) Ausbeuteverhältnis

$$AV = \frac{168 \text{ l}}{260 \text{ l}}$$

$AV = 1 : 1{,}55$

11.

$$\text{lose Menge} = \frac{520 \text{ l} \cdot 100\%}{68\%}$$

lose Menge = 764,71 l

5 Teile $\hat{=}$ 764,71 l

1 Teil $\hat{=}$ 152,94 l Kalkteig

4 Teile $\hat{=}$ 611,76 l Sand

12. lose Menge = $350 \text{ l} \cdot 1{,}6$

lose Menge = 560 l

4,5 Teile $\hat{=}$ 560 l

1 Teil $\hat{=}$ 124,44 l

3,5 Teile $\hat{=}$ 435,56 l

Zement 149,33 kg

Sand 435,56 l

13. PM-Binder 70 l

Sand 210 l

> lose Menge 280 l

$$\text{Mörtelmenge} = \frac{280 \text{ l} \cdot 65{,}3\%}{100\%}$$

Mörtelmenge = 182,84 l

125

14. a)

Kalkhydrat	:	Zement	:	Sand
2	:	1	:	8
23 l	:	11,5 l	:	92 l

b) $\text{Ausbeuteverhältnis} = \dfrac{\text{Mörtelmenge}}{\text{lose Menge}}$

$\text{Mörtelmenge} = \dfrac{1}{1{,}54} \cdot 126{,}5\ \text{l}$

$\text{Mörtelmenge} = 82{,}14\ \text{l}$

c) $\text{Ausbeute} = \dfrac{82{,}14\ \text{l} \cdot 100\%}{126{,}5\,\text{l}}$

$\text{Ausbeute} = 64{,}93\%$

15.

lose Menge $= 650\ \text{l} \cdot 1{,}45$

lose Menge $= 942{,}50\ \text{l}$

4,5 Teile $\hat{=}\ 942{,}50\ \text{l}$

1 Teil $\hat{=}\ 209{,}44\ \text{l}$ Kalkteig

3,5 Teile $\hat{=}\ 733{,}06\ \text{l}$ Sand

16. $\text{Zement} = \dfrac{300\,\text{kg}}{1{,}15\,\text{kg/l}} = 260{,}87\ \text{l}$

lose Menge: 260,87 l
+ 643,00 l
903,87 l

$\text{Mörtelmenge} = \dfrac{903{,}87\ \text{l} \cdot 68\%}{100\%}$

$\text{Mörtelmenge} = 614{,}63\ \text{l}$

17. $V = 135\,\text{m}^2 \cdot 0{,}02\,\text{m}$

$V = 2{,}70\,\text{m}^3$

Zement: $330\ \text{l/m}^3 \cdot 2{,}7\,\text{m}^3 = 891\ \text{l}$

$400\,\text{kg/m}^3 \cdot 2{,}7\,\text{m}^3 = 1\,080\,\text{kg}$

Sand: $1\,160\ \text{l/m}^3 \cdot 2{,}7\,\text{m}^3 = 3\,132\ \text{l}$

18. $\text{Kalkhydrat} = \dfrac{70\ \text{kg}}{0{,}6\,\text{kg/l}} = 116{,}67\ \text{l}$

Kalkhydrat	:	Zement	:	Sand
116,67 l	:	58,33 l	:	466,67 l

lose Menge = 641,67 l

a) $\text{Mörtelmenge} = \dfrac{641{,}67\ \text{l}}{1{,}45} = 442{,}53\ \text{l}$

b) $\text{Ausbeute} = \dfrac{442{,}53\ \text{l} \cdot 100\%}{641{,}67\ \text{l}} = 68{,}97\%$

c) $\text{Ausbeuteverhältnis} = \dfrac{442{,}53\ \text{l}}{641{,}67\ \text{l}} = \dfrac{1}{1{,}45} \rightarrow 1 : 1{,}45$

19. a) $V = 47\,\text{m}^2 \cdot 0{,}02\,\text{m}$

$V = 0{,}94\,\text{m}^3$

$V = 940\ \text{l}$

b) Kalkhydrat 286,7 l
Sand 1 146,8 l
$>$ lose Menge 1 433,5 l

c) Kalkhydrat: 200,69 kg

20. $V = 68\,\text{m}^2 \cdot 0{,}02\,\text{m}$ **125**

$V = 1{,}36\,\text{m}^3$

$\text{lose Menge} = \dfrac{1\,360\ \text{l} \cdot 100\%}{68\%} = 2\,000\ \text{l}$

Hochhydraulischer Kalk	:	Zement	:	Sand
2	:	1	:	9
333,33 l	:	166,67 l	:	1 500 l
300 kg	:	183,33 kg	:	1 500 l

21. $V = 137\,\text{m}^2 \cdot 0{,}02\,\text{m}$ **126**

$V = 2{,}74\,\text{m}^3$

lose Menge	=	2 740 · 1,37	= 3 753,8 l
Kalkhydrat	=	577,51 l	= 404,26 kg
Zement	=	288,75 l	= 346,50 kg
Sand	=	2 887,54 l	

22. $1\,000\ \text{l} : 240\,\text{kg} = 450\ \text{l} : x$

$x = 108\,\text{kg}$ Kalkhydrat

$1\,000\ \text{l} : 1\,200\ \text{l} = 450\ \text{l} : x$

$x = 540\ \text{l}$ Sand

23. $1\,000\ \text{l} : 196\,\text{kg} = 930\ \text{l} : x$

$x = 182{,}28\,\text{kg}$ Hydr. Kalk

$1\,000\ \text{l} : 168\,\text{kg} = 930\ \text{l} : x$

$x = 156{,}24\,\text{kg}$ Zement

$1\,000\ \text{l} : 1\,120\ \text{l} = 930\ \text{l} : x$

$x = 1\,041{,}6\ \text{l}$ Sand

24. $1\,000\ \text{l} : 455\,\text{kg} = 1\,530\ \text{l} : x$

$x = 696{,}15\,\text{kg}$ Zement

$1\,000\ \text{l} : 1\,140\ \text{l} = 1\,530\ \text{l} : x$

$x = 1\,744{,}20\ \text{l}$ Sand

25. $1\,000\ \text{l} : 113\,\text{kg} = 12\,500\ \text{l} : x$

$x = 1\,412{,}50\,\text{kg}$ Kalkhydrat $\hat{=}$ 36 Säcke

$1\,000\ \text{l} : 136\,\text{kg} = 12\,500\ \text{l} : x$

$x = 1\,700\,\text{kg}$ Zement $\hat{=}$ 34 Säcke

$1\,000\ \text{l} : 1\,240\ \text{l} = 12\,500\ \text{l} : x$

$x = 15\,500\ \text{l}$ Sand $\hat{=} 15{,}5\,\text{m}^3$

126 **26.** a) Trockengewicht der Schlammenge $12\,\text{cm}^3 \cdot 0{,}6\,\dfrac{\text{g}}{\text{cm}^3} = 7{,}2$ g

$500 \text{ g} : 7{,}2 \text{ g} = 100\% : x$

$x = 1{,}44$ Masse-%; darf verwendet werden

b) $$x = \frac{20\,\text{cm}^3 \cdot 0{,}6 \text{ g/cm}^3 \cdot 100\%}{500 \text{ g}}$$

$x = 2{,}4$ Masse-%; darf verwendet werden

c) $$x = \frac{6\,\text{cm}^3 \cdot 0{,}6 \text{ g/cm}^3 \cdot 100\%}{500 \text{ g}}$$

$x = 0{,}72$ Masse-%; darf verwendet werden

d) $$x = \frac{35\,\text{cm}^3 \cdot 0{,}6 \text{ g/cm}^3 \cdot 100\%}{500 \text{ g}}$$

$x = 4{,}2$ Masse-%; darf nicht mehr verwendet werden

27. a) $$x = \frac{15\,\text{cm}^3 \cdot 0{,}6 \text{ g/cm}^3 \cdot 100\%}{500 \text{ g}}$$

$x = 1{,}8$ Masse-%; darf noch verwendet werden

b) $$x = \frac{27\,\text{cm}^3 \cdot 0{,}6 \text{ g/cm}^3 \cdot 100\%}{500 \text{ g}}$$

$x = 3{,}24$ Masse-%; darf nicht verwendet werden

c) $$x = \frac{18\,\text{cm}^3 \cdot 0{,}6 \text{ g/cm}^3 \cdot 100\%}{500 \text{ g}}$$

$x = 2{,}16$ Masse-%; darf nicht mehr verwendet werden

28. $$x = \frac{28{,}27\,\text{cm}^3 \cdot 0{,}6 \text{ g/cm}^3 \cdot 100\%}{500 \text{ g}}$$

$x = 3{,}39$ Masse-%; darf noch verwendet werden

29. $$x = \frac{23{,}56\,\text{cm}^3 \cdot 0{,}6 \text{ g/cm}^3 \cdot 100\%}{500 \text{ g}}$$

$x = 2{,}82$ Masse-%; darf nicht mehr verwendet werden

15 Mauerwerksbau

Maßordnung im Hochbau

129

	RR	Nennmaß
1. a)	50 cm	51 cm
b)	$2{,}12^5$ m	$2{,}13^5$ m
c)	$2{,}87^5$ m	$2{,}88^5$ m
d)	1,0 m	1,01 m

	RR	am
2. a)	3,50 m	28 am
b)	1,50 m	12 am
c)	13,0 m	104 am
d)	$2{,}37^5$ m	19 am
e)	$3{,}12^5$ m	25 am
f)	$8{,}87^5$ m	71 am
g)	$18{,}87^5$ m	151 am
h)	6,75 m	54 am
i)	87,5 cm	7 am
k)	50 cm	4 am

	RR	Nennmaß: inneres Achsmaß	Nennmaß: äußeres Achsmaß	Innenmaß	Außenmaß
3. a)	25 cm	25,5 cm	24,5 cm	26 cm	24 cm
b)	1,50 m	$1{,}50^5$ m	$1{,}49^5$ m	1,51 m	1,49 m
c)	14,50 m	$14{,}50^5$ m	$14{,}49^5$ m	14,51 m	14,49 m
d)	$4{,}37^5$ m	4,38 m	4,37 m	$4{,}38^5$ m	$4{,}36^5$ m
e)	$12{,}12^5$ m	12,13 m	12,12 m	$12{,}13^5$ m	$12{,}11^5$ m
f)	$16{,}62^5$ m	16,63 m	16,62 m	$16{,}63^5$ m	$16{,}61^5$ m

4. a) RR = 10,75 m/86 am

b) Nennmaß 10,74 m $h = 1{,}833$ m

c) $n = 1\,892$ Steine

	RR	Nennmaß
5. a)	$l_1 = 7{,}62^5$ m/61 am	$7{,}61^5$ m
	$l_2 = 2{,}0$ m/16 am	1,99 m

b) 26 Schichten

c) $(750 : 25 + 200 : 25) \cdot 26 = 987$ Steine

6. a) RR = 10,75 m/86 am

b) 26 Schichten

c) 1 153 Steine

1 746,88 l Mörtel

130

7.

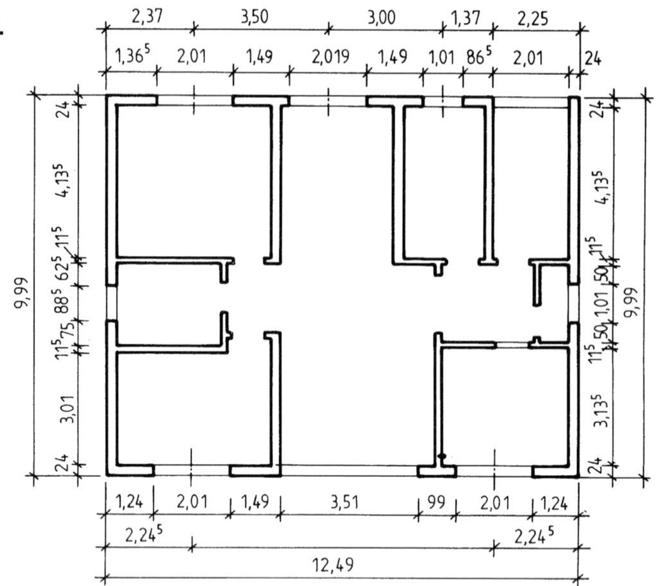

8.

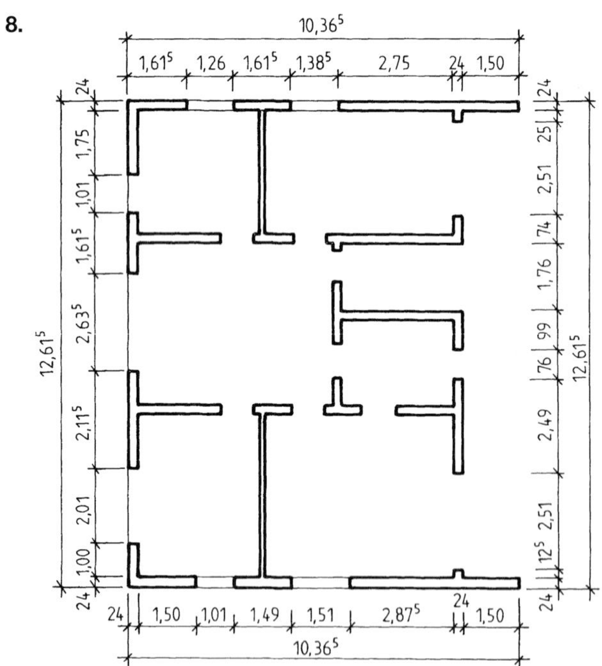

9. $A = 6{,}85\,\mathrm{m} \cdot 2{,}75\,\mathrm{m}$

$A = 18{,}9\,\mathrm{m}^2$

Steinbedarf

a) $n = 18{,}9\,\mathrm{m}^2 \cdot 48\,\dfrac{\text{Steine}}{\mathrm{m}^2}$

$n = 908$ Steine

b) $n = 18{,}9\,\mathrm{m}^2 \cdot 96\,\dfrac{\text{Steine}}{\mathrm{m}^2}$

$n = 1\,815$ Steine

c) $n = 18{,}9\,\mathrm{m}^2 \cdot 144\,\dfrac{\text{Steine}}{\mathrm{m}^2}$

$n = 2\,722$ Steine

Mörtelbedarf

a) $V = 18{,}9\,\mathrm{m}^2 \cdot 26\ \mathrm{l}/\,\mathrm{m}^2$

$V = 491{,}4\ \mathrm{l}$

b) $V = 18{,}9\,\mathrm{m}^2 \cdot 63\ \mathrm{l}/\,\mathrm{m}^2$

$V = 119{,}7\ \mathrm{l}$

c) $V = 18{,}9\,\mathrm{m}^2 \cdot 100\ \mathrm{l}/\,\mathrm{m}^2$

$V = 1\,889\ \mathrm{l}$

Steinbedarf

10. a) $n = 18{,}75\,\mathrm{m}^2 \cdot 64\,\dfrac{\text{Steine}}{\mathrm{m}^2}$

$n = 1\,200$ Steine

b) $n = 18{,}75\,\mathrm{m}^2 \cdot 128\,\dfrac{\text{Steine}}{\mathrm{m}^2}$

$n = 2\,400$ Steine

c) 24 Schichten

Mörtelbedarf

a) $V = 18{,}75\,\mathrm{m}^2 \cdot 28\,l/\,\mathrm{m}^2$

$V = 525\ \mathrm{l}$

b) $V = 18{,}75\,\mathrm{m}^2 \cdot 68\ \mathrm{l}/\,\mathrm{m}^2$

$V = 1\,275\ \mathrm{l}$

11. a) $n = 18{,}56\,\mathrm{m}^2 \cdot 8\,\dfrac{\text{Steine}}{\mathrm{m}^2}$

$n = 149$ Steine

b) $V = 18{,}56\,\mathrm{m}^2 \cdot 22\ \mathrm{l}/\,\mathrm{m}^2$

$V = 408{,}32\ \mathrm{l}$

c) $n = 2{,}75\,\mathrm{m} \cdot 4\,\dfrac{\text{Schichten}}{\mathrm{m}}$

$n = 11$ Schichten

12. $V = 0{,}365^2\,\mathrm{m}^2 \cdot 2{,}50\,\mathrm{m} \cdot 12$

$V = 4{,}0\,\mathrm{m}^3$

a) $n = 4{,}0\,\mathrm{m}^3 \cdot 395\,\dfrac{\text{Steine}}{\mathrm{m}^3}$

$n = 1\,580$ Steine

b) $V = 4{,}0\,\mathrm{m}^3 \cdot 272\ \mathrm{l}/\,\mathrm{m}^3$

$V = 1\,088\,\mathrm{l}$

c) $n = 2{,}50\,\mathrm{m} \cdot 12\,\dfrac{\text{Schichten}}{\mathrm{m}}$

$n = 30$ Schichten

13. Steinformat 30/24/11,5 cm

$n = 56{,}50\,\mathrm{m}^2 \cdot 26\,\dfrac{\text{Steine}}{\mathrm{m}^2} = 1\,469$ Steine

$V = 56{,}50\,\mathrm{m}^2 \cdot 38\ \mathrm{l}/\,\mathrm{m}^2 = 2\,147\ \mathrm{l}$

Steinformat 49/24/23,8 cm

$n = 56{,}50\,\mathrm{m}^2 \cdot 8\,\dfrac{\text{Steine}}{\mathrm{m}^2} = 452$ Steine

$V = 56{,}50\,\mathrm{m}^2 \cdot 17\ \mathrm{l}/\,\mathrm{m}^2 = 960{,}50\ \mathrm{l}$

a) Es sind 1 017 Steine weniger zu mauern

b) Mörtelersparnis 1 186,5 l

131 **14.** $A = 8{,}50\,\text{m} \cdot 2{,}75\,\text{m}$

$A = 23{,}375\,\text{m}^2$

$n = 23{,}375\,\text{m}^2 \cdot 8\,\frac{\text{Steine}}{\text{m}^2}$

$n = 187$ Steine

$V = 23{,}375\,\text{m}^2 \cdot 17{,}5\ \text{l}/\text{m}^2$

$V = 409\,\text{l}$

15. $A = 5{,}75\,\text{m} \cdot 3{,}0\,\text{m} - 1{,}01\,\text{m} \cdot 2{,}01\,\text{m}$

$- 2{,}01\,\text{m} \cdot 1{,}51\,\text{m}$

$A = 12{,}18\,\text{m}^2$

$n = 12{,}18\,\text{m}^2 \cdot 33\,\frac{\text{Ziegel}}{\text{m}^2}$

$n = 402$ Ziegel

$V = 12{,}18\,\text{m}^2 \cdot 18\ \text{l}/\text{m}^2 = 219{,}24\ \text{l}$

16. Skizze a)

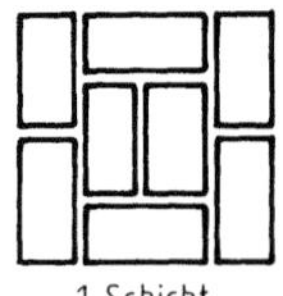

1. Schicht

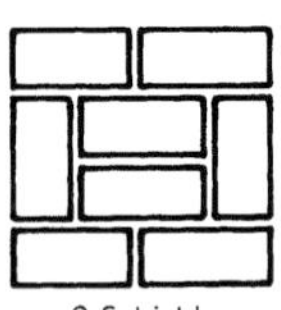

2. Schicht

Steinbedarf pro Schicht

8 Steine

Skizze b)

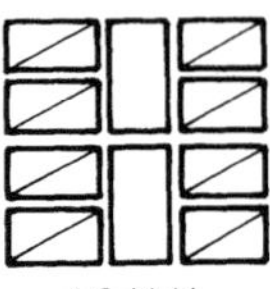

1. Schicht

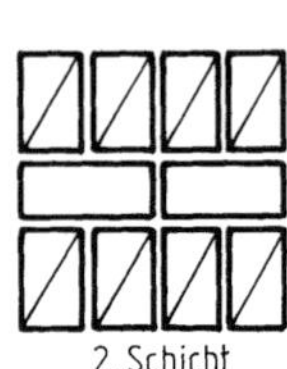

2. Schicht

Steinbedarf pro Schicht

10 Steine

Anzahl der Schichten: $3{,}50 \cdot 12 = 42$

a) Anzahl der Steine

$n = 42 \cdot 8 \cdot 6$

$n = 2\,016$ Steine

b) Anzahl der Steine

$n = 42 \cdot 10 \cdot 6$

$n = 2\,520$ Steine

c) Mörtelbedarf

$V = 0{,}49^2\,\text{m}^2 \cdot 3{,}50\,\text{m} \cdot 6 \cdot 290\ \text{l}/\text{m}^3$

$V = 1\,462{,}21\ \text{l}$

132 **17.** $A = 77{,}96\,\text{m}^2$

$n = 77{,}96\,\text{m}^2 \cdot 33\,\frac{\text{Steine}}{\text{m}^2}$

$n = 2\,573$ Steine

$V = 77{,}96\,\text{m}^2 \cdot 50\ \text{l}/\text{m}^2$

$V = 3\,898\ \text{l}$

132

18.

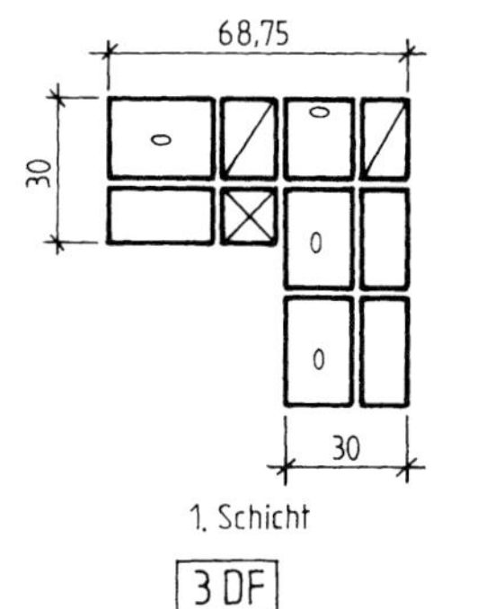

$n = (4 + 5)\ 4 \cdot 2{,}50 \cdot 4$

$n = 360$ Steine

$n = (11 + 10)\ 4 \cdot 2{,}50 \cdot 4$

$n = 840$ Steine

$V = 0{,}3225\,\mathrm{m}^2 \cdot 2{,}50\,\mathrm{m} \cdot 300\ \mathrm{l/m}^3$

$V = 241{,}88\ \mathrm{l}$

19.

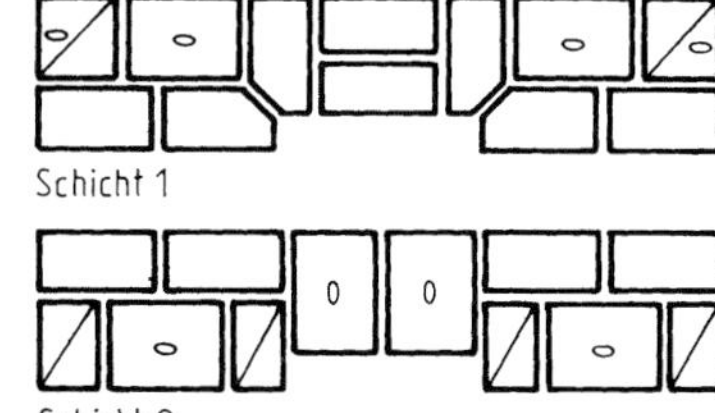

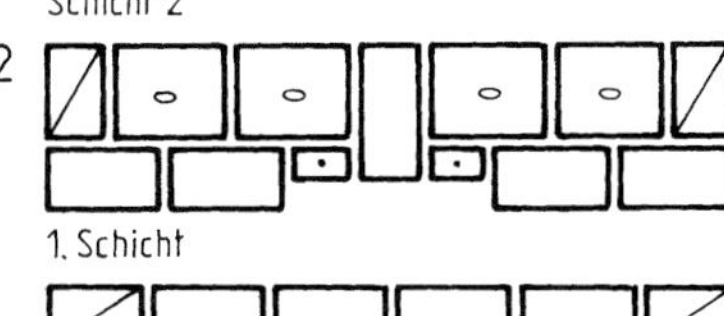

Steinbedarf Variante 1

2 DF

$n = 8 \cdot 8 \cdot 2{,}75$

$n = 176$

3 DF

$n = 4 \cdot 8 \cdot 2{,}75$

$n = 88$

Mörtel: $V = 0{,}385\,\mathrm{m}^2 \cdot 2{,}75\,\mathrm{m} \cdot 200\ \mathrm{l/m}^3$

$V = 212\ \mathrm{l}$

20.

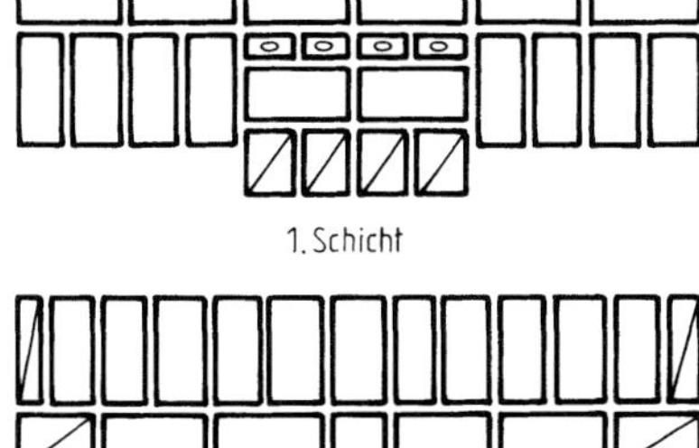

Steinbedarf

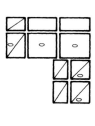

$$n = 21\,\frac{\text{Steine}}{\text{Schicht}} \cdot 8\,\frac{\text{Schichten}}{\text{m}} \cdot 3{,}25\,\mathrm{m} \cdot 3$$

$n = 1\,638$ Steine

Mörtelbedarf

$V = 0{,}598\,\mathrm{m}^2 \cdot 3{,}25\,\mathrm{m} \cdot 3 \cdot 280\ \mathrm{l/m}^3$

$V = 1\,632{,}54\ \mathrm{l}$

132 **21.** a) $A = \frac{8{,}70\,\text{m} \cdot 3{,}50\,\text{m}}{2} - 0{,}80\,\text{m} \cdot 1{,}0\,\text{m}$

$A = 14{,}43\,\text{m}^2$

b) Steinbedarf

$n = 14{,}43\,\text{m}^2 \cdot 96\,\frac{\text{Steine}}{\text{m}^2}$

$n = 1\,386$ Steine

Mörtelbedarf

$V = 14{,}43\,\text{m}^2 \cdot 63\,\text{l}/\,\text{m}^2$

$V = 909$ l

22. $A = 19{,}19\,\text{m}^2$

Steinbedarf

$n = 19{,}19\,\text{m}^2 \cdot 8\,\frac{\text{Steine}}{\text{m}^2}$

$n = 154$ Steine

Mörtelbedarf

$V = 19{,}19\,\text{m}^2 \cdot 21\ \text{l}/\,\text{m}^2$

$V = 403$ l

23. a) $A = 83{,}20\,\text{m}^2$

b) Steinbedarf

$n = 83{,}20\,\text{m}^2 \cdot 11\,\frac{\text{Steine}}{\text{m}^2}$

$n = 916$ Steine

Mörtelbedarf

$V = 83{,}20\,\text{m}^2 \cdot 18\ \text{l}/\,\text{m}^2$

$V = 1\,497{,}60$ l

Mauerbögen

137 **24.** Anzahl der Steine

$n = \frac{101\,\text{cm}}{(5{,}2 + 0{,}5)\,\text{cm}}$

$n = 17{,}7$

gewählt $n = 17$

Fugendicke

$d = \frac{101\,\text{cm} - 17 \cdot 5{,}2\,\text{cm}}{17 + 1}$

$d = 0{,}7\,\text{cm}$

$d = 7\,\text{mm} > \min\theta = 5\,\text{mm}$

25. a) Anzahl der Steine

$n = \frac{88{,}5\,\text{cm}}{(6 + 0{,}5)\,\text{cm}}$

$n = 13{,}6$

gewählt $n = 13$

b) Fugendicke

$d = \frac{88{,}5\,\text{cm} - 13 \cdot 6{,}0\,\text{cm}}{13 + 1}$

$d = 7{,}5\,\text{mm}$

c) Schichtdicke $= \frac{b}{n}$

$= \frac{88{,}5\,\text{cm}}{13}$

Schichtdicke $= 6{,}8\,\text{cm}$

Steindicke $= 6{,}8\,\text{cm} - 0{,}5\,\text{cm}$

Steindicke $= 6{,}3\,\text{cm}$

26. $r = \frac{1{,}76^2\,\text{m}^2}{8 \cdot 0{,}22\,\text{m}} + \frac{0{,}22\,\text{m}}{2}$

$r = 1{,}87\,\text{m}$

Länge des Bogenrückens

$b_1 = \frac{2{,}11\,\text{m} \cdot \pi \cdot 56{,}1°}{180°}$

$b_1 = 2{,}07\,\text{m}$

Steine pro Schicht

$n = \frac{183\,\text{cm}}{7{,}1\,\text{cm} + 0{,}5\,\text{cm}}$

$n = 24{,}1$

gewählt $n = 24$

Bogenlänge an der Leibung

$b_2 = \frac{1{,}87\,\text{m} \cdot \pi \cdot 56{,}1°}{180°} = 1{,}83\,\text{m}$

Fugendicke an der Leibung

$d_2 = \frac{183\,\text{cm} - 24 \cdot 7{,}1\,\text{cm}}{24 + 1}$

$d_2 = 5\,\text{mm} \mathrel{\widehat{=}} \min\ d_2 = 5{,}0\,\text{mm}$

Fugendicke am Bogenrücken

$d_1 = \frac{207\,\text{cm} - 24 \cdot 7{,}1\,\text{cm}}{24 + 1}$

$d_1 = 1{,}46\,\text{cm} < \max\ d_1 = 2{,}0\,\text{cm}$

27. a) $h = \frac{196\,\text{cm}}{8}$

$h = 24{,}5\,\text{cm}$

b) $r = \frac{1{,}96^2\,\text{m}^2}{8 \cdot 0{,}245\,\text{m}} + \frac{0{,}245\,\text{m}}{2}$

$r = 2{,}08\,\text{m}$

c) $\sin\alpha = \frac{0{,}98\,\text{m}}{2{,}08\,\text{m}}$

$\alpha = 56°\ 13'$

$\alpha = 56{,}22°$

28. a) $A = \frac{0{,}63\,\text{m} \cdot \pi \cdot 180°}{180°} \cdot 0{,}24\,\text{m}$

$A = 0{,}48\,\text{m}^2$

b) Länge des Bogenrückens

$b_1 = \frac{0{,}87\,\text{m} \cdot \pi \cdot 180°}{180°}$

$b_1 = 2{,}73\,\text{m}$

Bogenlänge an der Leibung

$b_2 = \frac{0{,}63\,\text{m} \cdot \pi \cdot 180°}{180°}$

$b_2 = 1{,}98\,\text{m}$

Steine pro Schicht

$n = \frac{198\,\text{cm}}{5{,}2\,\text{cm} + 0{,}5\,\text{cm}}$

$n = 34{,}7$

gewählt $n = 35$

c) Fugendicke an der Leibung

$d_2 = \frac{198\,\text{cm} - 35 \cdot 5{,}2\,\text{cm}}{35 + 1}$

$d_2 = 4{,}4\,\text{mm} < \min\ d_2 = 5\,\text{mm}$

Die anzustrebende ungerade Steinzahl pro Schicht rechtfertigt die Unterschreitung der Fugendicke um 0,6 mm.

Fugendicke am Bogenrücken

$d_1 = \frac{273\,\text{cm} - 35 \cdot 5{,}2\,\text{cm}}{35 + 1}$

$d_1 = 2{,}5\,\text{cm}$

Diese Fugendicke kann noch akzeptiert werden, da der Bogen nicht belastet wird.

137 **29.** a)

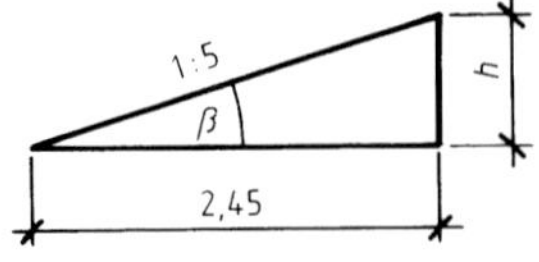

$\tan\beta = \frac{1}{5}$

$\beta = 11{,}3° \quad = 11°\,18'$

$2\,\beta = 22{,}6° \quad = 22°\,36'$

$\alpha = 157{,}4° = 157°\,22'$

b) $SV = \frac{h'}{l}$

$\frac{1}{5} = \frac{h'}{2{,}45\,\text{m}}$

$h' = 0{,}49\,\text{m}$

$2{,}45^2\,\text{m}^2 + 0{,}49^2\,\text{m}^2 = r^2$

$r = 2{,}50\,\text{m}$

Stichhöhe $h = 2{,}50\,\text{m} - 0{,}49\,\text{m}$

$h = 2{,}01\,\text{m}$

c) $b_2 = \frac{2{,}50\,\text{m} \cdot \pi \cdot 157{,}38°}{180°}$

$b_2 = 6{,}87\,\text{m}$

$b_1 = \frac{2{,}86\,\text{m} \cdot \pi \cdot 157{,}38°}{180°}$

$b_1 = 7{,}86\,\text{m}$

d) $n = \frac{687\,\text{cm}}{14{,}5\,\text{cm}}$

$n = 47{,}4$

gewählt $n = 47$

an der Leibung

Schichtdicke $= \frac{687\,\text{cm}}{47}$

$= 14{,}6\,\text{cm}$

Steindicke $= 14{,}6\,\text{cm} - 0{,}8\,\text{cm}$

Steindicke $= 13{,}8\,\text{cm}$

am Bogenrücken

Schichtdicke $= \frac{786\,\text{cm}}{47}$

$= 16{,}7\,\text{cm}$

Steindicke $= 16{,}7\,\text{cm} - 0{,}8\,\text{cm}$

Steindicke $= 15{,}9\,\text{cm}$

30. a) Bogenlänge an der Leibung

$$b_2 = \frac{\pi \cdot 66^\circ}{90^\circ}\ (380\,\text{cm} - 60\,\text{cm})$$

$$b_2 = 737{,}23\,\text{cm}$$

b) Anzahl der Steine

$$n = \frac{737{,}23\,\text{cm}}{(7{,}1\,\text{cm} + 0{,}5\,\text{cm})}$$

$$n = 97$$

gewählt $n = 96$ (gerade Anzahl)

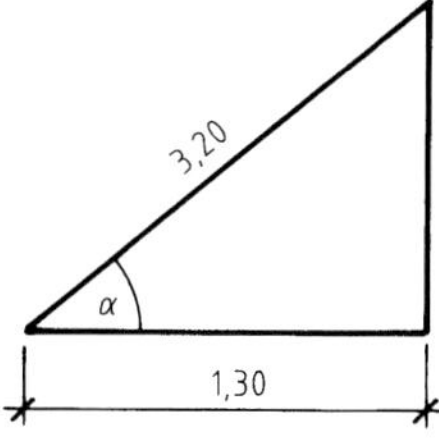

c) Bogenlänge am Rücken

$$\cos\alpha_2 = \frac{1{,}30\,\text{m}}{3{,}44\,\text{m}}$$

$$\alpha_2 = 67{,}8^\circ$$

$$b_1 = \frac{\pi \cdot 67{,}8^\circ}{90^\circ}\ (428\,\text{cm} - 84\,\text{cm})$$

$$b_1 = 814{,}13\,\text{cm}$$

Fugendicke an der Leibung

$$d_2 = \frac{737{,}23\,\text{cm} - 96 \cdot 7{,}1\,\text{cm}}{96 + 1}$$

$$d_2 = 5{,}7\,\text{cm}$$

Fugendicke am Bogenrücken

$$d_1 = \frac{814{,}13\,\text{cm} - 96 \cdot 7{,}1\,\text{cm}}{96 + 1}$$

$$d_1 = 13{,}66\,\text{mm}$$

d) Lichte Bogenhöhe

$$h = \sqrt{\frac{3 \cdot 3{,}80^2\,\text{m}^2}{4} - 0{,}60\,\text{m} \cdot 3{,}80\,\text{m}}$$

$$h = 2{,}92\,\text{m}$$

31. a)

$$\cos\alpha = \frac{\frac{1{,}95\,\text{m}}{2} + 0{,}40\,\text{m}}{1{,}95\,\text{m} + 0{,}40\,\text{m}}$$

$$\alpha = 54{,}19^\circ$$

b)

$$h = \sqrt{\frac{3 \cdot 1{,}95^2\,\text{m}^2}{4} + 0{,}40\,\text{m} \cdot 1{,}95\,\text{m}}$$

$$h = 1{,}91\,\text{m}$$

c)

$$b_1 = \frac{\pi \cdot 54{,}19^\circ}{90^\circ}\left(1{,}95\,\text{m} + 0{,}40\,\text{m}\right)$$

$$b_1 = 4{,}445\,\text{m}$$

$$n = 444{,}5\,\text{cm} : 7{,}1\,\text{cm}$$

$$n = 62{,}6$$

ausgeführt: 56 Steine

d) $56 \cdot 7{,}1\,\text{cm} = 397{,}6\,\text{cm}$

$$\begin{array}{r} 444{,}5\,\text{cm} \\ -\ 397{,}6\,\text{cm} \\ \hline \end{array}$$

$46{,}9\,\text{cm} : 57$ Fugen $= 8{,}2\,\text{mm}$ an der Leibung

$$b_2 = \frac{\pi \cdot 54{,}19^\circ}{90^\circ}\left(2{,}065\,\text{m} + 0{,}40\,\text{m}\right) = 466{,}3\,\text{cm}$$

$$-\ 56 \cdot 7{,}1\,\text{cm} = \underline{397{,}6\,\text{cm}}$$

$68{,}7\,\text{cm} : 57$ Fugen $= 12\,\text{mm}$ am Bogenrücken

e) $A = 4{,}445\,\text{m} \cdot 0{,}24\,\text{m}$

$$A = 1{,}07\,\text{m}^2$$

138 **32.** a) $b = \frac{2}{3} \cdot 2{,}0\,\text{m} \cdot \pi$

$b = 4{,}19\,\text{m}$

b) $h = \frac{2{,}0\,\text{m}}{2}\sqrt{3}$

$h = 1{,}73\,\text{m}$

c) $419\,\text{cm} : 11{,}5\,\text{cm} = 36{,}4$ Steine

ausgeführt 2 x 17 = 34 Steine

d) $11{,}5\,\text{cm} \cdot 34 = 391\,\text{cm}$

$419\,\text{cm}$

$-\ 391\,\text{cm}$

$28\,\text{cm} : 35$ Fugen $= 0{,}8\,\text{cm}$

Fugenbreite 8 mm

33. a) Bogenleibung

$b_2 = \frac{2{,}30\,\text{m} \cdot \pi \cdot 180°}{180°}$

$b_2 = 7{,}23\,\text{m}$

$n = \frac{723\,\text{cm}}{14\,\text{cm}}$

$n = 51{,}6$

gewählt $n = 51$

b) $51 \cdot a_1 + 52 \cdot 1{,}2\,\text{cm} = 723\,\text{cm}$

$a_1 = 12{,}95\,\text{cm}$

Steindicke an der Leibung

$a_1 = 13\,\text{cm}$

$51 \cdot a_2 + 52 \cdot 1{,}2\,\text{cm} = 833\,\text{cm}$

$a_2 = 15{,}1\,\text{cm}$

Steindicke am Rücken

$a_2 = 15\,\text{cm}$

139 **34** a) $n = \frac{151\,\text{cm}}{5{,}2\,\text{cm} + 0{,}5\,\text{cm}}$

$n = 26{,}5$

gewählt $n = 27$

b) Bogenlänge an der Leibung

$b_2 = 27 \cdot 5{,}7\,\text{cm} + 0{,}5\,\text{cm}$

$b_2 = 1{,}55\,\text{cm}$

$b_2 = 1{,}54\,\text{m}$ (1 cm Abzug wegen Bogen)

Bogenradius

$r = \frac{1{,}51^2\,\text{m}^2}{8 \cdot 0{,}13\,\text{m}} + \frac{0{,}13\,\text{m}}{2}$

$r = 2{,}26\,\text{m}$

Länge des Bogenrückens

$b_1 = \frac{2{,}50\,\text{m} \cdot \pi \cdot 39{,}04°}{180°}$

$b_1 = 1{,}70\,\text{m}$

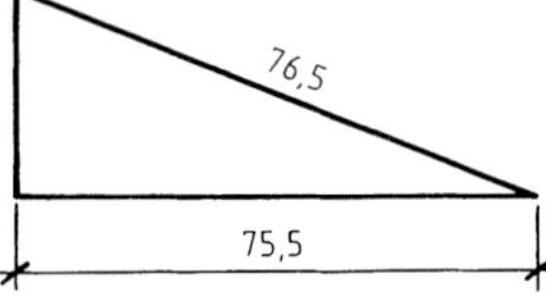

$h^2 = 76{,}5^2 - 75{,}5^2$

$h = 12{,}3\,\text{cm}$

ausgeführt $h = 13\,\text{cm}$

Mittelpunktswinkel

$\alpha = \frac{1{,}54\,\text{m} \cdot 180°}{2{,}26\,\text{m} \cdot \pi}$

$\alpha = 39{,}04°$

$\alpha = 39°\ 2'$

Fugendicke an der Bogenleibung

$d_2 = \frac{154\,\text{cm} - 27 \cdot 5{,}2\,\text{cm}}{27 + 1}$

$d_2 = 4{,}9\,\text{mm}$

Fugendicke am Bogenrücken

$d_1 = \frac{170\,\text{cm} - 27 \cdot 5{,}2\,\text{cm}}{27 + 1}$

$d_1 = 1{,}1\,\text{cm}$

35. $r = \dfrac{2{,}01^2\,\text{m}^2}{8 \cdot 0{,}28\,\text{m}} + \dfrac{0{,}28\,\text{m}}{2}$

$r = 1{,}94\,\text{m}$

$b_4 = \dfrac{1{,}94\,\text{m} \cdot \pi \cdot 62°}{180°}$

$b_4 = 2{,}10\,\text{m}$

$b_3 = \dfrac{2{,}18\,\text{m} \cdot \pi \cdot 62°}{180°}$

$b_3 = 2{,}36\,\text{m}$

$b_2 = \dfrac{2{,}195\,\text{m} \cdot \pi \cdot 62°}{180°}$

$b_2 = 2{,}38\,\text{m}$

$b_1 = \dfrac{2{,}435\,\text{m} \cdot \pi \cdot 62°}{180°}$

$b_1 = 2{,}63\,\text{m}$

a) Anzahl der Steine 1. Reihe

$n = \dfrac{210\,\text{cm}}{7{,}1\,\text{cm} + 0{,}5\,\text{cm}}$

$n = 27$

Anzahl der Steine 2. Reihe

$n = \dfrac{238\,\text{cm}}{7{,}1\,\text{cm} + 0{,}5\,\text{cm}}$

$n = 31$

b) $d_4 = \dfrac{210\,\text{cm} - 27 \cdot 7{,}1\,\text{cm}}{27 + 1}$

$d_4 = 6{,}5\,\text{mm}$ (an der Leibung)

$d_3 = \dfrac{236\,\text{cm} - 27 \cdot 7{,}1\,\text{cm}}{27 + 1}$

$d_3 = 1{,}6\,\text{cm}$

$d_2 = \dfrac{238\,\text{cm} - 31 \cdot 7{,}1\,\text{cm}}{31 + 1}$

$d_2 = 5{,}6\,\text{mm}$

$d_1 = \dfrac{263\,\text{cm} - 31 \cdot 7{,}1\,\text{cm}}{31 + 1}$

$d_1 = 1{,}3\,\text{cm}$

36. a) Bogenleibung

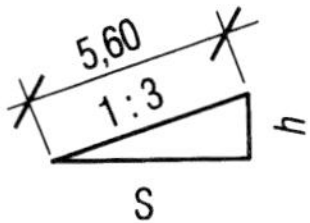

$1^2 + 3^2 = c^2 \qquad c = 3{,}16\,\text{m}$

3,16 Teile $\widehat{=}$ 5,60 m

1 Teil $\widehat{=}\ h = 1{,}77\,\text{m}$

3 Teile $\widehat{=}\ s = 5{,}35\,\text{m}$

$b_1 = \dfrac{\pi}{2} \cdot 5{,}35\,\text{m}$

$b_1 = 8{,}34\,\text{m}$

Bogenrücken

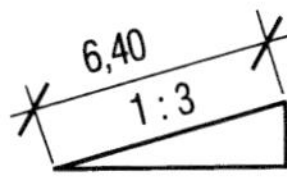

3,16 Teile $\widehat{=}$ 6,40 m

1 Teil $\widehat{=}\ h = 2{,}02\,\text{m}$

3 Teile $\widehat{=}\ s = 6{,}07\,\text{m}$

$b_2 = \dfrac{\pi}{2} \cdot 6{,}07\,\text{m}$

$b_2 = 9{,}53\,\text{m}$

$b_\text{m} = \dfrac{8{,}34\,\text{m} + 9{,}53\,\text{m}}{2}$

$b_\text{m} = 8{,}935\,\text{m}$

$V = 8{,}935\,\text{m} \cdot 0{,}40\,\text{m} \cdot 4{,}50\,\text{m}$

$V = 16{,}08\,\text{m}^3$

b) $A = 8{,}34\,\text{m} \cdot 4{,}50\,\text{m} + 8{,}935\,\text{m} \cdot 0{,}40\,\text{m} = 41{,}10\,\text{m}^2$

139 **37.** a) Bogenlänge an der Leibung

$b'_4 = \frac{1{,}55\,\text{m} \cdot \pi \cdot 53^\circ}{180^\circ}$ $b''_4 = \frac{3{,}10\,\text{m} \cdot \pi \cdot 74^\circ}{180^\circ}$

$b'_4 = 1{,}43\,\text{m}$ $b''_4 = 4{,}0\,\text{m}$

$b_4 = 4{,}0\,\text{m} + 2 \cdot 1{,}43\,\text{m}$

$b_4 = 6{,}86\,\text{m}$

Bogenlänge am Rücken der 1. Schicht

$b'_3 = \frac{1{,}79\,\text{m} \cdot \pi \cdot 53^\circ}{180^\circ}$ $b''_3 = \frac{3{,}34\,\text{m} \cdot \pi \cdot 74^\circ}{180^\circ}$

$b'_3 = 1{,}66\,\text{m}$ $b''_3 = 4{,}31\,\text{m}$

$b_3 = 4{,}31\,\text{m} + 1{,}66\,\text{m} \cdot 2$

$b_3 = 7{,}63\,\text{m}$

Bogenlänge an der Leibung der 2. Schicht

$b'_2 = \frac{1{,}80\,\text{m} \cdot \pi \cdot 53^\circ}{180^\circ}$ $b''_2 = \frac{3{,}35\,\text{m} \cdot \pi \cdot 74^\circ}{180^\circ}$

$b'_2 = 1{,}665\,\text{m}$ $b''_2 = 4{,}327\,\text{m}$

$b_2 = 7{,}66\,\text{m}$

Bogenlänge am Rücken der 2. Schicht

$b'_1 = \frac{2{,}04\,\text{m} \cdot \pi \cdot 53^\circ}{180^\circ}$ $b''_1 = \frac{3{,}59\,\text{m} \cdot \pi \cdot 74^\circ}{180^\circ}$

$b'_1 = 1{,}89\,\text{m}$ $b''_1 = 4{,}64\,\text{m}$

$b_1 = 4{,}64\,\text{m} + 2 \cdot 1{,}89\,\text{m}$

$b_1 = 8{,}42\,\text{m}$

Steinzahl der 1. Schicht

$n = \frac{686\,\text{cm}}{7{,}1\,\text{cm} + 0{,}5\,\text{cm}}$

$n = 90{,}26$

gewählt $n = 90$

Steinzahl der 2. Schicht

$n = \frac{763\,\text{cm}}{7{,}1\,\text{cm} + 0{,}5\,\text{cm}}$

$n = 100{,}39$

gewählt $n = 100$

b) Gesamtanzahl der Steine $n = (90 + 100) \cdot 6{,}30\,\text{m} = 1\,197$

c) 1. Schicht

Fugendicke an der Leibung

$d_4 = \frac{686\,\text{cm} - 90 \cdot 7{,}1\,\text{cm}}{90 + 1}$

$d_4 = 5{,}2\,\text{mm}$

Fugendicke am Bogenrücken

$d_3 = \frac{763\,\text{cm} - 90 \cdot 7{,}1\,\text{cm}}{90 + 1}$

$d_3 = 1{,}4\,\text{cm}$

2. Schicht

Fugendicke an der Innenseite

$d_2 = \frac{766\,\text{cm} - 100 \cdot 7{,}1\,\text{cm}}{100 + 1}$

$d_2 = 5{,}5\,\text{mm}$

Fugendicke am Bogenrücken

$d_1 = \frac{842\,\text{cm} - 100 \cdot 7{,}1\,\text{cm}}{100 + 1}$

$d_1 = 1{,}3\,\text{cm}$

16. Betonbau

Sieblinien/Körnungsziffern

1. Korngemisch 0/8 **162**

	A-Linie	B-Linie	C-Linie
	39%	26%	15%
	64%	43%	29%
	79%	58%	43%
	87%	73%	61%
	95%	89%	79%
a) Summe der Rückstände in %	364%	289%	227%
b) Körnungsziffern	$k = 3{,}64$	$k = 2{,}89$	$k = 2{,}27$
c) D-Summen	$D = 536$	$D = 611$	$D = 673$

Korngemisch 0/63

	A-Linie	B-Linie	C-Linie
	33%	20%	10%
	54%	36%	20%
	70%	50%	30%
	81%	62%	41%
	89%	70%	51%
	94%	76%	61%
	96%	84%	73%
	98%	93%	86%
a) Summe der Rückstände in %	615%	491%	372%
b) Körnungsziffern	$k = 6{,}15$	$k = 4{,}91$	$k = 3{,}72$
c) D-Summen	$D = 285$	$D = 409$	$D = 528$

2. Rückstand in g auf dem Sieb

Versuch	Gesamt-rückstand	0,25	0,5	1	2	4	8	16	31,5	63	
1	5 000	4 430	3 960	3 000	2 720	2 400	1 620	700	0	0	
2	5 000	4 610	4 100	3 300	2 830	2 220	1 730	830	0	0	
3	5 000	4 520	4 220	3 250	2 790	2 310	1 550	760	0	0	
Summe	15 000	13 560	12 280	9 550	8 340	6 930	4 900	2 290	0	0	
Rückstände in %		90,4	81,9	63,7	55,6	46,2	32,7	15,3	0	0	Σ 386
Durchgänge in %		9,6	18,1	36,3	44,4	53,8	67,3	84,7	100	100	Σ 514

a) Es handelt sich um die Korngruppe 0/32

b) Siehe Rückstände in %

c) Siehe Durchgänge in %

d) Körnungsziffer $k = 3{,}86$

e) D-Summe 514

f) Wasseranspruch (nach Diagramm) 172 l

g) Das Gemisch liegt im Bereich „brauchbar“.

162 **3.** Rückstand in g auf dem Sieb

Versuch	Gesamt- rückstand	0,25	0,5	1	2	4	8	16	31,5	63	
1	3 500	3 390	3 100	2 730	2 380	1 890	1 050	0	0	0	
2	3 500	3 230	2 980	2 700	2 350	1 880	1 130	0	0	0	
3	3 500	3 340	3 110	2 720	2 380	1 930	1 080	0	0	0	
Summe	10 500	9 960	9 190	8 150	7 110	5 700	3 260	0	0	0	
Rückstände in %		94,9	87,5	77,6	67,7	54,3	31,0	0	0	0	Σ 413
Durchgänge in %		5,1	12,5	22,4	32,3	45,7	69,0	100	100	100	Σ 487

a) Es handelt sich um die Korngruppe 0/16

b) Siehe Rückstände in %

c) Siehe Durchgänge in %

d) Körnungsziffer $k = 4{,}13$

e) D-Summe 487

f) Wasseranspruch (nach Diagramm) 190 l

g) Das Gemisch liegt im Bereich „günstig"

163 **4.** Rückstand in g auf dem Sieb

Versuch	Gesamt- rückstand	0,25	0,5	1	2	4	8	16	31,5	63	
1+2+3	15 000	11 800	9 500	8 010	7 460	5 960	4 480	2 230	0	0	
Rückstände in %		78,7	63,3	53,4	49,7	39,7	29,9	14,9	0	0	Σ 329,6
Durchgänge in %		21,3	36,7	46,6	50,3	60,3	70,1	85,1	100	100	Σ 570,4

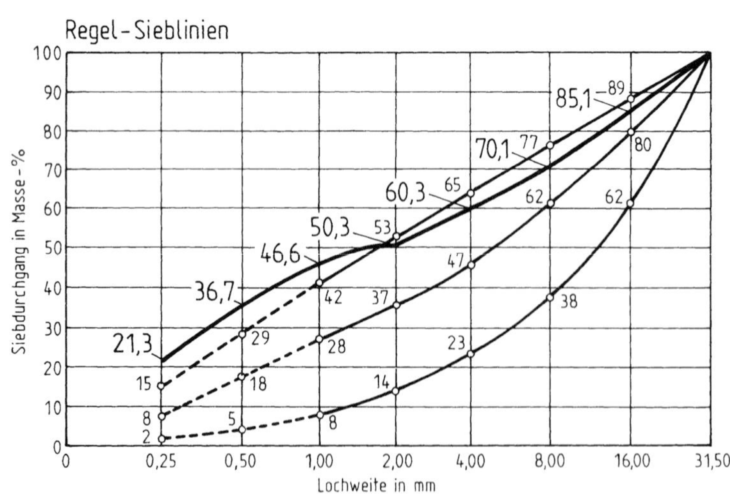

a) Regel-Sieblinien

b) Körnungsziffer

$k = 3{,}30$

c) D – Summe 570

d) Körnung Δp

1 4,6% ≙ 690 g

0,5 7,7% ≙ 1 155 g

0,25 6,3% ≙ 945 g

5. $\text{Eigenfeuchte} = \dfrac{1\,747\,\text{kg} \cdot 3\%}{103\%}$

$\text{Eigenfeuchte} = 50{,}88\,\text{kg}$

$w/z = \dfrac{185{,}88\,\text{kg}}{380\,\text{kg}}$

$w/z = 0{,}49 \rightarrow$ Druckfestigkeit $f_{\text{c, dry, cube}} = 42\ \text{N/mm}^2$

6. $\text{Eigenfeuchte} = \dfrac{1\,875\,\text{kg} \cdot 4\%}{104\%} = 72{,}1\,\text{kg}$

a) $w/z = \dfrac{192\,\text{kg}}{310\,\text{kg}}$

$w/z = 0{,}62$

b) $w/z = \dfrac{264{,}1\,\text{kg}}{310\,\text{kg}}$

$w/z = 0{,}85$

c) $f_{\text{c, dry, cube}}$ von $29\ \text{N/mm}^2$ auf $14\ \text{N/mm}^2$

d) $\dfrac{100\% \cdot 14\ \text{N/mm}^2}{29\ \text{N/mm}^2} = 48{,}3\%$

Druckfestigkeit fällt um 51,7%

Bei Eigenfeuchte 3%

$\text{Eigenfeuchte} = \dfrac{1\,875\,\text{kg} \cdot 3\%}{103\%} = 54{,}6\,\text{kg}$

a) $w/z = \dfrac{192\,\text{kg}}{310\,\text{kg}}$

$w/z = 0{,}62$

b) $w/z = \dfrac{246{,}6\,\text{kg}}{310\,\text{kg}}$

$w/z = 0{,}80$

c) $f_{\text{c, dry, cube}}$ von $29\ \text{N/mm}^2$ auf $17{,}0\ \text{N/mm}^2$

d) $\dfrac{100\% \cdot 17{,}0\ \text{N/mm}^2}{29\ \text{N/mm}^2} = 58{,}6\%$

Druckfestigkeit fällt um 41,4%

7. $\text{Eigenfeuchte} = \dfrac{1\,870\,\text{kg} \cdot 4{,}5\%}{104{,}5\%} = 80{,}5\,\text{kg}$

$m_{\text{w}} = 0{,}52 \cdot 306\,\text{kg}$ | $m_{\text{w}} = 0{,}48 \cdot 306\,\text{kg}$

$m_{\text{w}} = 159\,\text{kg}$ | $m_{\text{w}} = 147\,\text{kg}$

Gesamtwasser	159 l	147 l
-- Eigenfeuchte	80,5 l	80,5 l
Zugabewasser	78,5 l	66,5 l

163 **8.** Eigenfeuchte $= \dfrac{1\,948\,\text{kg} \cdot 4{,}2\%}{104{,}2\%} = 78{,}5\,\text{kg}$

$m_Z = \dfrac{168{,}5\,\text{kg}}{0{,}5}$ $m_Z = \dfrac{168{,}5\,\text{kg}}{0{,}45}$

$m_Z = 337\,\text{kg}$ $m_Z = 374{,}4\,\text{kg}$

9. a) $w/z = \dfrac{190\,\text{kg}}{380\,\text{kg}}$

$w/z = 0{,}5$

b) Eigenfeuchte $= 1970\,\text{kg} \cdot \dfrac{3}{103} = 57{,}4\,\text{kg}$

Zugabewasser $= 190\,\text{kg} - 57{,}4\,\text{kg} = 132{,}6\,\text{kg}$

c) $w/z = \dfrac{247{,}4\,\text{kg}}{380\,\text{kg}}$

$w/z = 0{,}65$

d) $w/z = 0{,}5 \rightarrow f_{\text{c, dry, cube}} = 42\ \text{N/mm}^2$

$w/z = 0{,}65 \rightarrow f_{\text{c, dry, cube}} = 21\ \text{N/mm}^2$

$\Delta p = 100\% - \dfrac{100\% \cdot 21\ \text{N/mm}^2}{32\ \text{N/mm}^2}$

$\Delta p = 34{,}4\%$

164 **10.** $m_Z = \dfrac{170\,\text{kg}}{0{,}48}$

$m_Z = 354{,}16\,\text{kg}$

$m_Z \approx 354\,\text{kg}$

11. Eigenfeuchte $= \dfrac{400\,\text{kg} \cdot 3{,}5\%}{103{,}5\%} = 13{,}5\,\text{kg}$

a) $w/z = \dfrac{33{,}5\,\text{kg}}{60\,\text{kg}}$

$w/z = 0{,}56$

b) Druckfestigkeit $27\ \text{N/mm}^2$

12. Eigenfeuchte $= \dfrac{600\,\text{kg} \cdot 3\%}{103\%} = 17{,}5\,\text{kg}$

$m_W = 0{,}57 \cdot 95\,\text{kg}$

$m_W = 54\,\text{kg} \rightarrow$ Zugabewasser $= 36{,}5\,\text{kg}$

13. a) $\left.\begin{array}{r}\text{bei } f_{\text{c, dry, cube}} = 38\ \dfrac{\text{MN}}{\text{m}^2} \\ \text{und CEM II/32,5}\end{array}\right\} \rightarrow w/z = 0{,}44$

b) Oberflächenfeuchte $= \dfrac{800\,\text{kg} \cdot 4\%}{104\%} = 30{,}8\,\text{kg}$

$m_W = 0{,}44 \cdot 120\,\text{kg}$

$m_W = 52{,}8\,\text{kg}$

Gesamtwasser	53 l
-- Oberflächenfeuchte	31 l
Zugabewasser	22 l

14. $m_Z = \dfrac{m_W}{w/z}$

$= \dfrac{36\,\text{kg}}{0{,}45}$

$m_Z = 80\,\text{kg}$

15. $\text{Eigenfeuchte} = \dfrac{1\,793\,\text{kg} \cdot 2{,}3\%}{102{,}3\%} = 40{,}3\,\text{kg}$

$\text{Eigenfeuchte} = \dfrac{1\,793\,\text{kg} \cdot 5\%}{105\%} = \underline{85{,}4\,\text{kg}}$

weniger zuzugeben 45 l

16. $m_W = w/z \cdot m_Z$

$= 0{,}53 \cdot 330\,\text{kg}$

$m_W = 174{,}9\ \text{l}$

$m_W = 175\ \text{l}$

Gesamtwasser 175 l

– Zugabewasser $\underline{128\ \text{l}}$

Eigenfeuchte 47 l $\mathrel{\hat{=}} 2{,}62\% = 2{,}6\%$

17. $28\ \text{MN/m}^2 \xrightarrow{CEM\ II/325} w/z = 0{,}55$

$17{,}5\ \text{MN/m}^2 \longrightarrow w/z = 0{,}7$

$m_{W1} = w/z \cdot m_Z$

$= 0{,}55 \cdot 270\,\text{kg}$

$= 148{,}5\,\text{kg}$

$m_{W1} = 149\ \text{l}$

$m_{W2} = 0{,}7 \cdot 270\,\text{kg}$

$m_{W2} = 189\ \text{l}$

Wasserzugabe 40 l

18. a) Das feine Korngemisch benötigt mehr Zement.

0/16 Sieblinie A $\rightarrow k = 4{,}61 \xrightarrow{F3}$ Wasseranspruch 173 l

0/32 Sieblinie A $\rightarrow k = 5{,}48 \xrightarrow{F3}$ Wasseranspruch 158 l

$m_Z = \dfrac{m_w}{w/z}$

$m_{Z1} = \dfrac{173\,\text{kg}}{0{,}48}$

$m_{Z1} = 360{,}4\,\text{kg}$

$m_{Z1} = 360\,\text{kg}$

$m_{Z2} = \dfrac{158\,\text{kg}}{0{,}48}$

$= 329{,}2\,\text{kg}$

$m_{Z2} = 330\,\text{kg}$

b) Beton aus Gemisch 0/16 benötigt 30 kg mehr Zement

19. a) 0/16 Sieblinie C $\rightarrow k = 2{,}75 \xrightarrow{C2}$ Wasseranspruch 185 l

0/32 Sieblinie A $\rightarrow k = 5{,}48 \xrightarrow{C2}$ Wasseranspruch 143 l

$m_{Z1} = \dfrac{205\,\text{kg}}{0{,}55}$

$m_{Z1} = 372{,}7\,\text{kg}$

$m_{Z2} = \dfrac{143\,\text{kg}}{0{,}55}$

$m_{Z2} = 260{,}0\,\text{kg}$

b) $p = \dfrac{260{,}0\,\text{kg} \cdot 100\%}{372{,}7\,\text{kg}}$

$p = 69{,}8\%$

$\rightarrow$ Ersparnis $= 30{,}2\%$

20. 0/32 Sieblinie A $\rightarrow k = 5{,}48 \xrightarrow{C2}$ Wasseranspruch 143 l

0/32 Sieblinie C $\rightarrow k = 3{,}30 \xrightarrow{C2}$ Wasseranspruch $\underline{193\ \text{l}}$

$\Delta\text{l} = 50\ \text{l}$

Zementersparnis: $\dfrac{100\% \cdot 50\,\text{kg}}{193\,\text{kg}} = 25{,}91\%$

165

21. 0/16 Sieblinie C $\rightarrow k = 2{,}75 \xrightarrow{\text{F3}}$ Wasseranspruch 222 l

0/16 Sieblinie A $\rightarrow k = 4{,}61 \xrightarrow{\text{F3}}$ Wasseranspruch 173 l

$w/z_1 = \dfrac{173\,\text{kg}}{340\,\text{kg}}$ $\qquad w/z_2 = \dfrac{222\,\text{kg}}{340\,\text{kg}}$

$w/z_1 = 0{,}51$ $\qquad w/z_2 = 0{,}65$

22. a) $k = 5{,}40 \xrightarrow{C3}$ Wasseranspruch 160 l

$k = 3{,}35 \xrightarrow{C3}$ Wasseranspruch 205 l

$$m_{\text{Z1}} = \frac{m_{\text{W}}}{w/z}$$

$$= \frac{160\,\text{kg}}{0{,}52}$$

$$m_{\text{Z1}} = 307{,}7\,\text{kg}$$

$$m_{\text{Z1}} = 308\,\text{kg}$$

$$m_{\text{Z2}} = \frac{m_{\text{W}}}{w/z}$$

$$= \frac{205\,\text{kg}}{0{,}52}$$

$$= 394{,}2\,\text{kg}$$

$$m_{\text{Z2}} = 395\,\text{kg}$$

b) Zementmehrverbrauch 86 kg

c) Mehrverbrauch $= \dfrac{100\% \cdot 87\,\text{kg}}{308\,\text{kg}}$

$= 28{,}2\%$

23.

$k = 4{,}50 \left\} \begin{array}{l} \xrightarrow{\text{F3}} \text{Wasseranspruch 178 l} \\ \xrightarrow{\text{F1}} \text{Wasseranspruch 145 l} \end{array} \right.$

$w/z_1 = \dfrac{145\,\text{kg}}{300\,\text{kg}}$ $\qquad w/z_2 = \dfrac{178\,\text{kg}}{300\,\text{kg}}$

$w/z_1 = 0{,}48$ $\qquad w/z_2 = 0{,}59$

a) $f_{\text{c, dry, cube}} = 33\ \text{N/mm}^2$ $\qquad f_{\text{c, dry, cube}} = 25\ \text{N/mm}^2$

b) Verschlechterung $\dfrac{100\% \cdot 8}{33} = 24{,}2\%$

Konsistenz

24. a) Abstich 4,2 cm $\rightarrow h = 35{,}8$ cm

$$v = \frac{40}{h}$$

$$= \frac{40\,\text{cm}}{35{,}8\,\text{cm}}$$

$v = 1{,}12 \rightarrow$ C2

Abstich 10,8 cm

$$v = \frac{40\,\text{cm}}{29{,}2\,\text{cm}}$$

$v = 1{,}37 \rightarrow$ C1

Abstich 2,7 cm

$$v = \frac{40\,\text{cm}}{37{,}3\,\text{cm}}$$

$v = 1{,}07 \rightarrow$ C3

165

b) $v = \dfrac{40\,\text{cm}}{37{,}5\,\text{cm}}$ $\quad v = \dfrac{40\,\text{cm}}{33{,}9\,\text{cm}}$ $\quad v = \dfrac{40\,\text{cm}}{29{,}7\,\text{cm}}$

$v = 1{,}07 \rightarrow$ C3 $\quad v = 1{,}18 \rightarrow$ C2 $\quad v = 1{,}35 \rightarrow$ C1

25. $V = 0{,}25\,\text{m} \cdot 0{,}40\,\text{m} \cdot 2{,}50\,\text{m} \cdot 15$

$V = 3{,}75\,\text{m}^3$ Festbeton

$V = 3{,}75\,\text{m}^3 \cdot 1{,}07$

$V = 4{,}01\,\text{m}^3$ Frischbeton: unverdichtet

26. $V = 0{,}119125\,\text{m}^3 \cdot 16 \cdot 12$

$V = 22{,}872\,\text{m}^3$ erhärteter Beton

a) unverdichteter Frischbeton

$V = 22{,}872\,\text{m}^3 \cdot 1{,}15$

$V = 26{,}30\,\text{m}^3$

b) Gewicht

$F = V \cdot \varrho$

$ = 0{,}119125\,\text{m}^3 \cdot 23{,}8\ \text{kN/m}^3$

$F = 2{,}84\ \text{kN}$

27. $V = 2{,}663\,\text{m}^3 \cdot 5 \cdot 1{,}01$

$V = 13{,}45\,\text{m}^3$

28. Auf die Breite entfallen:

18 Rippen je 0,16 m	=	2,88 m
17 Felder je 0,40 m	=	6,80 m
Rand 2 · 0,25 m	=	0,50 m
		10,18 m

Rippen

$$V = \frac{0{,}16\,\text{m} + 0{,}10\,\text{m}}{2} \cdot 0{,}27\,\text{m} \cdot 16{,}0\,\text{m} \cdot 18$$

$V = 10{,}1086\,\text{m}^3$

Platte

$V = 10{,}18\,\text{m} \cdot 16{,}0\,\text{m} \cdot 0{,}08\,\text{m}$

$V = 13{,}0304\,\text{m}^3$

Frischbeton

$V = 23{,}139\,\text{m}^3 \cdot 1{,}01$

$V = 23{,}37\,\text{m}^3$

166

29. $V = 0{,}25^2\,\text{m}^2 \cdot 4{,}0\,\text{m} \cdot 10$

$V = 2{,}5\,\text{m}^3$

a) $v = \dfrac{V_{\text{frisch}}}{V_{\text{fest}}}$

$v = \dfrac{2{,}70\,\text{m}^3}{2{,}50\,\text{m}^3}$

$v = 1{,}08 \rightarrow$ C3

b) $h = \dfrac{40}{v}$

$ = \dfrac{40\,\text{cm}}{1{,}08\,\text{cm}}$

c) $h = 37{,}03\,\text{cm} \rightarrow s = 2{,}97\,\text{cm}$

30. $V = 0{,}203\,\text{m}^3 \cdot 1{,}06$

$V = 0{,}2152\,\text{m}^3$

$n = 3{,}5\,\text{m}^3 : 0{,}2152\,\text{m}^3$

$n = 16$ Stürze

166 **31.** $V = \left(\frac{l_1 + l_2}{2}\right) \cdot \left(\frac{b_1 + b_2}{2}\right) \cdot h$

$= \left(\frac{0{,}80\,\text{m} + 0{,}40\,\text{m}}{2}\right)\left(\frac{0{,}80\,\text{m} + 0{,}40\,\text{m}}{2}\right) \cdot 0{,}60\,\text{m}$

$V = 0{,}216\,\text{m}^3$

$\varrho = \frac{F}{V}$

$= \frac{5\text{ kN}}{0{,}216\,\text{m}^3}$

$= 23{,}148\text{ kN/m}^3$

$\varrho = 2{,}31\,\text{kg/dm}^3$

32. $V = 0{,}30\,\text{m} \cdot 0{,}45\,\text{m} \cdot 3{,}50\,\text{m} \cdot 12$

$V = 5{,}67\,\text{m}^3$

a)

Zement	$5{,}67\,\text{m}^3 \cdot 352\,\text{kg/m}^3$	=	$1\,995{,}84\,\text{kg}$
Zugabewasser:	$5{,}67\,\text{m}^3 \cdot 134\,\text{kg/m}^3$	=	$759{,}78\text{ l}$
Gesteinskörnung:	$5{,}67\,\text{m}^3 \cdot 1\,774\,\text{kg/m}^3$	=	$10\,058{,}58\,\text{kg}$

b) $m_z : m_w : m_g = 1\,995{,}84\,\text{kg} : 759{,}78\,\text{kg} : 10\,058{,}58\,\text{kg}$

$m_z : m_w : m_g = 1 : 0{,}38 : 5{,}04$

33. $V = 0{,}11462\,\text{m}^3 \cdot 17 \cdot 24$

$V = 46{,}765\,\text{m}^3$

Zement:	$46{,}765\,\text{m}^3 \cdot 396\,\text{kg/m}^3$	=	$18\,518{,}94\,\text{kg}$
Zugabewasser:	$46{,}765\,\text{m}^3 \cdot 158\,\text{kg/m}^3$	=	$7\,388{,}87\text{ l}$
Gesteinskörnung:	$46{,}765\,\text{m}^3 \cdot 1\,679\,\text{kg/m}^3$	=	$78\,518{,}44\,\text{kg}$

167 **34.** $d_1 = 0{,}40\,\text{m}$

$d_2 = 3{,}0\,\text{m}$

$V = \frac{0{,}40^2\,\text{m}^2 \cdot \pi}{4} \cdot 3{,}60\,\text{m} + \frac{\pi \cdot 0{,}65\,\text{m}}{12}\,(3{,}0^2\,\text{m}^2 + 0{,}40^2\,\text{m}^2 + 3{,}0\,\text{m} \cdot 0{,}40\,\text{m})$

$= 0{,}4524\,\text{m}^3 + 1{,}763\,\text{m}^3$

$V = 2{,}215\,\text{m}^3 \rightarrow V_{ges} = 2{,}215\,\text{m}^3 \cdot 6$

$V_{ges} = 13{,}29\,\text{m}^3$

Zement:	$13{,}29\,\mathrm{m}^3 \cdot$	$360\,\mathrm{kg/m}^3$	$=$	$4\,784{,}40\,\mathrm{kg}$
Zugabewasser:	$13{,}29\,\mathrm{m}^3 \cdot$	$156\,\mathrm{kg/m}^3$	$=$	$2\,073{,}24\,\mathrm{l}$
Gesteinskörnung:	$13{,}29\,\mathrm{m}^3 \cdot$	$1\,712\,\mathrm{kg/m}^3$	$=$	$22\,752{,}48\,\mathrm{kg}$

167

35. a) $V = 8{,}50\,\mathrm{m} \cdot 3{,}80\,\mathrm{m} \cdot 0{,}40\,\mathrm{m} - 2{,}80\,\mathrm{m} \cdot 1{,}10\,\mathrm{m} \cdot 0{,}40\,\mathrm{m} -$

$$1{,}75\,\mathrm{m} \cdot 1{,}50\,\mathrm{m} \cdot 0{,}40\,\mathrm{m} - \frac{1{,}5^2 \cdot \pi \cdot 0{,}40\,\mathrm{m}}{8}$$

$V = 10{,}285\,\mathrm{m}^3$

Zement:	$10{,}285\,\mathrm{m}^3 \cdot$	$300\,\mathrm{kg/m}^3$	$=$	$3\,085{,}50\,\mathrm{kg}$
Zugabewasser:	$10{,}285\,\mathrm{m}^3 \cdot$	$109\,\mathrm{kg/m}^3$	$=$	$1\,121{,}07\,\mathrm{l}$
Gesteinskörnung:	$10{,}285\,\mathrm{m}^3 \cdot$	$1\,875\,\mathrm{kg/m}^3$	$=$	$19\,284{,}38\,\mathrm{kg}$

b) $\mathrm{MV} = m_\mathrm{z} : m_\mathrm{w} : m_\mathrm{g} = 1 : 0{,}36 : 6{,}25$

36. $$V = \left(\frac{0{,}15^2\,\mathrm{m}^2 \cdot \pi}{4} \cdot 2{,}20\,\mathrm{m} + \frac{0{,}15^2\,\mathrm{m}^2 \cdot \pi}{4} \cdot \frac{0{,}50\,\mathrm{m}}{3}\right) 250$$

$V = 0{,}04184\,\mathrm{m}^3 \cdot 250$

$V = 10{,}46\,\mathrm{m}^3$

Zement:	$10{,}46\,\mathrm{m}^3 \cdot$	$396\,\mathrm{kg/m}^3$	$=$	$4\,142{,}16\,\mathrm{kg}$
Zugabewasser:	$10{,}46\,\mathrm{m}^3 \cdot$	$158\,\mathrm{kg/m}^3$	$=$	$1\,652{,}68\,\mathrm{l}$
Zuschläge:	$10{,}46\,\mathrm{m}^3 \cdot$	$1\,679\,\mathrm{kg/m}^3$	$=$	$17\,562{,}34\,\mathrm{kg}$

37. $V = 0{,}8745 \cdot 14$

$V = 12{,}243\,\mathrm{m}^3$

a) Materialbedarf

Zement:	$12{,}243\,\mathrm{m}^3 \cdot$	$210\,\mathrm{kg/m}^3$	$=$	$2\,571{,}03\,\mathrm{kg}$
Zugabewasser:	$12{,}243\,\mathrm{m}^3 \cdot$	$83\,\mathrm{kg/m}^3$	$=$	$1\,016{,}17\,\mathrm{l}$
Zuschläge:	$12{,}243\,\mathrm{m}^3 \cdot$	$2\,011\,\mathrm{kg/m}^3$	$=$	$24\,620{,}67\,\mathrm{kg}$

b) MV Zement : Zugabewasser : Gesteinskörnung $= 1 : 0{,}4 : 9{,}6$

38. a) nach XC3 max. $w/z = 0{,}65$

nach XD1 max. $w/z = 0{,}55$

nach XA2 max. $w/z = 0{,}50$ der kleinste Wert ist maßgebend

168

b) Betonfestigkeitsklasse $45\ \mathrm{N/mm}^2$

Vorhaltemaß $\underline{10\ \mathrm{N/mm}^2}$

Betonfestigkeit $f_{\mathrm{c,\,dry,\,cube}} = 55\ \mathrm{N/mm}^2$

bei $k = 4{,}35 \xrightarrow{\text{F2}}$ Wasseranspruch $m_{\text{W}} = 165\ \text{L/m}^3$

bei Druckfestigkeit $55\ \text{N/mm}^2 \rightarrow w/z = 0{,}47$

$$m_{\text{Z}} = \frac{m_{\text{W}}}{w/z}$$

$$m_{\text{Z}} = \frac{165\,\text{kg}}{0{,}47}$$

$m_{\text{Z}} = 351\,\text{kg/m}^3$ Zementbedarf

Stoffraumgleichung

$$1000 \cdot \text{dm}^3 = \frac{m_{\text{w}}}{\rho_{\text{w}}} + \frac{m_{\text{z}}}{\rho_{\text{z}}} + \frac{m_{\text{g}}}{\rho_{\text{g}}} + p$$

$$1000\,\text{dm}^3 = \frac{165\,\text{kg}}{1{,}0\,\frac{\text{kg}}{\text{dm}^3}} + \frac{351\,\text{kg}}{3{,}2\,\frac{\text{kg}}{\text{dm}^3}} + \frac{m_{\text{g}}}{2{,}65\,\frac{\text{kg}}{\text{dm}^3}} + 1000\,\text{dm}^3 \cdot \frac{2}{100}$$

$m_{\text{g}} = 1869\,\text{kg/m}^3$ lufttrocken

c) XC3 $\Rightarrow$ min $m_z = 260\,\text{kg/m}^3$

XD1 $\Rightarrow$ min $m_z = 300\,\text{kg/m}^3$

XA2 $\Rightarrow$ min $m_z = 320\,\text{kg/m}^3$

vorh. $m_z = 351\,\text{kg/m}^3 >$ min. $m_z = 320\,\text{kg/m}^3$

d) bei Druckfestigkeit $55\,\text{N/mm}^2$ und CEM I-HS 42,5N $\rangle$ $w/z = 0{,}4$

$$m_{\text{Z}} = \frac{165\,\text{kg}}{0{,}4}$$

$m_{\text{Z}} = 412{,}5\,\text{kg/m}^3$ Zementbedarf

Stoffraumgleichung

$$1000 \cdot \text{dm}^3 = \frac{m_{\text{w}}}{\rho_{\text{w}}} + \frac{m_{\text{z}}}{\rho_{\text{z}}} + \frac{m_{\text{g}}}{\rho_{\text{g}}} + p$$

$$1000\,\text{dm}^3 = \frac{165\,\text{kg}}{1{,}0\,\frac{\text{kg}}{\text{dm}^3}} + \frac{412{,}5\,\text{kg}}{3{,}2\,\frac{\text{kg}}{\text{dm}^3}} + \frac{m_{\text{g}}}{2{,}65\,\frac{\text{kg}}{\text{dm}^3}} + 1000\,\text{dm}^3 \cdot \frac{2}{100}$$

$m_{\text{g}} = 1818{,}1\,\text{kg/m}^3$

e) Der w/z-Wert hat sich so verringert, dass es evtl. Schwierigkeiten bei der Verarbeitung und Verdichtung des Betons geben könnte.

39. a) Expositionsklassen XF2 sowie XF4

b) für Expositionsklasse XS3 $\Rightarrow$ min $m_z = 320\,\text{kg/m}^3$

c) für XS3 max. $w/z = 0{,}45$

d) Die Gesteinskörnung muss frostbeständig sein

e) bei $k = 4{,}20$ und C3 $\Rightarrow$ Wasseranspruch $m_w = 177\,\text{L}$

$$m_z = \frac{177\,\text{kg}}{0{,}45}$$

$$m_z = 393{,}33\,\text{kg}$$

$$m_z = 394\,\text{kg/m}^3$$

Stoffraumgleichung

$$1000 \cdot \text{dm}^3 = \frac{m_\text{w}}{\rho_\text{w}} + \frac{m_\text{z}}{\rho_\text{z}} + \frac{m_\text{g}}{\rho_\text{g}} + p$$

$$1000\,\text{dm}^3 = \frac{177\,\text{kg}}{1{,}0\,\frac{\text{kg}}{\text{dm}^3}} + \frac{394\,\text{kg}}{2{,}90\,\frac{\text{kg}}{\text{dm}^3}} + \frac{m_\text{g}}{2{,}80\,\frac{\text{kg}}{\text{dm}^3}} + 1000\,\text{dm}^3 \cdot \frac{1{,}6}{100}$$

$m_\text{g} = 1879{,}19\,\text{kg/m}^3$ lufttrockene Gesteinskörnung

Zugabewasser bei 3,5 % Eigenfeuchte

$$m_g = \frac{1879{,}19\,\text{kg} \cdot 103{,}5\,\%}{100\,\%}$$

$m_g = 1944{,}96\,\text{kg/m}^3$ feuchte Gesteinskörnung

Eigenfeuchte

$$m_{w,E} = 1944{,}96\,\text{kg/m}^3 - 1879{,}13\,\text{kg/m}^3$$

$$m_{w,E} = 65{,}83\,\text{L/m}^3$$

40. a) Er darf für alle Expositionsklassen verwendet werden.

b) XM3 erfordert den größeren Zementbedarf ($320\,\text{kg/m}^3$)

XC4 und XF1 beide den kleineren ($280\,\text{kg/m}^3$)

c) XC4 $\Rightarrow$ max $w/z = 0{,}60$

XF1 $\Rightarrow$ max $w/z = 0{,}60$

XM3 $\Rightarrow$ max $w/z = 0{,}45$

der kleinste Wert ist maßgebend

d) nach XM1 $\Rightarrow$ C 20/37

e) Würfeldruckfestigkeit 45 N/mm²

Vorhaltemaß 10 N/mm²

Betondruckfestigkeit $f_{\text{c, dry, cube}} = 55\,\text{N/mm}^2$

bei $k = 3{,}90$
Konsistenz F3 $\rangle$ Wasseranspruch $m_w = 190\,\text{L/m}^3$

bei Druckfestigkeit $55\,\text{N/mm}^2$
CEM III/42,5 $\rangle$ $w/z = 0{,}48$

der kleinere Wert ist maßgebend

168

$$m_z = \frac{190\,\text{kg}}{0{,}45}$$

$$m_z = 422{,}22\,\text{kg/m}^3$$

$$m_z = 423\,\text{kg/m}^3$$

Stoffraumgleichung

$$1000 \cdot \text{dm}^3 = \frac{m_\text{w}}{\rho_\text{w}} + \frac{m_\text{z}}{\rho_\text{z}} + \frac{m_\text{g}}{\rho_\text{g}} + p$$

$$1000\,\text{dm}^3 = \frac{190\,\text{kg}}{1{,}0\,\frac{\text{kg}}{\text{dm}^3}} + \frac{423\,\text{kg}}{3{,}0\,\frac{\text{kg}}{\text{dm}^3}} + \frac{m_\text{g}}{2{,}95\,\frac{\text{kg}}{\text{dm}^3}} + 1000\,\text{dm}^3 \cdot \frac{1{,}5}{100}$$

$m_\text{g} = 1929{,}3\,\text{kg/m}^3$ lufttrocken

Gesteinskörnung mit 3 % Eigenfeuchte

$$m_g = \frac{1929{,}3\,\text{kg} \cdot 103\,\%}{100\,\%}$$

$m_g = 1987{,}18\,\text{kg/m}^3$ feucht

Eigenfeuchte: $m_{w,E} = 1987{,}18\,\text{kg/m}^3 - 1929{,}3\,\text{kg/m}^3$

$m_{w,E} = 57{,}88\,\text{kg/m}^3$

Zugabewasser: $190\,\text{L} - 57{,}88\,\text{L/m}^3$

$m_{w,z} = 132\,\text{L/m}^3$

f)

m_w	:	m_z	:	m_g
190	:	423	:	1929
0,45	:	1	:	4,56

41. a) Nur für die Expositionsklasse X0 und XC2.

b) max. $w/z = 0{,}75$; min $m_z = 240\,\text{kg/m}^3$

c) 1. Gesteinskörnung oberflächentrocken

geforderte Würfeldruckfestigkeit	20 N/mm²
Vorhaltemaß	10 N/mm²
Druckfestigkeit $f_{\text{c, dry, cube}}$	30 N/mm²

bei $k = 2{,}90$; Ausbreitmaß 1,25 ⟩ $m_w = 193\,\text{L/m}^3$

bei Druckfestigkeit $30\,\text{N/mm}^2$; CEM II/32,5 ⟩ $w/z = 0{,}52$

der kleinere w/z-Wert ist maßgebend

$$m_z = \frac{m_w}{w/z}$$ 168

$$m_z = \frac{193\,\text{kg}}{0{,}52}$$

$$m_z = 371{,}2\,\text{kg/m}^3$$

Stoffraumgleichung

$$1000 \cdot \text{dm}^3 = \frac{m_\text{w}}{\rho_\text{w}} + \frac{m_\text{z}}{\rho_\text{z}} + \frac{m_\text{g}}{\rho_\text{g}} + p$$

$$1000\,\text{dm}^3 = \frac{193\,\text{kg}}{1{,}0\,\frac{\text{kg}}{\text{dm}^3}} + \frac{371{,}2\,\text{kg}}{2{,}75\,\frac{\text{kg}}{\text{dm}^3}} + \frac{m_\text{g}}{2{,}60\,\frac{\text{kg}}{\text{dm}^3}} + 1000\,\text{dm}^3 \cdot \frac{1{,}7}{100}$$

$$m_\text{g} = 1703{,}0\,\text{kg/m}^3$$

Zement	$371{,}2\,\text{kg/m}^3$
Zugabewasser	$181\,\text{L/m}^3$ $(193\,\text{L} - 12\,\text{L})$
Gesteinskörnung	$1703\,\text{kg/m}^3$

2. bei 3 % Eigenfeuchte

$$m_g = \frac{1703\,\text{kg} \cdot 103\,\%}{100\,\%}$$

$$m_g = 1754\,\text{kg/m}^3$$

$$\text{Eigenfeuchte} = 1754\,\text{kg/m}^3 - 1703\,\text{kg/m}^3$$

$$m_{w,E} = 51\,\text{kg/m}^3$$

$$\text{Zugabewasser} = 193\,\text{L} - 12\,\text{L} - 51\,\text{L}$$

$$m_{w,z} = 130\,\text{L/m}^3$$

d) 1. MV:

m_w	:	m_z	:	m_g
193 kg	:	371, 2 kg	:	1703 kg
0,52	:	1	:	4,59

2. MV:

m_w	:	m_z	:	m_g
130 kg	:	371, 2 kg	:	1754 kg
0,35	:	1	:	4,73

e) bei CEM 42,5 $\Rightarrow w/z = 0{,}62$

Dieser Wert liegt noch unter dem Mindestwert von 0,75

42. a) bei oberflächentrockener Gesteinskörnung 169

bei $k = 2{,}95$
Konsistenz F4
} Wasseranspruch $m_w = 230\,\text{L/m}^3$

169

$$m_z = \frac{m_w}{w/z}$$

$$m_z = \frac{230\,\text{kg}}{0{,}63}$$

$$m_z = 365\,\text{kg/m}^3$$

Stoffraumgleichung

$$1000 \cdot \text{dm}^3 = \frac{m_\text{w}}{\rho_\text{w}} + \frac{m_\text{z}}{\rho_\text{z}} + \frac{m_\text{g}}{\rho_\text{g}} + p$$

$$1000\,\text{dm}^3 = \frac{230\,\text{kg}}{1{,}0\,\frac{\text{kg}}{\text{dm}^3}} + \frac{365\,\text{kg}}{3{,}1\,\frac{\text{kg}}{\text{dm}^3}} + \frac{m_\text{g}}{2{,}70\,\frac{\text{kg}}{\text{dm}^3}} + 1000\,\text{dm}^3 \cdot \frac{1{,}3}{100}$$

$m_\text{g} = 1726\,\text{kg/m}^3$ lufttrockene Gesteinskörnung

b) Gesteinskörnung mit 2,5 % Eigenfeuchte

$$m_g = \frac{1726\,\text{kg} \cdot 102{,}5\,\%}{100\,\%}$$

$$m_g = 1769{,}15\,\text{kg/m}^3$$

Eigenfeuchte $m_{w,E}$ $= 1769{,}15\,\text{kg/m}^3 - 1726\,\text{kg/m}^3$

$= 43{,}15\,\text{kg/m}^3$

Zugabewasser $m_{w,zu}$ $= 186{,}85\,\text{L/m}^3$

c) Gesteinskörnung mit 3,5 % Eigenfeuchte

$$m_g = \frac{1726\,\text{kg} \cdot 103{,}5\,\%}{100\,\%}$$

$$m_g = 1786{,}41\,\text{kg/m}^3$$

Eigenfeuchte $m_{w,E}$ $= 1786{,}41\,\text{kg/m}^3 - 1726\,\text{kg/m}^3$

$= 60{,}41\,\text{kg/m}^3$

Zugabewasser $m_{w,zu}$ $= 230\,\text{L/m}^3 - 60{,}41\,\text{L/m}^3$

$= 169{,}6\,\text{L/m}^3$

d) MV:

m_z	:	m_w	:	m_g
365 kg	:	230 kg	:	1726 kg
1	:	0,63	:	4,73

e) a) bei $w/z = 0{,}42$

Gesteinskörnung oberflächentrocken

$$m_z = \frac{m_w}{w/z}$$

$$m_z = \frac{230\,\text{kg}}{0{,}42}$$

$$m_z = 547{,}62\,\text{kg/m}^3$$

Stoffraumgleichung

$$1000 \cdot \mathrm{dm}^3 = \frac{m_\mathrm{w}}{\rho_\mathrm{w}} + \frac{m_\mathrm{z}}{\rho_\mathrm{z}} + \frac{m_\mathrm{g}}{\rho_\mathrm{g}} + p$$

$$1000\,\mathrm{dm}^3 = \frac{230\,\mathrm{kg}}{1{,}0\,\frac{\mathrm{kg}}{\mathrm{dm}^3}} + \frac{547{,}62\,\mathrm{kg}}{3{,}1\,\frac{\mathrm{kg}}{\mathrm{dm}^3}} + \frac{m_\mathrm{g}}{2{,}70\,\frac{\mathrm{kg}}{\mathrm{dm}^3}} + 1000\,\mathrm{dm}^3 \cdot \frac{1{,}3}{100}$$

$m_\mathrm{g} = 1566{,}9\,\mathrm{kg/m^3}$ lufttrocken

$m_w = 547{,}62\,\mathrm{L/m^3} \cdot 0{,}42$

$m_w = 230\,\mathrm{L/m^3}$

b) Gesteinskörnung mit 2,5 % Eigenfeuchte

$$m_g = \frac{1566{,}9\,\mathrm{kg} \cdot 102{,}5\,\%}{100\,\%}$$

$m_g = 1606{,}07\,\mathrm{kg/m^3}$ feuchte Gesteinskörnung

Eigenfeuchte $m_{w,E} = 1606{,}07\,\mathrm{kg/m^3} - 1566{,}9\,\mathrm{kg/m^3}$

$= 39{,}17\,\mathrm{kg/m^3}$

Zugabewasser $m_{w,zu} = 230\,\mathrm{L/m^3} - 39{,}2\,\mathrm{L/m^3}$

$= 190{,}8\,\mathrm{L/m^3}$

c) Gesteinskörnung mit 3,5 % Eigenfeuchte

$$m_g = \frac{1566{,}9\,\mathrm{kg} \cdot 103{,}5\,\%}{100\,\%}$$

$m_g = 1621{,}74\,\mathrm{kg/m^3}$ feuchte Gesteinskörnung

Eigenfeuchte $m_{w,E} = 1621{,}74\,\mathrm{kg/m^3} - 1566{,}9\,\mathrm{kg/m^3}$

$= 54{,}74\,\mathrm{kg/m^3}$

Zugabewasser $m_{w,zu} = 230\,\mathrm{L/m^3} - 54{,}74\,\mathrm{L/m^3}$

$= 175{,}3\,\mathrm{L/m^3}$

43. a) Der Zement ist für alle Expositionsklassen zulässig.

b) min C16/20

c) erfüllt wohl die Expositionsklasse XC1, nicht aber XA1.

d) $V = 8{,}7745\,\mathrm{m^3} \cdot 12$

$V = 105{,}29\,\mathrm{m^3}$

aus $k = 4{,}0$, F3 $\rangle$ $m_w = 188\,\mathrm{kg/m^3}$

169 Würfelfestigkeit 45 N/mm^2

Vorhaltemaß $\underline{10\ \text{N/mm}^2}$

Druckfestigkeit $f_{\text{c, dry, cube}} = 55\ \text{N/mm}^2$

$\left.\begin{array}{r}\text{für CEM II 52,5}\\ \text{Druckfestigkeit } 55\,\text{N/mm}^2\end{array}\right\rangle w/z = 0{,}47$

$m_z = \dfrac{m_w}{w/z}$

$m_z = \dfrac{188\,\text{kg}}{0{,}47}$

$m_z = 400\,\text{kg/m}^3$

Stoffraumgleichung

$1000 \cdot \text{dm}^3 = \dfrac{m_{\text{w}}}{\rho_{\text{w}}} + \dfrac{m_{\text{z}}}{\rho_{\text{z}}} + \dfrac{m_{\text{g}}}{\rho_{\text{g}}} + p$

$1000\,\text{dm}^3 = \dfrac{188\,\text{kg}}{1{,}0\,\frac{\text{kg}}{\text{dm}^3}} + \dfrac{400\,\text{kg}}{3{,}05\,\frac{\text{kg}}{\text{dm}^3}} + \dfrac{m_{\text{g}}}{2{,}95\,\frac{\text{kg}}{\text{dm}^3}} + 1000\,\text{dm}^3 \cdot \dfrac{1{,}4}{100}$

$m_{\text{g}} = 1967{,}2\,\text{kg/m}^3$ lufttrockene Gesteinskörnung

Baustoffbedarf

Zement	$= 105{,}29\,\text{m}^3 \cdot 400\,\text{kg/m}^3$	$= 42\,116\,\text{kg}$
Wasser eff m_w	$= 105{,}29\,\text{m}^3 \cdot 188\,\text{kg/m}^3$	$= 19\,794{,}52\,\text{L}$
Gesteinskörnung	$= 105{,}29\,\text{m}^3 \cdot 1967{,}2\,\text{kg/m}^3$	$= 207\,126{,}49\,\text{kg}$

e) min $m_z = 280\,\text{kg/m}^3$

44 a) Mindestfestigkeitsklassen bezüglich der Expositionsklassen:

XC4 ⇒ min C25/30

XF1 ⇒ min C25/30

XA2 ⇒ min C35/45

Die weitere Berechnung hat für die höchste Betonfestigkeitsklasse zu erfolgen.

$V = 6{,}983 \cdot \text{m}^3 \cdot 8$

$V = 55{,}864\,\text{m}^3$

$\left.\begin{array}{r}\text{Sieblinie U16} \Rightarrow k = 4{,}87\\ \text{Konsistenz C1}\end{array}\right\rangle m_w = 135\,\text{L/m}^3$

Würfelfestigkeit 45 N/mm^2

Vorhaltemaß $\underline{10\ \text{N/mm}^2}$

$\left.\begin{array}{r}\text{Betondruckfestigkeit } f_{\text{c, dry, cube}} = 55\ \text{N/mm}^2\\ \text{CEM 52,5}\end{array}\right\rangle w/z = 0{,}47$

$$m_z = \frac{m_w}{w/z} \qquad m_z = 287{,}2\,\text{kg} \quad > m_z = 280\,\text{kg/m}^3 \quad \text{für XC4}$$

$$> m_z = 280\,\text{kg/m}^3 \quad \text{für XF1}$$

$$m_z = \frac{135\,\text{kg}}{0{,}47} \qquad < m_z = 320\,\text{kg/m}^3 \quad \text{für XA2}$$

169

Der größere Wert ist maßgebend.

Durch die erforderliche höhere Zementmenge ergeben sich zwei Möglichkeiten:

1. Erhöhung der Wassermenge bei gleich bleibendem w/z-Wert.

   $$0{,}47 = \frac{m_w}{320}$$

   $$m_w = 150{,}4\,\text{L}$$

2. gleich bleibende Wassermenge und dadurch w/z-Wert-Änderung

   $$w/z = \frac{135\,\text{kg}}{320}$$

   $$w/z = 0{,}42 \Rightarrow f_{\text{c, dry, cube}} = 70\,\text{N/mm}^2$$

   w/z-Werte nach den Expositionsklassen

   XC4 $\Rightarrow$ max $w/z = 0{,}60$

   XF1 $\Rightarrow$ max $w/z = 0{,}60$

   XA2 $\Rightarrow$ max $w/z = 0{,}50$

   Stoffraumgleichung

   $$1000 \cdot \text{dm}^3 = \frac{m_\text{w}}{\rho_\text{w}} + \frac{m_\text{z}}{\rho_\text{z}} + \frac{m_\text{g}}{\rho_\text{g}} + p$$

   $$1000\,\text{dm}^3 = \frac{135\,\text{kg}}{1{,}0\,\frac{\text{kg}}{\text{dm}^3}} + \frac{320\,\text{kg}}{3{,}05\,\frac{\text{kg}}{\text{dm}^3}} + \frac{m_\text{g}}{2{,}80\,\frac{\text{kg}}{\text{dm}^3}} + 1000\,\text{dm}^3 \cdot \frac{2{,}4}{100}$$

   $$m_\text{g} = 2061\,\text{kg/m}^3$$

   Baustoffbedarf

Zement	$= 55{,}864\,\text{m}^3 \cdot 320\,\text{kg/m}^3$	$= 17\,876{,}48\,\text{kg}$
Wasser eff mw	$= 55{,}864\,\text{m}^3 \cdot 135\,\text{kg/m}^3$	$= 7\,541{,}64\,\text{L}$
Gesteinskörnung	$= 55{,}864\,\text{m}^3 \cdot 2061\,\text{kg/m}^3$	$= 115\,135{,}70\,\text{kg}$

45. a) aus Körnungsziffer $k = 4{,}55$ und Konsistenz F2 $\Big\rangle$ $m_w = 155\,\text{L/m}^3$ 170

Betonwürfelfestigkeit	37 N/mm^2
Vorhaltemaß	10 N/mm^2
Betonfestigkeit $f_{\text{c, dry, cube}}$	= 47 N/mm^2

= 47 N/mm^2, CEM III 42,5 $\Big\rangle$ $w/z = 0{,}45$

170

$$w/z = \frac{m_w}{m_z}$$

$$0{,}45 = \frac{155\,\text{kg}}{m_z}$$

$$m_z = 344{,}44\,\text{kg/m}^3$$

Stoffraumgleichung

$$1000 \cdot \text{dm}^3 = \frac{m_\text{w}}{\rho_\text{w}} + \frac{m_\text{z}}{\rho_\text{z}} + \frac{m_\text{g}}{\rho_\text{g}} + p$$

$$1000\,\text{dm}^3 = \frac{155\,\text{kg}}{1{,}0\,\frac{\text{kg}}{\text{dm}^3}} + \frac{344{,}44\,\text{kg}}{3{,}05\,\frac{\text{kg}}{\text{dm}^3}} + \frac{m_\text{g}}{2{,}95\,\frac{\text{kg}}{\text{dm}^3}} + 1000\,\text{dm}^3 \cdot \frac{2{,}2}{100}$$

$$m_\text{g} = 2094{,}70\,\text{kg/m}^3$$

Baustoffbedarf

Zement	$= 163{,}578\,\text{m}^3 \cdot 344{,}44\,\text{kg/m}^3$	$= 56\,342{,}80\,\text{kg}$
Zugabewasser	$= 163{,}578\,\text{m}^3 \cdot 155\,\text{kg/m}^3$	$= 25\,354{,}60\,\text{kg}$
Gesteinskörnung	$= 163{,}578\,\text{m}^3 \cdot 2094{,}70\,\text{kg/m}^3$	$= 342\,646{,}84\,\text{kg}$

b)

Expositionsklasse	$f_{\text{c, dry, cube}}$	min m_z	w/z-Wert
XC4	C25/30	280 kg/m³	0,60
XF3	C25/30	300 kg/m³	0,50
XD3	C35/45	320 kg/m³	0,45
XA2	C35/45	320 kg/m³	0,45

46. a) Fundament

Sieblinie A32 $\Rightarrow k = 5{,}48$
Konsistenz F2 $\Big\rangle\; m_w = 145\,\text{l/m}^3$

Betonwürfelfestigkeit	30 N/mm²
Vorhaltemaß	10 N/mm²
Betondruckfestigkeit $f_{\text{c, dry, cube}}$	= 40 N/mm²

aus $f_{\text{c, dry, cube}} = 40\,\text{N/mm}^2$
und CEM 32,5 $\Big\rangle\; w/z = 0{,}42$

$$w/z = \frac{m_w}{m_z}$$

$$0,42 = \frac{145\,\text{kg}}{m_z}$$

$m_z = 345{,}24\,\text{kg/m}^3$

Stoffraumgleichung

$$1000 \cdot \text{dm}^3 = \frac{m_\text{w}}{\rho_\text{w}} + \frac{m_\text{z}}{\rho_\text{z}} + \frac{m_\text{g}}{\rho_\text{g}} + p$$

$$1000\,\text{dm}^3 = \frac{145\,\text{kg}}{1{,}0\,\frac{\text{kg}}{\text{dm}^3}} + \frac{345{,}24\,\text{kg}}{3{,}0\,\frac{\text{kg}}{\text{dm}^3}} + \frac{m_\text{g}}{2{,}90\,\frac{\text{kg}}{\text{dm}^3}} + 1000\,\text{dm}^3 \cdot \frac{2{,}2}{100}$$

$m_\text{g} = 2081{,}97\,\text{kg/m}^3$

b) MV:

m_w	:	m_z	:	m_g
145 kg	:	345,24 L	:	2081,97 kg
0,42	:	1	:	6,03

Pfeiler

Sieblinie A16 ⇒ $k = 4{,}61$, Konsistenz F4 ⟩ $m_w = 185\,\text{L/m}^3$

Betonwürfelfestigkeit	45 N/mm²
Vorhaltemaß	10 N/mm²
Betondruckfestigkeit $f_{\text{c, dry, cube}}$	= 55 N/mm²
	CEM III 42,5

⟩ $w/z = 0{,}40$

$$w/z = \frac{m_w}{m_z}$$

$$0{,}40 = \frac{185\,\text{kg}}{m_z}$$

$m_z = 462{,}5\,\text{kg}$

Stoffraumgleichung

$$1000 \cdot \text{dm}^3 = \frac{m_\text{w}}{\rho_\text{w}} + \frac{m_\text{z}}{\rho_\text{z}} + \frac{m_\text{g}}{\rho_\text{g}} + p$$

$$1000\,\text{dm}^3 = \frac{185\,\text{kg}}{1{,}0\,\frac{\text{kg}}{\text{dm}^3}} + \frac{462{,}5\,\text{kg}}{3{,}0\,\frac{\text{kg}}{\text{dm}^3}} + \frac{m_\text{g}}{2{,}90\,\frac{\text{kg}}{\text{dm}^3}} + 1000\,\text{dm}^3 \cdot \frac{1{,}2}{100}$$

$m_\text{g} = 1881{,}62\,\text{kg/m}^3$

MV:

m_w	:	m_z	:	m_g
185 kg	:	462,5 L	:	1881,62 kg
0,4	:	1	:	4,07

170 c) Fundament: $w/z = 0{,}6$

Pfeiler: $w/z = 0{,}48$

d) Fundament

Expositionsklasse	$f_{\text{c, dry, cube}}$	m_z	w/z
XC1	C16/20	240	0,75
XA2	C35/45	320	0,50
XD3	C35/45	320	0,45

Pfeiler

Expositionsklasse	$f_{\text{c, dry, cube}}$	m_z	w/z
XC4	C25/30	280	0,60
XD3	C35/45	320	0,45
XF4	C30/37	320	0,50
XA2	C35/45	320	0,50

Beim Fundament muss die Betonfestigkeitsklasse von C25/30 auf C35/45 erhöht werden. Um keine in der Praxis zu unterschiedlichen w/z-Werte fahren zu müssen, muss auch die Zementfestigkeitsklasse auf 42,5 heraufgesetzt werden. Beim Pfeiler sind alle drei Bedingungen erfüllt.

Erhöhung der Betonfestigkeit beim Fundament.

Betonwürfelfestigkeit 37 N/mm²

Vorhaltemaß 10 N/mm²

Betondruckfestigkeit $f_{\text{c, dry, cube}} = 47\ \text{N/mm}^2$ CEM III 42,5 ⟩ $w/z = 0{,}45$

$$0{,}45 = \frac{145\,\text{kg}}{m_z}$$

$$m_z = 322{,}2\,\text{kg/m}^3$$

Stoffraumgleichung

$$1000\,\text{dm}^3 = \frac{m_\text{w}}{\rho_\text{w}} + \frac{m_\text{z}}{\rho_\text{z}} + \frac{m_\text{g}}{\rho_\text{g}} + p$$

$$1000\,\text{dm}^3 = \frac{145\,\text{kg}}{1{,}0\,\frac{\text{kg}}{\text{dm}^3}} + \frac{322{,}2\,\text{kg}}{3{,}0\,\frac{\text{kg}}{\text{dm}^3}} + \frac{m_\text{g}}{2{,}90\,\frac{\text{kg}}{\text{dm}^3}} + 1\,000\,\text{dm}^3 \cdot \frac{2{,}2}{100}$$

$$m_\text{g} = 2104{,}24\,\text{kg/m}^3$$

MV: m_w : m_z : m_g

145 kg : 322,2 L : 2104,24 kg

0,45 : 1 : 6,53

170

47.

	XC2	XD1	XF1
$f_{c,\text{ dry, cube}}$	C16/20	C30/37	C25/30
w/z	0,75	0,55	0,60
min m_z	240	300	280

für Körnungsziffer $k = 4{,}7$
Konsistenz C3 $\Big\rangle$ $m_w = 175\,\text{L/m}^3$

$$m_z = \frac{175\,\text{kg}}{0{,}55}$$

$$m_z = 318{,}2\,\text{kg/m}^3 > \min m_z = 300\,\text{kg/m}^3$$

Würfeldruckfestigkeit	37 N/mm^2
Vorhaltemaß	10 N/mm^2
Betondruckfestigkeit $f_{c,\text{ dry, cube}}$	= 47 N/mm^2

Um diese Mindestdruckfestigkeit von 47 N/mm^2 zu erreichen, ist CEM III 52,5 zu verwenden mit einem maximalen w/z-Wert von 0,52.

$$m_z = \frac{175\,\text{kg}}{0{,}52}$$

$$m_z = 336{,}5\,\text{kg/m}^3 > \min m_z = 300\,\text{kg/m}^3$$

Stoffraumgleichung

$$1000\,\text{dm}^3 = \frac{m_\text{w}}{\rho_\text{w}} + \frac{m_\text{z}}{\rho_\text{z}} + \frac{m_\text{g}}{\rho_\text{g}} + p$$

$$1000\,\text{dm}^3 = \frac{175\,\text{kg}}{1{,}0\,\frac{\text{kg}}{\text{dm}^3}} + \frac{336{,}5\,\text{kg}}{3{,}0\,\frac{\text{kg}}{\text{dm}^3}} + \frac{m_\text{g}}{2{,}60\,\frac{\text{kg}}{\text{dm}^3}} + 1000\,\text{dm}^3 \cdot \frac{2{,}3}{100}$$

$$m_\text{g} = 1793{,}57\,\text{kg/m}^3$$

Baustoffbedarf

Zement	$= 47{,}5\,\text{m}^3 \cdot 336{,}5\,\text{kg/m}^3$	= 15 983,75 kg
Zugabewasser	$= 47{,}5\,\text{m}^3 \cdot 175\,\text{kg/m}^3$	= 8 312,5 kg
Gesteinskörnung	$= 47{,}5\,\text{m}^3 \cdot 1793{,}57\,\text{kg/m}^3$	= 85 194,58 kg

171 **48.** Mindestanforderungen

	XD1	XM3
$f_{\text{c, dry, cube}}$	C30/37	C35/45
w/z	0,55	0,45
min m_{z}	300	320

$V = 520\,\text{m}^2 \cdot 0{,}12\,\text{m}$

$V = 62{,}4\,\text{m}^3$

$$\left.\begin{array}{r} D = 475 \Rightarrow k = 4{,}25 \\ \text{Konsistenz F3} \end{array}\right\rangle m_w = 185\,\text{L/m}^3$$

Würfeldruckfestigkeit	45 N/mm²
Vorhaltemaß	10 N/mm²
Betondruckfestigkeit $f_{\text{c, dry, cube}}$	= 55 N/mm²

Bei diesem maximalen w/z-Wert von 0,45 und der geforderten Druckfestigkeit von 35/45 muss ein CEM I 52,5 verwendet werden.

$$m_z = \frac{m_w}{w/z}$$

$$m_z = \frac{185\,\text{kg}}{0{,}45}$$

$m_z = 411{,}11\,\text{kg/m}^3 >$ erf. min $m_z = 320\,\text{kg/m}^3$

Stoffraumgleichung

$$1000\,\text{dm}^3 = \frac{m_{\text{w}}}{\rho_{\text{w}}} + \frac{m_{\text{z}}}{\rho_{\text{z}}} + \frac{m_{\text{g}}}{\rho_{\text{g}}} + p$$

$$1000\,\text{dm}^3 = \frac{185\,\text{kg}}{1{,}0\,\frac{\text{kg}}{\text{dm}^3}} + \frac{411{,}11\,\text{kg}}{3{,}1\,\frac{\text{kg}}{\text{dm}^3}} + \frac{m_{\text{g}}}{2{,}95\,\frac{\text{kg}}{\text{dm}^3}} + 1000\,\text{dm}^3 \cdot \frac{1{,}8}{100}$$

$m_{\text{g}} = 1959{,}93\,\text{kg/m}^3$

Baustoffbedarf

Zement	$= 62{,}4\,\text{m}^3 \cdot 411{,}11\,\text{kg/m}^3$	$= 25\,653{,}26\,\text{kg}$
Zugabewasser	$= 62{,}4\,\text{m}^3 \cdot 185\,\text{kg/m}^3$	$= 11\,544{,}0\,\text{kg}$
Gesteinskörnung	$= 62{,}4\,\text{m}^3 \cdot 1959{,}93\,\text{kg/m}^3$	$= 122\,299{,}63\,\text{kg}$

49. Mindestanforderungen

	XC4	XD3	XF4
$f_{c,\text{ dry, cube}}$	C25/30	C35/45	C30/37
w/z	0,60	0,45	0,50
min m_z	280	320	320

$$\left.\begin{matrix} k = 4{,}70 \\ \text{C3} \end{matrix}\right\rangle m_w = 175\,\text{kg/m}^3$$

max. $w/z = 0{,}45$ für XD3

$$m_z = \frac{175\,\text{kg}}{0{,}45}$$

$$m_z = 388{,}89\,\text{kg/m}^3$$

Stoffraumgleichung

$$1000\,\text{dm}^3 = \frac{m_\text{w}}{\rho_\text{w}} + \frac{m_\text{z}}{\rho_\text{z}} + \frac{m_\text{g}}{\rho_\text{g}} + p$$

$$1000\,\text{dm}^3 = \frac{175\,\text{kg}}{1{,}0\,\frac{\text{kg}}{\text{dm}^3}} + \frac{388{,}89\,\text{kg}}{3{,}0\,\frac{\text{kg}}{\text{dm}^3}} + \frac{m_\text{g}}{2{,}80\,\frac{\text{kg}}{\text{dm}^3}} + 1000\,\text{dm}^3 \cdot \frac{2{,}2}{100}$$

$$m_\text{g} = 1885{,}44\,\text{kg/m}^3$$

Baustoffbedarf

Zement	$= 3270\,\text{m}^3 \cdot 388{,}89\,\text{kg/m}^3$	$= 1\,271\,670\,\text{kg}$
Zugabewasser	$= 3270\,\text{m}^3 \cdot 175\,\text{L/m}^3$	$= 572\,250\,\text{kg}$
Gesteinskörnung	$= 3270\,\text{m}^3 \cdot 1885{,}74\,\text{kg/m}^3$	$= 6\,165\,389\,\text{kg}$

17 Stahlbeton

177 **1.** $V = 0{,}30\,\text{m} \cdot 0{,}40\,\text{m} \cdot 2{,}70\,\text{m} \cdot 5$

$V = 1{,}62\,\text{m}^3$

b) Zementbedarf: $1{,}62\,\text{m}^3 \cdot 396\,\text{kg/m}^3 = 641{,}52\,\text{kg}$

Gesteinskörnung: $1{,}62\,\text{m}^3 \cdot 1\,679\,\text{kg/m}^3 = 2\,719{,}98\,\text{kg}$

Zugabewasser: $1{,}62\,\text{m}^3 \cdot 158\,\text{kg} = 255{,}96\,\text{l}$

Pos.	Ø	Biegeform	Anzahl pro Bauteil	Anzahl der Bauteile	Gesamtzahl der Eisen	Schnittlänge	Gesamtlänge			
							Ø 8	Ø 10	Ø 14	Ø 20
1	14	2,66	4	5	20	2,66			53,20	
2	10	2,66	2	5	10	2,66		26,60		
3	8	22, 5, 31, 5	19	5	95	1,16	110,2			
			Gesamtlänge		m		110,2	26,60	53,20	
			Einheitsmasse		kg/m		0,395	0,617	1,21	
			Gesamtmasse		kg		43,529	16,412	64,372	
			Gesamtmasse ohne Verschnitt				Stahl III S		124,31 kg	

2. a) Betonbedarf 177

$V = 0{,}30\,\text{m} \cdot 0{,}45\,\text{m} \cdot 3{,}80\,\text{m}$

$V = 0{,}513\,\text{m}^3$

b)

Zement:	$0{,}513\,\text{m}^3 \cdot 396\,\text{kg/m}^3$	$=$	$203{,}15\,\text{kg}$
Gesteinskörnung:	$0{,}513\,\text{m}^3 \cdot 1\,679\,\text{kg/m}^3$	$=$	$861{,}33\,\text{kg}$
Zugabewasser:	$0{,}513\,\text{m}^3 \cdot 158\,\text{kg}$	$=$	$81{,}05\,\text{l}$

Pos.	Ø	Biegeform	Anzahl pro Bauteil	Anzahl der Bauteile	Gesamtzahl der Eisen	Schnittlänge	Gesamtlänge Ø 8	Ø 10	Ø 14	Ø 20
1	14	3,76	4	1	4	3,76			15,04	
2	10	3,76	2	1	2	3,76		7,52		
3	8	22 5 36 5	26	1	26	1,26	32,76			
			Gesamtlänge m				32,76	7,52	15,04	
			Einheitsmasse kg/m				0,395	0,617	1,21	
			Gesamtmasse kg				12,94	4,640	18,200	
			Gesamtmasse ohne Verschnitt				Stahl III S		35,78 kg	

177 **3.** a) Festbetonbedarf

$V = 0{,}20\,\text{m} \cdot 0{,}65\,\text{m} \cdot 5{,}10\,\text{m} \cdot 3$

$V = 1{,}989\,\text{m}^3$

b) Zement: $1{,}989\,\text{m}^3 \cdot 360\,\text{kg/m}^3 = 716{,}04\,\text{kg}$

Gesteinskörnung: $1{,}989\,\text{m}^3 \cdot 1\,712\,\text{kg/m}^3 = 3\,405{,}17\,\text{kg}$

Zugabewasser: $1{,}989\,\text{m}^3 \cdot 156\,\text{kg/m}^3 = 310{,}28\,\text{kg}$

c) Korngruppe 0/1 25% = 851,29 kg

Korngruppe 1/16 75% = 2 553,88 kg

Pos.	Ø	Biegeform	Anzahl pro Bauteil	Anzahl der Bauteile	Gesamtzahl der Eisen	Schnittlänge	Gesamtlänge			
							Ø 8	Ø 10	Ø 14	Ø 20
1	20	5,05	3	3	9	5,05				45,45
2	14	5,05	2	3	6	5,05			30,30	
3	10	5,05	4	3	12	5,05		60,60		
4	8	12 / 5 / 56 / 5	35	3	105	1,46	153,3			

		Ø 8	Ø 10	Ø 14	Ø 20
Gesamtlänge	m	153,3	60,60	30,30	45,45
Einheitsmasse	kg/m	0,395	0,617	1,21	2,47
Gesamtmasse	kg	60,554	37,390	36,663	112,262
Gesamtmasse ohne Verschnitt		Stahl IV S		246,87 kg	

4. $V = 0{,}26\,\text{m} \cdot 0{,}40\,\text{m} \cdot 4{,}20\,\text{m} \cdot 9$

$V = 3{,}93\,\text{m}^3$

b) Baustoffbedarf

$k = 4{,}60 \rightarrow$ Bereich günstig

Zementbedarf: $3{,}93\,\text{m}^3 \cdot 324\,\text{kg/m}^3 = 1\,273{,}32\,\text{kg}$

Gesteinskörnung: $3{,}93\,\text{m}^3 \cdot 1\,798\,\text{kg/m}^3 = 7\,066{,}14\,\text{kg}$

Zugabewasser: $3{,}93\,\text{m}^3 \cdot 133\,\text{kg/m}^3 = 522{,}69\,\text{kg}$

Pos.	Ø	Biegeform	Anzahl pro Bauteil	Anzahl der Bauteile	Gesamtzahl der Eisen	Schnittlänge	Gesamtlänge			
							Ø8	Ø10	Ø14	Ø20
1	20	4,15	2	9	18	4,15				74,70
1	14	4,15	2	9	18	4,15			74,70	
2	14	4,15	2	9	18	4,15			74,70	
3	8	34 / 20 / 5 / 5	29	9	261	1,18	307,98			
			Gesamtlänge	m			307,98		149,40	74,70
			Einheitsmasse	kg/m			0,395		1,21	2,47
			Gesamtmasse	kg			121,65		180,77	184,509
			Gesamtmasse ohne Verschnitt				Stahl IV S		486,93 kg	

178

5.

Pos.	Ø	Biegeform	Anzahl pro Bauteil	Anzahl der Bauteile	Gesamtzahl der Eisen	Schnittlänge	Gesamtlänge Ø 8	Ø 10	Ø 14	Ø 20
1	14	5,50	4	1	4	5,50			22,0	
2	14	30 / 24 / 45 / 1,05 / 45 / 90	4	1	4	3,39			13,56	
3	14	30 / 10 / 45 / 1,35 / 45 / 90	4	1	4	3,55			14,20	
4	14	90 / 45 / 1,00 / 45 / 90	3	1	3	3,70			11,10	
5	14	90 / 45 / 80 / 45 / 90	3	1	3	3,50			10,50	
6	8	32 / 10 / 18 / 10	111	1	111	1,20	133,20			
7	14	6,60 / 4.45	2 2	1 1	2 2	6,60 4,45			22,1	
			Gesamtlänge m				133,20		93,46	
			Einheitsmasse kg/m				0,395		1,21	
			Gesamtmasse kg				52,614		113,087	
			Gesamtmasse ohne Verschnitt				Stahl IV S		165,70 kg	

178

3× 2,20/2,15

1× 2,20/1,15

6. a) Schneideskizzen BSt IV R

Pos.	Ø	Biegeform	Anzahl pro Bauteil	Anzahl der Bauteile	Gesamtzahl der Eisen	Schnittlänge	Gesamtlänge Ø 8	Ø 10	Ø 14	Ø 16	Ø 20
1	14	4,70 / 25	59	1	59	5,01			295,59		
2	16	6,96	3	1	3	6,96				20,88	
3	10	6,96	2	1	2	6,96		13,92			
4	8	8 / 40 / 60 / 8 / 16 / 39	48	1	48	2,10	100,80				
5	8	6,96	11	1	11	6,96	76,56				
6	10	30 / 6,96 / 30	2	1	2	7,56		15,12			
			Gesamtlänge	m			177,36	29,04	295,59	20,88	
			Einheitsmasse	kg/m			0,395	0,617	1,21	1,58	
			Gesamtmasse	kg			70,057	17,917	357,664	32,990	
			Gesamtmasse ohne Verschnitt				Stahl IV S		478,628 kg		

179 **7.**

Pos.	Ø	Biegeform	Anzahl pro Bauteil	Anzahl der Bauteile	Gesamtzahl der Eisen	Schnittlänge	Gesamtlänge Ø 8	Ø 10	Ø 16
1	10	3,45	11	1	11	3,45		37,95	
2	16	20 45 74 1,80 74 45 20	1	1	1	4,58			4,58
3	16	30 20 74 2,30 74 20 30	2	1	2	4,78			9,56
4	8	15 15 64 18	36	1	36	2,12	76,32		
5	10	2,16 4 38 18 60 20	15	1	15	3,56		53,40	
6	10	26 18 47 2,16 20 4	15	1	15	3,31		49,65	
7	8	3,45	42	1	42	3,45	144,90		
8	8	2,16	21	1	21	2,16	45,36		
			Gesamtlänge	m			266,58	141,00	14,14
			Einheitsmasse	kg/m			0,395	0,617	1,58
			Gesamtmasse	kg			105,299	86,997	22,340
			Gesamtmasse ohne Verschnitt				Stahl IV S 214,64 kg		

b) Frischbetonbedarf

$$V = 0{,}24\,\text{m} \cdot 0{,}70\,\text{m} \cdot 3{,}50\,\text{m} + \frac{0{,}16\,\text{m} + 0{,}08\,\text{m}}{2} \cdot 2{,}0\,\text{m} \cdot 3{,}50\,\text{m}$$

$$V = 0{,}588\,\text{m}^3 + 0{,}84\,\text{m}^3$$

$$V = 1{,}428\,\text{m}^3 \cdot 1{,}05$$

$$V = 1{,}50\,\text{m}^3$$

c) Baustoffbedarf

$$\left.\begin{array}{l} C = 1{,}05 \\ D = 490 \end{array}\right\rangle m_w = 193\,\text{L/m}^3$$

$$w/z = \frac{m_w}{m_z}$$

$$0{,}5 = \frac{193\,\text{kg}}{m_z}$$

$$m_z = 386\,\text{kg/m}^3$$

Stoffraumgleichung

$$1000 \cdot \text{dm}^3 = \frac{m_\text{w}}{\rho_\text{w}} + \frac{m_\text{z}}{\rho_\text{z}} + \frac{m_\text{g}}{\rho_\text{g}} + p$$

$$1000\,\text{dm}^3 = \frac{193\,\text{kg}}{1{,}0\,\frac{\text{kg}}{\text{dm}^3}} + \frac{386\,\text{kg}}{3{,}05\,\frac{\text{kg}}{\text{dm}^3}} + \frac{m_\text{g}}{2{,}85\,\frac{\text{kg}}{\text{dm}^3}} + 1000\,\text{dm}^3 \cdot \frac{1{,}5}{100}$$

$$m_\text{g} = 1896{,}5\,\text{kg/m}^3$$

Zement:	$1{,}50\,\text{m}^3 \cdot 386\,\text{kg/m}^3$	=	579 kg	Körnung 0/2	29 %		825 kg
Zuschläge:	$1{,}50\,\text{m}^3 \cdot 1896{,}5\,\text{kg/m}^3$	=	2 844,8 kg	Körnung 2/8	33 %		938,8 kg
Wasser:	$1{,}50\,\text{m}^3 \cdot 193\,\text{kg/m}^3$	=	289,5 kg	Körnung 8/32	38 %		1 081 kg

180

Pos.	Ø	Biegeform	Anzahl pro Bauteil	Anzahl der Bauteile	Gesamtzahl der Eisen	Schnittlänge	Gesamtlänge Ø 8	Ø 10	Ø 14	Ø 16	Ø 20
1	20	24 45 59 3,70	2	1	2	4,98					9,96
2	14	19 72 59 3,32	2	1	2	4,82			9,64		
3	16	3,00 59 1,35 59 1,62	2	1	2	7,15				14,30	
4	16	60 59 40 59 60	2	1	2	2,78				5,56	
5	14	6,60	2	1	2	6,60			13,20		
6	20	4,40	1	1	1	4,40					4,40
7	14	4,40	1	1	1	4,40			4,40		
8	10	6,40	4	1	4	6,40		25,60			
9	8	43 22 10 10	51	1	51	1,50	76,50				
			Gesamtlänge	m			76,50	25,60	27,24	19,86	14,36
			Einheitsmasse	kg/m			0,395	0,617	1,21	1,58	2,47
			Gesamtmasse	kg			30,218	15,795	32,960	31,379	35,469
			Gesamtmasse ohne Verschnitt				Stahl IV S		115,59 kg		

9. $3\ \varnothing\ 20 \rightarrow A = 3{,}14\,\text{cm}^2 \cdot 3$

$A = 9{,}42\,\text{cm}^2$

$\varnothing\ 16: \quad n = \dfrac{9{,}42\,\text{cm}^2}{2{,}01\,\text{cm}^2} = 4{,}68$

$n = 5$ Stähle

10. BSt III $6\ \varnothing\ 20 \rightarrow A = 3{,}14\,\text{cm}^2 \cdot 6$ **180**

$A = 18{,}84\,\text{cm}^2$

BSt IV $\varnothing\ 16 \rightarrow \quad n = \dfrac{18{,}84\,\text{cm}^2 \cdot 0{,}84}{2{,}01\,\text{cm}^2}$

$n = 7{,}87$

$n = 8$ Stähle

11. BSt IV $4\ \varnothing\ 25 \rightarrow A = 4{,}91\,\text{cm}^2 \cdot 4$

$A = 19{,}64\,\text{cm}^2$

BSt III $\varnothing\ 25 \rightarrow \quad n = \dfrac{19{,}64\,\text{cm}^2 \cdot 1{,}19}{4{,}91\,\text{cm}^2}$

$n = 4{,}7$

$n = 5$ Stähle

12. a) **181**

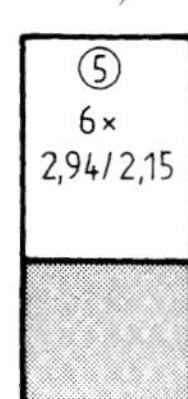
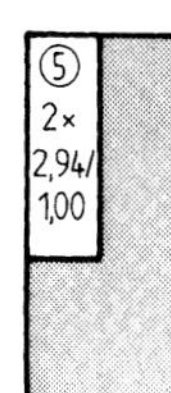

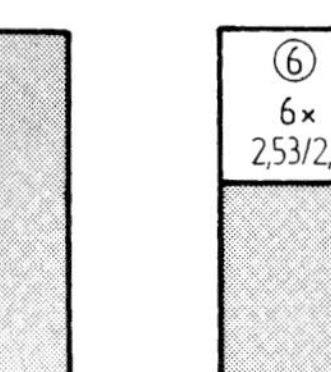
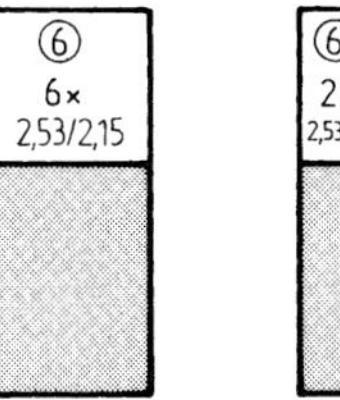

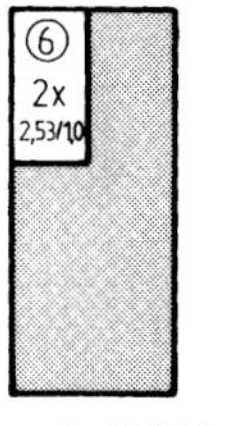

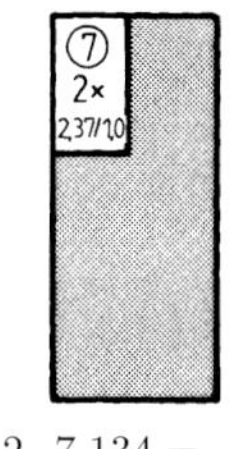

$6 \cdot 19{,}026 =$	$2 \cdot 8{,}849 =$	$6 \cdot 17{,}080 =$	$2 \cdot 7{,}944 =$	$6 \cdot 15{,}337 =$	$2 \cdot 7{,}134 =$
114,156 kg	17,698 kg	102,48 kg	15,888 kg	92,025 kg	14,267 kg

Gesamtgewicht ohne Verschnitt 356,51 kg

b) Festbetonbedarf

$$V = \frac{0{,}40\,\text{m} + 0{,}25\,\text{m}}{2} \cdot 2{,}60\,\text{m} \cdot 14\,\text{m} + \frac{0{,}40\,\text{m} + 0{,}25\,\text{m}}{2} \cdot 1{,}50\,\text{m} \cdot 14\,\text{m}$$

$$+ 0{,}40\,\text{m} \cdot 0{,}40\,\text{m} \cdot 14\,\text{m} + \frac{0{,}40\,\text{m} + 0{,}30\,\text{m}}{2} \cdot 0{,}30\,\text{m} \cdot 14\,\text{m}$$

$$= 11{,}83\,\text{m}^3 + 6{,}825\,\text{m}^3 + 2{,}24\,\text{m}^3 + 1{,}47\,\text{m}^3 = 22{,}365\,\text{m}^3$$

c) Frischbetonbedarf

$V = 22{,}365\,\text{m}^3 \cdot 1{,}07 = 23{,}93\,\text{m}^3$

181 d)

	Expostitions-klasse	Betonfestigkeits-klasse	Zementmenge kg/m^3	w/z-Wert
Für:	XC4	C25/30	280	0,60
	XD3	C35/45	320	0,45
	XF1	C25/30	280	0,60

$$\left.\begin{array}{l}\text{bei } C = 1{,}07\\ k = 3{,}85\end{array}\right\rangle m_w = 170\,\mathrm{L/m^3}$$

$$\left.\begin{array}{r}\text{bei Druckfestigkeit } 55\,\mathrm{N/mm^2}\\ \text{CEM } 42{,}5\,\mathrm{N/mm^2}\end{array}\right\rangle w/z = 0{,}40$$

Der kleinere w/z-Wert ist maßgebend.

$$m_z = \frac{m_w}{w/z}$$

$$m_z = \frac{170\,\mathrm{kg}}{0{,}4}$$

$$m_z = 425\,\mathrm{kg/m^3}$$

Stoffraumgleichung

$$1000\,\mathrm{dm^3} = \frac{m_\mathrm{w}}{\rho_\mathrm{w}} + \frac{m_\mathrm{z}}{\rho_\mathrm{z}} + \frac{m_\mathrm{g}}{\rho_\mathrm{g}} + p$$

$$1000\,\mathrm{dm^3} = \frac{170\,\mathrm{kg}}{1{,}0\,\frac{\mathrm{kg}}{\mathrm{dm^3}}} + \frac{425\,\mathrm{kg}}{3{,}05\,\frac{\mathrm{kg}}{\mathrm{dm^3}}} + \frac{m_\mathrm{g}}{2{,}85\,\frac{\mathrm{kg}}{\mathrm{dm^3}}} + 1000\,\mathrm{dm^3} \cdot \frac{1,6}{100}$$

$$m_\mathrm{g} = 1922{,}8\,\mathrm{kg/m^3}$$

Fraktionierung:	0/2	465,3 kg/m^3
	2/8	424,9 kg/m^3
	8/32	1032,5 kg/m^3

Baustoffbedarf

Zement:	$23{,}93\,\mathrm{m^3}\,\cdot$	$425\,\mathrm{kg/m^3}$	=	10 170,25 kg	
Wasser:	$23{,}93\,\mathrm{m^3}\,\cdot$	$170\,\mathrm{kg/m^3}$	=	4 068 ,10 kg	(1)
Gesteinskörnung:	$23{,}93\,\mathrm{m^3}\,\cdot$	$1\,922{,}8\,\mathrm{kg/m^3}$	=	46 012,60 kg	
	Körnung 0/2		=	11 134,63 kg	
	Körnung 2/8		=	10 167,86 kg	
	Körnung 8/32		=	24 707,73 kg	

12. a)

Pos.	Ø	Biegeform	Anzahl pro Bauteil	Anzahl der Bauteile	Gesamtzahl der Eisen	Schnittlänge	Gesamtlänge Ø 8	Ø 12	Ø 14	Ø 20
1	12	32 / 32 / 32 / 80 / 2,96	71	1	71	4,72		335,12		
2	8	30 / 30 / 17	71	1	71	0,77	54,67			
3	12	6,97	4	1	4	6,97		27,88		
4	8	6,97	28	1	28	6,97	195,16			
			Gesamtlänge m				249,83	363,00		
			Einheitsmasse kg/m				0,395	0,888		
			Gesamtmasse kg				98,683	322,344		
			Gesamtmasse ohne Verschnitt				Stahl III S		421,03 kg	

181

13.

Pos.	Ø	Biegeform	Anzahl pro Bauteil	Anzahl der Bauteile	Gesamtzahl der Eisen	Schnittlänge	Gesamtlänge Ø 8	Ø 10	Ø 12	Ø 20
1	10	1,40 / 150° / 3,93 / 150° / 1,00 / 25	16	1	16	6,58		105,28		
2	10	1,25 / 3,71 / 80	16	1	16	5,76		92,16		
3	10	80 / 1,50	10	1	10	2,30		23,0		
4	10	1,40 / 75 / 25	10	1	10	2,40		24,0		
5	8	1,65 / 1,10	10	1	10	2,75	27,50			
6	10	1,10 / 80	16	1	16	1,90		30,40		
7	10	1,25 / 1,00	10	1	10	2,25		22,5		
8	10	80 / 1,47 / 25	10	1	10	2,52		25,2		
9	8	1,30 / 1,00	10	1	10	2,30	23,0			
10	8	1,38	56	1	56	1,38	77,28			
11	12	3,10	12	1	12	3,10			37,20	
12	8	3,10	12	1	12	3,10	37,20			
13	8	3,10	10	1	10	3,10	31,0			
14	8	2,98	32	1	32	2,98	95,36			
			Gesamtlänge	m			291,34	322,54	37,20	
			Einheitsmasse	kg/m			0,395	0,617	0,888	
			Gesamtmasse	kg			115,079	199,007	33,034	
			Gesamtmasse ohne Verschnitt				Stahl IV S		347,12 kg	

14. 183

	Anzahl	Maße m	Fläche m^2	Gesamtfläche m^2	Gewicht pro m^2 kg/m^2	Gesamtgewicht kg
Pos. ① ZETT R 589	8	5,17/2,15	11,116	88,928	5,24	465,983 kg
Pos. ② ZETT R 589	1	5,17/1,0	5,17	5,17	5,24	27,091 kg
Pos. ③ ZETT R 589	8	4,97/2,15	10,686	85,484	5,24	447,936 kg
Pos. ④ ZETT R 589	1	4,97/1,0	4,97	4,97	5,24	26,043 kg
Pos. ⑤ ZETT R 589	3	5,25/2,15	11,288	33,863	5,24	177,440 kg
Pos. ⑥ ZETT R 589	1	2,60/2,15	5,59	5,59	5,24	29,292 kg
Pos. ⑦ ZETT R 589	1	2,60/1,70	4,42	4,42	5,24	23,161 kg
					Gesamtgewicht	1 196,946 kg

18 Holzbau

1. 185

Pos	Schalungsteil	Anzahl	Maße l	b	d	m^3	m^2	m
1	Schalbretter	1	4,25	0,34	0,02	0,0289	1,445	
		2	4,25	0,48	0,02	0,0408	2,04	
2	Laschen	18	0,52	0,10	0,04	0,0374		
3	Gurthölzer	4	4,25	0,12	0,10	0,2040		
4	Kopfhölzer	8	0,75	0,14	0,10	0,0840		
5	Drängbretter	2	4,25	0,08	0,025	0,0085	0,34	
6	Dreikantleisten	2	4,25					8,50
			gesamt			0,404	3,83	8,50

2. a)

$$\begin{array}{r} 388{,}5\,\text{cm} \\ +\ 11{,}5\,\text{cm} \\ \underline{3{,}5\,\text{cm}} \\ 403{,}5\,\text{cm} \\ -\ 65{,}0\,\text{cm} \\ 2{,}5\,\text{cm} \\ 12{,}0\,\text{cm} \\ \underline{50{,}0\,\text{cm}} \end{array}$$

$a = 274{,}0\,\text{cm} : 4$

$a = 68{,}5\,\text{cm}$

$$\begin{array}{r} 251{,}0\,\text{cm} \\ -\ 3{,}5\,\text{cm} \\ 3{,}5\,\text{cm} \\ \underline{12{,}0\,\text{cm}} \end{array}$$

$b = 232{,}0\,\text{cm} : 4$

$b = 58{,}0\,\text{cm}$

185 b)

Pos	Bezeichnung	Anzahl	Einzellänge	Gesamtlänge m	
				⌷ 10/10	⌷ 12/18
1	Balken	10	3,87		38,70
2	Balken	1	1,87		1,87
3	Stichbalken	2	2,99		5,98
4	Wechselbalken	2	0,56	1,12	
		Gesamtlänge m		1,12	46,55
		Einzelvolumen m³		0,011	1,005
		Gesamtvolumen m³		1,016	

19 Bauvermessung

187 **1.** a) $29{,}50^2\,\text{m}^2 + 17{,}28^2\,\text{m}^2 = d_1{}^2$

$d_1 = 34{,}19\,\text{m}$

b) $l^2 = 4{,}64^2\,\text{m}^2 + 5{,}60^2\,\text{m}^2$

$l = 7{,}27\,\text{m}$

2. a) $d_1{}^2 = 47{,}42^2\,\text{m}^2 + 22{,}68^2\,\text{m}^2$

$d_1 = 70{,}86\,\text{m}$

$d_2 = 21{,}32^2\,\text{m}^2 + 29{,}40^2\,\text{m}^2$

$d_2 = 36{,}32\,\text{m}$

b) $l_1 = 46{,}85\,\text{m} - 12{,}16\,\text{m}$

$l_1 = 34{,}69\,\text{m}$

$l_2 = 12{,}78^2\,\text{m}^2 + 22{,}68^2\,\text{m}^2$

$l_2 = 26{,}03\,\text{m}$

$l_3 = 34{,}10^2\,\text{m}^2 + 6{,}72^2\,\text{m}^2$

$l_3 = 34{,}76\,\text{m}$

$l_4{}^2 = 29{,}40^2\,\text{m}^2 + 13{,}37^2\,\text{m}^2$

$l_4 = 32{,}30\,\text{m}$

c)

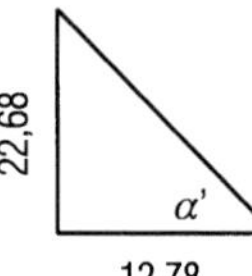

29,40
β'
13,37

34,10
6,72
γ"

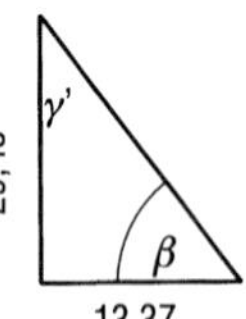

$\tan\alpha' = \frac{22{,}68\,\text{m}}{12{,}78\,\text{m}}$

$\alpha' = 60{,}599°$

$\alpha = 180° - 60{,}6°$

$\alpha = 119{,}4°$

$\tan\beta = \frac{29{,}40\,\text{m}}{13{,}37\,\text{m}}$

$\beta = 65{,}55°$

$\tan\gamma'' = \frac{6{,}72\,\text{m}}{34{,}10\,\text{m}}$

$\gamma'' = 11{,}15°$

$\tan\gamma' = \frac{13{,}37\,\text{m}}{29{,}40\,\text{m}}$

$\gamma' = 24{,}45°$

$\gamma = 90° - 11{,}15° + 24{,}45°$

$\gamma = 103{,}3°$

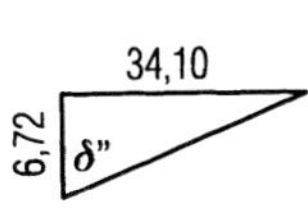

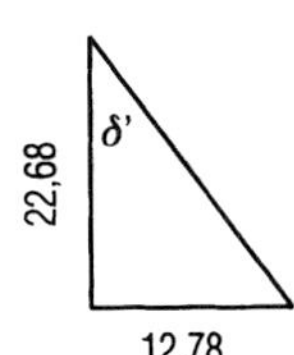

$$\tan \delta'' = \frac{34{,}10\,\text{m}}{6{,}72\,\text{m}} \qquad \tan \delta' = \frac{12{,}78\,\text{m}}{22{,}68\,\text{m}}$$

$$\delta'' = 78{,}85° \qquad \delta' = 29{,}4°$$

$$\delta = 180° - 78{,}85° - 29{,}4°$$

$$\delta = 71{,}75°$$

Probe: $\alpha + \beta + \gamma + \delta = 360°$

d)

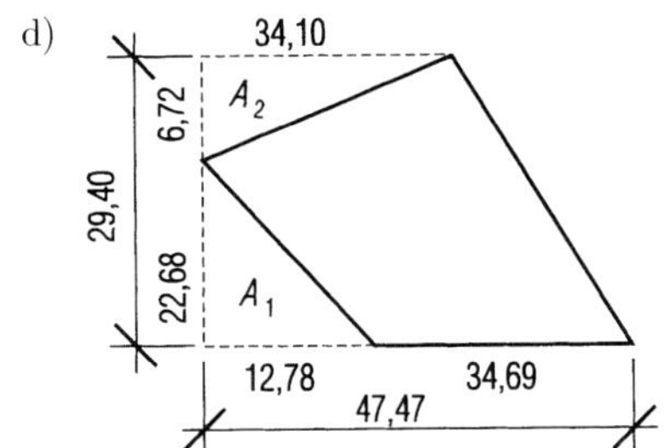

$$A = A_{\text{ges}} - A_1 - A_2$$

$$= \frac{47{,}47\,\text{m} + 34{,}10\,\text{m}}{2} \cdot 29{,}40\,\text{m} - \frac{12{,}78\,\text{m} \cdot 22{,}68\,\text{m}}{2} - \frac{34{,}10\,\text{m} \cdot 6{,}72\,\text{m}}{2}$$

$$A = 939{,}58\,\text{m}^2$$

3. a)

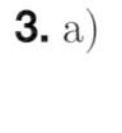

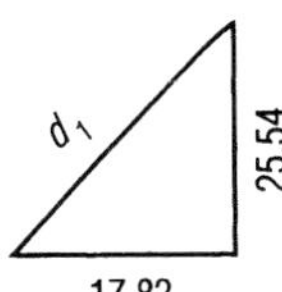

$$d_1{}^2 = 17{,}82^2\,\text{m}^2 + 25{,}54^2\,\text{m}^2$$

$$d_1 = 31{,}14\,\text{m}$$

25,54
d_2
15,15

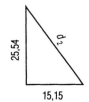

$$d_2{}^2 = 15{,}15^2\,\text{m}^2 + 25{,}54^2\,\text{m}^2$$

$$d_2 = 29{,}70\,\text{m}$$

187 b)

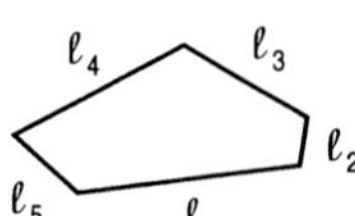

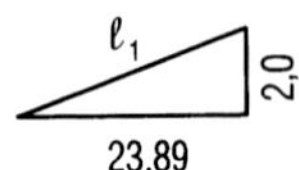

$$l_1{}^2 = 23{,}89^2\,\text{m}^2 + 2{,}0^2\,\text{m}^2$$
$$l_1 = 23{,}97\,\text{m}$$
$$l_2 = 13{,}14\,\text{m} - 6{,}22\,\text{m}$$
$$l_2 = 6{,}92\,\text{m}$$

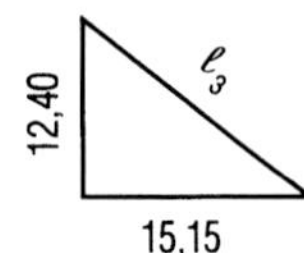

$$l_3{}^2 = 15{,}15^2\,\text{m}^2 + 12{,}40^2\,\text{m}^2$$
$$l_3 = 19{,}58\,\text{m}$$

ℓ_4 15,81 17,82

$$l_4{}^2 = 17{,}82^2\,\text{m}^2 + 15{,}81^2\,\text{m}^2$$
$$l_4 = 23{,}82\,\text{m}$$

ℓ_5 5,51 9,08

$$l_5{}^2 = 5{,}51^2\,\text{m}^2 + 9{,}08^2\,\text{m}^2$$
$$l_5 = 10{,}62\,\text{m}$$

c)

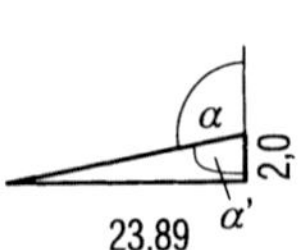

$$\tan\alpha' = \frac{23{,}89\,\text{m}}{2{,}0\,\text{m}}$$
$$\alpha' = 85{,}21°$$
$$\alpha = 94{,}79°$$

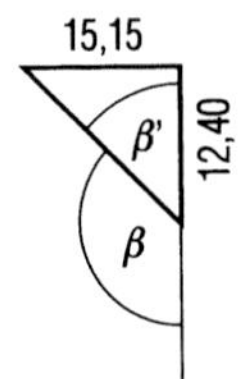

$$\tan\beta' = \frac{15{,}15\,\text{m}}{12{,}40\,\text{m}}$$
$$\beta' = 50{,}70°$$
$$\beta = 129{,}30°$$

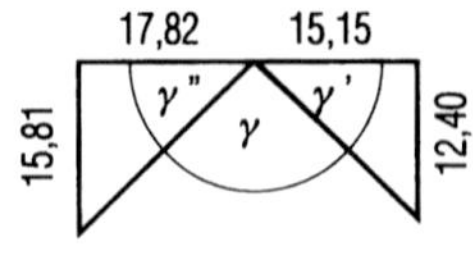

$$\tan\gamma' = \frac{12{,}40\,\text{m}}{15{,}15\,\text{m}} \qquad \tan\gamma'' = \frac{15{,}81\,\text{m}}{17{,}82\,\text{m}}$$
$$\gamma' = 39{,}30° \qquad \gamma'' = 41{,}58°$$

$$\gamma = 180° - 39{,}30° - 41{,}58°$$
$$\gamma = 99{,}12°$$

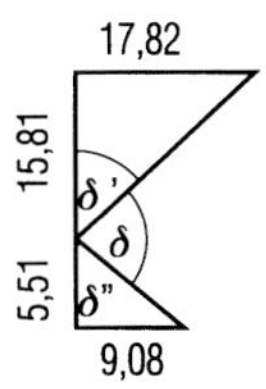

$$\tan\delta' = \frac{17{,}82\,\text{m}}{15{,}81\,\text{m}} \qquad \tan\delta'' = \frac{9{,}08\,\text{m}}{5{,}51\,\text{m}}$$

$$\delta' = 48{,}42^\circ \qquad \delta'' = 58{,}75^\circ$$

$$\delta = 180^\circ - 48{,}42^\circ - 58{,}75^\circ$$

$$\delta = 72{,}83^\circ$$

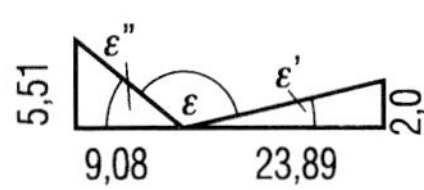

$$\tan\epsilon' = \frac{2{,}0\,\text{m}}{23{,}89\,\text{m}} \qquad \tan\epsilon'' = \frac{5{,}51\,\text{m}}{9{,}08\,\text{m}}$$

$$\epsilon' = 4{,}79^\circ \qquad \epsilon'' = 31{,}25^\circ$$

$$\epsilon = 180^\circ - 4{,}79^\circ - 31{,}25^\circ$$

$$\epsilon = 143{,}96^\circ$$

$$\alpha + \beta + \gamma + \delta + \epsilon = 540^\circ$$

d)

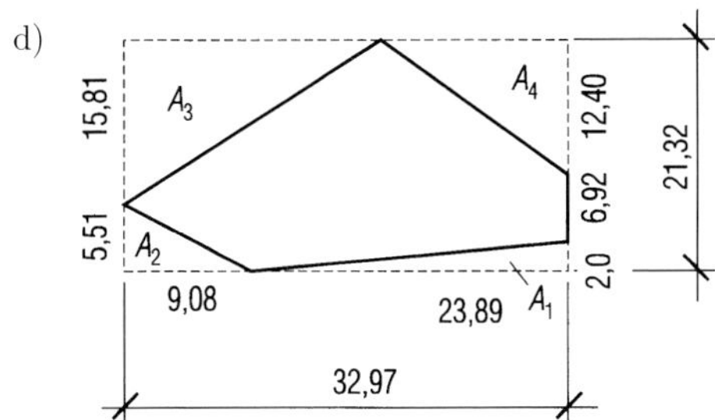

$$A_1 = \frac{23{,}89\,\text{m} \cdot 2{,}0\,\text{m}}{2} \qquad A_2 = \frac{9{,}08\,\text{m} \cdot 5{,}51\,\text{m}}{2}$$

$$A_1 = 23{,}89\,\text{m}^2 \qquad A_2 = 25{,}015\,\text{m}^2$$

$$A_3 = \frac{17{,}82\,\text{m} \cdot 15{,}81\,\text{m}}{2} \qquad A_4 = \frac{15{,}15\,\text{m} \cdot 12{,}40\,\text{m}}{2}$$

$$A_3 = 140{,}867\,\text{m}^2 \qquad A_4 = 93{,}93\,\text{m}^2$$

$$A_{\text{ges}} = 32{,}97\,\text{m} \cdot 21{,}32\,\text{m}$$

$$A_{\text{ges}} = 702{,}920\,\text{m}^2$$

$$A = 419{,}22\,\text{m}^2$$

4. a) $t = 3{,}22\,\text{m} - 0{,}88\,\text{m}$

$t = 2{,}34\,\text{m}$

b) $\Delta t = 3{,}10\,\text{m} - 2{,}34\,\text{m}$

$\Delta t = 0{,}76\,\text{m}$

189

5. a, b, c)

Zielpunkt	Ablesungen Rückblick R m	Vorblick V m	Höhendifferenz Δh m	Höhe H üNN m	Bemerkungen
A				246,15	Festpunkt A
	2,65	0,34	+ 2,31	248,46	
	2,16	2,22	– 0,06	248,40	
	0,44	1,91	– 1,47	246,93	
	0,38	2,08	– 1,70	245,23	Zielpunkt B
	5,63	6,55	– 0,92		

d) 246,15 m üNN – 0,92 m = 245,23 m üNN

6. a) km 41 + 300 247,23 m üNN – 41,86 m = 205,37 m üNN

41 + 650 247,23 m üNN – 38,55 m = 208,68 m üNN

42 + 000 247,23 m üNN – 36,19 m = 211,04 m üNN

42 + 400 247,23 m üNN – 33,39 m = 213,84 m üNN

42 + 750 247,23 m üNN – 26,74 m = 220,49 m üNN

43 + 000 247,23 m üNN – 17,37 m = 229,86 m üNN

43 + 300 247,23 m üNN – 11,58 m = 235,65 m üNN

43 + 700 247,23 m üNN – 8,48 m = 238,75 m üNN

44 + 000 247,23 m üNN – 31,20 m = 216,03 m üNN

44 + 350 247,23 m üNN – 38,36 m = 208,87 m üNN

b)

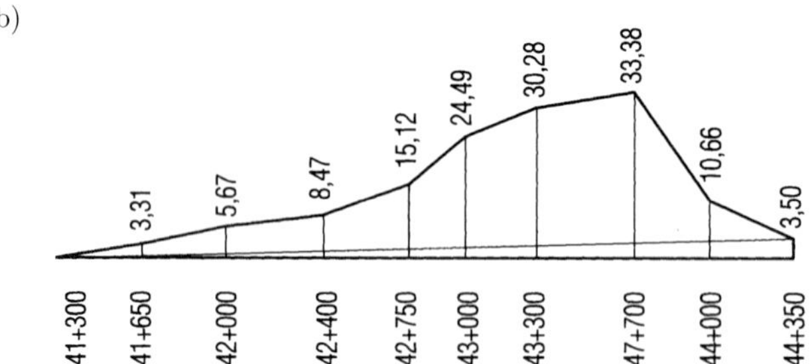

$V_1 = \dfrac{3{,}31\,\text{m} \cdot 350\,\text{m}}{2} \cdot 30{,}0\,\text{m}$

$V_1 = 17\,377{,}50\,\text{m}^3$

$V_2 = \dfrac{3{,}31\,\text{m} + 5{,}67\,\text{m}}{2} \cdot 350\,\text{m} \cdot 30{,}0\,\text{m}$

$V_2 = 47\,145\,\text{m}^3$

$V_3 = \dfrac{5{,}67\,\text{m} + 8{,}47\,\text{m}}{2} \cdot 400\,\text{m} \cdot 30{,}0\,\text{m}$

$V_3 = 84\,840\,\text{m}^2$

$V_4 = \dfrac{8{,}47\,\text{m} + 15{,}12\,\text{m}}{2} \cdot 350\,\text{m} \cdot 30{,}0\,\text{m}$

$V_4 = 123\,847{,}50\,\text{m}^3$

$V_5 = \dfrac{15{,}12\,\text{m} + 24{,}49\,\text{m}}{2} \cdot 250\,\text{m} \cdot 30{,}0\,\text{m}$

$V_5 = 148\,537{,}50\,\text{m}^3$

$V_6 = \dfrac{24{,}49\,\text{m} + 30{,}28\,\text{m}}{2} \cdot 300\,\text{m} \cdot 30{,}0\,\text{m}$

$V_6 = 246\,465\,\text{m}^3$

$$V_7 = \frac{30{,}28\,\text{m} + 33{,}38\,\text{m}}{2} \cdot 400\,\text{m} \cdot 30{,}0\,\text{m}$$

$$V_7 = 381\,960\,\text{m}^3$$

$$V_8 = \frac{33{,}38\,\text{m} + 10{,}66\,\text{m}}{2} \cdot 300\,\text{m} \cdot 30{,}0\,\text{m}$$ **189**

$$V_8 = 198\,180\,\text{m}^3$$

$$V_9 = \frac{10{,}66\,\text{m} + 3{,}50\,\text{m}}{2} \cdot 350\,\text{m} \cdot 30{,}0\,\text{m}$$

$$V_9 = 74\,340\,\text{m}^3$$

$$V_{10} = \frac{3\,050\,\text{m} \cdot 3{,}50\,\text{m}}{2} \cdot 30{,}0\,\text{m}$$

$$V_{10} = 160\,125\,\text{m}^3$$

$$V = \sum_{1}^{10} V \qquad V = 1\,162\,567{,}50\,\text{m}^3$$

20 Straßenbau

195

1. $$\text{T} = R \cdot \tan\frac{\gamma}{2}$$

$$= 120\,\text{m} \cdot \tan 36^\circ$$

$$\text{T} = 87{,}19\,\text{m}$$

2. $$y = R - \sqrt{R^2 - x^2}$$

$$y_0 = 0$$

$$y_{10} = 85\,\text{m} - \sqrt{85^2\,\text{m}^2 - 10^2\,\text{m}^2}$$

$$y_{10} = 0{,}590\,\text{m}$$

$$y_{20} = 85 - \sqrt{85^2 - 20^2}$$

$$y_{20} = 2{,}386\,\text{m}$$

$$y_{30} = 5{,}470\,\text{m}$$

$$y_{40} = 10{,}00\,\text{m}$$

$$y_{50} = 16{,}26\,\text{m}$$

$$y_{60} = 24{,}792\,\text{m}$$

$$y_{70} = 36{,}782\,\text{m}$$

$$y_{80} = 56{,}277\,\text{m}$$

$$y_{85} = 85{,}000\,\text{m}$$

195 **3.** a) $y = R - \sqrt{R^2 - x^2}$

$$y_{10} = 150 - \sqrt{150^2\,\text{m}^2 - 10^2\,\text{m}^2}$$
$$y_{10} = 0{,}33\,\text{m}$$
$$y_{20} = 150 - \sqrt{150^2 - 20^2}$$
$$y_{20} = 1{,}34\,\text{m}$$
$$y_{30} = 3{,}03\,\text{m}$$
$$y_{40} = 5{,}43\,\text{m}$$
$$y_{50} = 8{,}58\,\text{m}$$

b)

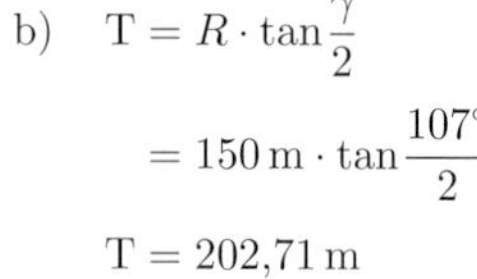

$$\text{T} = R \cdot \tan\frac{\gamma}{2}$$
$$= 150\,\text{m} \cdot \tan\frac{107^\circ}{2}$$
$$\text{T} = 202{,}71\,\text{m}$$

c)

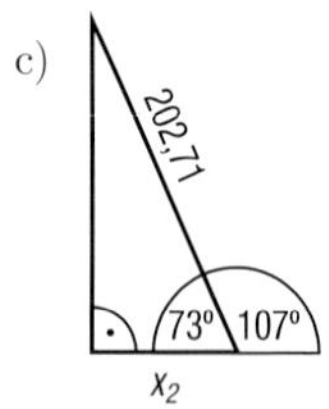

$$\cos 73^\circ = \frac{x_2}{202{,}71\,\text{m}}$$
$$x_2 = 59{,}266\,\text{m}$$

$$\cos 17^\circ = \frac{x_1}{150\,\text{m}}$$
$$x_1 = 143{,}446\,\text{m}$$

$M\,(0/150)$ $\quad$ $TS\,(202{,}71/0)$

d) $d = \sqrt{(x_2 - x_1)^2 + (y_2 - y_1)^2}$

$$d = \sqrt{(202{,}71 - 0)^2 + (0 - 150)^2}$$
$$d = 252{,}17\,\text{m} \mathrel{\hat{=}} \overline{M - TS}$$

$$\overline{BM - TS} = 252{,}17\,\text{m} - 150\,\text{m}$$
$$\overline{BM - TS} = 102{,}17\,\text{m}$$

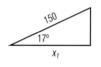

196 **4.** a)

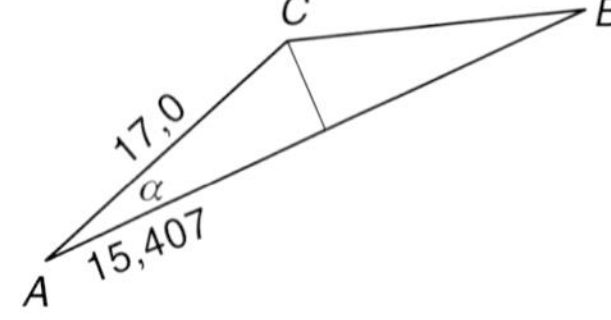

$$\cos\alpha = \frac{15{,}407\,\text{m}}{17{,}0\,\text{m}}$$
$$\alpha = 25{,}00^\circ$$
$$\gamma = 130^\circ$$

b)

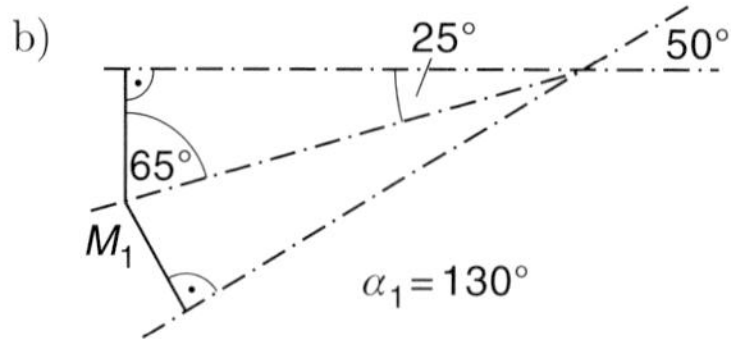

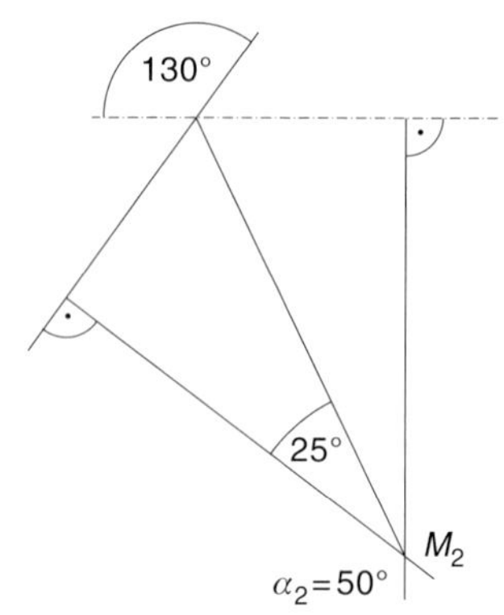

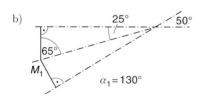

196

c) $b_1 = \dfrac{2 \cdot R_1 \cdot \pi \cdot \alpha_1}{360°}$ $b_2 = \dfrac{2 \cdot R_2 \cdot \pi \cdot \alpha_2}{360°}$

$b_1 = \dfrac{2 \cdot 12{,}50\,\text{m} \cdot \pi \cdot 130°}{360°}$ $b_2 = \dfrac{2 \cdot 16{,}50\,\text{m} \cdot \pi \cdot 50°}{360°}$

$b_1 = 28{,}36\,\text{m}$ $b_2 = 14{,}40\,\text{m}$

ges. $b = 42{,}76\,\text{m}$

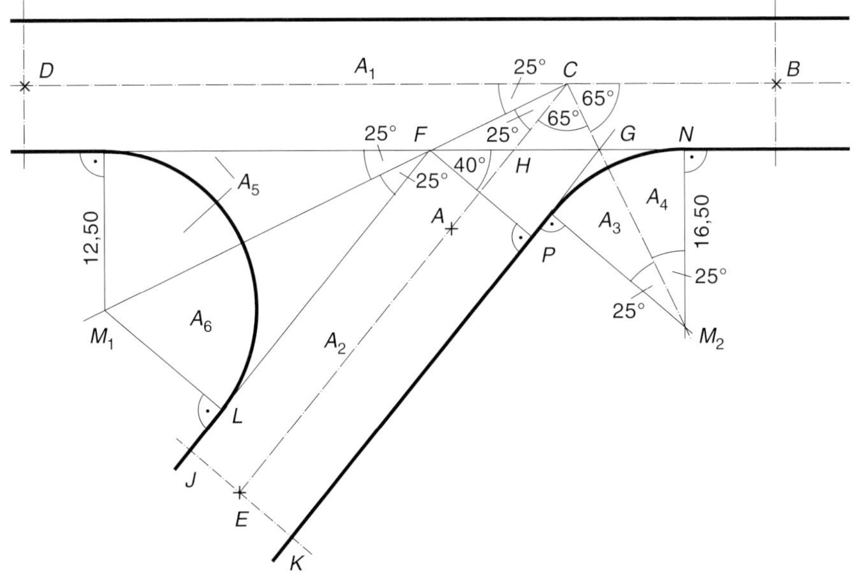

a)

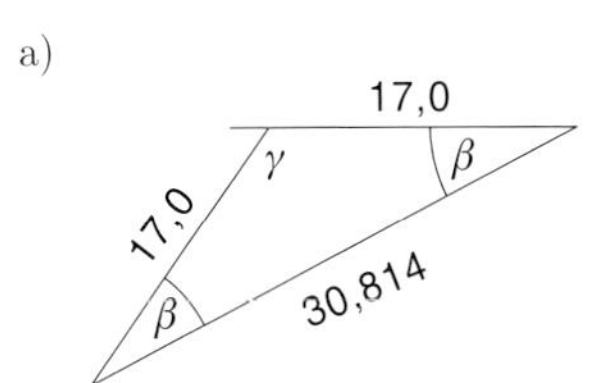

$\cos\beta = \dfrac{15{,}407\,\text{m}}{17{,}0\,\text{m}}$

$\beta = 25°$

$\gamma = 130°$

b) $\alpha_1 = 130°$

$\alpha_2 = 50°$

c) $l_1 = \dfrac{2 \cdot R_1 \cdot \pi \cdot \alpha_1}{360°}$

$= \dfrac{2 \cdot 12{,}50\,\text{m} \cdot \pi \cdot 130°}{360°}$

$l_1 = 28{,}36\,\text{m}$

$l_2 = \dfrac{2 \cdot R_2 \cdot \pi \cdot \alpha_2}{360°}$

$= \dfrac{2 \cdot 16{,}50\,\text{m} \cdot \pi \cdot 50°}{360°}$

$l_2 = 14{,}40\,\text{m}$

196

$$\sin 25° = \frac{17{,}75\,\text{m}}{\overline{M_1C}}$$
$$\overline{M_1C} = 42{,}00\,\text{m}$$
$$\sin 25° = \frac{12{,}50\,\text{m}}{\overline{M_1F}}$$
$$\overline{M_1F} = 29{,}58\,\text{m}$$
$$\overline{CF} = 12{,}42\,\text{m}$$
$$\tan 25° = \frac{12{,}50\,\text{m}}{\overline{FL}}$$
$$\overline{FL} = 26{,}81\,\text{m}$$
$$\sin 50° = \frac{5{,}25\,\text{m}}{\overline{CH}}$$
$$\overline{CH} = 6{,}85\,\text{m}$$
$$\overline{EH} = 33{,}15\,\text{m}$$
$$\tan 40° = \frac{\overline{GP}}{10{,}50\,\text{m}}$$
$$\overline{GP} = 8{,}81\,\text{m}$$
$$\frac{\overline{GP}}{2} = 4{,}405\,\text{m}$$
$$\overline{JF} = 28{,}75\,\text{m}$$
$$\overline{GK} = 37{,}56\,\text{m}$$

$$\cos 25° = \frac{21{,}75\,\text{m}}{\overline{M_2C}}$$
$$\overline{M_2C} = 24{,}00\,\text{m}$$
$$\sin 65° = \frac{5{,}25\,\text{m}}{\overline{CG}}$$
$$\overline{CG} = 5{,}79\,\text{m}$$
$$\overline{M_2G} = 18{,}21\,\text{m}$$
$$\tan 25° = \frac{\overline{GN}}{16{,}50\,\text{m}}$$
$$\overline{GN} = 7{,}69\,\text{m}$$

$$A_1 = 70\,\text{m} \cdot 10{,}50\,\text{m}$$
$$A_1 = 735{,}00\,\text{m}^2$$
$$A_2 = \frac{37{,}56\,\text{m} + 28{,}75\,\text{m}}{2} \cdot 10{,}50\,\text{m}$$
$$A_2 = 346{,}50\,\text{m}^2$$
$$A_3 = 7{,}69\,\text{m} \cdot 16{,}50\,\text{m}$$
$$A_3 = 126{,}89\,\text{m}^2$$
$$A_4 = \frac{{r_2}^2 \cdot \pi \cdot \alpha_2}{360} = \frac{16{,}50^2\,\text{m}^2 \cdot \pi \cdot 50°}{360°}$$
$$A_4 = 118{,}79\,\text{m}^2$$

$$A_5 = 26{,}81\,\text{m} \cdot 12{,}50\,\text{m}$$
$$A_5 = 335{,}13\,\text{m}^2$$
$$A_6 = \frac{{r_1}^2 \cdot \pi \cdot \alpha_1}{360} = \frac{12{,}50^2\,\text{m}^2 \cdot \pi \cdot 130°}{360°}$$
$$A_6 = 177{,}26\,\text{m}^2$$
$$A = A_1 + A_2 + A_3 - A_4 + A_5 - A_6$$
$$= 735{,}00\,\text{m}^2 + 346{,}50\,\text{m}^2 + 126{,}89\,\text{m}^2 - 118{,}79\,\text{m}^2 + 335{,}13\,\text{m}^2 - 177{,}26\,\text{m}^2$$
$$A = 1247{,}47\,\text{m}^2$$

5.

$$b = \frac{2 \cdot R \cdot \pi \cdot \alpha}{360°}$$
$$20\,\text{m} = \frac{2 \cdot 20\,\text{m} \cdot \pi \cdot \alpha}{360°}$$
$$\alpha = 57{,}30°$$

6. a) $T = \frac{H_K}{2} \cdot \frac{s_2 - s_1}{100}$

$= \frac{8500\,\text{m}}{2} \cdot \frac{4{,}3\% - 2{,}0\%}{100\%}$

$T = 97{,}75\,\text{m}$

b) $km_{\text{TA}} = 300\,\text{m} - 97{,}75\,\text{m}$

$km_{\text{TA}} = 202{,}25\,\text{m}$

$H_{\text{TA}} = 350\,\text{m} - \frac{4{,}3\% \cdot 97{,}75\,\text{m}}{100\%}$

$H_{\text{TA}} = 345{,}80\,\text{m}$ üNN

$H_{\text{TS}} = 350\,\text{m} - \frac{97{,}75^2\,\text{m}^2}{2 \cdot 8500\,\text{m}}$

$H_{\text{TS}} = 349{,}44\,\text{m}$ üNN

$H_{\text{TE}} = 350\,\text{m} + \frac{2\% \cdot 97{,}75\,\text{m}}{100\%}$

$H_{\text{TE}} = 351{,}96\,\text{m}$ üNN

c) $H_{0+200} = 350\,\text{m} - \frac{4{,}3\%}{100\%}(300\,\text{m} - 200\,\text{m})$

$H_{0+200} = 345{,}70\,\text{m}$ üNN

$H_{0+250} = 350\,\text{m} - \frac{4{,}3\% \cdot 50\,\text{m}}{100\%} + \frac{(250\,\text{m} - 202{,}25\,\text{m})^2}{2 \cdot 8500\,\text{m}}$

$H_{0+250} = 347{,}98\,\text{m}$ üNN

$H_{0+350} = 350\,\text{m} + \frac{2{,}0\% \cdot 50\,\text{m}}{100\%} + \frac{(397{,}75\,\text{m} - 350\,\text{m})^2}{2 \cdot 8500\,\text{m}}$

$H_{0+350} = 351{,}13\,\text{m}$ üNN

7. a) $T = \frac{H_K}{2} \cdot \frac{s_1 + s_2}{100\%}$

$T = \frac{12\,000\,\text{m}}{2} \cdot \frac{2,5\% + 4\%}{100\%}$

$T = 390{,}00\,\text{m}$

b) $H_{\text{TA}} = 400\,\text{m} + \frac{2,5\%\,(450\,\text{m} - 390\,\text{m})}{100\%}$

$H_{\text{TA}} = 401{,}50\,\text{m}$ üNN

$H_{\text{TS}} = 400\,\text{m} + \frac{2,5\% \cdot 450\,\text{m}}{100\%} - \frac{390{,}00^2\,\text{m}^2}{2 \cdot 12\,000\,\text{m}}$

$H_{\text{TS}} = 404{,}91\,\text{m}$ üNN

$H_{\text{TE}} = 400\,\text{m} + \frac{2,5\% \cdot 450\,\text{m}}{100\%} - \frac{4\% \cdot 390\,\text{m}}{100\%}$

$H_{\text{TE}} = 395{,}65\,\text{m}$ üNN

196

$$H_{0+100} = 400\,\text{m} + \frac{2,5\% \cdot 100\,\text{m}}{100\%} - \frac{(100\,\text{m} - 60\,\text{m})^2}{2 \cdot 12\,000\,\text{m}}$$

$$H_{0+100} = 402{,}43\,\text{m üNN}$$

$$H_{0+200} = 400\,\text{m} + \frac{2,5\% \cdot 200\,\text{m}}{100\%} - \frac{(200\,\text{m} - 60\,\text{m})^2}{2 \cdot 12\,000\,\text{m}}$$

$$H_{0+200} = 404{,}18\,\text{m üNN}$$

$$H_{0+300} = 400\,\text{m} + \frac{2{,}5\% \cdot 300\,\text{m}}{100\%} - \frac{(300\,\text{m} - 60\,\text{m})^2}{2 \cdot 12\,000\,\text{m}}$$

$$H_{0+300} = 405{,}10\,\text{m üNN}$$

$$H_{0+400} = 400\,\text{m} + \frac{2,5\% \cdot 400\,\text{m}}{100\%} - \frac{(400\,\text{m} - 60\,\text{m})^2}{2 \cdot 12\,000\,\text{m}}$$

$$H_{0+400} = 405{,}18\,\text{m üNN}$$

$$H_{0+500} = 395{,}65\,\text{m} + \frac{4\%\,(450\,\text{m} + 390\,\text{m} - 500\,\text{m})}{100\%} - \frac{(840\,\text{m} - 500\,\text{m})^2}{2 \cdot 12\,000\,\text{m}}$$

$$H_{0+500} = 404{,}43\,\text{m üNN}$$

$$H_{0+600} = 395{,}65\,\text{m} + \frac{4\%\,(840\,\text{m} - 600\,\text{m})}{100\%} - \frac{(840\,\text{m} - 600\,\text{m})^2}{2 \cdot 12\,000\,\text{m}}$$

$$H_{0+600} = 402{,}85\,\text{m üNN}$$

$$H_{0+700} = 395{,}65\,\text{m} + \frac{4\%\,(840\,\text{m} - 700\,\text{m})}{100\%} - \frac{(840\,\text{m} - 700\,\text{m})^2}{2 \cdot 12\,000\,\text{m}}$$

$$H_{0+700} = 400{,}43\,\text{m üNN}$$

$$H_{0+800} = 395{,}65\,\text{m} + \frac{4\%\,(840\,\text{m} - 800\,\text{m})}{100\%} - \frac{(840\,\text{m} - 800\,\text{m})^2}{2 \cdot 12\,000\,\text{m}}$$

$$H_{0+800} = 397{,}18\,\text{m üNN}$$

$$H_{0+900} = 400\,\text{m} + \frac{2{,}5\% \cdot 450\,\text{m}}{100\%} - \frac{4\% \cdot 450\,\text{m}}{100\%}$$

$$H_{0+900} = 393{,}25\,\text{m üNN}$$

c) $$x_s = \frac{s_1 \cdot H}{100} = \frac{2{,}5\% \cdot 12\,000\,\text{m}}{100\%}$$

$$x_s = 300\,\text{m}$$

$$H_{\text{Scheitel}} = 400\,\text{m} + \frac{2,5\% \cdot 360\,\text{m}}{100\%} - \frac{300^2\,\text{m}^2}{2 \cdot 12\,000\,\text{m}}$$

$$H_{\text{Scheitel}} = 405{,}26\,\text{m üNN}$$

8. a) $\mathrm{T} = \frac{H_\mathrm{W}}{2} \cdot \frac{s_2 - s_1}{100}$

$= \frac{2500\,\mathrm{m}}{2} \cdot \frac{1{,}5\% - 5{,}0\%}{100\%}$

$\mathrm{T} = 43{,}75\,\mathrm{m}$

b) $H_\mathrm{A} = 280\,\mathrm{m} + \frac{1{,}5\% \cdot 45\,\mathrm{m}}{100\%} + \frac{5\% \cdot 65\,\mathrm{m}}{100\%}$

$H_\mathrm{A} = 283{,}93\,\mathrm{m}$

$km_\mathrm{TA} = 1315\,\mathrm{m} - 43{,}75\,\mathrm{m}$

$km_\mathrm{TA} = 1271{,}25\,\mathrm{m}$

$H_\mathrm{TA} = 283{,}93\,\mathrm{m} - \frac{5\% \cdot 21{,}25\,\mathrm{m}}{100\%}$

$H_\mathrm{TA} = 282{,}86\,\mathrm{m}$ üNN

$H_\mathrm{TS} = 283{,}93\,\mathrm{m} - \frac{5\% \cdot 65\,\mathrm{m}}{100\%} + \frac{43{,}75^2\,\mathrm{m}^2}{2 \cdot 2500\,\mathrm{m}}$

$H_\mathrm{TS} = 281{,}06\,\mathrm{m}$ üNN

$H_\mathrm{TE} = 280\,\mathrm{m} + \frac{1{,}5\%\,(45{,}0\,\mathrm{m} - 43{,}75\,\mathrm{m})}{100\%}$

$H_\mathrm{TE} = 280{,}02\,\mathrm{m}$ üNN

c) $H_{1+270} = 283{,}93\,\mathrm{m} - \frac{5\% \cdot 20\,\mathrm{m}}{100\%}$

$H_{1+270} = 282{,}93\,\mathrm{m}$ üNN

$H_{1+290} = 283{,}93\,\mathrm{m} - \frac{5\% \cdot 40{,}0\,\mathrm{m}}{100\%} + \frac{(290\,\mathrm{m} - 271{,}25\,\mathrm{m})^2}{2 \cdot 2500\,\mathrm{m}}$

$H_{1+290} = 282{,}00\,\mathrm{m}$ üNN

$H_{1+310} = 283{,}93\,\mathrm{m} - \frac{5\% \cdot 60\,\mathrm{m}}{100\%} + \frac{(310\,\mathrm{m} - 271{,}25\,\mathrm{m})^2}{2 \cdot 2500\,\mathrm{m}}$

$H_{1+310} = 281{,}23\,\mathrm{m}$ üNN

$H_{1+330} = 280{,}00\,\mathrm{m} + \frac{1{,}5\%\,(360\,\mathrm{m} - 330\,\mathrm{m})}{100\%} + \frac{(43{,}75\,\mathrm{m} - 15\,\mathrm{m})^2}{2 \cdot 2500\,\mathrm{m}}$

$H_{1+330} = 280{,}62\,\mathrm{m}$ üNN

$H_{1+350} = 280{,}00\,\mathrm{m} + \frac{1{,}5\%\,(360\,\mathrm{m} - 350\,\mathrm{m})}{100\%} + \frac{(43{,}75\,\mathrm{m} - 35{,}0\,\mathrm{m})^2}{2 \cdot 2500\,\mathrm{m}}$

$H_{1+350} = 280{,}17\,\mathrm{m}$ üNN

197 **9.** a) $\mathrm{T} = \frac{H_\mathrm{W}}{2} \cdot \frac{s_2 - s_1}{100}$

$$= \frac{1200\,\mathrm{m}}{2} \cdot \frac{6\% + 2{,}5\%}{100\%}$$

$$\mathrm{T} = 51{,}00\,\mathrm{m}$$

$$f = \frac{\mathrm{T}_2}{2 \cdot H}$$

$$= \frac{51{,}00^2\,\mathrm{m}^2}{2 \cdot 1200\,\mathrm{m}}$$

$$f = 1{,}084\,\mathrm{m}$$

$$km_\mathrm{TA} = 310\,\mathrm{m} - 51\,\mathrm{m}$$

$$km_\mathrm{TA} = 259\,\mathrm{m}$$

$$H_\mathrm{TA} = 672{,}45\,\mathrm{m} - \frac{6\% \cdot 310\,\mathrm{m}}{100\%}$$

$$H_\mathrm{TA} = 656{,}91\,\mathrm{m}\ \text{üNN}$$

$$H_\mathrm{TS} = 672{,}45\,\mathrm{m} - \frac{6\% \cdot 310\,\mathrm{m}}{100\%} + 1{,}084\,\mathrm{m}$$

$$H_\mathrm{TS} = 654{,}934\,\mathrm{m}\ \text{üNN}$$

$$km_\mathrm{TE} = 310{,}0\,\mathrm{m} + 51{,}0\,\mathrm{m}$$

$$km_\mathrm{TE} = 361\,\mathrm{m}$$

$$H_\mathrm{TE} = 672{,}45\,\mathrm{m} - \frac{6\% \cdot 310\,\mathrm{m}}{100\%} + \frac{2{,}5\% \cdot 51\,\mathrm{m}}{100\%}$$

$$H_\mathrm{TE} = 655{,}125\,\mathrm{m}\ \text{üNN}$$

c) $H_{0+240} = 672{,}45\,\mathrm{m} - \frac{6\% \cdot 240\,\mathrm{m}}{100\%}$

$$H_{0+240} = 658{,}05\,\mathrm{m}\ \text{üNN}$$

$$H_{0+260} = 672{,}45\,\mathrm{m} - \frac{6\% \cdot 260\,\mathrm{m}}{100\%} + \frac{(260\,\mathrm{m} - 259\,\mathrm{m})^2}{2 \cdot 1200\,\mathrm{m}}$$

$$H_{0+260} = 656{,}85\,\mathrm{m}\ \text{üNN}$$

$$H_{0+280} = 672{,}45\,\mathrm{m} - \frac{6\% \cdot 280\,\mathrm{m}}{100\%} + \frac{(280\,\mathrm{m} - 259\,\mathrm{m})^2}{2 \cdot 1200\,\mathrm{m}}$$

$$H_{0+280} = 655{,}834\,\mathrm{m}\ \text{üNN}$$

$$H_{0+300} = 672{,}45\,\mathrm{m} - \frac{6\% \cdot 300\,\mathrm{m}}{100\%} + \frac{(300\,\mathrm{m} - 259\,\mathrm{m})^2}{2 \cdot 1200\,\mathrm{m}}$$

$$H_{0+300} = 655{,}150\,\mathrm{m}\ \text{üNN}$$

$$H_{0+320} = 655{,}125\,\mathrm{m} - \frac{2{,}5\%\,(361\,\mathrm{m} - 320\,\mathrm{m})}{100\%} + \frac{(361\,\mathrm{m} - 320\,\mathrm{m})^2}{2 \cdot 1200\,\mathrm{m}}$$

$$H_{0+320} = 654{,}800\,\mathrm{m}\ \text{üNN}$$

zu c) $H_{0+340} = 655{,}125\,\text{m} - \dfrac{2{,}5\%\,(361\,\text{m} - 340\,\text{m})}{100\%} + \dfrac{(361\,\text{m} - 340\,\text{m})^2}{2 \cdot 1200\,\text{m}}$ **197**

$H_{0+340} = 654{,}784\,\text{m ü NN}$

$H_{0+360} = 655{,}125\,\text{m} - \dfrac{2{,}5\%\,(361\,\text{m} - 360\,\text{m})}{100\%} + \dfrac{(361\,\text{m} - 360\,\text{m})^2}{2 \cdot 1200\,\text{m}}$

$H_{0+360} = 655{,}100\,\text{m ü NN}$

$H_{0+380} = 655{,}125\,\text{m} + \dfrac{2{,}5\%\,(380\,\text{m} - 361\,\text{m})}{100\%}$

$H_{0+380} = 655{,}600\,\text{m ü NN}$

$km_{\text{TP}} = 259\,\text{m} + \dfrac{6\% \cdot 1200\,\text{m}}{100\%}$

$km_{\text{TP}} = 331{,}00\,\text{m}$

$H_{\text{TP}} = 655{,}125\,\text{m} - \dfrac{2{,}5\%\,(361\,\text{m} - 331\,\text{m})}{100\%} + \dfrac{(361\,\text{m} - 331\,\text{m})^2}{2 \cdot 1200\,\text{m}}$

10. $\Delta S = \dfrac{3{,}50\,\text{m}\;(3{,}2\% + 3{,}5\%)}{20\,\text{m} + 24\,\text{m}}$ **197**

$\Delta S = 0{,}53\%$

21 Baugruben

199 **1.** $V = \frac{h}{3}\left(A_1 + A_2 + \sqrt{A_1 \cdot A_2}\right)$

$$= \frac{2{,}60\,\text{m}}{3}\Big(15{,}30\,\text{m} \cdot 13{,}50\,\text{m} + 12{,}70\,\text{m} \cdot 10{,}90\,\text{m}$$

$$+ \sqrt{15{,}30\,\text{m} \cdot 13{,}50\,\text{m} \cdot 12{,}70\,\text{m} \cdot 10{,}90\,\text{m}}\Big)$$

$V = 445{,}53\,\text{m}^3$

2. Variante

$$V = 12{,}70\,\text{m} \cdot 10{,}90\,\text{m} \cdot 2{,}60\,\text{m} + \frac{1{,}30\,\text{m} \cdot 2{,}60\,\text{m}}{2}\,(10{,}90\,\text{m} \cdot 2 + 12{,}70\,\text{m} \cdot 2)$$

$$+ \frac{2{,}60^2\,\text{m}^2 \cdot 2{,}60\,\text{m}}{3}$$

$V = 445{,}54\,\text{m}^3$

2. $V = \frac{3{,}60\,\text{m}}{3}\left(42{,}0\,\text{m} \cdot 23{,}5\,\text{m} + 37{,}0\,\text{m} \cdot 18{,}5\,\text{m} + \sqrt{42\,\text{m} \cdot 23{,}5\,\text{m} \cdot 37\,\text{m} \cdot 18{,}5\,\text{m}}\right)$

$V = 2\,992{,}14\,\text{m}^3$

3. $V = \frac{2{,}90\,\text{m}}{3}\left(25{,}0\,\text{m} \cdot 20{,}50\,\text{m} + 22{,}20\,\text{m} \cdot 17{,}70\,\text{m} + \sqrt{25\,\text{m} \cdot 20{,}5\,\text{m} \cdot 22{,}2\,\text{m} \cdot 17{,}7\,\text{m}}\right)$

$V = 1\,309{,}056\,\text{m}^3 + 15\%$

$V = 1\,505{,}414\,\text{m}^3$

4. a)

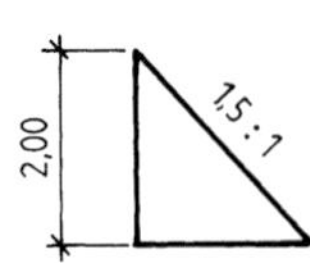

$SV = \frac{h}{l}$

$l = \frac{2{,}0\,\text{m}}{1{,}5\,\text{m}}$

$l = 1{,}3\overline{3}\,\text{m} \rightarrow a = 2{,}20\,\text{m} - 1{,}33\,\text{m}$

$a = 0{,}87\,\text{m}$

b) $V = \frac{2{,}0\,\text{m}}{3}\Big(19{,}40\,\text{m} \cdot 16{,}40\,\text{m} + 16{,}74\,\text{m} \cdot 13{,}74\,\text{m}$

$$+ \sqrt{19{,}40\,\text{m} \cdot 16{,}40\,\text{m} \cdot 16{,}74\,\text{m} \cdot 13{,}74\,\text{m}}\Big)$$

$V = 545{,}787\,\text{m}^3$

c) $V = 545{,}79\,\text{m}^3 - 193\,\text{m}^3$

$V = 352{,}79\,\text{m}^3 + 12\%$

$V = 395{,}12\,\text{m}^3$

5. 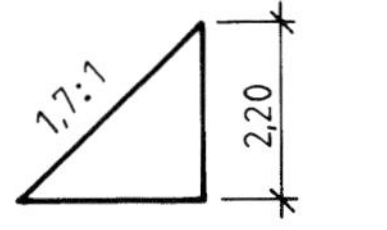

199

$$SV = \frac{h}{l}$$

$$l = \frac{2,20}{1,7}$$

$$l = 1,294\,\text{m}$$

a) $V = \frac{2,20\,\text{m}}{3}\Big(18,49\,\text{m} \cdot 15,49\,\text{m} + 15,90\,\text{m} \cdot 12,90\,\text{m}$

$+ \sqrt{18,49\,\text{m} \cdot 15,49\,\text{m} \cdot 15,90\,\text{m} \cdot 12,90\,\text{m}}\Big)$

$V = 538,19\,\text{m}^3$

b) $m = 538,19\,\text{m}^3 \cdot 1,8\,\text{t/}\,\text{m}^3$ $\quad n = 968,742 : 3,5$

$m = 968,742\,\text{t}$ $\quad n = 276,78$

$n = 277$ Fuhren

6. a) $V = \frac{1,90\,\text{m}}{3}\Big(20,80\,\text{m} \cdot 17,30\,\text{m} + 17,20\,\text{m} \cdot 13,70\,\text{m}$ **200**

$+ \sqrt{20,80\,\text{m} \cdot 17,30\,\text{m} \cdot 17,20\,\text{m} \cdot 13,70\,\text{m}}\Big)$

$V = 561,56\,\text{m}^3$

b) $n = 561,56\,\text{m}^3 : 2\,\text{m}^3$

$n = 280,8$

$n = 281$ Fuhren

7. a) 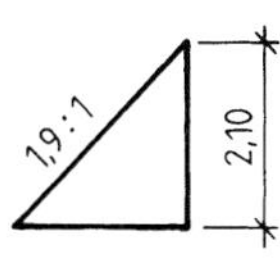

$$SV = \frac{h}{l}$$

$$l = \frac{2,10\,\text{m}}{1,9}$$

$$l = 1,105\,\text{m} \rightarrow a = 0,65\,\text{m}$$

b) $V = \frac{2,10\,\text{m}}{3}\Big(22,0\,\text{m} \cdot 16,70\,\text{m} + 19,79\,\text{m} \cdot 14,49\,\text{m}$

$+ \sqrt{22\,\text{m} \cdot 16,70\,\text{m} \cdot 19,79\,\text{m} \cdot 14,49\,\text{m}}\Big) = 685,12\,\text{m}^3$

200 c) $m = 685{,}12\,\text{m}^3 \cdot 1{,}9\,\text{t/m}^3$

$m = 1\,301{,}73\,\text{t}$

$n = 1\,301{,}73 : 5{,}5$

$n = 236{,}68$

$n = 237$ Fuhren

d) Anzahl der km

$l = 3{,}7\ \text{km} \cdot 2 \cdot 237$

$l = 1\,753{,}8\ \text{km}$

8.

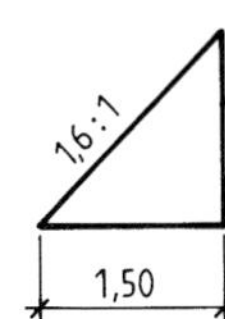

$SV = \dfrac{h}{l}$

$h = \dfrac{1{,}6}{1} \cdot 1{,}50\,\text{m}$

$h = 2{,}40\,\text{m}$

a) $V = \dfrac{2{,}40\,\text{m}}{3}\Big(20{,}0\,\text{m} \cdot 16{,}60\,\text{m} + 17{,}0\,\text{m} \cdot 13{,}60\,\text{m}$

$+ \sqrt{20\,\text{m} \cdot 16{,}60\,\text{m} \cdot 17{,}0\,\text{m} \cdot 13{,}60\,\text{m}}\Big)$

$V = 672{,}20\,\text{m}^3$

b) aufgelockerte Erde

$V = 672{,}20\,\text{m}^3 + 100{,}84\,\text{m}^3$

$V = 773{,}04\,\text{m}^3$

aufzufüllendes Volumen (verdichtet)

$V = 672{,}20\,\text{m}^3 - 15{,}70\,\text{m} \cdot 12{,}30\,\text{m} \cdot 2{,}40\,\text{m}$

$V = 208{,}74\,\text{m}^3$

Nachverfüllung	16%
Auflockerung	15%
Mehrbedarf	1% $\hat{=}$ 2,09 m^3

	208,74 m^3	
+	2,09 m^3	
	210,83 m^3	aufzufüllen (verdichtet)
	672,20 m^3	
	461,37 m^3	abzufahren (verdichtet)
	69,21 m^3	Auflockerung 15%
	530,58 m^3	abzufahren

c) $n = 530{,}58\,\text{m}^3 : 3\,\text{m}^3$

$n = 177$ Fuhren

9.

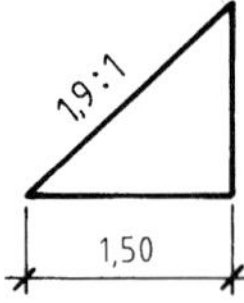

$SV = \dfrac{h}{l}$

$h = 1{,}9 \cdot 1{,}50\,\text{m}$

$h = 2{,}85\,\text{m}$

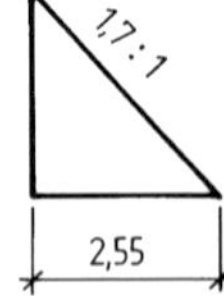

$l = \dfrac{2{,}25\,\text{m}}{1{,}7}$

$l = 1{,}32\,\text{m}$

a) Arbeitsraum

$a = 2{,}25\,\text{m} - 1{,}32\,\text{m}$

$a = 0{,}93\,\text{m}$

b) $V_1 = \frac{2{,}25\,\text{m}}{3}\Big(88{,}70\,\text{m} \cdot 56{,}90\,\text{m} + 86{,}06\,\text{m} \cdot 54{,}26\,\text{m}$ 200

$+ \sqrt{88{,}70\,\text{m} \cdot 56{,}90\,\text{m} \cdot 86{,}06\,\text{m} \cdot 54{,}26\,\text{m}}\Big)$

$V_1 = 10\,928{,}477\,\text{m}^3$

$V_2 = \frac{2{,}85\,\text{m}}{3}\Big(96{,}50\,\text{m} \cdot 64{,}70\,\text{m} + 93{,}50\,\text{m} \cdot 61{,}70\,\text{m}$

$+ \sqrt{96{,}50\,\text{m} \cdot 64{,}70\,\text{m} \cdot 93{,}50\,\text{m} \cdot 61{,}70\,\text{m}}\Big)$

$V_2 = 17\,113{,}357\,\text{m}^3$

$V \;= 28\,041{,}83\,\text{m}^3$

c) $m = 28\,041{,}83\,\text{m}^3 \cdot 1{,}8\,\text{t/m}^3$

$m = 50\,475{,}29\,\text{t}$

$n = 50\,475{,}29 : 5{,}5$

$n = 9\,178$ Fuhren

Anzahl pro Lkw

$n = 9\,178 : 5$

$n = 1\,836$ Fuhren

10. a) 201

$l = \frac{3{,}70\,\text{m}}{1{,}85}$

$l = 2{,}0\,\text{m}$

$a = \frac{20\,\text{m} - 2 \cdot 2{,}0\,\text{m} - 14{,}30\,\text{m}}{2}$

$a = 0{,}85\,\text{m}$

b) $V_1 = \frac{44{,}0\,\text{m} + 28{,}0\,\text{m}}{2} \cdot 14{,}0\,\text{m} \cdot 3{,}70\,\text{m} + \frac{2{,}0\,\text{m} \cdot 3{,}70\,\text{m}}{2}\,(44{,}0\,\text{m} + 26{,}0\,\text{m} + 14{,}0\,\text{m})$

$+ \frac{4{,}0^2\,\text{m}^2 \cdot 3{,}70\,\text{m}}{3} \cdot \frac{3}{4}$

$V_1 = 2\,190{,}04\,\text{m}^3$

$V_2 = \frac{34{,}0\,\text{m} + 20{,}0\,\text{m}}{2} \cdot 16{,}0\,\text{m} \cdot 3{,}70\,\text{m} + \frac{2{,}0\,\text{m} \cdot 3{,}70\,\text{m}}{2}\,(34{,}0\,\text{m} + 16{,}0\,\text{m} + 18{,}0\,\text{m})$

$+ \frac{4{,}0^2\,\text{m}^2 \cdot 3{,}70\,\text{m}}{3} \cdot \frac{1}{2}$

$V_2 = 1\,859{,}87\,\text{m}^3$

$V_3 = 2{,}0\,\text{m} \cdot 2{,}0\,\text{m} \cdot 3{,}70\,\text{m} - \frac{4{,}0^2\,\text{m}^2 \cdot 3{,}70\,\text{m}}{3 \cdot 4}$

$V_3 = 9{,}87\,\text{m}^3$ Innenecke

$V \;= V_1 + V_2 + V_3$

$V \;= 4\,059{,}78\,\text{m}^3$

c) $V \;= 14{,}30\,\text{m} \cdot 32{,}30\,\text{m} \cdot 3{,}70\,\text{m} + 28{,}0\,\text{m} \cdot 12{,}30\,\text{m} \cdot 3{,}70\,\text{m}$

$V \;= 2\,983{,}273\,\text{m}^3 + 14\%$

$V \;= 3\,400{,}93\,\text{m}^3$

d) $m = 3\,400{,}93\,\text{m}^3 \cdot 1{,}8\,\text{t/m}^3$

$m = 6\,121{,}676\,\text{t}$

$n = 6\,121{,}676 : 4$

$n = 1\,531$ Fuhren

201 **11.** a)

$$l = \frac{1{,}30\,\text{m}}{4}$$

$$l = 0{,}325\,\text{m}$$

$$a = \frac{5{,}40\,\text{m} - 2 \cdot 0{,}325\,\text{m} - 3{,}50\,\text{m}}{2}$$

$$a = 0{,}625\,\text{m}$$

b) $$V = \frac{\pi \cdot h}{12}\,(d_1{}^2 + d_2{}^2 + d_1 \cdot d_2)$$

$$= \frac{\pi \cdot 1{,}30\,\text{m}}{12}\,(5{,}40^2\,\text{m}^2 + 4{,}75^2\,\text{m}^2 + 5{,}40\,\text{m} \cdot 4{,}75\,\text{m})$$

$$V = 26{,}33\,\text{m}^3$$

c) $$V_\text{B} = \frac{3{,}50^2\,\text{m}^2 \cdot \pi}{4} \cdot 1{,}30\,\text{m}$$

$$V_\text{B} = 12{,}51\,\text{m}^3$$

$$V = 26{,}33\,\text{m}^3 - 12{,}51\,\text{m}^3$$

$$V = 13{,}82\,\text{m}^3$$

12.

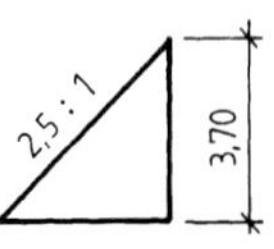

$$l = \frac{3{,}70\,\text{m}}{2{,}5}$$

$$l = 1{,}48\,\text{m}$$

a) $$V = \frac{3{,}70\,\text{m}}{3}\left(10{,}36^2\,\text{m}^2 + 7{,}40^2\,\text{m}^2 + \sqrt{10{,}36^2\,\text{m}^2 \cdot 7{,}40^2\,\text{m}^2}\right)$$

$$V = 294{,}46\,\text{m}^3$$

b) $$V_\text{T} = 6{,}0^2\,\text{m}^2 \cdot 3{,}70\,\text{m}$$

$$V_\text{T} = 133{,}20\,\text{m}^3$$

$$V = 294{,}46\,\text{m}^3 - 133{,}20\,\text{m}^3$$

$$V = 161{,}26\,\text{m}^3$$

13.

$$l = \frac{2{,}60\,\text{m}}{1{,}2}$$

$$l = 2{,}1\overline{6}\,\text{m}$$

a) $$V = \frac{2{,}60\,\text{m}}{3}\Big(29{,}62\,\text{m} \cdot 19{,}62\,\text{m} + 25{,}30\,\text{m} \cdot 15{,}30\,\text{m} + \sqrt{29{,}62\,\text{m} \cdot 19{,}62\,\text{m} \cdot 25{,}30\,\text{m} \cdot 15{,}30\,\text{m}}\Big)$$

$$V = 1\,250{,}19\,\text{m}^3$$

b) $$V = 1\,250{,}19\,\text{m}^3 - 24{,}0\,\text{m} \cdot 14{,}0\,\text{m} \cdot 2{,}60\,\text{m}$$

$$V = 376{,}59\,\text{m}^3$$

c) $V = 873{,}60\,\text{m}^3 + 14\%$ **201**

$V = 995{,}90\,\text{m}^3$

$m = 995{,}90\,\text{m}^3 \cdot 1{,}8\,\text{t/m}^3$

$m = 1\,792{,}62\,\text{t}$

$n = 1\,792{,}62\,\text{t} : 3{,}5\,\text{t}$

$n = 513$ Fuhren

14. $V = 0{,}40\,\text{m} \cdot 1{,}10\,\text{m} \cdot 100\,\text{m}$ **202**

$V = 44{,}0\,\text{m}^3$

15. $V = 0{,}70\,\text{m} \cdot 1{,}70\,\text{m} \cdot 50\,\text{m}$

$V = 59{,}50\,\text{m}^3$

16.

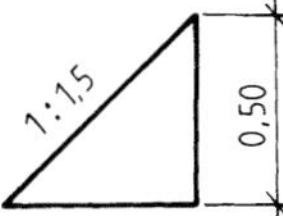

$$l = \frac{0{,}50\,\text{m} \cdot 1{,}5}{1}$$

$l = 0{,}75\,\text{m}$

$$V = 0{,}85\,\text{m} \cdot 1{,}25\,\text{m} \cdot 1{,}0\,\text{m} + \frac{0{,}85\,\text{m} + 2{,}35\,\text{m}}{2} \cdot 0{,}50\,\text{m} \cdot 1{,}0\,\text{m}$$

$V = 1{,}86\,\text{m}^3$

17. a) $V = 1{,}50\,\text{m} \cdot 2{,}25\,\text{m} \cdot 150\,\text{m}$

$V = 506{,}25\,\text{m}^3$

b) $$V = \frac{0{,}80^2\,\text{m}^2 \cdot \pi}{4} \cdot 150\,\text{m} + \frac{0{,}25^2\,\text{m}^2 \cdot \pi}{4} \cdot 150\,\text{m}$$

$V = 82{,}76\,\text{m}^3$

18. a) $V = 3{,}40\,\text{m} \cdot 2{,}90\,\text{m} \cdot 325\,\text{m}$

$V = 3\,204{,}50\,\text{m}^3$

b) $$V_\text{R} = \left(\frac{1{,}80^2\,\text{m}^2 \cdot \pi}{4} + \frac{0{,}5^2\,\text{m}^2 \cdot \pi}{4}\right) 325\,\text{m}$$

$V_\text{R} = 890{,}84\,\text{m}^3$

$V = 3\,204{,}50\,\text{m}^3 - 890{,}84\,\text{m}^3$

$V = 2\,313{,}66\,\text{m}^3$

c) $V = 890{,}84\,\text{m}^3 + 12{,}5\%$

$V = 1\,002{,}195\,\text{m}^3$

22 Statik

223 **1.** $$m = \left(\frac{0{,}25\,\text{m} + 0{,}15\,\text{m}}{2} \cdot 0{,}60\,\text{m} \cdot 2{,}50\,\text{m} + 0{,}60\,\text{m} \cdot 0{,}20\,\text{m} \cdot 2{,}50\,\text{m}\right) 2\,400\,\frac{\text{kg}}{\text{m}^3}$$

$$m = 1\,440\,\text{kg}$$

$$m = 1{,}44\,\text{t}$$

2. $$m = 0{,}20\,\text{m} \cdot 0{,}38\,\text{m} \cdot 5{,}20\,\text{m} \cdot 500\,\frac{\text{kg}}{\text{m}^3}$$

$$m = 197{,}6\,\text{kg}$$

3. $$m = \frac{(0{,}22^2\,\text{m} - 0{,}20^2\,\text{m})}{4} \cdot \pi \cdot 2{,}85\,\text{m} \cdot 7\,850\,\frac{\text{kg}}{\text{m}^3}$$

$$m = 147{,}60\,\text{kg}$$

4. $$m = 4{,}50\,\text{m} \cdot 2{,}80\,\text{m} \cdot 2\,500\,\frac{\text{kg}}{\text{m}^3}\ (0{,}004\,\text{m} + 0{,}006\,\text{m})$$

$$m = 315\,\text{kg}$$

5. $$V = \left(4{,}5\,\text{dm} \cdot 4{,}5\,\text{dm} - \frac{3{,}5\,\text{dm} + 3\,\text{dm}}{2} \cdot 1{,}5\,\text{dm} \cdot 2\right) 12\,\text{dm}$$

$$V = 126\,\text{dm}^3$$

$$\varrho = \frac{157{,}5\,\text{kg}}{126\,\text{dm}^3} = 1{,}25\,\text{kg/dm}^3$$

6. a) $$V = \frac{112{,}5\,\text{kg}}{750\,\text{kg/dm}^3}$$

$$V = 0{,}15\,\text{m}^3$$

b) $$V = \frac{112{,}5\,\text{kg}}{0{,}75\,\text{kg/dm}^3}$$

$$V = 150\,\text{dm}^3$$

7. $$m = \left(0{,}12\,\text{m} \cdot 0{,}10\,\text{m} + \frac{0{,}085\,\text{m} + 0{,}05\,\text{m}}{2} \cdot 0{,}23\,\text{m}\right) \cdot 4{,}20\,\text{m} \cdot 2\,200\,\frac{\text{kg}}{\text{m}^3}$$

$$m = 254{,}33\,\text{kg}$$

224 **8.** $$m = \left(0{,}40 \cdot 0{,}175\,\text{m} - \frac{0{,}05\,\text{m} \cdot 0{,}175\,\text{m}}{2}\right) \cdot 2{,}50\,\text{m} \cdot 2\,700\,\frac{\text{kg}}{\text{m}^3}$$

$$m = 442{,}97\,\text{kg}$$

9. $$m = \left(4{,}0\,\text{m} \cdot 0{,}20\,\text{m} + \frac{2{,}78\,\text{m} + 1{,}86\,\text{m}}{2} \cdot 0{,}80\,\text{m} - \frac{2{,}50\,\text{m} + 1{,}62\,\text{m}}{2} \cdot 0{,}68\,\text{m}\right)$$

$$\cdot\, 14{,}0\,\text{m} \cdot 2\,500\,\frac{\text{kg}}{\text{m}^3}$$

$$m = 43\,925\,\text{kg}$$

$$m = 43{,}93\,\text{t}$$

10. $m = \Big[1{,}65\,\text{m} \cdot 1{,}45\,\text{m} \cdot 1{,}85\,\text{m} - 1{,}65\,\text{m} \cdot 0{,}65\,\text{m} \cdot 0{,}60\,\text{m} - 0{,}80\,\text{m} \cdot 0{,}65\,\text{m}$ **224**

$\cdot\, 0{,}60\,\text{m} - \dfrac{1{,}10\,\text{m}}{3}\Big(0{,}70\,\text{m} \cdot 0{,}50\,\text{m} + 0{,}54\,\text{m} \cdot 0{,}34\,\text{m} +$

$\sqrt{0{,}70\,\text{m} \cdot 0{,}50\,\text{m} \cdot 0{,}54\,\text{m} \cdot 0{,}34\,\text{m}}\Big)\Big] \cdot 2\,500\,\dfrac{\text{kg}}{\text{m}^3}$

$m = 7\,952{,}5\,\text{kg}$

$m = 7{,}95\,\text{t}$

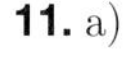

11. a)

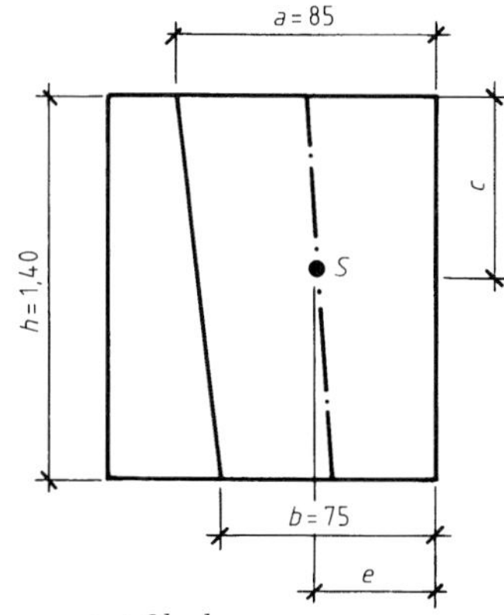

$$c = \frac{a + 2b}{a + b} \cdot \frac{h}{3}$$

$$= \frac{0{,}85\,\text{m} + 2 \cdot 0{,}75\,\text{m}}{1{,}60\,\text{m}} \cdot \frac{1{,}40\,\text{m}}{3}$$

$c = 0{,}69\,\text{m}$

$1{,}40\,\text{m} : 0{,}05\,\text{m} = 0{,}71\,\text{m} : x$

$x = 0{,}025\,\text{m}$

$e = 37{,}5\,\text{cm} + 2{,}5\,\text{cm}$

$e = 40\,\text{cm}$

$$m = \left[\frac{5{,}50^2\,\text{m}^2 \cdot \pi}{4} \cdot 1{,}70\,\text{m} - \frac{0{,}85\,\text{m} + 0{,}75\,\text{m}}{2} \cdot 1{,}15\,\text{m} \cdot \pi\,(5{,}50\,\text{m} - 2 \cdot 0{,}40\,\text{m}) - \frac{3{,}50^2\,\text{m}^2 \cdot \pi}{4} \cdot 1{,}40\,\text{m}\right] 2\,500\,\frac{\text{kg}}{\text{m}^3}$$

$m = 33\,337{,}5\,\text{kg}$

$m = 33{,}34\,\text{t}$

b) $m = 33\,337{,}5\,\text{kg} + \dfrac{3{,}50^2\,\text{m}^2 \cdot \pi}{4} \cdot 1{,}30\,\text{m} \cdot 1\,000\,\dfrac{\text{kg}}{\text{m}^3}$

$m = 45\,844{,}97\,\text{kg}$

$m = 45{,}845\,\text{t}$

c)

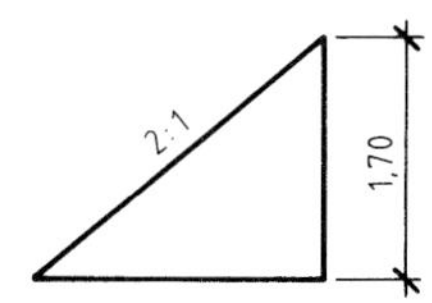

$d_1 = 5{,}50\,\text{m} + 2 \cdot 0{,}30\,\text{m} + 2 \cdot 0{,}85\,\text{m}$

$d_1 = 7{,}80\,\text{m}$

$d_2 = 5{,}50\,\text{m} + 2 \cdot 0{,}30\,\text{m}$

$d_2 = 6{,}10\,\text{m}$

224

$$l = \frac{1{,}70\,\text{m}}{2}$$

$$l = 0{,}85\,\text{m}$$

$$V = \frac{\pi \cdot 1{,}70\,\text{m}}{12}\,(7{,}80^2\,\text{m}^2 + 6{,}10^2\,\text{m}^2 + 7{,}80\,\text{m} \cdot 6{,}10\,\text{m}) - \frac{5{,}50^2\,\text{m}^2 \cdot \pi}{4}\,1{,}70\,\text{m}$$
$$+ \frac{0{,}85\,\text{m} + 0{,}75\,\text{m}}{2} \cdot 1{,}15\,\text{m} \cdot \pi\,(5{,}50\,\text{m} - 2 \cdot 0{,}40\,\text{m})$$

$$V = 64{,}814\,\text{m}^3 - 40{,}389\,\text{m}^3 + 13{,}584\,\text{m}^3$$

$$V = 38{,}01\,\text{m}^3$$

$$m = 38{,}01\,\text{m}^3 \cdot 1\,900\,\frac{\text{kg}}{\text{m}^3}$$

$$m = 72\,219\,\text{kg}$$

$$m = 72{,}22\,\text{t}$$

d) Becken: $m_1 = 33\,337{,}5\,\text{kg}$

Füllung: $m_2 = 12\,507{,}47\,\text{kg}$

Erde: $m_3 = \frac{0{,}85\,\text{m} + 0{,}75\,\text{m}}{2} \cdot 1{,}15\,\text{m} \cdot \pi\,(5{,}50\,\text{m} - 2 \cdot 0{,}40\,\text{m}) \cdot 1\,900\,\frac{\text{kg}}{\text{m}^3}$

$m_3 = 25\,810{,}07\,\text{kg}$ $\quad m = 71\,655{,}04\,\text{kg}$

$m = 71{,}66\,\text{t}$

225 **12.**

$$m = \left(15{,}0\,\text{m} \cdot 7{,}50\,\text{m} - \frac{1{,}0\,\text{m} \cdot 7{,}50\,\text{m}}{2} \cdot 2 - \frac{14{,}20\,\text{m} + 12{,}60\,\text{m}}{2} \cdot 6{,}15\,\text{m}\right.$$
$$\left. - \frac{12{,}60\,\text{m} \cdot 1{,}05\,\text{m}}{2}\right) \cdot 0{,}30\,\text{m} \cdot 450\,\frac{\text{kg}}{\text{m}^3}$$

$$m = 2\,155{,}95\,\text{kg}$$

$$m = 2{,}16\,\text{m}$$

$$m = 2{,}16\,\text{t}$$

13.

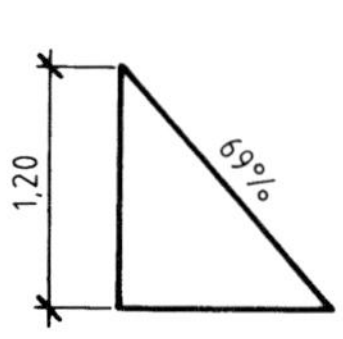

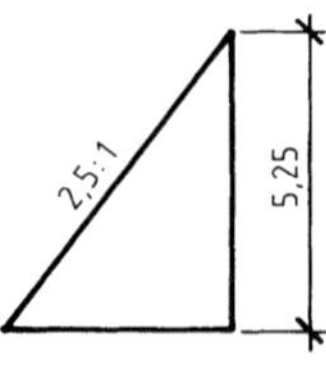

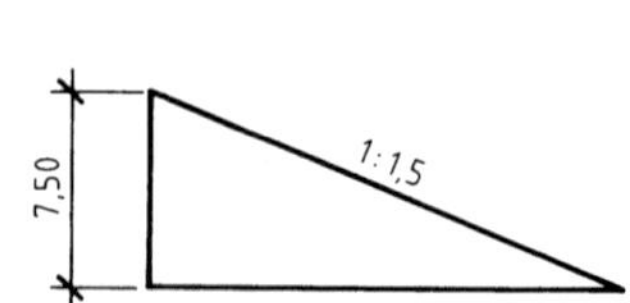

$$l = \frac{1{,}20\,\text{m} \cdot 100}{69} \qquad \frac{2{,}5}{1} = \frac{5{,}25\,\text{m}}{l} \qquad \frac{1}{1{,}5} = \frac{7{,}50\,\text{m}}{l}$$

$$l = 1{,}74\,\text{m} \qquad l = 2{,}10\,\text{m} \qquad l = 11{,}25\,\text{m}$$

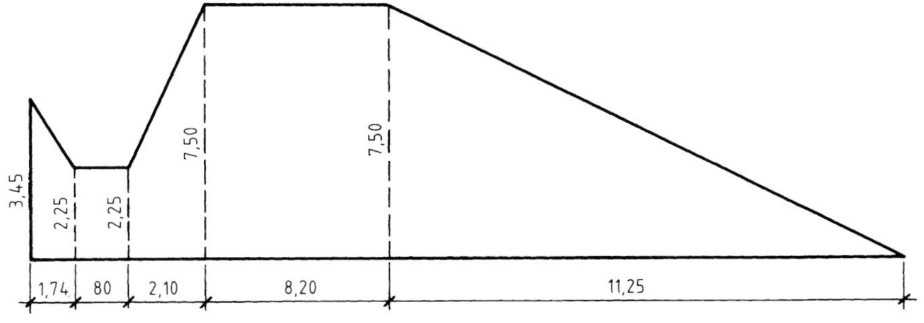

$$A = \frac{3{,}45\,\text{m} + 2{,}25\,\text{m}}{2} \cdot 1{,}74\,\text{m} + 0{,}80\,\text{m} \cdot 2{,}25\,\text{m} + \frac{7{,}50\,\text{m} + 2{,}25\,\text{m}}{2} \cdot 2{,}10\,\text{m}$$

$$+ 8{,}20\,\text{m} \cdot 7{,}50\,\text{m} + \frac{7{,}50\,\text{m} \cdot 11{,}25\,\text{m}}{2}$$

$$A = 4{,}959\,\text{m}^2 + 1{,}8\,\text{m}^2 + 10{,}238\,\text{m}^2 + 61{,}5\,\text{m}^2 + 42{,}187\,\text{m}^2 = 120{,}684\,\text{m}^2$$

$m = 120{,}684\,\text{m}^2 \cdot 3\,500\,\text{m} \cdot 2\,100\,\text{kg/m}^3$ $\qquad m = 887\,027\,\text{t}$

$m = 887\,027\,400\,\text{kg}$ $\qquad m = 887{,}027\ \text{Mt}$

14. a) $F_\text{R} = 95\ \text{kN} \downarrow$

b) $F_\text{R} = 0{,}42\ \text{MN} \rightarrow$

c) $F_\text{R} = 36\ \text{kN} \downarrow$

d)

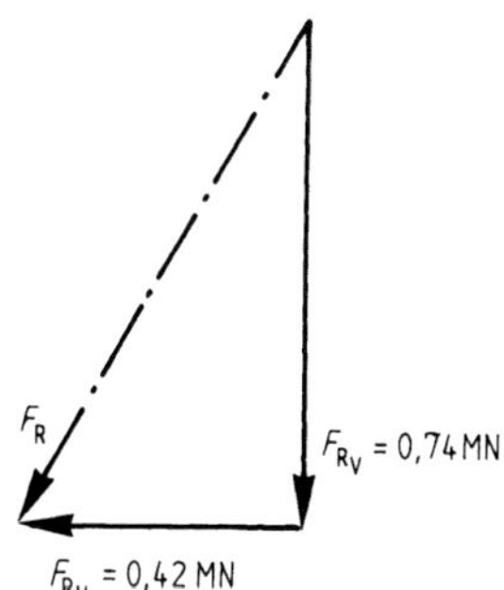

$F_\text{R}{}^2 = F_\text{R}{}^2{}_\text{V} + F_\text{R}{}^2{}_\text{H}$

$F_R{}^2 = 0{,}74^2 + 0{,}42^2$

$F_\text{R} = 0{,}85\ \text{MN}$

e) $F_{1\text{V}} = 19{,}05\ \text{kN} \uparrow$

$F_{1\text{H}} = 11{,}0\ \text{kN} \rightarrow$

$F_{2\text{V}} = 12{,}5\ \text{kN} \downarrow$

$F_{2\text{H}} = 0$

$F_{3\text{V}} = 10{,}32\ \text{kN} \downarrow$

$F_{3\text{H}} = 14{,}75\ \text{kN} \rightarrow$

$F_\text{RV} = 3{,}77\ \text{kN}$

$F_\text{RH} = 25{,}75\ \text{kN}$

$F_\text{R}{}^2 = 3{,}77^2 + 25{,}75^2$

$F_\text{R} = 26{,}02\ \text{kN}$

f)) $F_{1\text{V}} - 0{,}012\ \text{MN} \uparrow$

$F_{1\text{H}} = 0{,}069\ \text{MN} \rightarrow$

$F_{2\text{V}} = 0$

$F_{2\text{H}} = 0{,}01\ \text{MN} \rightarrow$

$F_{3\text{V}} = 0$

$F_{3\text{H}} = 0{,}04\ \text{MN} \leftarrow$

$F_{4\text{V}} = 0{,}042\ \text{MN} \uparrow$

$F_{4\text{H}} = 0{,}091\ \text{MN} \leftarrow$

$F_\text{R}{}^2 = F_\text{R}{}^2{}_\text{V} + F_\text{R}{}^2{}_\text{H}$

$F_\text{R}{}^2 = 0{,}054^2 + 0{,}052^2$

$F_\text{R} = 0{,}0748\ \text{MN}$

226 **15.** a)

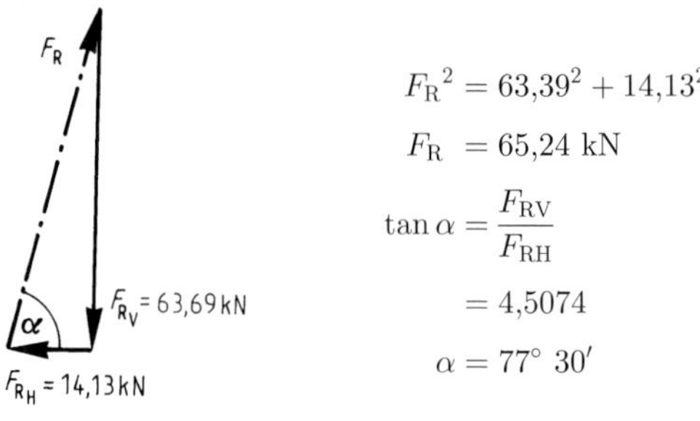

$$F_R{}^2 = 63{,}39^2 + 14{,}13^2$$
$$F_R = 65{,}24 \text{ kN}$$
$$\tan\alpha = \frac{F_{RV}}{F_{RH}} = 4{,}5074$$
$$\alpha = 77^\circ\ 30'$$

b) $F_{RV} = 24{,}76 \text{ kN} \downarrow$, $F_{RH} = 0$ $\Big\}$ $F_R = 24{,}76 \text{ kN} \uparrow$, $\alpha = 90^\circ$

c)

F_R — $F_{R_V} = 0{,}069$ MN — $F_{R_H} = 0{,}64$ MN

$$F_R{}^2 = 0{,}069^2 + 0{,}64^2$$
$$F_R = 0{,}676 \text{ MN}$$
$$\tan\alpha = \frac{0{,}069}{0{,}64} = 0{,}1078$$
$$\alpha = 6^\circ\ 9'$$

16.

F_1, F_2, F_3, F_R

gemessen: $F_R = 144$ KN

KM : 1 cm $\hat{=}$ 20 kN

$$F_{RV} = 12{,}14 \text{ kN}$$
$$F_{RH} = 142{,}94 \text{ kN}$$
$$F_R{}^2 = 12{,}14^2 + 142{,}94^2$$
$$F_R = 143{,}45 \text{ kN}$$

17. KM : 1 cm $\hat{=}$ 10 kN

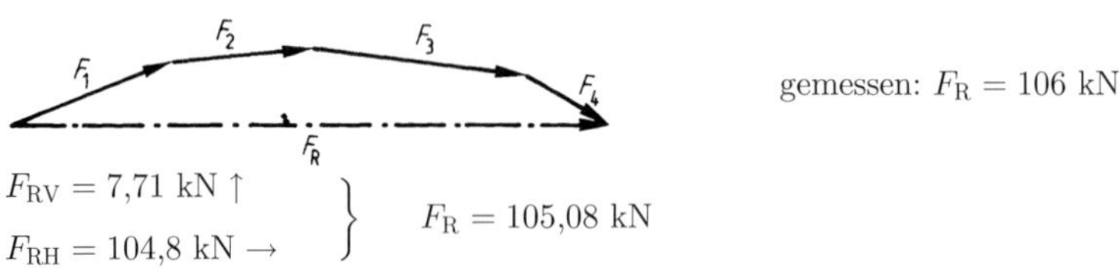

gemessen: $F_R = 106$ kN

$F_{RV} = 7{,}71 \text{ kN} \uparrow$, $F_{RH} = 104{,}8 \text{ kN} \rightarrow$ $\Big\}$ $F_R = 105{,}08$ kN

18. KM : 1 cm $\hat{=}$ 0,10 MN

F, 30°, S_1, S_2

gemessen: $S_1 = 0{,}58$ MN, $S_2 = 0{,}3$ MN

rechnerisches Ergebnis: $S_1 = 0{,}577$ MN, $S_2 = 0{,}289$ MN

19. 226

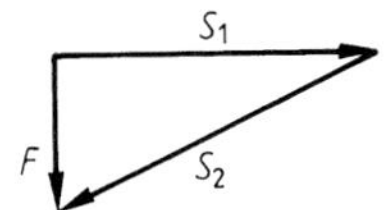

KM: 1 cm $\hat{=}$ 0,10 MN

gemessen: $S_1 = 0{,}86$ MN

$S_2 = 0{,}95$ MN

rechnerisches Ergebnis: $S_1 = 0{,}86$ MN

$S_2 = 0{,}95$ MN

20.

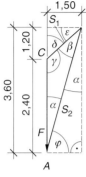

gemessen: $S_1 = 160$ kN

$S_2 = 320$ kN

$$\tan\delta = \frac{1{,}50\,\text{m}}{1{,}20\,\text{m}}$$

$$\delta = 51{,}34^\circ$$

$$\alpha = 22{,}62^\circ$$

$$\beta = 28{,}72^\circ$$

$$\gamma = 180^\circ - 51{,}34^\circ$$

$$\gamma = 128{,}36^\circ$$

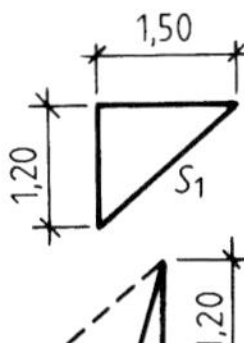

$$\tan\varphi = \frac{3{,}60\,\text{m}}{1{,}50\,\text{m}}$$

$$\varphi = 67{,}38^\circ$$

$$S_1 : 200\,\text{kN} = \sin 22{,}62^\circ : \sin 28{,}72^\circ$$

$$S_1 = 160{,}08\,kN$$

$$\tan\varepsilon = \frac{1{,}20\,\text{m}}{1{,}50\,\text{m}}$$

$$\varepsilon = 38{,}66^\circ$$

$$200\,kN : S_2 = \sin 28{,}72^\circ : \sin 128{,}66^\circ$$

$$S_2 = 325{,}00\,kN$$

21. 227

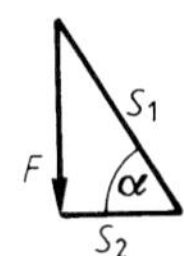

$$\cos\alpha = \frac{S_2}{S_1}$$

$= 0{,}5$ da S_2 nur halb so stark belastet wie S_1

$$\alpha = 60^\circ$$

22. a) KM: 1 cm $\hat{=}$ 1 kN

rechnerisches Ergebnis: $S_{1V} = 1{,}75$ kN, $S_{2V} = 1{,}75$ kN $> F = 3{,}5$ kN

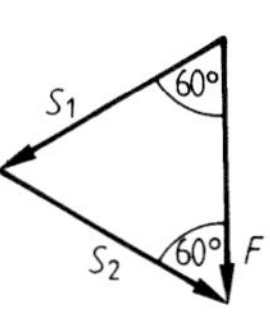

gemessen: $F = 3{,}5$ kN

b) $$\cos\ 30^\circ = \frac{S_{1V}}{S_1}$$

$$S_{1V} = S_1 \cdot \cos 30^\circ \qquad S_{2V} = 3{,}03\ \text{kN}$$

$$S_{1V} = 3{,}03\ \text{kN} \qquad F = 6{,}06\ \text{kN}$$

227 **23.** KM: 10 cm $\hat{=}$ 1 MN

gemessen: $S_1 = 0{,}42$ MN

$S_2 = 0{,}42$ MN

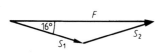

$$\cos 16^\circ = \frac{\frac{F}{2}}{S_1}$$

$$S_1 = \frac{0{,}4}{0{,}9613}$$

$$S_1 = 0{,}416 \text{ MN}$$

$$S_2 = 0{,}416 \text{ MN}$$

24.

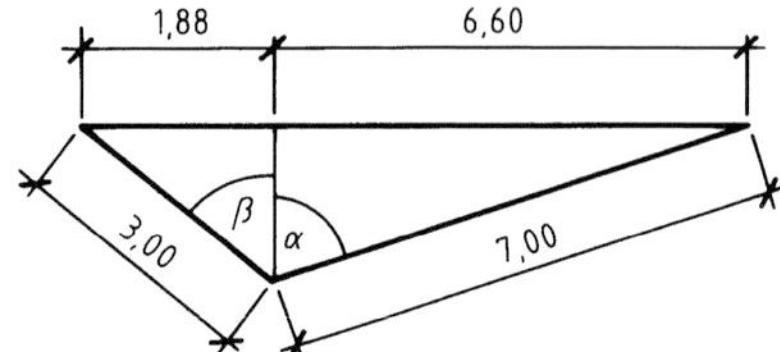

$$\sin\alpha = \frac{6{,}60\,\text{m}}{7{,}0\,\text{m}}$$

$$\alpha = 70{,}53^\circ$$

$$\alpha = 70^\circ\ 32'$$

$$\sin\beta = \frac{1{,}88\,\text{m}}{3{,}0\,\text{m}}$$

$$\beta = 38{,}8^\circ$$

$$\beta = 38^\circ\ 48'$$

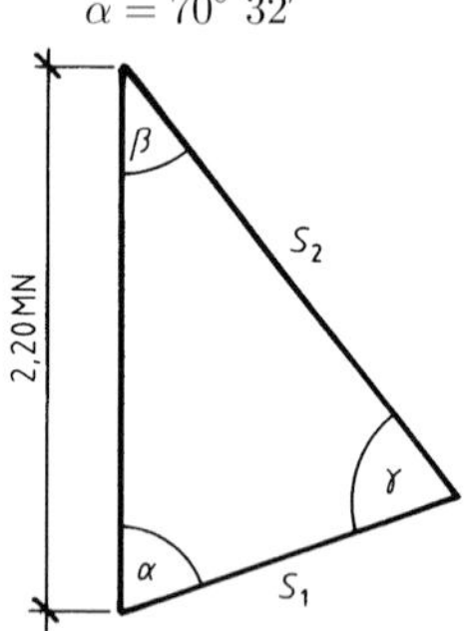

$$\gamma = 180^\circ - 70{,}53^\circ - 38{,}8^\circ$$

$$\gamma = 70{,}67^\circ$$

$$\gamma = 70^\circ\ 40'$$

$$a : b : c = \sin\alpha : \sin\beta : \sin\gamma$$

$$a : c = \sin\alpha : \sin\gamma$$

$$a : 2{,}20 \text{ MN} = \sin 70{,}53^\circ : \sin 70{,}67^\circ$$

$$a = 2{,}20 \text{ MN}$$

$$S_2 = 2{,}20 \text{ MN}$$

$$b : c = \sin\beta : \sin\gamma$$

$$b : 2{,}20 \text{ MN} = \sin 38{,}80^\circ : \sin 70{,}67^\circ$$

$$b = 1{,}46 \text{ MN}$$

$$S_1 = 1{,}46 \text{ MN}$$

Querschnitt einer Litze

$$A = \frac{2{,}0^2\text{ mm}^2 \cdot \pi}{4} \cdot 4$$

$$A = 12{,}56\,\text{mm}^2$$

Drahtseil S_1

$$A_{\text{erf.}} = \frac{F}{\sigma}$$

$$= \frac{1\,460 \text{ kN}}{8 \text{ kN/mm}^2}$$

$$A_{\text{erf.}} = 182{,}5\,\text{mm}^2$$

Drahtseil S_2

$$A_{\text{erf.}} = \frac{F}{\sigma}$$

$$= \frac{2\,200 \text{ kN}}{8 \text{ kN/mm}^2}$$

$$A_{\text{erf.}} = 275\,\text{mm}^2$$

227

Anzahl der Litzen

$$n = \frac{182{,}5\,\text{mm}^2}{12{,}56\,\text{mm}^2/\text{Litze}}$$

$n = 14{,}53$

$n = 15$ Litzen

Anzahl der Litzen

$$n = \frac{275\,\text{mm}^2}{12{,}56\,\text{mm}^2/\text{Litze}}$$

$n = 21{,}89$

$n = 22$ Litzen

25. $F_1 \cdot l_1 = F_2 \cdot l_2$

$150\ \text{N} \cdot 0{,}60\,\text{m} = F_2 \cdot 0{,}10\,\text{m}$

$F_2 = 900\ \text{N}$

26. $F_1 \cdot l_1 = F_2 \cdot l_2$

$800\ \text{N} \cdot 2{,}0\,\text{m} = F_2 \cdot 0{,}80\,\text{m}$

$F_2 = 2\,000\ \text{N}$

$F_2 = 2\ \text{kN}$

27. $F_1 \cdot l_1 = F_2 \cdot l_2$

$540\ \text{N} \cdot 0{,}18\,\text{m} = F_2 \cdot 0{,}045\,\text{m}$

$F_2 = 2\,160\ \text{N}$

$F_2 = 2{,}16\ \text{kN}$

28. $F_1 \cdot l_1 = F_2 \cdot l_2$

$450\ \text{N} \cdot 1{,}80\,\text{m} = F_2 \cdot 0{,}40\,\text{m}$

$F_2 = 2\,025\ \text{N}$

$F_2 = 2{,}03\ \text{kN}$

228

29. a) $F_1 \cdot l_1 = F_2 \cdot l_2$

$F_1 \cdot 1{,}95\,\text{m} = 1{,}6\ \text{kN} \cdot 0{,}45\,\text{m}$

$F_2 = 0{,}37\ \text{kN}$

b) $F_1 \cdot 1{,}95\,\text{m} = 1{,}6\ \text{kN} \cdot 0{,}24\,\text{m}$

$F_1 = 0{,}20\ \text{kN}$

$\Delta F = 0{,}37\ \text{kN} - 0{,}20\ \text{kN}$

$\Delta F = 0{,}17\ \text{kN}$

30. a) $F_1 \cdot 4{,}20\,\text{m} = 21\ \text{kN} \cdot 0{,}50\,\text{m}$

$F_1 = 2{,}5\ \text{kN}$

b) $F_1 \cdot 3{,}50\,\text{m} = 21\ \text{kN} \cdot 0{,}50\,\text{m}$

$F_1 = 3{,}0\ \text{kN}$

$\Delta F = 3{,}0\ \text{kN} - 2{,}5\ \text{kN}$

$\Delta F = 0{,}50\ \text{kN}$

Klammerwerte

a) $F_1 \cdot l_1 = F_2 \cdot l_2$

$F_1 \cdot 3{,}85\,\text{m} = 15{,}40\ \text{kN} \cdot 0{,}65\,\text{m}$

$F_1 = 2{,}6\ \text{kN}$

b) $F_1 \cdot 3{,}35\,\text{m} = 15{,}40\ \text{kN} \cdot 0{,}65\,\text{m}$

$F_1 = 2{,}99\ \text{kN}$

$\Delta F = 2{,}99\ \text{kN} - 2{,}60\ \text{kN}$

$\Delta F = 0{,}39\ \text{kN}$

31. $2 \cdot 2{,}2\ \text{kN} \cdot 1{,}80\,\text{m} = F_2 \cdot 3{,}20\,\text{m}$

$F_2 = 2{,}475\ \text{kN}$

32. $F_1 \cdot 15{,}0\,\text{m} \cdot 1{,}6 = 120\ \text{kN} \cdot 2{,}0\,\text{m}$

$F_1 = 10\ \text{kN}$

228 **33.**

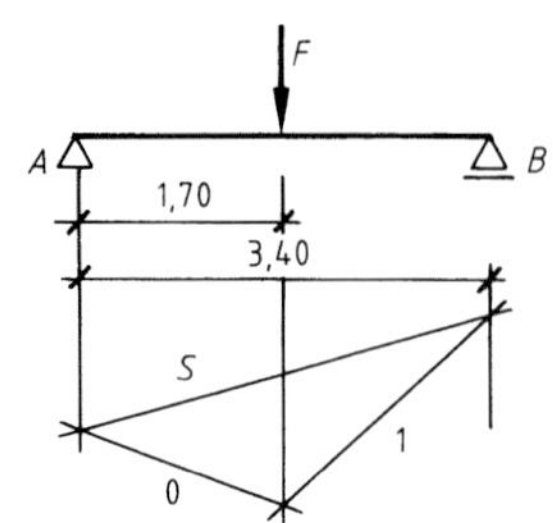

KM: $1\,\text{cm} \mathrel{\hat{=}} 5\ \text{kN}$

gemessen: $F_A = 8\ \text{kN}$

$F_B = 8\ \text{kN}$

$$F_A \cdot 3{,}40\,\text{m} = 16\ \text{kN} \cdot 1{,}70\,\text{m}$$
$$F_A = 8\ \text{kN}$$
$$F_B = 8\ \text{kN}$$

34. a)

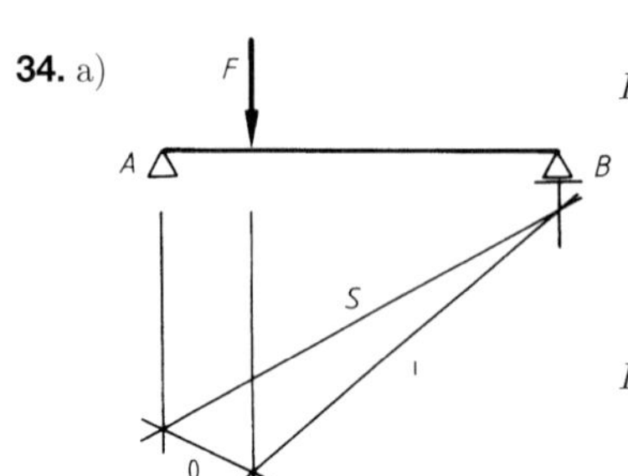

KM: $1\,\text{cm} \mathrel{\hat{=}} 6\ \text{kN}$

gemessen: $F_A = 18\ \text{kN}$

$F_B = 6\ \text{kN}$

b) $F_A \cdot 4{,}40\,\text{m} = 24\ \text{kN} \cdot 3{,}30\,\text{m}$

$F_A = 18\ \text{kN}$

$F_B \cdot 4{,}40\,\text{m} = 24\ \text{kN} \cdot 1{,}10\,\text{m}$

$F_B = 6\ \text{kN}$

229 **35.** $F_A \cdot 3{,}60\,\text{m} = 22\ \text{kN} \cdot 0{,}45\,\text{m}$

$F_A = 2{,}75\ \text{kN}$

$F_B \cdot 3{,}60\,\text{m} = 22\ \text{kN} \cdot 3{,}15\,\text{m}$

$F_B = 19{,}25\ \text{kN}$

36. $F_A \cdot 4{,}10\,\text{m} = 14\ \text{kN} \cdot 0{,}70\,\text{m} + 14\ \text{kN} \cdot 3{,}40\,\text{m}$

$F_A = 14\ \text{kN}$

$F_B \cdot 4{,}10\,\text{m} = 14\ \text{kN} \cdot 0{,}70\,\text{m} + 14\ \text{kN} \cdot 3{,}40\,\text{m}$

$F_B = 14\ \text{kN}$

37.

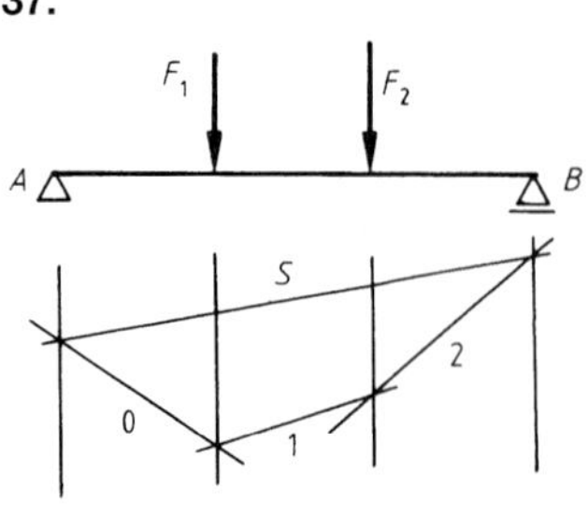

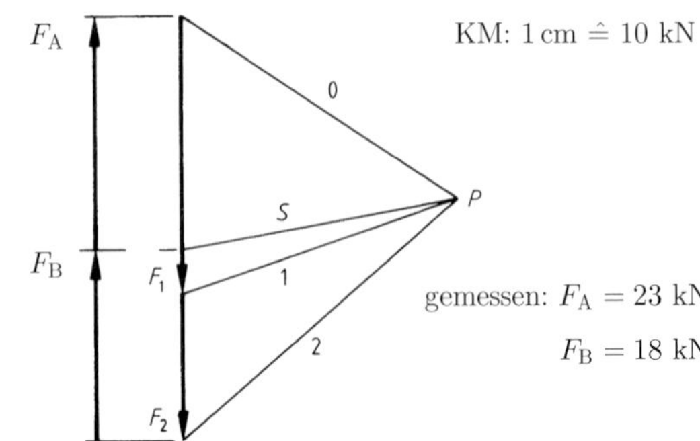

KM: $1\,\text{cm} \mathrel{\hat{=}} 10\ \text{kN}$

gemessen: $F_A = 23\ \text{kN}$

$F_B = 18\ \text{kN}$

$$F_A \cdot 3{,}60\,\text{m} = 28\ \text{kN} \cdot 2{,}40\,\text{m} + 14\ \text{kN} \cdot 1{,}20\,\text{m}$$
$$F_A = 23\ ^1\!/_3\ \text{kN}$$
$$F_B \cdot 3{,}60\,\text{m} = 28\ \text{kN} \cdot 1{,}20\,\text{m} + 14\ \text{kN} \cdot 2{,}40\,\text{m}$$
$$F_B = 18\ ^2\!/_3\ \text{kN}$$

38. a)

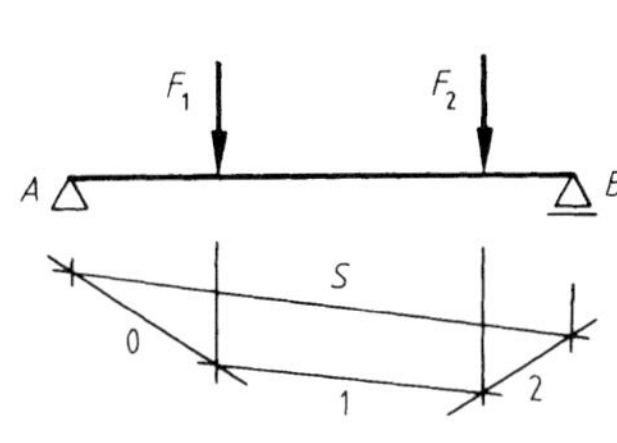

KM: 1 cm ≙ 10 kN

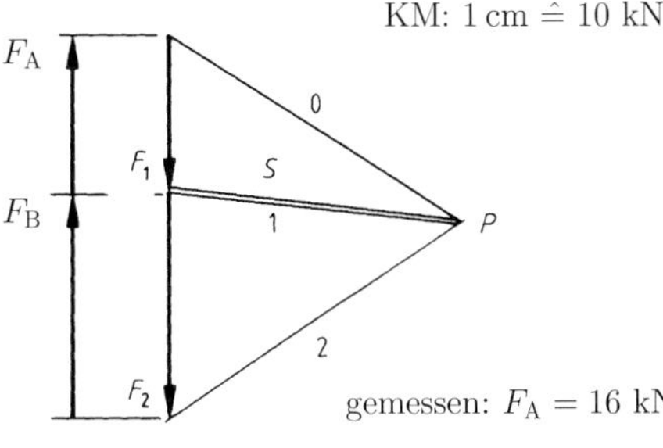

gemessen: $F_A = 16$ kN
$F_B = 24$ kN

$$F_A \cdot 4{,}20\,\text{m} = 17\ \text{kN} \cdot 3{,}0\,\text{m} + 23\ \text{kN} \cdot 0{,}80\,\text{m} \qquad F_B \cdot 4{,}20\,\text{m} = 17\ \text{kN} \cdot 1{,}20\,\text{m} + 23\ \text{kN} \cdot 3{,}40\,\text{m}$$
$$F_A = 16{,}52\ \text{kN} \qquad F_B = 23{,}48\ \text{kN}$$

b) $F_A \cdot 4{,}20\,\text{m} = 12\ \text{kN} \cdot 3{,}0\,\text{m} + 18\ \text{kN} \cdot 0{,}80\,\text{m}$
$$F_A = 12\ \text{kN}$$
$$F_B \cdot 4{,}20\,\text{m} = 12\ \text{kN} \cdot 1{,}20\,\text{m} + 18\ \text{kN} \cdot 3{,}40\,\text{m}$$
$$F_B = 18\ \text{kN}$$

c) $F_A \cdot 4{,}20\,\text{m} = 8\ \text{kN} \cdot 3{,}0\,\text{m} + 16\ \text{kN} \cdot 0{,}80\,\text{m}$
$$F_A = 8{,}76\ \text{kN}$$
$$F_B \cdot 4{,}20\,\text{m} = 8\ \text{kN} \cdot 1{,}20\,\text{m} + 16\ \text{kN} \cdot 3{,}40\,\text{m}$$
$$F_B = 15{,}24\ \text{kN}$$

39. a)

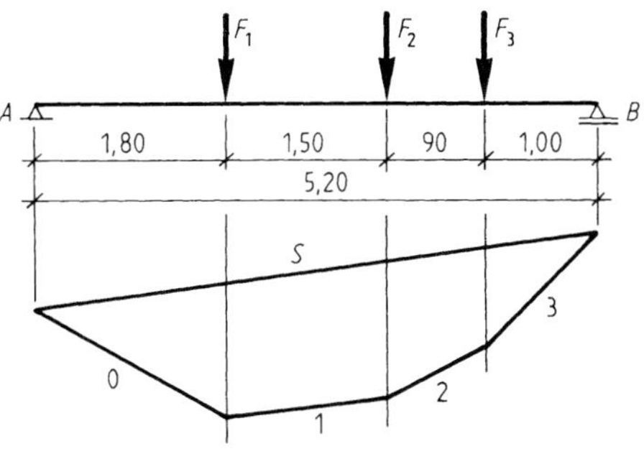

KM: 1 cm ≙ 10 kN

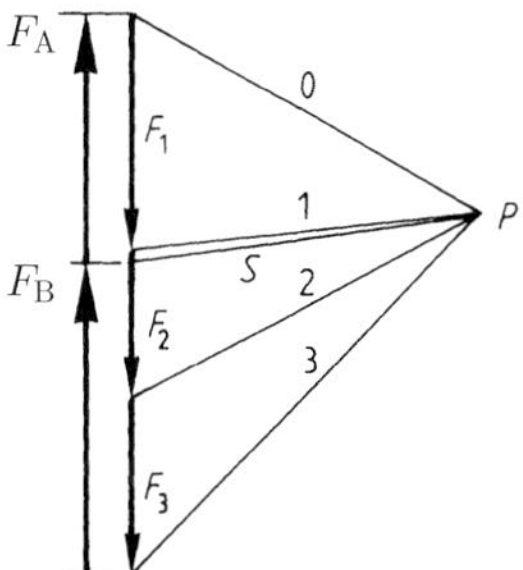

gemessen: $F_A = 33$ kN rechnerisch: $F_A = 32{,}48$ kN
$F_B = 42$ kN $F_B = 42{,}52$ kN

229 b) $\sigma_A = \dfrac{32\,480 \cdot \text{ N}}{160\,\text{mm} \cdot 240\,\text{mm}}$ $\qquad$ $\sigma_B = \dfrac{42\,520 \cdot \text{ N}}{160\,\text{mm} \cdot 240\,\text{mm}}$

$\sigma_A = 0{,}85 \text{ N/mm}^2$ $\qquad$ $\sigma_B = 1{,}11 \text{ N/mm}^2$

40.

KM: $1\,\text{cm} \mathrel{\hat{=}} 0{,}06 \text{ MN}$

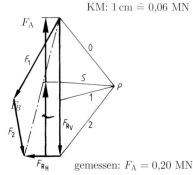

gemessen: $F_A = 0{,}20 \text{ MN}$

$F_B = 0{,}23 \text{ MN}$

rechnerisches Ergebnis:

$F_A \cdot 4{,}70\,\text{m} = F_{1V} \cdot 2{,}90\,\text{m} + F_{2V} \cdot 1{,}20\,\text{m}$ $\qquad$ $F_B \cdot 4{,}70\,\text{m} = F_{1V} \cdot 1{,}80\,\text{m} + F_{2V} \cdot 3{,}50\,\text{m}$

$F_A = 0{,}206 \text{ MN}$ $\qquad$ $F_B = 0{,}231 \text{ MN}$

$\sigma = \dfrac{F}{A}$ $\quad$ $l_A = \dfrac{0{,}206 \text{ MN}}{1{,}2 \text{ MN/ m}^2 \cdot 0{,}365\,\text{m}} = 0{,}47\,\text{m}$ $\quad$ $l_B = \dfrac{0{,}231 \text{ MN}}{1{,}2 \text{ MN/ m}^2 \cdot 0{,}365\,\text{m}} = 0{,}53\,\text{m}$

41.

KM: $1\,\text{cm} \mathrel{\hat{=}} 5 \text{ kN}$

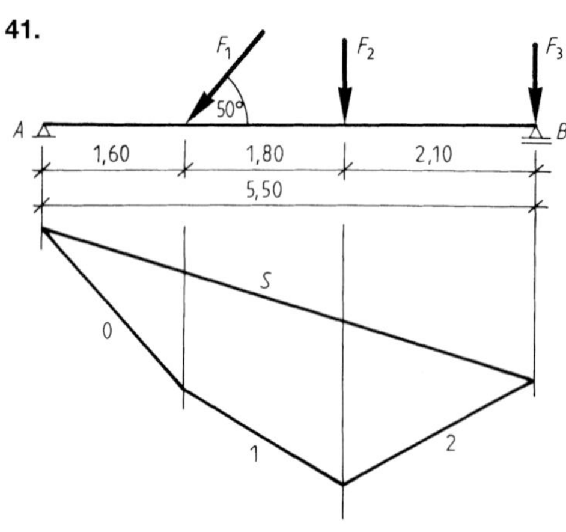

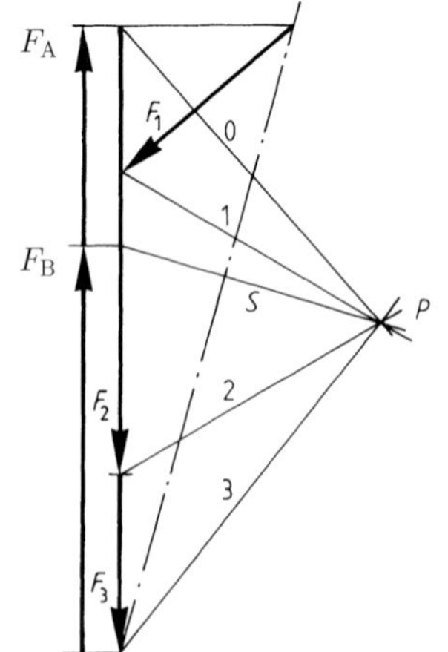

rechnerisches Ergebnis:

$F_A \cdot 5{,}50\,\text{m} = F_{1V} \cdot 3{,}90\,\text{m} + F_2 \cdot 2{,}10\,\text{m}$

$F_A = 21{,}17 \text{ kN}$

$F_B \cdot 5{,}50\,\text{m} = F_{1V} \cdot 1{,}60\,\text{m} + F_2 \cdot 3{,}40\,\text{m} + F_3 \cdot 5{,}50\,\text{m}$

$F_B = 37{,}15 \text{ kN}$

gemessen: $F_A = 21 \text{ kN}$

$F_B = 37 \text{ kN}$

42. a) $F_A \cdot 4{,}70\,\text{m} + F_2 \cdot 2{,}50\,\text{m} = F_{1V} \cdot 4{,}70\,\text{m} + F_3 \cdot 0{,}80\,\text{m}$ **229**

$$F_A = 4{,}92\ \text{kN}$$

$$F_B \cdot 4{,}70\,\text{m} + F_2 \cdot 2{,}20\,\text{m} = F_3 \cdot 3{,}90\,\text{m}$$

$$F_B = 4{,}96\ \text{kN}$$

b) $F_A = 7{,}16\ \text{kN}$

$F_B = 8{,}09\ \text{kN}$

c) $F_A = 0{,}0285\ \text{MN}$

$F_B = 0{,}0274\ \text{MN}$

43. $F_A \cdot 4{,}20\,\text{m} + F_2 \cdot 0{,}80\,\text{m} = F_1 \cdot 2{,}50\,\text{m}$ $\quad F_B \cdot 4{,}20\,\text{m} = F_1 \cdot 1{,}70\,\text{m} + F_2 \cdot 5{,}0\,\text{m}$

$F_A = 18{,}55\ \text{kN}$ $\quad F_B = 28{,}45\ \text{kN}$

44. $F_A \cdot 3{,}50\,\text{m} + 5\ \text{kN} \cdot 1{,}75\,\text{m} = 22\ \text{kN} \cdot 3{,}50\,\text{m}$

$$F_A = 19{,}50\ \text{kN}$$

$$F_B \cdot 3{,}50\,\text{m} = 16\ \text{kN} \cdot 3{,}50\,\text{m} + 5\ \text{kN} \cdot 5{,}25\,\text{m}$$

$$F_B = 23{,}50\ \text{kN}$$

45. $F_A \cdot 5{,}70\,\text{m} + F_6 \cdot 2{,}50\,\text{m} = F_1 \cdot 7{,}70\,\text{m} + F_{2V} \cdot 5{,}70\,\text{m}$ **230**

$$+ F_3 \cdot 4{,}80\,\text{m} + F_4 \cdot 0{,}60\,\text{m} + F_5 \cdot 0{,}40\,\text{m}$$

$$F_A = 62{,}55\ \text{kN}$$

$$F_B \cdot 5{,}70\,\text{m} + F_1 \cdot 2{,}0\,\text{m} + F_5 \cdot 6{,}10\,\text{m} = F_3 \cdot 0{,}90\,\text{m} + F_4 \cdot 5{,}10\,\text{m} + F_6 \cdot 8{,}20\,\text{m}$$

$$F_B = 22{,}12\ \text{kN}$$

46. $F_2 \cdot 1{,}80\,\text{m} = F_1 \cdot 3{,}30\,\text{m}\ (F_A = 0)$

$F_2 = 77\ \text{kN}$

47. $F_2 \cdot 1{,}50\,\text{m} + F_3 \cdot 4{,}70\,\text{m} = F_1 \cdot l$

$l = 2{,}51\,\text{m}$

48. a) $F_A = F_B = 2{,}25\,\dfrac{\text{kN}}{\text{m}} \cdot \dfrac{4{,}80\,\text{m}}{2}$

$F_A = F_B = 5{,}40\ \text{kN}$

b) $F_A = F_B = 2{,}45\,\dfrac{\text{kN}}{\text{m}} \cdot \dfrac{4{,}80\,\text{m}}{2}$

$F_A = F_B = 5{,}88\ \text{kN}$

49. $F_A \cdot 3{,}30\,\text{m} = 24\ \text{kN} \cdot 1{,}65\,\text{m} + 2{,}40\,\dfrac{\text{kN}}{\text{m}} \cdot 3{,}30\,\text{m} \cdot \dfrac{3{,}30\,\text{m}}{2}$

$F_A = 15{,}96\ \text{kN}$

$F_B = 15{,}96\ \text{kN}$

50. a) $F_A \cdot 5{,}60\,\text{m} = 16\ \text{kN} \cdot 4{,}25\,\text{m} + 2{,}20\,\dfrac{\text{kN}}{\text{m}} \cdot 5{,}60\,\text{m} \cdot \dfrac{5{,}60\,\text{m}}{2}$

$F_A = 18{,}30\ \text{kN}$

230

$$F_B \cdot 5{,}60\,\text{m} = 16\ \text{kN} \cdot 1{,}35\,\text{m} + 2{,}20\,\frac{\text{kN}}{\text{m}} \cdot 5{,}60\,\text{m} \cdot \frac{5{,}60\,\text{m}}{2}$$

$$F_B = 10{,}02\ \text{kN}$$

b) $$F_A \cdot 5{,}60\,\text{m} = 22\ \text{kN} \cdot 4{,}25\,\text{m} + 2{,}15\,\frac{\text{kN}}{\text{m}} \cdot 5{,}60\,\text{m} \cdot \frac{5{,}60\,\text{m}}{2}$$

$$F_A = 22{,}72\ \text{kN}$$

$$F_B \cdot 5{,}60\,\text{m} = 22\ \text{kN} \cdot 1{,}35\,\text{m} + 2{,}15\,\frac{\text{kN}}{\text{m}} \cdot 5{,}60\,\text{m} \cdot \frac{5{,}60\,\text{m}}{2}$$

$$F_B = 11{,}32\ \text{kN}$$

51. $$F_A \cdot 5{,}65\,\text{m} = 17\ \text{kN} \cdot 3{,}90\,\text{m} + 23\ \text{kN} \cdot 2{,}25\,\text{m} + 1{,}80\,\frac{\text{kN}}{\text{m}} \cdot 5{,}65\,\text{m} \cdot \frac{5{,}65\,\text{m}}{2}$$

$$F_A = 25{,}98\ \text{kN}$$

$$F_B \cdot 5{,}65\,\text{m} = 17\ \text{kN} \cdot 1{,}75\,\text{m} + 23\ \text{kN} \cdot 3{,}40\,\text{m} + 1{,}80\,\frac{\text{kN}}{\text{m}} \cdot 5{,}65\,\text{m} \cdot \frac{5{,}65\,\text{m}}{2}$$

$$F_B = 24{,}19\ \text{kN}$$

52. $$F_A \cdot 3{,}75\,\text{m} = 18\ \text{kN} \cdot 2{,}60\,\text{m} + 2{,}60\,\frac{\text{kN}}{\text{m}} \cdot 3{,}75\,\text{m} \cdot \frac{3{,}75\,\text{m}}{2}$$

$$F_A = 17{,}35\ \text{kN}$$

$$F_B \cdot 3{,}75\,\text{m} = 18\ \text{kN} \cdot 1{,}15\,\text{m} + 29\ \text{kN} \cdot 3{,}75\,\text{m} + 2{,}60\,\frac{\text{kN}}{\text{m}} \cdot 3{,}75\,\text{m} \cdot \frac{3{,}75\,\text{m}}{2}$$

$$F_B = 39{,}40\ \text{kN}$$

53. $$F_A \cdot 5{,}50\,\text{m} + q \cdot \frac{2{,}20^2\,\text{m}^2}{2} = \frac{q \cdot 5{,}50^2(\text{m})^2}{2}$$

$$F_A = 5{,}54\ \text{kN}$$

$$F_B \cdot 5{,}50\,\text{m} = 2{,}4\,\frac{\text{kN}}{\text{m}} \cdot 7{,}70\,\text{m} \cdot \frac{7{,}70\,\text{m}}{2}$$

$$F_B = 12{,}94\ \text{kN}$$

54. $$F_A \cdot 4{,}90\,\text{m} + 0{,}12\,\frac{\text{MN}}{\text{m}} \cdot 2{,}30\,\text{m} \cdot \frac{2{,}30\,\text{m}}{2} = 0{,}12\,\frac{\text{MN}}{\text{m}} \cdot 6{,}60\,\text{m} \cdot \frac{6{,}60\,\text{m}}{2}$$

$$F_A = 0{,}4687\ \text{MN}$$

$$F_B = 0{,}5994\ \text{MN}$$

231

55. $$F_A = 18{,}2\ \text{kN} - 11\ \text{kN}$$

$$F_A = 7{,}2\ \text{kN}$$

$$q \cdot l = F_A + F_B$$

$$q \cdot 6{,}40\,\text{m} = 7{,}2\ \text{kN} + 7{,}2\ \text{kN}$$

$$q = 2{,}25\,\frac{\text{kN}}{\text{m}}$$

56. Aus Gleichstreckenlast: $F_A = 13{,}5\ \text{kN}$

$F_B = 13{,}5\ \text{kN}$

Rest: $25\ \text{kN} - 13{,}5\ \text{kN} = 11{,}5\ \text{kN}$

$$F = 2 \cdot 11{,}5\ \text{kN}$$

$$F = 23\ \text{kN}$$

57. $F_A \cdot 1{,}50\,\text{m} + 2{,}20\,\frac{\text{kN}}{\text{m}} \cdot 0{,}50\,\text{m} \cdot \frac{0{,}50\,\text{m}}{2} = 2{,}20\,\frac{\text{kN}}{\text{m}} \cdot 2{,}0\,\text{m} \cdot \frac{2{,}0\,\text{m}}{2}$

$F_A = 2{,}75\ \text{kN}$

$F_B = 2{,}75\ \text{kN}$

58. $F_A \cdot 4{,}50\,\text{m} = 3{,}30\,\frac{\text{kN}}{\text{m}} \cdot 2{,}40\,\text{m} \cdot 3{,}30\,\text{m} + 1{,}8\,\frac{\text{kN}}{\text{m}} \cdot \frac{2{,}10^2}{2}\,(\text{m})^2$

$F_A = 6{,}69\ \text{kN}$

$F_B \cdot 4{,}50\,\text{m} = 3{,}30\,\frac{\text{kN}}{\text{m}} \cdot \frac{2{,}40^2}{2}\,(\text{m})^2 + 1{,}8\,\frac{\text{kN}}{\text{m}} \cdot 2{,}10\,\text{m} \cdot 3{,}45\,\text{m}$

$F_B = 5{,}01\ \text{kN}$

59. a) $F_A \cdot 6{,}0\,\text{m} = 3{,}20\,\frac{\text{kN}}{\text{m}} \cdot 6{,}0\,\text{m} \cdot \frac{6{,}0\,\text{m}}{2} + 52\ \text{kN} \cdot 4{,}50\,\text{m} + 45\ \text{kN} \cdot 2{,}70\,\text{m}$

$F_A = 68{,}85\ \text{kN}$

$F_B \cdot 6{,}0\,\text{m} = 3{,}20\,\frac{\text{kN}}{\text{m}} \cdot 6{,}0\,\text{m} \cdot \frac{6{,}0\,\text{m}}{2} + 52\ \text{kN} \cdot 1{,}50\,\text{m} + 45\ \text{kN} \cdot 3{,}30\,\text{m}$

$F_B = 47{,}35\ \text{kN}$

b) $\sigma = \frac{F}{A}$

$= \frac{0{,}06885\ \text{MN}}{0{,}24\,\text{m} \cdot 0{,}30\,\text{m}}$

$\sigma = 0{,}96\,\frac{\text{MN}}{\text{m}^2}$

c) für Mz 28 MGr III $> \sigma_0 = 3{,}0\,\frac{\text{MN}}{\text{m}^2}$

$A = \frac{F}{\sigma}$

$= \frac{0{,}04735\ \text{MN}}{3\,\frac{\text{MN}}{\text{m}^2}}$

$A = 0{,}016\,\text{m}^2 < 0{,}04\,\text{m}^2$

erf. $A = 0{,}04\,\text{m}^2 \rightarrow \min \text{s} = 0{,}20\,\text{m}$

ausgeführt: s/s = 24/24 cm

vorh. $A = 0{,}24^2\,\text{m}^2$

vorh. $A = 0{,}057\,\text{m}^2 < 0{,}10\,\text{m}^2 \rightarrow k_1 = 0{,}8$

231

$$\text{Schlankheit} = \frac{h_\text{k}}{\min d} = \frac{320\,\text{cm}}{24\,\text{cm}}$$

$$\text{Schlankheit} = 13{,}33 > 10$$

$$k_2 = \frac{25 - \dfrac{h_k}{\min d}}{15} = \frac{25 - 13{,}33}{15}$$

$$k_2 = 0{,}78$$

$$k_3 = 1{,}7 - \frac{l}{6}$$

$$k_3 = 1{,}7 - \frac{6{,}0}{6}$$

$$k_3 = 0{,}7$$

der kleinere Wert ist maßgebend

$$\text{zul. } \sigma_\text{D} = k_1 \cdot k_3 \cdot \sigma_0 = 0{,}8 \cdot 0{,}7 \cdot 3{,}0 \frac{\text{MN}}{\text{m}^2}$$

$$\text{zul. } \sigma_\text{D} = 1{,}68 \frac{\text{MN}}{\text{m}^2}$$

$$\text{erf. } A = \frac{F}{\text{zul. } \sigma} = \frac{0{,}04735\ \text{MN}}{1{,}68 \dfrac{\text{MN}}{\text{m}^2}}$$

$$\text{erf. } A = 0{,}028\,\text{m}^2 < \text{ vorh. } A = 0{,}057\,\text{m}^2$$

d) Last F : 0,04735 MN

0,00330 MN

0,00200 MN

0,05265 MN

$$A = \frac{F}{\text{zul. } \sigma} = \frac{0{,}05265\ \text{MN}}{0{,}25 \dfrac{\text{MN}}{\text{m}^2}}$$

$$A = 0{,}2106\,\text{m}^2$$

s/s = 46/46 cm → ausgeführt 50/50 cm

$$h = 1{,}75 \cdot c = 1{,}75 \cdot 13\,\text{cm}$$

$$h = 22{,}75\,\text{cm}$$

ausgeführt $h = 25\,\text{cm}$

60. a) $F_A \cdot 7{,}70\,\text{m} = q \cdot \frac{7{,}70^2}{2}\,(\text{m})^2 + F_1 \cdot 5{,}90\,\text{m} + F_{2V} \cdot 3{,}70\,\text{m} + F_{3V} \cdot 1{,}0\,\text{m}$ **231**

$$F_A = 29{,}57\ \text{kN}$$

$$F_B \cdot 7{,}70\,\text{m} = q \cdot \frac{7{,}70^2}{2}\,(\text{m})^2 + F_1 \cdot 1{,}80\,\text{m} + F_{2V} \cdot 4{,}0\,\text{m} + F_{3V} \cdot 6{,}70\,\text{m}$$

$$F_B = 34{,}71\ \text{kN}$$

b) $\sum H = F_{2H} - F_{3H}$

$= 18{,}38\ \text{kN} - 6{,}16\ \text{kN}$

$H_A = 12{,}22\ \text{kN} \leftarrow$

c) $\sigma = \frac{F}{A}$

$l = \frac{0{,}02957\ \text{MN}}{1{,}2\ \text{MN/ m2} \cdot 0{,}24\,\text{m}}$

$l = 0{,}10\,\text{m}$

Mit *b*-Werten

a) $F_A = 31{,}51\ \text{kN}$

$F_B = 32{,}96\ \text{kN}$

b) $\sum H = 18{,}38\ \text{kN} - 5{,}13\ \text{kN}$

$H_A = 13{,}25\ \text{kN} \leftarrow$

c) $l = \frac{0{,}0347\ \text{MN}}{1{,}2\ \text{MN/m}^2 \cdot 0{,}24\,\text{m}}$

$l = 0{,}12\,\text{m}$

61. a) $F_A \cdot 5{,}50\,\text{m} + 4\ \text{kN} \cdot 2{,}0\,\text{m} + 5\,\frac{\text{kN}}{\text{m}} \cdot \frac{2{,}0^2}{2}\,(\text{m})^2 = 2\,\frac{\text{kN}}{\text{m}} \cdot \frac{5{,}50^2}{2}\,(\text{m})^2$

$$F_A = 2{,}23\ \text{kN}$$

$$F_B \cdot 5{,}50\,\text{m} = 4\ \text{kN} \cdot 7{,}5\,\text{m} + 2{,}0\,\frac{\text{kN}}{\text{m}} \cdot \frac{5{,}50^2}{\text{m}}\,(\text{m})^2 + 5\,\frac{\text{kN}}{\text{m}} \cdot 2{,}0\,\text{m} \cdot 6{,}50\,\text{m}$$

$$F_B = 22{,}77\ \text{kN}$$

b) $2{,}0\ \text{kN} \cdot \frac{5{,}50^2}{2}\,(\text{m})^2 = 5\,\frac{\text{kN}}{\text{m}} \cdot l \cdot \frac{l}{2} + 4\ \text{kN} \cdot l$

$$l = 2{,}77\,\text{m}$$

62. $\sum V = 11{,}93\ \text{kN}$ **232**

15,00 kN

30,00 kN

32,00 kN

$\sum V = 88{,}93\ \text{kN} \rightarrow F_B = 66{,}70\ \text{kN}$

$F_A = 22{,}23\ \text{kN}$

$$F_B \cdot 4{,}50\,\text{m} = q \cdot \frac{4{,}50^2}{2}\,(\text{m})^2 + F_1 \cdot 1{,}80\,\text{m} + F_2 \cdot x + F_3 \cdot 4{,}20\,\text{m}$$

$$x = 3{,}73\,\text{m}$$

232 **63.** $F_A \cdot 7{,}50\,\text{m} = q \cdot 2{,}20\,\text{m} \cdot 4{,}60\,\text{m} + F \cdot 1{,}90\,\text{m}$

$F_A = 6{,}31$ kN

$F_B \cdot 7{,}50\,\text{m} = q \cdot 2{,}20\,\text{m} \cdot 2{,}90\,\text{m} + F \cdot 5{,}60\,\text{m}$

$F_B = 14{,}55$ kN

64. a) $F_A \cdot 5{,}80\,\text{m} = q \cdot 2{,}40\,\text{m} \cdot 2{,}30\,\text{m} + F \cdot 2{,}70\,\text{m}$

$F_A = 13{,}07$ kN

$F_B \cdot 5{,}80\,\text{m} = q \cdot 2{,}40\,\text{m} \cdot 3{,}50\,\text{m} + F \cdot 3{,}10\,\text{m}$

$F_B = 15{,}53$ kN

b) Bedingung $F_A = F_B = 14{,}3$ kN

$14{,}30\ \text{kN} \cdot 5{,}80\,\text{m} =$

$25 \cdot x_1 + 1{,}5 \dfrac{\text{kN}}{m} \cdot 2{,}40\,\text{m} \cdot 2{,}30\,\text{m}$

$x_1 = 2{,}99\,\text{m}$ vom Auflager B nach links oder

$14{,}30\ \text{kN} \cdot 5{,}80\,\text{m} = 25 \cdot x_2 + 1{,}5 \dfrac{\text{kN}}{m} \cdot 2{,}40\,\text{m} \cdot 3{,}50\,\text{m}$

$x_2 = 2{,}81\,\text{m}$ rechts vom Auflager A.

65. a) $F_A \cdot 5{,}60\,\text{m} = q \cdot \dfrac{5{,}60^2}{2}(\text{m})^2 + F_1 \cdot 4{,}40\,\text{m} + F_2 \cdot 2{,}60\,\text{m} + F_3 \cdot 1{,}0\,\text{m}$

$F_A = 209{,}52$ kN

$F_B \cdot 5{,}60\,\text{m} = q \cdot \dfrac{5{,}60^2}{2}(\text{m})^2 + F_1 \cdot 1{,}20\,\text{m} + F_2 \cdot 3{,}0\,\text{m} + F_3 \cdot 4{,}60\,\text{m}$

$F_B = 243{,}81$ kN

b) $\sigma = \dfrac{209\,520\ \text{N}}{220\,\text{mm} \cdot 310\,\text{mm}}$

$\sigma = 3{,}07\ \text{N/mm}^2$

c) $\sigma = \dfrac{F}{A}$

$3{,}07\ \text{N/mm}^2 = \dfrac{243\,810\ \text{N}}{l \cdot 310\,\text{mm}}$

$l = 256{,}18\,\text{mm}$

66. $F_A = 5\ \text{kN/m} \cdot 2{,}20\,\text{m}$

$F_A = 11$ kN

67. $q = (1{,}8\ \text{kN/m}^2 + 1{,}4\ \text{kN/m}^2) \cdot 0{,}65\,\text{m} = 2{,}08\ \text{kN/m}$

$F_A = F_B = 2{,}08\ \text{kN/m} \cdot \dfrac{3{,}70\,\text{m}}{2} = 3{,}85$ kN

68. $q = (1{,}5\ \text{kN/m}^2 + 2{,}2\ \text{kN/m}^2) \cdot 0{,}70\,\text{m} = 2{,}59\ \text{kN/m}$

$F_A = F_B = 2{,}59\ \text{kN/m} \cdot \dfrac{4{,}0\,\text{m}}{2} = 5{,}18$ kN

69. $q = (3{,}25\ \text{kN/m}^2 + 2{,}75\ \text{kN/m}^2) \cdot 0{,}625\,\text{m} = 3{,}75\ \text{kN/m}$ **232**

$$F_\text{A} = F_\text{B} = 3{,}75\ \text{kN/m} \cdot \frac{7{,}0\,\text{m}}{2} = 13{,}13\ \text{kN}$$

70. a) vorh. $A = 0{,}24\,\text{m} \cdot 0{,}365\,\text{m}$ **233**

vorh. $A = 0{,}088\,\text{m}^2 <$ erf. $A = 0{,}10\,\text{m}^2 \rightarrow k_1 = 0{,}8$

$$k_2 = \frac{25 - \dfrac{h_\text{k}}{\min d}}{15} \qquad \text{zul. } \sigma_\text{D} = k_1 \cdot k_2 \cdot \sigma_0$$

$$= \frac{25 - \dfrac{375\,\text{cm}}{24\,\text{cm}}}{15} \qquad = 0{,}8 \cdot 0{,}63 \cdot 1{,}6\,\frac{\text{MN}}{\text{m}^2}$$

$$k_2 = 0{,}63 \qquad \text{zul. } \sigma_\text{D} = 0{,}81\,\frac{\text{MN}}{\text{m}^2}$$

b) vorh. $A = 0{,}24\,\text{m} \cdot 0{,}365\,\text{m}$

vorh. $A = 0{,}088\,\text{m}^2 <$ erf. $A = 0{,}10\,\text{m}^2 \rightarrow k_1 = 0{,}8$

$$k_2 = \frac{25 - \dfrac{h_\text{k}}{\min d}}{15} \qquad \text{zul. } \sigma_\text{D} = k_1 \cdot k_2 \cdot \sigma_0$$

$$= \frac{25 - \dfrac{400\,\text{cm}}{24\,\text{cm}}}{15} \qquad = 0{,}8 \cdot 0{,}56 \cdot 1{,}6\,\frac{\text{MN}}{\text{m}^2}$$

$$k_2 = 0{,}56 \qquad \text{zul. } \sigma_\text{D} = 0{,}72\,\frac{\text{MN}}{\text{m}^2}$$

c) vorh. $A = 0{,}24\,\text{m} \cdot 0{,}365\,\text{m}$

vorh. $A = 0{,}088\,\text{m}^2 <$ erf. $A = 0{,}10\,\text{m}^2 \rightarrow k_1 = 0{,}8$

$$k_2 - \frac{25 - \dfrac{h_\text{k}}{\min d}}{15} \qquad \text{zul. } \sigma_\text{D} = k_1 \cdot k_2 \cdot \sigma_0$$

$$= \frac{25 - \dfrac{320\,\text{cm}}{24\,\text{cm}}}{15} \qquad = 0{,}8 \cdot 0{,}78 \cdot 1{,}6\,\frac{\text{MN}}{\text{m}^2}$$

$$k_2 = 0{,}78 \qquad \text{zul. } \sigma_\text{D} = 1{,}0\,\frac{\text{MN}}{\text{m}^2}$$

71. bei MZ 12, MGr II $\Big\rangle\ \sigma_0 = 1{,}2\,\dfrac{\text{MN}}{\text{m}^2}$

vorh. $A = 0{,}24\,\text{m} \cdot 0{,}365\,\text{m}$

vorh. $A = 0{,}088\,\text{m}^2 <$ erf. $A = 0{,}10\,\text{m}^2 \rightarrow k_1 = 0{,}8$

233

$$k_2 = \frac{25 - \dfrac{h_k}{\min d}}{15} = \frac{25 - \dfrac{300\,\text{cm}}{24\,\text{cm}}}{15}$$

$$k_2 = 0{,}83$$

$$\text{zul. } \sigma_D = k_1 \cdot k_2 \cdot \sigma_0 = 0{,}8 \cdot 0{,}83 \cdot 1{,}2\,\frac{\text{MN}}{\text{m}^2}$$

$$\text{zul. } \sigma_D = 0{,}80\,\frac{\text{MN}}{\text{m}^2}$$

$$F = \text{zul } \sigma \cdot A = 0{,}80\,\frac{\text{MN}}{\text{m}^2} \cdot 0{,}088\,\text{m}^2$$

$$F = 0{,}07 \text{ MN}$$

72. bei KMz 36, MGr IIIa $\Big\rangle$ $\sigma_0 = 4{,}0\,\dfrac{\text{MN}}{\text{m}^2}$

$$\text{Schlankheit } = \frac{h_k}{\min d}$$

$$12 = \frac{330\,\text{cm}}{\min d}$$

$$\min d = 27{,}5\,\text{cm}$$

ausgeführt: s/s = 30/30 cm

vorh. $A = 0{,}30^2\,\text{m}^2$

vorh. $A = 0{,}09\,\text{m}^2 <$ erf. $A = 0{,}10\,\text{m}^2 \rightarrow k_1 = 0{,}8$

$$k_2 = \frac{25 - \dfrac{h_k}{\min d}}{15} = \frac{25 - \dfrac{330\,\text{cm}}{30\,\text{cm}}}{15}$$

$$k_2 = 0{,}9$$

$$\text{zul. } \sigma_D = k_1 \cdot k_2 \cdot \sigma_0 = 0{,}8 \cdot 0{,}9 \cdot 4{,}0\,\frac{\text{MN}}{\text{m}^2}$$

$$\text{zul. } \sigma_D = 2{,}88\,\frac{\text{MN}}{\text{m}^2} < 2{,}9\,\frac{\text{MN}}{\text{m}^2}$$

73. a) KS 28, MGr IIa $\Big\rangle$ $\sigma_0 = 2{,}3\,\dfrac{\text{MN}}{\text{m}^2}$

vorh. $A = 0{,}365\,\text{m} \cdot 0{,}49\,\text{m}$

vorh. $A = 0{,}18\,\text{m}^2 > 0{,}10\,\text{m}^2 \rightarrow k_1 = 1{,}0$

$$k_3 = 1{,}7 - \frac{l}{6} = 1{,}7 - \frac{5{,}95}{6}$$

$$k_3 = 0{,}71$$

$$\text{zul. } \sigma = k_1 \cdot k_2 \cdot \sigma_0$$

$$1{,}6\,\frac{\text{MN}}{\text{m}^2} = 1{,}0 \cdot k_2 \cdot 2{,}3\,\frac{\text{MN}}{\text{m}^2}$$

$$k_2 = 0{,}7 < k_3$$

der kleinere Wert ist maßgebend

$$k_2 = \frac{25 - \dfrac{h_k}{\min d}}{15}$$

$$0{,}7 = \frac{25 - \dfrac{h_k}{0{,}365}}{15}$$

$$h_k = 5{,}29\,\text{m}$$

Pfeilergewicht: $F = 0{,}49\,\text{m} \cdot 0{,}365\,\text{m} \cdot 5{,}29\,\text{m} \cdot 18\,\dfrac{\text{kN}}{\text{m}^3}$

$$F = 17{,}03\ \ \text{kN}$$

$$\text{vorh. } \sigma = \frac{0{,}217\ \text{MN}}{0{,}49\,\text{m} \cdot 0{,}365\,\text{m}}$$

$$\text{vorh. } \sigma = 1{,}21\,\frac{\text{MN}}{\text{m}^2} < \ \text{zul. } \sigma = 1{,}6\,\frac{\text{MN}}{\text{m}^2}$$

b) KS 28, MGr III $\rangle\ \sigma_0 = 3{,}0\,\dfrac{\text{MN}}{\text{m}^2}$

$$\text{vorh. } A = 0{,}365\,\text{m} \cdot 0{,}49\,\text{m}$$

$$\text{vorh. } A = 0{,}18\,\text{m}^2 > 0{,}10\,\text{m}^2 \rightarrow k_1 = 1{,}0$$

$$k_3 = 1{,}7 - \frac{l}{6} = 1{,}7 - \frac{5{,}95}{6}$$

$$k_3 = 0{,}71$$

$$\text{zul. } \sigma = k_1 \cdot k_2 \cdot \sigma_0$$

$$1{,}6\ \frac{\text{MN}}{\text{m}^2} = 1{,}0 \cdot k_2 \cdot 3{,}0\,\frac{\text{MN}}{\text{m}^3}$$

$k_2 = 0{,}53 < 0{,}71$; der kleinere Wert ist maßgebend

$$k_2 = \frac{25 - \dfrac{h_k}{\min d}}{15}$$

$$0{,}53 = \frac{25 - \dfrac{h_k}{0{,}365}}{15}$$

$$h_k = 6{,}22\,\text{m}$$

Pfeilergewicht: $F = 0{,}49\,\text{m} \cdot 0{,}365\,\text{m} \cdot 6{,}22\,\text{m} \cdot 18\,\dfrac{\text{kN}}{\text{m}^3}$

$$F = 20{,}02\ \ \text{kN}$$

$$\text{vorh. } \sigma = \frac{0{,}22\ \text{MN}}{0{,}49\,\text{m} \cdot 0{,}365\,\text{m}}$$

$$\text{vorh. } \sigma = 1{,}23\,\frac{\text{MN}}{\text{m}^2}$$

74. a) $F_{\text{Pf}} = 0{,}49\,\text{m} \cdot 0{,}49\,\text{m} \cdot 3{,}25\,\text{m} \cdot 15\,\dfrac{\text{kN}}{\text{m}^3}$

$$F_{\text{Pf}} = 11{,}70\ \text{kN}$$

$$\sigma = \frac{F}{A} = \frac{0{,}2117\ \text{MN}}{0{,}49^2\ \text{m}^2}$$

$$\sigma = 0{,}88\ \text{MN/}\,\text{m}^2$$

233 b) vorh. $A = 0{,}49^2\,\text{m}^2$

vorh. $A = 0{,}24\,\text{m}^2 > 0{,}10\,\text{m}^2 \rightarrow k_1 = 1{,}0$

$$k_2 = \frac{25 - \dfrac{h_\text{k}}{\min d}}{15}$$

$$= \frac{25 - \dfrac{325}{49}}{15}$$

$k_2 = 1{,}22 > 1{,}0 \rightarrow k_2 = 1{,}0$

$$\text{zul. } \sigma_\text{D} = k_1 \cdot k_2 \cdot \sigma_0$$

$$= 1{,}0 \cdot 1{,}0 \cdot 1{,}6\,\frac{\text{MN}}{\text{m}^2}$$

$$\text{zul. } \sigma_\text{D} = 1{,}6\,\frac{\text{MN}}{\text{m}^2}$$

c) $F_\text{F} = 1{,}0\,\text{m} \cdot 1{,}0\,\text{m} \cdot 0{,}80\,\text{m} \cdot 24\,\dfrac{\text{kN}}{\text{m}^3}$

$F_\text{F} = 19{,}2\text{ kN}$

$$\sigma = \frac{F}{A}$$

$$= \frac{0{,}2309\text{ MN}}{1{,}0\,\text{m} \cdot 1{,}0\,\text{m}} = 0{,}23\,\frac{\text{MN}}{\text{m}^2}$$

75. Pfeiler: $0{,}40^2\,\text{m}^2 \cdot 3{,}50\,\text{m} \cdot 25\text{ kN/m}^3 = 14\text{ kN}$

Fundament: $0{,}70^2\,\text{m}^2 \cdot 0{,}45\,\text{m} \cdot 24\text{ kN/m}^3 = 5{,}29\text{ kN}$

$$\sigma = \frac{0{,}11929\text{ MN}}{0{,}70\,\text{m} \cdot 0{,}70\,\text{m}}$$

$\sigma = 0{,}243\text{ MN/m}^2 < \sigma_\text{zul.} = 0{,}25\text{ MN/m}^2$

234 **76.** Wand: $0{,}30\,\text{m} \cdot 2{,}75\,\text{m} \cdot 1{,}0\,\text{m} \cdot 24\text{ kN/m}^3 = 19{,}8\text{ kN}$

Fundament: $0{,}70\,\text{m} \cdot 0{,}50\,\text{m} \cdot 1{,}0\,\text{m} \cdot 24\text{ kN/m}^3 = 8{,}4\text{ kN}$

$$\sigma = \frac{168\,200\text{ N}}{700\,\text{mm} \cdot 1\,000\,\text{mm}} = 0{,}24\text{ N/mm}^2$$

77. a) Pfeiler: $F = 0{,}24\,\text{m} \cdot 0{,}365\,\text{m} \cdot 2{,}75\,\text{m} \cdot 15\,\dfrac{\text{kN}}{\text{m}^3}$

$F = 3{,}61\text{ kN}$

$$\sigma = \frac{F}{A}$$

$$= \frac{0{,}09361\text{ MN}}{0{,}24\,\text{m} \cdot 0{,}365\,\text{m}} = 1{,}07\,\frac{\text{MN}}{\text{m}^2}$$

b) vorh. $A = 0{,}24\,\text{m} \cdot 0{,}365\,\text{m}$

vorh. $A = 0{,}09\,\text{m}^2 < 0{,}10\,\text{m}^2 \rightarrow k_1 = 0{,}8$

$$k_2 = \frac{25 - \frac{275}{24}}{15}$$

$k_2 = 0{,}9$

$$\left.\begin{array}{l}\text{KS 12}\\ \text{MGr IIa}\end{array}\right\rangle \sigma_0 = 1{,}6\,\frac{\text{MN}}{\text{m}^2}$$

$\text{zul. } \sigma_\text{D} = k_1 \cdot k_2 \cdot \sigma_0$

$$= 0{,}8 \cdot 0{,}9 \cdot 1{,}6\,\frac{\text{MN}}{\text{m}^2}$$

$$\text{zul. } \sigma_\text{D} = 1{,}15\,\frac{\text{MN}}{\text{m}^2}$$

c) $F_\text{F} = 0{,}70^2\,\text{m}^2 \cdot 0{,}50\,\text{m} \cdot 24\,\frac{\text{kN}}{\text{m}^2}$

$F_\text{F} = 5{,}88\ \text{kN}$

$$\sigma = \frac{0{,}09949\ \text{MN}}{0{,}70\,\text{m} \cdot 0{,}70\,\text{m}}$$

$$\sigma = 0{,}20\,\frac{\text{MN}}{\text{m}^2}$$

78. a) Pfeiler: $\frac{0{,}20^2 \cdot \pi}{4}\,\text{m}^2 \cdot 3{,}25\,\text{m} \cdot 25\ \text{kN/m}^3 = 2{,}551\ \text{kN}$

$$A = \frac{0{,}129\,551\ \text{MN}}{0{,}25\ \text{MN/m}^2}$$

$A = 0{,}518\,\text{m}^2 \rightarrow l/b = 0{,}72\,\text{m}$

ausgeführt $l/b = 0{,}75\,\text{m}$

$0{,}75\,\text{m} - 0{,}20\,\text{m} = 0{,}55\,\text{m} \rightarrow c = 0{,}275\,\text{m}$

$h = 0{,}275 \cdot 1{,}75$

$h = 0{,}48\,\text{m} \rightarrow$ ausgeführt $h = 0{,}50\,\text{m}$

b) Fundamentgewicht $= 0{,}75^2\,\text{m}^2 \cdot 0{,}50\,\text{m} \cdot 24\ \text{kN/m}^3$

Fundamentgewicht $= 6{,}75\ \text{kN}$

79. Träger: $930\ \text{N/m} \cdot 3{,}70\,\text{m} = 3{,}44\ \text{kN}$

Vordimensionierung des Fundamentes

$$\sigma = \frac{F}{A}$$

$$A = \frac{1{,}3\ \text{MN}}{0{,}25\ \text{MN/m}^2}$$

$A = 5{,}20\,\text{m}^2 \rightarrow l/b = 2{,}28\,\text{m}/2{,}28\,\text{m}$

Fundamentabmessung $l/b/h = 2{,}50\,\text{m}/2{,}50\,\text{m}/1{,}50\,\text{m}$

Fundamentgewicht $= 2{,}50^2\,\text{m}^2 \cdot 1{,}50\,\text{m} \cdot 24\ \text{kN/m}^3 = 225\ \text{kN}$

$$\sigma = \frac{1{,}5284\ \text{MN}}{2{,}50^2\,\text{m}^2}$$

$\sigma = 0{,}244\ \text{MN/m}^2 < \sigma_\text{zul.} = 0{,}25\ \text{MN/m}^2$

234 **80.** a) $F_W = 0{,}30\,\text{m} \cdot 1{,}0\,\text{m} \cdot 3{,}25\,\text{m} \cdot 20\,\frac{\text{kN}}{\text{m}^3}$

$F_W = 19{,}50$ kN

$$\sigma = \frac{F}{A} = \frac{0{,}055\ \text{MN}}{0{,}30\,\text{m} \cdot 1{,}0\,\text{m}}$$

$$\sigma = 0{,}18\,\frac{\text{MN}}{\text{m}^2}$$

b) KS 48

Dünnbettmörtel (MGr III) $> \sigma_0 = 4{,}0\,\frac{\text{MN}}{\text{m}^2}$

Wand: $k_1 = 1{,}0$

$h_k = \beta \cdot h_s$ $\quad\beta = 1{,}0$ da

$h_k = h_s$ $\quad d_2 = d > 24\,\text{cm}$

$$k_2 = \frac{25 - \frac{h_k}{\min d}}{15} = \frac{25 - \frac{325}{30}}{15}$$

$k_2 = 0{,}94$

$$k_3 = 1{,}7 - \frac{l}{6} = 1{,}7 - \frac{6{,}0}{6}$$

$k_3 = 0{,}7$

der kleinere Wert ist maßgebend

$$\text{zul. } \sigma_D = k_1 \cdot k_3 \cdot \sigma_0 = 1{,}0\,\text{m} \cdot 0{,}7\,\text{m} \cdot 4{,}0\,\frac{\text{MN}}{\text{m}^2}$$

$$\text{zul. } \sigma_D = 2{,}8\,\frac{\text{MN}}{\text{m}^2}$$

c) Vordimensionierung des Fundaments

$$A = \frac{F}{\sigma} = \frac{0{,}055\ \text{MN}}{0{,}17\ \text{MN/m}^2}$$

$A = 0{,}32\,\text{m}^2 \rightarrow b = 32\,\text{cm}$

ausgeführt $\quad b = 40\,\text{cm}$

$$\min h = c \cdot 1{,}75 = 5\,\text{cm} \cdot 1{,}75$$

$\min h = 8{,}75\,\text{cm}$

ausgeführt $\quad h = 20\,\text{cm}$

Fundamentgewicht: $F_F = 0{,}40\,\text{m} \cdot 0{,}20\,\text{m} \cdot 1{,}0\,\text{m} \cdot 24\,\frac{\text{kN}}{\text{m}^3} = 1{,}92$ kN

$$\sigma = \frac{F}{A} = \frac{0{,}05692\ \text{MN}}{0{,}40\,\text{m} \cdot 1{,}0\,\text{m}} = 0{,}14\,\frac{\text{MN}}{\text{m}^2} < 0{,}17\,\frac{\text{MN}}{\text{m}^2}$$

81. Bei: Einbindetiefe 0,50 m, nichtbindiger Baugrund $\} \rightarrow$ zul. $\sigma = 0{,}20\ \text{MN/m}^2$

Wand $= 0{,}30\,\text{m} \cdot 1{,}0\,\text{m} \cdot 2{,}75\,\text{m} \cdot 24\ \text{kN/m}^3 = 19{,}80\ \text{kN}$

$$A = \frac{F}{\sigma} = \frac{0{,}1098\ \text{MN}}{0{,}20\ \text{MN/m}^2}$$

$A = 0{,}55\,\text{m}^2 \rightarrow b = 0{,}55\,\text{m}$

gewählt $b = 0{,}60\,\text{m}$

$h = 1{,}75 \cdot 0{,}15\,\text{m}$

$h = 0{,}26\,\text{m} \rightarrow$ gewählt $h = 0{,}30\,\text{m}$

Fundament $= 0{,}60\,\text{m} \cdot 1{,}0\,\text{m} \cdot 0{,}30\,\text{m} \cdot 24\ \text{kN/m}^3 = 4{,}32\ \text{kN}$

b) $\sigma = \dfrac{0{,}11412\ \text{MN}}{0{,}60\,\text{m} \cdot 1{,}0\,\text{m}}$ c) zul. $\sigma = 0{,}22\ \text{MN/m}^2$

$\sigma = 0{,}19\ \text{MN/m}^2$

82. a) min $A = 0{,}04\,\text{m}^2 \rightarrow \text{s/s} = 0{,}20\,\text{m}$ ausgeführt 24/24 cm

b) vorh. $A = 0{,}24^2\,\text{m}^2$

vorh. $A = 0{,}06\,\text{m}^2 < 0{,}10\,\text{m}^2 \rightarrow k_1 = 0{,}8$

$$k_2 = \frac{25 - \dfrac{h_\text{k}}{\min d}}{15}$$

$$= \frac{25 - \dfrac{350}{24}}{15}$$

$k_2 = 0{,}7$ KMz 60, MGr IIIa $\rangle\ \sigma_0 = 5{,}0\ \text{MN/m}^2$

zul. $\sigma_\text{D} = k_1 \cdot k_2 \cdot \sigma_0$

$$= 0{,}8 \cdot 0{,}7 \cdot 5{,}0 \frac{\text{MN}}{\text{m}^2}$$

$$\text{zul. } \sigma_\text{D} = 2{,}80 \frac{\text{MN}}{\text{m}^2}$$

Pfeilergewicht: $F_\text{Pf} = 0{,}24^2\,\text{m}^2 \cdot 3{,}50\,\text{m} \cdot 22 \dfrac{\text{kN}}{\text{m}^3}$

$$F_\text{Pf} = 4{,}44 \frac{\text{MN}}{\text{m}^3}$$

$$\sigma = \frac{F}{A}$$

$$= \frac{0{,}11444\ \ \text{MN}}{0{,}24\,\text{m} \cdot 0{,}24\,\text{m}}$$

$$\sigma = 1{,}99 \frac{\text{MN}}{\text{m}^2} < \text{ zul. } \sigma = 2{,}80 \frac{\text{MN}}{\text{m}^2}$$

235 c) bei Einbindetiefe 80 cm gemischtkörniger, steifer Boden $\Big\rangle$ zul. $\sigma = 0{,}16 \dfrac{\text{MN}}{\text{m}^2}$

Vordimensionierung des Fundaments

$$\text{erf. } A = \frac{F}{\sigma}$$

$$= \frac{0{,}11444 \text{ MN}}{0{,}16 \dfrac{\text{MN}}{\text{m}^2}}$$

$$\text{erf. } A = 0{,}72\,\text{m}^2 \rightarrow \text{s/s} = 0{,}85\,\text{m}$$

Das Fundament ist wegen des Eigengewichts breiter auszuführen;

ausgeführt $s = 1{,}0\,\text{m}$

$$\min h = 1{,}75 \cdot 38\,\text{cm}$$

$$\min h = 66{,}5\,\text{cm} \rightarrow \text{ausgeführt } h = 70\,\text{cm}$$

Fundamentgewicht: $F = 1{,}0\,\text{m} \cdot 1{,}0\,\text{m} \cdot 0{,}70\,\text{m} \cdot 24 \dfrac{\text{kN}}{\text{m}^3}$

$$F = 16{,}80 \text{ kN}$$

$$\sigma = \frac{F}{A}$$

$$= \frac{0{,}13124 \text{ MN}}{1{,}0\,\text{m} \cdot 1{,}0\,\text{m}}$$

$$\sigma = 0{,}13 \frac{\text{MN}}{\text{m}^2} < \text{ zul. } \sigma = 0{,}16 \frac{\text{MN}}{\text{m}^2}$$

83. $0{,}40^2\,\text{m}^2 \cdot 6{,}90\,\text{m} \cdot 25 \text{ kN/m}^3 \qquad = 27{,}6 \text{ kN}$

$4{,}40\,\text{m} \cdot 0{,}40\,\text{m} \cdot 0{,}20\,\text{m} \cdot 25 \text{ kN/m}^3 \qquad = 8{,}8 \text{ kN}$

$\dfrac{4{,}40\,\text{m} + 0{,}40\,\text{m}}{2} \cdot 0{,}50\,\text{m} \cdot 0{,}40\,\text{m} \cdot 25 \text{ kN/m}^3 \qquad = \dfrac{12 \quad \text{kN}}{48{,}4 \text{ kN}}$

$0{,}60^2\,\text{m}^2 \cdot 0{,}50\,\text{m} \cdot 25 \text{ kN/m}^3 = 4{,}5 \text{ kN}$

$F_{\text{Stütze}} = 48{,}4 \text{ kN}$

$F_{\text{Fundament}} = 4{,}5 \text{ kN}$

$$\sigma = \frac{F}{A}$$

$$= \frac{52\,900 \text{ N}}{600^2 (\text{mm})^2}$$

$$\sigma = 0{,}15 \text{ N/mm}^2$$

236 **84.** Mz 8, MGr II $\Big\} \rightarrow$ zul. $\sigma = 1{,}0 \text{ MN/m}^2$

a) I Träger

$$\sigma = \frac{30\,000 \text{ N}}{90\,\text{mm} \cdot 240\,\text{mm}}$$

$$\sigma = 1{,}39 \text{ N/mm}^2$$

b) I PB_V

$$\sigma = \frac{30\,000 \text{ N}}{206\,\text{mm} \cdot 240\,\text{mm}}$$

$$\sigma = 0{,}61 \text{ N/mm}^2$$

c) I PB

$$\sigma = \frac{30\,000 \text{ N}}{200 \text{ mm} \cdot 240 \text{ mm}}$$

$$\sigma = 0{,}63 \text{ N/mm}^2$$

d) I PE

$$\sigma = \frac{30\,000 \text{ N}}{100 \text{ mm} \cdot 240 \text{ mm}}$$

$$\sigma = 1{,}25 \text{ N/mm}^2$$

85. Kellerwand: $0{,}30 \text{ m} \cdot 2{,}80 \text{ m} \cdot 24 \text{ kN/m}^3 = 20{,}16 \text{ kN/m}$

Bei: bindiger Boden, Einbindetiefe 50 cm $\rangle \rightarrow$ zul. $\sigma = 0{,}12 \text{ MN/m}^2$

Vordimensionierung des Fundamentes

$$A = \frac{F}{\text{zul. } \sigma} = \frac{0{,}06566 \text{ MN}}{0{,}12 \text{ MN/m}^2}$$

$$A = 0{,}55 \text{ m}^2 \rightarrow b = 0{,}55 \text{ m}$$

gewählt $b = 0{,}60 \text{ m}$

$$h = 1{,}75 \cdot 15 \text{ cm}$$

$$h = 26{,}25 \text{ cm} \rightarrow \text{ gewählt } h = 30 \text{ cm}$$

Fundament: $0{,}60 \text{ m} \cdot 0{,}30 \text{ m} \cdot 1{,}0 \text{ m} \cdot 24 \text{ kN/m}^3 = 4{,}32 \text{ kN}$

$$\sigma = \frac{0{,}06998 \text{ MN}}{0{,}60 \text{ m} \cdot 1{,}0 \text{ m}}$$

$$\sigma = 0{,}117 \text{ MN/m}^2 < \text{ zul. } \sigma = 0{,}12 \text{ MN/m}^2$$

86. a) Wand: $k_1 = 1{,}0$

$h_k = \beta \cdot h_s$ $\quad \beta = 1{,}0$

$h_k = h_s$ $\quad d > 24 \text{ cm}$

$$k_2 = \frac{25 - \frac{h_k}{\min d}}{15} = \frac{25 - \frac{280 \text{ cm}}{30 \text{ cm}}}{15}$$

$$k_2 = 1{,}04 > 1{,}0 \rightarrow k_2 = 1{,}0$$

$$k_3 = 1{,}7 - \frac{l}{6} = 1{,}7 - \frac{5{,}65}{6}$$

$k_3 = 0{,}76$; der kleinere Wert ist maßgebend

HLzW 4, LM 21 $\rangle$ $\sigma_0 = 0{,}5 \frac{\text{MN}}{\text{m}^2}$

$$\text{zul. } \sigma_D = k_1 \cdot k_2 \cdot \sigma_0 = 1{,}0 \cdot 0{,}76 \cdot 0{,}5 \frac{\text{MN}}{\text{m}^2}$$

$$\text{zul. } \sigma_D = 0{,}38 \frac{\text{MN}}{\text{m}^2}$$

236 b) Wandgewicht: $F = 0{,}30\,\text{m} \cdot 1{,}0\,\text{m} \cdot 2{,}80\,\text{m} \cdot 9{,}0\,\frac{\text{kN}}{\text{m}^3} = 7{,}56\ \text{kN}$

$$\sigma = \frac{F}{A}$$

$$= \frac{0{,}03556\ \text{MN}}{0{,}30\,\text{m} \cdot 1{,}0\,\text{m}}$$

$$\sigma = 0{,}12\,\frac{\text{MN}}{\text{m}^2} < \text{ zul. } \sigma = 0{,}38\,\frac{\text{MN}}{\text{m}^2}$$

c) Kellerwand: $F = 0{,}30\,\text{m} \cdot 1{,}0\,\text{m} \cdot 2{,}70\,\text{m} \cdot 24\,\frac{\text{kN}}{\text{m}^3} = 19{,}44\ \text{kN}$

Vordimensionierung des Fundaments

$$\text{erf. } A = \frac{F}{\text{zul. } \sigma}$$

$$= \frac{0{,}0592\ \text{MN}}{0{,}14\,\frac{\text{MN}}{\text{m}^2}}$$

erf. A $= 0{,}42\,\text{m}^2 \rightarrow b = 42\,\text{cm}$

ausgeführt $b = 50\,\text{cm}$

min $h = 1{,}75 \cdot 10\,\text{cm}$

min $h = 17{,}5\,\text{cm}$

ausgeführt $h = 25\,\text{cm}$

Abmessungen: $b/h = 50/25\,\text{cm}$

Fundamentgewicht: $F = 0{,}50\,\text{m} \cdot 0{,}25\,\text{m} \cdot 1{,}0\,\text{m} \cdot 24\,\frac{\text{kN}}{\text{m}^3}$

$F = 3{,}0\ \text{kN}$

$$\sigma = \frac{F}{A}$$

$$= \frac{0{,}0622\ \text{MN}}{0{,}45\,\text{m} \cdot 1{,}0\,\text{m}}$$

$$\text{vorh. } \sigma = 0{,}12\,\frac{\text{MN}}{\text{m}^2}$$

d) bei Einbindetiefe 60 cm
reinem Schluff $\Big\rangle$ zul. $\sigma = 0{,}14\,\frac{\text{MN}}{\text{m}^2}$

87. a) OG-Decke: $F_\text{A} = F_B = 4{,}0\ \frac{\text{kN}}{\text{m}^2} \cdot \frac{5{,}30\,\text{m}}{2} = 10{,}60\ \frac{\text{kN}}{\text{m}}$

EG-Decke: $F_\text{A} = F_B = 4{,}75\,\frac{\text{kN}}{\text{m}^2} \cdot \frac{5{,}30\,\text{m}}{2} = 12{,}588\,\frac{\text{kN}}{\text{m}}$

KG-Decke: $F_\text{A} = F_B = 5{,}25\,\frac{\text{kN}}{\text{m}^2} \cdot \frac{5{,}30\,\text{m}}{2} = 13{,}913\,\frac{\text{kN}}{\text{m}}$

Wandgewichte

OG: $0{,}24\,\text{m} \cdot 2{,}75\,\text{m} \cdot 1{,}0\,\text{m} \cdot 14\,\frac{\text{kN}}{\text{m}^3} = 9{,}24\ \text{kN}$

$0{,}30\,\text{m} \cdot 2{,}75\,\text{m} \cdot 1{,}0\,\text{m} \cdot 17\,\frac{\text{kN}}{\text{m}^3} = 14{,}03\ \text{kN}$

EG: $0{,}24\,\text{m} \cdot 2{,}75\,\text{m} \cdot 1{,}0\,\text{m} \cdot 14\,\frac{\text{kN}}{\text{m}^3} = 9{,}24\ \text{kN}$

$0{,}30\,\text{m} \cdot 2{,}75\,\text{m} \cdot 1{,}0\,\text{m} \cdot 17\,\frac{\text{kN}}{\text{m}^3} = 14{,}03\ \text{kN}$

KG: $0{,}30\,\text{m} \cdot 2{,}60\,\text{m} \cdot 1{,}0\,\text{m} \cdot 24\,\frac{\text{kN}}{\text{m}^3} = 18{,}72\ \text{kN}$

236

Außenwand

$$\sigma = \frac{F}{A}$$

$$= \frac{0{,}02334\ \text{MN}}{0{,}24\,\text{m} \cdot 1{,}0\,\text{m}}$$

$$\sigma = 0{,}10\,\frac{\text{MN}}{\text{m}^2}$$

Zwischenwand

$$\sigma = \frac{F}{A}$$

$$= \frac{0{,}03523}{0{,}30\,\text{m} \cdot 1{,}0\,\text{m}}$$

$$\sigma = 0{,}12\,\frac{\text{MN}}{\text{m}^2}$$

b) Außenwand

HLz 6, LM 36 $\rangle\ \sigma_0 = 0{,}9\,\frac{\text{MN}}{\text{m}^2}$

Zwischenwand

KS 12, MGr II $\rangle\ \sigma_0 = 1{,}2\,\frac{\text{MN}}{\text{m}^2}$

$h_\text{k} = \beta \cdot h_\text{s}$ $\quad \beta = 1{,}0$ da

$h_\text{k} = h_\text{s}$ $\quad d \geq 24\,\text{cm}$

Außenwand:

$$k_1 = 1{,}0$$

$$k_2 = \frac{25 - \frac{h_\text{k}}{\min d}}{15}$$

$$= \frac{25 - \frac{275}{24}}{15}$$

$$k_2 = 0{,}9$$

Zwischenwand:

$$k_1 = 1{,}0\,\text{m}$$

$$k_2 = \frac{25 - \frac{h_\text{k}}{\min d}}{15}$$

$$= \frac{25 - \frac{275}{30}}{15}$$

$$k_2 = 1{,}06 > 1{,}0 \rightarrow k_2 = 1{,}0$$

$$k_3 = 1{,}7 - \frac{l}{6}$$

$$= 1{,}7 - \frac{5{,}30}{6}$$

$k_3 = 0{,}82$; der kleinere Wert ist maßgebend

Außenwand:

$$\text{zul. } \sigma_\text{D} = k_1 \cdot k_3 \cdot \sigma_0$$

$$= 1{,}0 \cdot 0{,}82 \cdot 0{,}9\,\frac{\text{MN}}{\text{m}^2}$$

$$\text{zul. } \sigma_\text{D} = 0{,}82\,\frac{\text{MN}}{\text{m}^2}$$

Zwischenwand:

$$\text{zul. } \sigma_\text{D} = k_1 \cdot k_2 \cdot \sigma_0$$

$$= 1{,}0 \cdot 1{,}0 \cdot 1{,}2\,\frac{\text{MN}}{\text{m}^2}$$

$$\text{zul. } \sigma_\text{D} = 1{,}2\,\frac{\text{MN}}{\text{m}^2}$$

c) Außenwand

$$\sigma = \frac{0{,}045168\ \text{MN}}{0{,}24\,\text{m} \cdot 1{,}0\,\text{m}}$$

$$\sigma = 0{,}19\,\frac{\text{MN}}{\text{m}^2}$$

Zwischenwand

$$\sigma = \frac{0{,}051248\ \text{MN}}{0{,}30\,\text{m} \cdot 1{,}0\,\text{m}}$$

$$\sigma = 0{,}17\,\frac{\text{MN}}{\text{m}^2}$$

236 d) bei bindigem Boden Einbindetiefe 50 cm $> \text{zul. } \sigma = 0{,}25 \dfrac{\text{MN}}{\text{m}^2}$

Fundament unter der Außenwand

Vordimensionierung des Fundaments

$$\text{erf. } A = \frac{F}{\text{zul. } \sigma} = \frac{0{,}0778 \text{ MN}}{0{,}25 \dfrac{\text{MN}}{\text{m}^2}}$$

$\text{erf. } A = 0{,}31 \text{ m}^2 \rightarrow b = 31 \text{ cm}$

ausgeführt $b = 45 \text{ cm}$

$$\min h = 1{,}75 \cdot c = 1{,}75 \cdot 7{,}5 \text{ cm}$$

$\min h = 13{,}13 \text{ cm} \rightarrow h = 20 \text{ cm}$

Abmessungen: $b/h = 45/20 \text{ cm}$

Fundament unter der Zwischenwand

$$\text{erf. } A = \frac{F}{\text{zul. } \sigma} = \frac{0{,}08388 \text{ MN}}{0{,}25 \dfrac{\text{MN}}{\text{m}^2}}$$

$\text{erf. } A = 0{,}34 \text{ m}^2 \rightarrow b = 34 \text{ cm}$

ausgeführt $b = 45 \text{ cm}$

Abmessungen $b/h = 45/20 \text{ cm}$

e)

Außenwand

$$\sigma = \frac{F}{A} = \frac{0{,}07996 \text{ MN}}{0{,}45 \text{ m} \cdot 1{,}0 \text{ m}}$$

$\sigma = 0{,}18 \dfrac{\text{MN}}{\text{m}^2} < \text{zul. } \sigma = 0{,}25 \dfrac{\text{MN}}{\text{m}^2}$

Zwischenwand

$$\sigma = \frac{F}{A} = \frac{0{,}08604 \text{ MN}}{0{,}45 \text{ m} \cdot 1{,}0 \text{ m}}$$

$\sigma = 0{,}19 \dfrac{\text{MN}}{\text{m}^2} < \text{zul. } \sigma = 0{,}25 \dfrac{\text{MN}}{\text{m}^2}$

249 **88.** $\sigma = \dfrac{F}{A}$

$$7{,}0 \text{ N/mm}^2 = \frac{245\,000 \text{ N}}{240 \cdot b}$$

$b = 145{,}8 \text{ mm}$

$b = 16 \text{ cm}$

89. a) Druckfläche

$A_D = 50\,mm \cdot 180\,mm$

$A_D = 9\,000\,mm^2$

$$\sigma_D = \frac{F}{A_D}$$

$$8{,}5\ N/mm^2 = \frac{F}{9\,000\,mm^2}$$

$$\text{zul. } F = 76\,500\ N$$

$$\text{zul. } F = 76{,}5\ kN$$

b) Scherfläche

$A_s = 380\,mm \cdot 180\,mm$

$A_s = 68\,400\,mm^2$

$$\tau = \frac{F}{A_s}$$

$$0{,}9\ N/mm^2 = \frac{F}{68\,400\,mm}$$

$$\text{zul. } F = 61\,560\ N$$

$$\text{zul. } F = 61{,}56\ kN$$

c) Die kleinste beider Kräfte darf dem Balken übertragen werden, das sind max $F = 61{,}56$ kN.

90.

$$\sigma = \frac{F}{A}$$

$$= \frac{51\,800\ N}{110\,mm \cdot 160\,mm}$$

$$\sigma_D = 2{,}94\ N/mm^2 < \sigma_{zul.} = 3{,}0\ N/mm^2$$

91.

$$\text{erf. } t_v = \frac{F}{0{,}70 \cdot b}$$

$$= \frac{45\ kN}{0{,}70 \cdot 12\,cm}$$

$$\text{erf. } t_v = 5{,}36\,cm$$

$$\text{zul. } t_v = \frac{h}{4}$$

$$= \frac{22\,cm}{4}$$

$$\text{zul. } t_v = 5{,}50\,cm$$

$$\text{gewählt } t_v = 5{,}40\,cm$$

$$F_H = F \cdot \cos\alpha$$

$$= 45\ kN \cdot \cos 50°$$

$$F_H = 28{,}93\ kN$$

$$\text{erf. } A = \frac{F_H}{\text{zul. } \tau}$$

$$= \frac{28\,930\ N}{0{,}9\ N/mm^2}$$

$$\text{erf. } A = 32\,144{,}44\,mm^2$$

$$\text{erf. } l_v = \frac{321{,}44\,cm^2}{12\,cm}$$

$$\text{erf. } l_v = 26{,}8\,cm$$

$$\text{ausgeführt } l_v = 30\,cm$$

2. Variante

$$\text{erf. } l_v = \frac{10 \cdot F \cdot \cos\alpha}{b \cdot \tau}$$

$$= \frac{10 \cdot 45\ kN \cdot \cos 50°}{12\,cm \cdot 0{,}9\ N/mm^2}$$

$$\text{erf. } l_v = 26{,}8\,cm$$

249 **92.** $\sigma = \frac{F}{A}$

$7{,}0\ \text{N/mm}^2 = \frac{F}{40\,\text{mm} \cdot 120\,\text{mm}}$

$F = 33\,600\ \text{N}$

$F = 33{,}60\ \text{kN}$

93. $A_\text{N} = 140\,\text{mm} \cdot 140\,\text{mm} - 40\,\text{mm} \cdot 140\,\text{mm}$

$A_\text{N} = 14\,000\,\text{mm}^2$

$\text{zul. } F = A_\text{N} \cdot \text{ zul. } \sigma_\text{D}$

$= 14\,000\,\text{mm}^2 \cdot 2\ \text{N/mm}^2$

$\text{zul. } F = 28\ \text{kN}$

250 **94.** a) $\text{erf. } t_\text{v} = \frac{F}{0{,}70 \cdot b}$

$= \frac{60\ \text{kN}}{0{,}70 \cdot 18\,\text{cm}}$

$\text{erf. } t_\text{v} = 4{,}76\,\text{cm}$

$\text{ausgeführt } t_\text{v} = 5{,}0\,\text{cm} < \text{ zul. } t_\text{v} = \frac{h}{4} = \frac{26\,\text{cm}}{4} = 6{,}5\,\text{cm}$

$F_\text{H} = F \cdot \cos 30°$

$F_\text{H} = 60\ \text{kN} \cdot \cos 30°$

$F_\text{H} = 51{,}96\ \text{kN}$

$\tau = \frac{F}{A}$

$0{,}9\ \text{N/mm}^2 = \frac{51\,960\ \text{N}}{A}$

$A = 57\,733{,}33\,\text{mm}^2$

$l_\text{v} = 32{,}1\,\text{cm}$

b) $\text{erf. } t_\text{v} = \frac{60\ \text{kN}}{0{,}70 \cdot 18\,\text{cm}}$

$\text{erf. } t_\text{v} = 4{,}76\,\text{cm}$

$\text{ausgeführt } t_\text{v} = 5{,}0\,\text{cm} < \text{ zul. } t_\text{v} = \frac{26\,\text{cm}}{4}$

$= 6{,}5\,\text{cm}$

$\text{erf. } l_\text{v} = \frac{10 \cdot F \cdot \cos\alpha}{b \cdot \tau}$

$= \frac{10 \cdot 60\ \text{kN} \cdot \cos 45°}{18\,\text{cm} \cdot 0{,}9\ \text{N/mm}^2}$

$\text{erf. } l_\text{v} = 26{,}2\,\text{cm}$

c) $\text{erf. } t_\text{v} = \frac{60\ \text{kN}}{0{,}70 \cdot 18\,\text{cm}}$

$\text{erf. } t_\text{v} = 4{,}76\,\text{cm} > \text{ zul. } t_\text{v} = \frac{26\,\text{cm}}{4} = 4{,}3\,\text{cm}$

$\text{erf. } l_\text{v} = \frac{10 \cdot 60\ \text{kN} \cdot \cos 60°}{18\,\text{cm} \cdot 0{,}9\ \text{N/mm}^2}$

$\text{erf. } l_\text{v} = 18{,}5\,\text{cm}$

Beurteilung: Variante c darf nicht ausgeführt werden.
Je kleiner der Winkel α ist, desto größer muß die Vorholzlänge sein.

95. a) $\text{erf. } A = \dfrac{1{,}5 \cdot F}{\text{zul. } \sigma}$

$= \dfrac{1{,}5 \cdot 70\,000 \text{ N}}{8{,}5 \text{ N/mm}^2}$

$\text{erf. } A = 12\,352{,}94 \text{ mm}^2$

$2\,d = 88{,}24 \text{ mm}$

$d = 44{,}12 \text{ mm}$

ausgeführt 2 x 14/5 cm

b) $\text{zul. } F = F_D \cdot n$

$= 19\,500 \text{ N} \cdot 4$

$= 78\,000 \text{ N}$

$\text{zul. } F = 78 \text{ kN} > \text{ vorh. } F = 70 \text{ kN}$

Auf einen Nachweis der erforderlichen Vorholzlänge soll hier verzichtet werden.

96. a) $\text{für } \alpha = 40° \rightarrow \text{ zul. } t_v = \dfrac{h}{4} = \dfrac{24 \text{ cm}}{4} = 6 \text{ cm}$

$6 \text{ cm} = \dfrac{F}{0{,}70 \cdot 16 \text{ cm}}$

$\max F = 67{,}2 \text{ kN}$

b) $\text{erf. } l_v = \dfrac{10 \cdot 67{,}2 \text{ kN} \cdot \cos 40°}{16 \text{ cm} \cdot 0{,}9 \text{ N/mm}^2}$

$\text{erf. } l_v = 35{,}75 \text{ cm}$

97. a) Strebenlast

$\cos 30° = \dfrac{100 \text{ kN}}{2 \cdot F_1}$

$F_1 = 57{,}74 \text{ kN}$

Vordimensionierung des Pfostens

$\sigma = \dfrac{F}{A}$

$8{,}5 \text{ N/mm}^2 = \dfrac{100\,000 \text{ N}}{A}$

$A = 11\,764{,}7 \text{ mm}^2$

$A = 118 \text{ cm}^2$

gewählt Hängepfosten 18/18 cm

mit $A = 324 \text{ cm}^2$

b) $\text{erf. } t_v = \dfrac{57{,}74 \text{ kN}}{0{,}70 \cdot 18 \text{ cm}}$

$\text{erf. } t_v = 4{,}58 \text{ cm}$

$\text{zul. } t_v = \dfrac{18 \text{ cm}}{4}$

$\text{zul. } t_v = 4{,}5 \text{ cm}$

$\text{ausgeführt } t_v = 4{,}5 \text{ cm}$

c) $\text{erf. } l_v = \dfrac{10 \cdot F \cdot \cos 30°}{b \cdot \tau}$

$= \dfrac{10 \cdot 57{,}74 \text{ kN} \cdot \cos 30°}{18 \text{ cm} \cdot 0{,}9 \text{ N/mm}^2}$

$\text{erf. } l_v = 30{,}87 \text{ cm}$

$\text{ausgeführt } l_v = 33 \text{ cm}$

$\sigma = \dfrac{100\,000 \text{ N}}{180 \text{ mm} \cdot 90 \text{ mm}}$

$\sigma = 6{,}2 \dfrac{\text{N}}{\text{mm}^2} < \text{zul. } \sigma = 8{,}5 \dfrac{\text{N}}{\text{mm}^2}$

d) $\text{vorh. } \tau = \dfrac{57\,740 \text{ N} \cdot \cos 30°}{180 \text{ mm} \cdot 330 \text{ mm}}$

$\text{vorh. } \tau = 0{,}84 \text{ N/mm}^2 < \text{ zul. } \tau = 0{,}9 \text{ N/mm}^2$

250

$$
\begin{array}{llcl}
A_{\text{Pfosten}} & 180\,\text{mm} \cdot 180\,\text{mm} & = & 32\,400\,\text{mm}^2 \\
-A_{\text{Versatz}} & 2 \cdot 45\,\text{mm} \cdot 180\,\text{mm} & = & 16\,200\,\text{mm}^2 \\
-A_{\text{Bolzen(konstruktiv)}} & 20\,\text{mm} \cdot 90\,\text{mm} & = & \underline{1\,800\,\text{mm}^2} \\
 & A_{\text{N}} & = & 14\,400\,\text{mm}^2
\end{array}
$$

$$\sigma = \frac{100\,00\ \text{N}}{14\,400\,\text{mm}^2}$$

$$\sigma = 6{,}9\ \text{N/mm}^2 < \text{ zul. } \sigma = 8{,}5\ \text{N/mm}^2$$

98.

$$\sigma = \frac{F}{A}$$

$$160\ \text{N/mm}^2 = \frac{85\,000\ \text{N}}{A}$$

$$A = 531{,}25\,\text{mm}^2$$

$$d = \sqrt{\frac{4 \cdot A}{\pi}}$$

$$d = \sqrt{\frac{4 \cdot 531{,}25\,\text{mm}^2}{\pi}}$$

$$d = 26\,\text{mm}$$

99.

$$A = \frac{F}{\sigma}$$

$$= \frac{250\,000\ \text{N}}{240\ \text{N/mm}^2}$$

$$A = 1\,041{,}66\,\text{mm}$$

$$\frac{d^2 \cdot \pi}{4} = 1\,041{,}66\,\text{mm}$$

$$d = 36{,}42\,\text{mm}$$

ausgeführt $d = 40\,\text{mm}$

251

100.

$$\text{erf. } A_{\text{Laschen}} = \frac{1{,}5 \cdot F}{\text{zul. } \sigma}$$

$$= \frac{1{,}5 \cdot 80\,000\ \text{N}}{8{,}5\ \text{N/mm}^2}$$

$$\text{erf. } A_{\text{Laschen}} = 14\,117{,}65\,\text{mm}^2$$

gewählt: Laschen $2 \cdot 4/20\,\text{cm}$ mit $A = 16\,000\,\text{mm}^2$

Nägel $38 \cdot 100$ mit Tragkraft 525 N/Nagel

$$\text{erf. Nagelzahl} = \frac{\text{Gesamtlast}}{\text{zul. Belastung je Nagel}}$$

$$= \frac{80\,000\ \text{N}}{525\ \text{N/Nagel}}$$

$$\text{erf. Nagelzahl} = 152{,}38$$

gewählt: 77 Nägel je Lasche

101. Mittelholz

$$\text{erf. } A_{\text{N}} = \frac{86\,000\ \text{N}}{8{,}5\ \text{N/mm}^2}$$

$$\text{erf. } A_{\text{N}} = 10\,117{,}6\,\text{mm}^2$$

gewählt: ◫ $8/16\,\text{cm}$ mit $A = 12\,800\,\text{mm}^2$

$$A_N = A_{Holz} - A_{Bolzen}$$
$$= 12\,800\,mm^2 - 30\,mm \cdot 80\,mm$$
$$A_N = 10\,400\,mm^2$$
$$\sigma = \frac{86\,000\ N}{10\,400\,mm^2}$$
$$\sigma = 8{,}27\ N/mm^2 < \text{ zul. } \sigma = 8{,}5\ N/mm^2$$
$$\frac{a_3}{d} = \frac{80\,mm}{30\,mm} = 2{,}6 < 4{,}5$$

Ist der Koeffizient aus Mittelholz und Bolzendurchmesser kleiner als 4,5, so ist die Tragfähigkeit des Bolzens von der Holzdicke abhängig, ist er größer als 4,5, dann von der Tragfähigkeit des Bolzens.

Laschen

$$\text{erf. } A = \frac{1{,}5 \cdot 86\,000\ N}{8{,}5\ N/mm^2}$$
$$\text{erf. } A = 15\,176{,}47\,mm^2$$

gewählt: 2 x 6/16 cm mit $A = 19\,200\,mm^2$

$-$ Bolzen $60\,mm \cdot 30\,mm \cdot 2 = 3\,600\,mm^2$

$15\,600\,mm^2$

$$\sigma_{Laschen} = \frac{1{,}5 \cdot 86\,000\ N}{15\,600\,mm^2}$$
$$\sigma_{Laschen} = 8{,}27\ N/mm^2 < \text{ zul. } \sigma = 8{,}5\ N/mm^2$$

102.

$$W_y = \frac{b \cdot h^2}{6}$$
$$= \frac{10\,cm \cdot 15{,}5^2\,cm^2}{6}$$
$$W_y = 400{,}42\,cm^3$$

$$W_z = \frac{15{,}5\,cm \cdot 10^2\,cm^2}{6}$$
$$W_z = 258{,}33\,cm^3$$

a)
$$\max M = \frac{q \cdot l^2}{8}$$
$$= \frac{2{,}45\ kN/m \cdot 3{,}45^2\ m^2}{8}$$
$$\max M = 3{,}65\ kNm$$

$$\sigma = \frac{M}{W}$$
$$= \frac{3\,645\,140\ Nmm}{400\,420\,mm^3}$$
$$\sigma = 9{,}10\ N/mm^2$$

b)
$$\sigma = \frac{3\,645\,140\ Nmm}{258\,330\,mm^3}$$
$$\sigma = 14{,}11\ N/mm^2$$

251 **103.**

$$\max\ M = \frac{q \cdot l^2}{8}$$

$$= \frac{2{,}25\ \text{kN/m} \cdot 3{,}50^2\ \text{m}^2}{8}$$

$$\max\ M = 3{,}45\ \text{kNm}$$

$$\max\ M = 3\,450\ \text{Nm}$$

$$\text{erf. } W_y = \frac{M}{\sigma}$$

$$= \frac{3\,450\,000\ \text{Nmm}}{10\ \text{N/mm}^2}$$

$$= 345\,000\ \text{mm}^3$$

$$\text{erf. } W_y = 345\ \text{cm}^3$$

gewählt: ◫ 12/14 cm mit $W_y = 392\ \text{cm}^3$

$$\sigma = \frac{M}{W}$$

$$= \frac{3\,450\,000\ \text{Nmm}}{392\,000\ \text{mm}^3}$$

$$\sigma = 8{,}80\ \text{N/mm}^2 < \text{ zul. } \sigma = 10\ \text{N/mm}^2$$

104. a) $F_A \cdot 7{,}15\ \text{m} = 48\ \text{kN} \cdot 5{,}20\ \text{m} + 32\ \text{kN} \cdot 2{,}20\ \text{m}$

$$F_A = 44{,}76\ \text{kN}$$

$$F_B \cdot 7{,}15\ \text{m} = 48\ \text{kN} \cdot 1{,}95\ \text{m} + 32\ \text{kN} \cdot 4{,}95\ \text{m}$$

$$F_B = 35{,}24\ \text{kN}$$

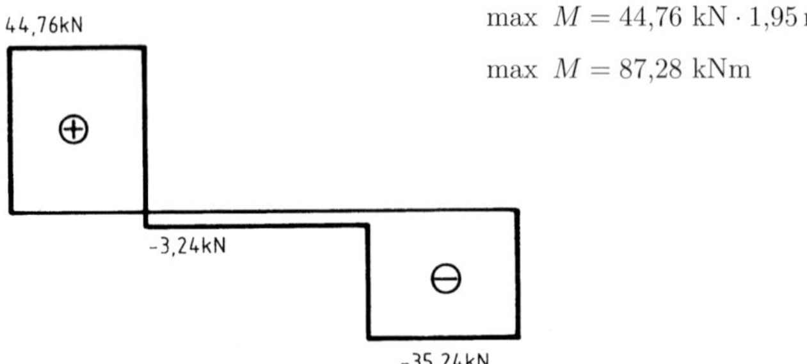

$$\max\ M = 44{,}76\ \text{kN} \cdot 1{,}95\ \text{m}$$

$$\max\ M = 87{,}28\ \text{kNm}$$

b) Die Querkraft-Nullstelle liegt 1,95 m vom Auflager *A* entfernt.

c) $$\sigma = \frac{M}{W}$$

$$\text{erf. } W = \frac{87\,280\,000\ \text{Nmm}}{140\ \text{N/mm}^2}$$

$$= 623\,428\ \text{mm}^3$$

erf. $W_y = 624\,\text{cm}^3$

gewählt: | 320 mit $W_y = 679\,\text{cm}^3$

$$\sigma = \frac{87\,280\,000\ \text{Nmm}}{679\,000\,\text{mm}^3}$$

$$\sigma = 128{,}5\ \text{N/mm}^2 < \text{zul. } \sigma = 140\ \text{N/mm}^2$$

105. a) $F_A \cdot 5{,}70\,\text{m} + 12\ \text{kN/m} \cdot 2{,}0\,\text{m} \cdot 1{,}0\,\text{m} = 12\ \text{kN/m} \cdot \dfrac{5{,}70^2\ \text{m}^2}{2}$

$$F_A = 29{,}99\ \text{kN}$$

$$F_B \cdot 5{,}70\,\text{m} = 12\ \text{kN/m} \cdot \frac{7{,}70^2\ \text{m}^2}{2}$$

$$F_B = 62{,}41\ \text{kN}$$

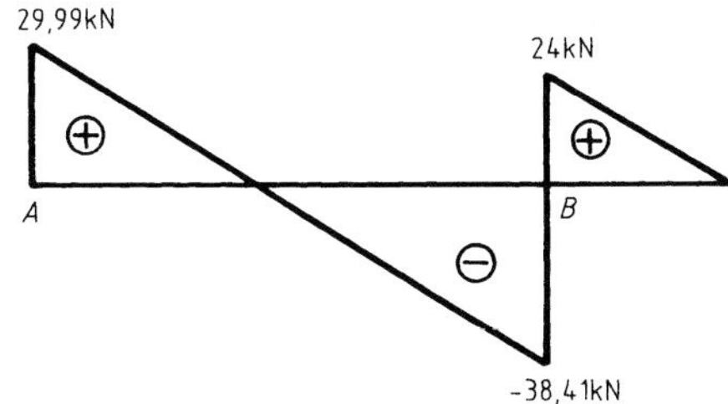

b)
$$F_A - q \cdot x_0 = 0$$
$$29{,}99\ \text{kN} - 12\ \text{kN/m} \cdot x_0 = 0$$
$$x_0 = 2{,}50\,\text{m}$$

c)
$$\max\ M_F = F_A \cdot x_0 - q \cdot \frac{{x_0}^2}{2}$$
$$= 29{,}99\ \text{kN} \cdot 2{,}50\,\text{m} - 12\ \text{kN/m} \cdot \frac{2{,}50^2\ \text{m}^2}{2}$$
$$\max\ M_F = 37{,}48\ \text{kNm}$$

$$\max\ M_s = \frac{q \cdot l^2}{2}$$
$$= -12\ \text{kN/m} \cdot \frac{2{,}0^2\ \text{m}^2}{2}$$
$$\max\ M_s = -24\ \text{kNm}$$
$$\sigma = \frac{\max\ M}{W_y}$$

$$\text{erf. } W_y = \frac{37\,480\,000\ \text{Nmm}}{140\ \text{N/mm}^2}$$

erf. $W_y - 267{,}7\,\text{cm}^3$

gewählt: I PB 160 mit $W_y = 311\,\text{cm}^3$

$$\sigma = \frac{37\,480\,000\ \text{Nmm}}{311\,000\ \text{mm}^3}$$

$$\sigma = 120{,}5\ \text{N/mm}^2 < \text{zul. } \sigma = 140\ \text{N/mm}^2$$

251 d)

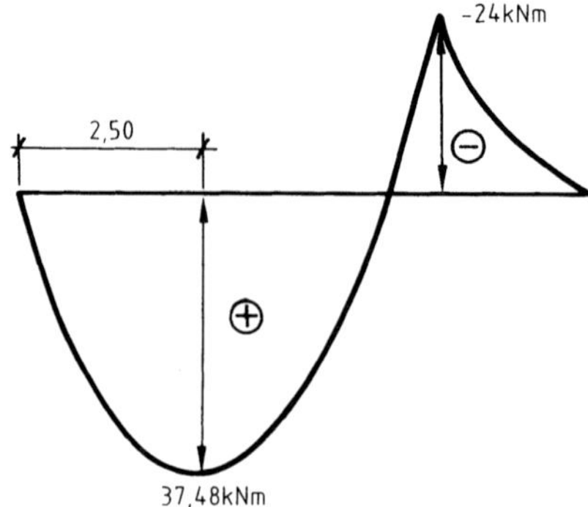

252 **106.** a)

$$I_y = \frac{b \cdot h^3}{12} = \frac{12{,}5\,\text{cm} \cdot 19{,}5^3\,\text{cm}^3}{12}$$

$$\max\ I = I_y = 7\,723{,}83\,\text{cm}^4$$

$$I_z = \frac{h \cdot b^3}{12} = \frac{19{,}5\,\text{cm} \cdot 12{,}5^3\,\text{cm}^3}{12}$$

$$\min\ I = I_z = 3\,173{,}83\,\text{cm}^4$$

b)

$$W_y = \frac{b \cdot h^2}{6} = \frac{12{,}5\,\text{cm} \cdot 19{,}5^2\,\text{cm}^2}{6}$$

$$\max\ W = W_y = 792{,}19\,\text{cm}^3$$

$$W_z = \frac{h \cdot b^2}{6} = \frac{19{,}5\,\text{cm} \cdot 12{,}5^2\,\text{cm}^2}{6}$$

$$\min\ W = W_z = 507{,}81\,\text{cm}^3$$

c)

$$\max\ M = \frac{q \cdot l^2}{8} = \frac{3{,}45\ \text{kN/m} \cdot 4{,}15^2\,\text{m}^2}{8}$$

$$\max\ M = 7{,}43\ \text{kNm}$$

Hochkantlagerung

$$\sigma = \frac{\max\ M}{W_y} = \frac{7\,430\,000\ \text{Nmm}}{792\,190\,\text{mm}^3}$$

$$\sigma = 9{,}38\ \text{N/mm}^2$$

Breitkantlagerung

$$\sigma = \frac{\max\ M}{W_z} = \frac{7\,430\,000\ \text{Nmm}}{507\,810\,\text{mm}^3}$$

$$\sigma = 14{,}63\ \text{N/mm}^2$$

107.

$$F_A \cdot 3{,}85\,\text{m} = 8\ \text{kN} \cdot 2{,}75\,\text{m} + 6\ \text{kN} \cdot 1{,}85\,\text{m}$$

$$F_A = 8{,}60\ \text{kN}$$

$$\max\ M = 8{,}60\ \text{kN} \cdot 2{,}0\,\text{m} - 8\ \text{kN} \cdot 0{,}90\,\text{m}$$

$$\max = 10\ \text{kNm}$$

252

$$\text{erf. } W_y = \frac{M}{\sigma}$$

$$= \frac{1\,000\,000 \text{ Ncm}}{1\,000 \text{ N/cm}^2}$$

$$\text{erf. } W_y = 1\,000 \text{ cm}^3$$

gewählt: ◫ $12/24 \text{ cm}$ mit $W_y = 1152 \text{ cm}^3$

$$\sigma = \frac{M}{W}$$

$$= \frac{10\,000\,000 \text{ Nmm}}{1\,152\,000 \text{ mm}^3}$$

$$\sigma = 8{,}68 \text{ N/mm}^2 < \text{ zul. } \sigma = 10 \text{ N/mm}^2$$

108. $F_A \cdot 6{,}20 \text{ m} = 36 \text{ kN} \cdot 4{,}80 \text{ m} + 27 \text{ kN} \cdot 2{,}90 \text{ m} + 44 \text{ kN} \cdot 0{,}80 \text{ m}$

$$F_A = 46{,}18 \text{ kN}$$

$$F_B \cdot 6{,}20 \text{ m} = 36 \text{ kN} \cdot 1{,}40 \text{ m} + 27 \text{ kN} \cdot 3{,}30 \text{ m} + 44 \text{ kN} \cdot 5{,}40 \text{ m}$$

$$F_B = 60{,}82 \text{ kN}$$

$$\max M = 46{,}18 \text{ kN} \cdot 3{,}30 \text{ m} - 36 \text{ kN} \cdot 1{,}90 \text{ m}$$

$$\max M = 83{,}99 \text{ kNm}$$

$$\text{zul. } \sigma = \frac{M}{W}$$

$$\text{erf. } W_y = \frac{83\,990\,000 \text{ Nmm}}{140 \text{ N/mm}^2}$$

$$= 599\,929 \text{ mm}^3$$

$$\text{erf. } W_y = 599{,}9 \text{ cm}^3$$

gewählt: I HE (PB) 220 mit $W_y = 736 \text{ cm}^3$

$$\sigma = \frac{83\,990\,000 \text{ Nmm}}{736\,000 \text{ mm}^3}$$

$$\sigma = 114{,}17 \text{ N/mm}^2 < \text{ zul. } \sigma = 140 \text{ N/mm}^2$$

109. $F_A \cdot 3{,}20 \text{ m} + 3{,}3 \text{ kN/m} \cdot \frac{1{,}20^2 \text{ m}^2}{2} = 2{,}6 \text{ kN/m} \cdot \frac{3{,}20^2 \text{ m}^2}{2}$

$$F_A = 3{,}42 \text{ kN}$$

$$F_B \cdot 3{,}20 \text{ m} = 2{,}6 \text{ kN/m} \cdot \frac{3{,}20^2 \text{ m}^2}{2} + 3{,}3 \text{ kN/m} \cdot 1{,}20 \text{ m} \cdot 3{,}80 \text{ m}$$

$$F_B = 8{,}86 \text{ m}$$

$$F_A - q \cdot x_0 = 0$$

$$3{,}42 \text{ kN} - 2{,}6 \text{ kN/m} \cdot x_0 = 0$$

$$x_0 = 1{,}32 \text{ m}$$

252

$$\max\ M_F = 3{,}42\ \text{kN} \cdot 1{,}32\,\text{m} - 2{,}6\ \text{kN/m} \cdot \frac{1{,}32^2\ \text{m}^2}{2}$$

$$\max\ M_F = 2{,}25\ \text{kNm}$$

$$\max\ M_S = 3{,}3\ \text{kN/m} \cdot \frac{1{,}20^2\ \text{m}^2}{2}$$

$$\max\ M_S = 2{,}38\ \text{kNm}$$

$$\text{erf. } W_y = \frac{2\,380\,000\ \text{Nmm}}{10\ \text{N/mm}^2}$$

$$\text{erf. } W_y = 238\,\text{cm}^3$$

gewählt: □ 8/14 cm mit $W_y = 261\,\text{cm}^3$

$$\sigma = \frac{M}{W} = \frac{2\,380\,000\ \text{Nmm}}{261\,000\ \text{mm}^3}$$

$$\sigma = 9{,}12\ \text{N/mm}^2 < \text{ zul. } \sigma = 10\ \text{N/mm}^2$$

110.

$$\max\ M = \frac{q \cdot l^2}{8} = \frac{12\ \text{kNm} \cdot 5{,}50^2\ \text{m}^2}{8}$$

$$\max\ M = 45{,}375\ \text{kNm}$$

$$\text{zul. } \sigma = \frac{\max\ M}{W}$$

$$\text{erf. } W_y = \frac{45\,375\,000\ \text{Nmm}}{140\ \text{N/mm}^2} = 324\,107\,\text{mm}^3$$

$$\text{erf. } W_y = 324\,\text{cm}^3$$

gewählt: I PB 180 mit $W_y = 426\,\text{cm}^3$

$$\sigma = \frac{45\,375\,000\ \text{Nmm}}{426\,000\ \text{mm}^3}$$

$$\sigma = 106{,}51\ \text{N/mm}^2 < \text{ zul. } \sigma = 140\ \text{N/mm}^2$$

111.

$$\text{erf. } I_{\min} = 4 \cdot F_k \cdot {s_k}^2 = 4 \cdot 180\ \text{kN} \cdot 3{,}45^2\ \text{m}^2$$

$$\text{erf. } I_{\min} = 8\,569{,}8\,\text{cm}^4$$

gewählt: □ 18/22 cm mit $I_z = 10\,692\,\text{cm}^4$

$i_z = 5{,}20\,\text{cm}$

$A = 396\,\text{cm}^2$

$\lambda = \frac{s_k}{i_{min}}$ $\sigma = \frac{\omega \cdot F_k}{A}$

$= \frac{345\,cm}{5{,}20\,cm}$ $= \frac{1{,}80 \cdot 180\,000\,N}{39\,600\,mm^2}$

$\lambda = 67 \rightarrow \omega = 1{,}80$ $\sigma = 8{,}18\,N/mm^2 <$ zul. $\sigma = 8{,}5\,N/mm^2$ || Faser

112. erf. $I_{min} = 0{,}12 \cdot F_k \cdot {s_k}^2$

$= 0{,}12 \cdot 800\,kN \cdot 3{,}75^2\,m^2$

erf. $I_{min} = 1\,350\,cm^4$

Wegen des Schlankheitsgrades muß das Trägheitsmoment der Stütze größer gewählt werden.

a) gewählt: Rundstütze mit Ø 216 mm mit $s = 11\,mm$

$I = 3\,730\,cm^4$

$i = 7{,}26\,cm$

$A = 70{,}8\,cm^2$

$\lambda = \frac{s_k}{i}$ $\sigma = \frac{\omega \cdot F_k}{A}$

$= \frac{375\,cm}{7{,}26\,cm}$ $= \frac{1{,}13 \cdot 800\,000\,N}{7\,080\,mm^2}$

$\lambda = 51{,}6$ $\sigma = 127{,}68\,N/mm^2 <$ zul. $\sigma = 140\,N/mm^2$

$\lambda = 52 \rightarrow \omega = 1{,}13$

b) gewählt: ◻200 mit Wanddicke $s = 10\,mm$

$I = 4340\,cm^4$

$i = 7{,}69\,cm$

$A = 73{,}4\,cm^2$

$\lambda = \frac{375\,cm}{7{,}69\,cm}$ $\sigma = \frac{1{,}11 \cdot 800\,000\,N}{7\,340\,mm^2}$

$\lambda = 48{,}76\,cm$ $\sigma = 120{,}98\,N/mm^2 <$ zul. $\sigma = 140\,N/mm^2$

$\lambda = 49 \rightarrow \omega = 1{,}11$

c) gewählt: I PB 220 $\lambda = \frac{375\,cm}{5{,}59\,cm}$ $\sigma = \frac{1{,}39 \cdot 800\,000\,N}{9\,100\,mm^2}$

mit $I_z = 2\,840\,cm^4$ $\lambda = 67{,}08$ $\sigma = 122{,}2\,N/mm^2 <$ zul. σ

$i_z = 5{,}59\,cm$ $\lambda = 68 \rightarrow \omega = 1{,}39$ $= 140\,N/mm^2$

$A = 91\,cm^2$

252 **113.** a) Zu der Diagonalstabdicke von 2,4 cm gehören nach Tabelle Nägel 34/90 mit einer zulässigen Nagelbelastung von $N_1 = 430$ N (nicht vorgebohrt)

s = Anzahl der Nägel in einer Reihe

l_1 = schräges Längsstück des Untergurtes $\sqrt{2} \cdot 180\,\text{mm}$

$d_n = 3{,}4\,\text{mm} <$ zul. $d_n = 4{,}2\,\text{mm}$

$l_1 = 15 \cdot d_n + 7 \cdot d_n + (s-1) \cdot 10\, d_n$

$\sqrt{2} \cdot 180\,\text{mm} = 15 \cdot 34/10\,\text{mm} + 7 \cdot 34/10\,\text{mm} + (s-1) \cdot 10 \cdot 34/10\,\text{mm}$

$s = 6{,}29$

ausgeführt: $s = 6$ Nägel pro Reihe

erforderliche Anzahl der Nägel

$$\text{erf. } n = \frac{F}{2 \cdot \text{N}_1}$$

$$= \frac{26\,000\ \text{N}}{2 \cdot 430\ \text{N/Nagel}}$$

erf. $n = 30$ Nägel/Seite

Anzahl der Reihen

$r = 30 : 6$

$r = 5$ Reihen

b)

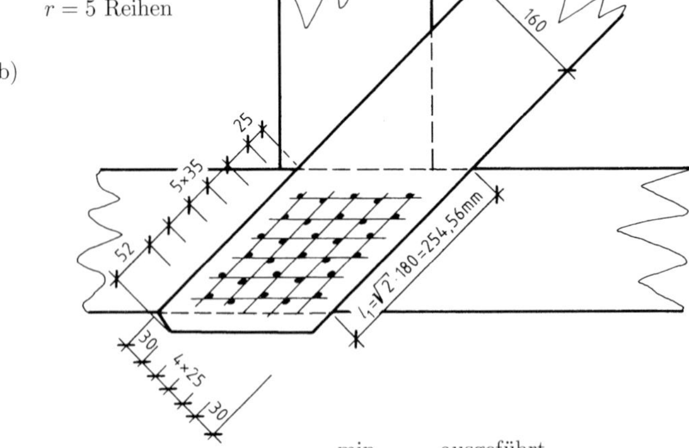

				min	ausgeführt
$7d_n$	=	$7 \cdot 3{,}4\,\text{mm}$	=	23,8 mm	25 mm
$10d_n$	=	$10 \cdot 3{,}4\,\text{mm}$	=	34 mm	35 mm
$15d_n$	=	$15 \cdot 3{,}4\,\text{mm}$	=	51 mm	52 mm
$5d_n$	=	$5 \cdot 3{,}4\,\text{mm}$	=	17 mm	25 mm

c) $$\text{erf. } n = \frac{26\,000\ \text{N}}{2 \cdot 540\ \text{N/Nagel}}$$

erf. $n = 24$ Nägel

23 Mechanik

257

1. a)
$$t = \frac{W}{P} = \frac{F \cdot s}{P} = \frac{1\,460\ \text{N} \cdot 1{,}25\,\text{m}}{730\ W}$$
$$t = 2{,}5\ s$$

b)
$$W = F \cdot s = 1\,460\ \text{N} \cdot 1{,}25\,\text{m}$$
$$W = 1{,}825\ \text{kJ}$$

2.
$$m = 2{,}4\,\text{dm} \cdot 1{,}75\,\text{dm} \cdot 1{,}13\,\text{dm} \cdot 1{,}3\,\text{kg}/\,\text{dm}^3 \cdot 228$$
$$m = 1\,406{,}714\ \text{kg}$$

a)
$$W = F \cdot s = 14\,067{,}14\ \text{N} \cdot 4{,}30\,\text{m}$$
$$W = 60{,}489\ \text{kJ}$$

b)
$$P = \frac{W}{t} = \frac{14\,067{,}14\ \text{N} \cdot 4{,}30\,\text{m}}{5{,}5\ s}$$
$$P = 10{,}998\ \text{kW}$$

3. a)
$$W = F \cdot s = 8\,775\ \text{N} \cdot 1{,}55\,\text{m}$$
$$W = 13{,}60\ \text{kJ}$$

Jeder Arbeiter

$$W = 1{,}70\ \text{kJ}$$

b)
$$P = \frac{W}{t} = \frac{8\,775\ \text{N} \cdot 1{,}55\,\text{m}}{2\ s}$$
$$P = 6\,800{,}62\ W$$

Jeder Arbeiter

$$P = 850{,}77\ W$$

4.
$$m = \frac{13{,}0^2(\text{dm})^2 \cdot \pi}{4} \cdot 6{,}0\,\text{dm} \cdot 2{,}3\,\text{kg}/\text{dm}^3 + \frac{\frac{13^2(\text{dm})^2 \cdot \pi}{4} + \frac{2{,}5^2(\text{dm})^2 \cdot \pi}{4}}{2} \cdot 4\,\text{dm} \cdot 2{,}3\ \text{kg}/\text{dm}^3$$
$$= 1\,831{,}71\,\text{kg} + 633{,}14\,\text{kg}$$
$$m = 2\,464{,}85\,\text{kg}$$
$$G = 24\,648{,}5\ \text{N}$$
$$\text{Kübel} = \underline{\ \ 650\ \ \ \text{N}}$$
$$F = 25\,298{,}5\ \text{N}$$

a)
$$W = F \cdot s = 25\,298{,}5\ \text{N} \cdot 8{,}30\,\text{m}$$
$$W = 209{,}98\ \text{kJ}$$

b)
$$P = \frac{W}{t} = \frac{209\,977{,}55\ \text{J}}{8\ s}$$
$$P = 26{,}25\ \text{kW}$$

257 **5.** $m = 3\,\text{dm} \cdot 2{,}4\,\text{dm} \cdot 1{,}13\,\text{dm} \cdot 1{,}9\,\frac{\text{kg}}{\text{dm}^3} \cdot 240$

$m = 3\,710{,}02\,\text{kg}$

		aufzuwendende Kraft	Kraftweg
a)	feste Rolle	$F = G$	$s_1 = s_2$
		$F = 37\,100{,}2\ \text{N}$	$s_1 = 3{,}70\,\text{m}$
b)	lose Rolle	$F = G/2$	$s_1 = 2 \cdot s_2$
		$F = 18\,550{,}1\ \text{N}$	$s_1 = 7{,}40\,\text{m}$
c)	Flaschenzug mit 4 Rollen	$F = G/\text{n}$	$s_1 = n \cdot s_2$
		$F = 9\,275{,}05\ \text{N}$	$s_1 = 14{,}80\,\text{m}$
d)	Flaschenzug mit 6 Rollen	$F = G/\text{n}$	$s_1 = n \cdot s_2$
		$F = 6\,183{,}37\ \text{N}$	$s_1 = 22{,}20\,\text{m}$
e)	Differentialflaschenzug	$F = \frac{G}{\text{n}} \cdot \frac{r_1 - r_2}{r_1}$	$s_1 = 2 \cdot s_2 \cdot \frac{r_1}{r_1 - r_2}$
			$s_1 = 2 \cdot 3{,}70\,\text{m}$
		$F = \frac{37\,100{,}2\ \text{N}}{2} \cdot \frac{15\,\text{cm} - 10\,\text{cm}}{15\,\text{cm}}$	$\cdot \frac{15\,\text{cm}}{15\,\text{cm} - 10\,\text{cm}}$
		$F = 6\,183{,}37\ \text{N}$	$s_1 = 22{,}20\,\text{m}$

258 **6.** $m = (d_1{}^2 - d_2{}^2) \cdot \frac{\pi}{4} \cdot h \cdot \varrho$

$m = 265{,}326\,\text{kg}$

feste Rolle	Flaschenzug mit 4 Rollen
$F = G$	$F = G/\text{n}$
$F = 2\,653{,}26\ \text{N}$	$F = 663{,}32\ \text{N}$

Kraftersparnis $= \frac{100 \cdot 663{,}32\ \text{N}}{2\,653{,}26\ \text{N}} = 25\% \rightarrow 75\%$

7. $m = (d_1{}^2 - d_2{}^2) \cdot \frac{\pi}{4} \cdot h \cdot \varrho$

$m = 684{,}415\,\text{kg}$

a) erforderliche Kraft	b) Kraftweg
$F = \frac{G}{\text{n}} \cdot \frac{r_1 - r_2}{r_1}$	$s_1 = 2 \cdot s_2 \cdot \frac{r_1}{r_1 - r_2}$
$F = 1\,629{,}56\ \text{N}$	$s_1 = 13{,}02\,\text{m}$

8. $m = 10{,}5\,\text{dm}^3 \cdot 1{,}90\,\text{kg/dm}^3$

$m = 19{,}95\,\text{kg}$

Eimermasse 2,5 kg

a) erforderliche Kraft

$$F = \frac{G \cdot r_2}{r_1}$$

$$= 224.5\ \text{N} \cdot \frac{7\,\text{cm}}{52\,\text{cm}}$$

$$F = 30{,}22\ \text{N}$$

b) Anzahl der Umdrehungen

$$n = \frac{s}{d \cdot \pi}$$

$$= \frac{310\,\text{cm}}{14\,\text{cm} \cdot \pi}$$

$$n = 7{,}04$$

9. a) $F = G$

$$F = 255\ \text{N}$$

b) $W = F \cdot s$

$$= 255\ \text{N} \cdot 3{,}90\,\text{m}$$

$$W = 994{,}50\ \text{J}$$

c) feste Rolle

$$s_1 = s_2$$

$$s_1 = 3{,}90\,\text{m}$$

$$t = \frac{3{,}90\,\text{m}}{1{,}20\,\text{m/s}}$$

$$t = 3{,}25\,\text{s}$$

lose Rolle

$$s_1 = 2 \cdot s_2$$

$$= 2 \cdot 3{,}93\,\text{m}$$

$$s_1 = 7{,}86\,\text{m}$$

$$t = \frac{7{,}86\,\text{m}}{1{,}20\,\text{m/s}}$$

$$t = 6{,}6\,\text{s}$$

10. $m = 4\,\text{dm} \cdot 8\,\text{dm} \cdot 1{,}6\,\text{dm} \cdot 2{,}8\,\text{kg/dm}^3$

$$+ 4\,\text{dm} \cdot 1{,}0\,\text{dm} \cdot \frac{2}{3} \cdot 1{,}6\,\text{dm} \cdot 2{,}8\,\text{kg/dm}^3$$

$$= 143{,}36\,\text{kg} + 11{,}95\,\text{kg}$$

$$m = 155{,}31\,\text{kg}$$

a) feste Rolle

$$F = G + G \cdot \frac{2}{100}$$

$$= 1\,553{,}10\ \text{N} + 1\,553{,}10\ \text{N} \cdot \frac{2}{100} = 1\,584{,}16\ \text{N}$$

b) lose Rolle

$$F = \frac{G}{2} + \frac{G}{2} \cdot \frac{3}{100}$$

$$= \frac{1\,553{,}10\ \text{N}}{2} + \frac{1\,553{,}10\ \text{N}}{2} \cdot \frac{3}{100}$$

$$F = 799{,}85\ \text{N}$$

c) Flaschenzug mit 4 Rollen

$$F = \frac{G}{\text{n}} + \frac{G}{\text{n}} \cdot \frac{5{,}5}{100}$$

$$= \frac{1\,553{,}10\ \text{N}}{4} + \frac{1\,553{,}10\ \text{N}}{4} \cdot \frac{5{,}5}{100}$$

$$F = 409{,}63\ \text{N}$$

d) Differentialflaschenzug

$$F = \frac{G}{2} \cdot \frac{r_1 - r_2}{r_1} + \frac{G}{2} \cdot \frac{r_1 - r_2}{r_1} \cdot \frac{3{,}2}{100}$$

$$= \frac{1\,553{,}10\ \text{N}}{2} \cdot \frac{17\,\text{cm} - 12\,\text{cm}}{17\,\text{cm}} + \frac{1\,553{,}10\ \text{N}}{2} \cdot \frac{5\,\text{cm}}{17\,\text{cm}} \cdot \frac{3{,}2}{100} = 235{,}71\ \text{N}$$

24 Grundlagen der Bauplanung

269

1. a) $\text{GRZ} = \dfrac{\text{Grundfläche}}{\text{Grundstücksfläche}} = \dfrac{247{,}63\,\text{m}^2}{676{,}67\,\text{m}^2}$

$\text{GRZ} = 0{,}37$

b) $\text{GFZ} = \dfrac{\text{Geschossfläche}}{\text{Grundstücksfläche}} = \dfrac{495{,}26\,\text{m}^2}{676{,}67\,\text{m}^2}$

$\text{GFZ} = 0{,}73$

2. $0,2 = \dfrac{\text{Grundfläche}}{300\,\text{m}^2} \rightarrow \text{Grundfläche} = 60\,\text{m}^2$

3. $1{,}2 = \dfrac{36{,}0\,\text{m} \cdot 24{,}0\,\text{m} \cdot 4}{\text{erf. Grundstücksfläche}}$

erf. A = 2 880 m²

− Baugrundstück 1 750 m²

zu erwerben 1 130 m²

$\rightarrow b = 22{,}60\,\text{m}$

$\text{GRZ} = \dfrac{36{,}0\,\text{m} \cdot 24{,}0\,\text{m}}{50{,}0\,\text{m} \cdot 35{,}0\,\text{m}}$

$\text{GRZ} = 0{,}49 < 0{,}6$

270

4. a) $\text{GRZ} = \dfrac{1\,890\,\text{m}^2}{3\,088{,}70\,\text{m}^2}$

$\text{GRZ} = 0{,}61$

b) $0{,}8 = \dfrac{\text{Grundfläche}}{3\,088\,\text{m}^2} \rightarrow \text{Grundfläche} = 2\,470{,}96\,\text{m}^2$

$\rightarrow \Delta A = 580{,}96\,\text{m}^2$

$\rightarrow b = 19{,}37\,\text{m}$

5. $\text{Grundstücksfläche} = 42{,}68\,\text{m} \cdot 36{,}40\,\text{m}$

$\text{Grundstücksfläche} = 1\,553{,}55\,\text{m}^2$

6. $A = \dfrac{16{,}55\,\text{m} + 18{,}40\,\text{m}}{2} \cdot 14{,}12\,\text{m} + \dfrac{18{,}40\,\text{m} + 23{,}65\,\text{m}}{2} \cdot 26{,}83\,\text{m}$

$A = 810{,}85\,\text{m}^2$

7. $A = (17{,}25\,\text{m} + 82{,}25\,\text{m})\ 19{,}75\,\text{m}$

$A = 1\,965{,}13\,\text{m}^2$

8. $\text{Kosten} = \left(13{,}50\,\text{m} \cdot 7{,}20\,\text{m} \cdot 5{,}25\,\text{m} - \dfrac{7{,}20\,\text{m} \cdot 0{,}30\,\text{m}}{2} \cdot 13{,}50\,\text{m}\right)$

$\cdot\, 515\,€/\,\text{m}^3 = 255\,296,-\,€$

9. a) $\text{BRI} = 14{,}75\,\text{m} \cdot 10{,}25\,\text{m} \cdot 3{,}15\,\text{m} + 10{,}25\,\text{m} \cdot 14{,}75\,\text{m} \cdot 0{,}50\,\text{m}$

$+ \dfrac{10{,}25\,\text{m} \cdot 3{,}25\,\text{m}}{2} \cdot 14{,}75\,\text{m} = 797{,}51\,\text{m}^3$

b) Kosten = 498 444,– €

10. Kosten $= 2{,}05\,\text{m} \cdot 2{,}83\,\text{m} \cdot 5{,}25\,\text{m} \cdot 485\,€/\text{m}^3 = 14\,772,–\,€$

11. Kosten $= \dfrac{8{,}0^2\,\text{m}^2 \cdot \pi}{4} \cdot \dfrac{1}{4} \cdot 18{,}0\,\text{m} \cdot 495\,€/\text{m}^3 = 111\,967,–\,€$

12. a) $\text{BGF} = 12{,}78\,\text{m} \cdot 10{,}03\,\text{m}$

$\text{BGF} = 128{,}18\,\text{m}^2$

b) $\text{KF} = (12{,}78\,\text{m} \cdot 2 + 9{,}48\,\text{m} \cdot 2)\;0{,}275\,\text{m}$

$+ (3{,}98\,\text{m} + 4{,}105\,\text{m} \cdot 2 + 3{,}23\,\text{m})\;0{,}27\,\text{m}$

$+ (4{,}375\,\text{m} \cdot 2 + 2{,}23\,\text{m} + 4{,}75\,\text{m} + 5{,}23\,\text{m} + 1{,}98\,\text{m} + 3{,}355\,\text{m})$

$\cdot\, 0{,}145\,\text{m} + 0{,}60^2\,\text{m}^2$

$\text{KF} = 20{,}58\,\text{m}^2$

c) $\text{NGF} = \text{BGF} - \text{KF}$

$= 128{,}18\,\text{m}^2 - 20{,}57\,\text{m}^2$

$\text{NGF} = 107{,}61\,\text{m}^2$

d) $\text{K} = 107{,}61\,\text{m}^2 \cdot 2\,400\,€/\text{m}^2$

$\text{K} = 258\,264\,€$

zu d) $\text{BRJ} = 128{,}18^2 \cdot 2{,}95\,\text{m}$

$\text{BRJ} = 378{,}13\,\text{m}^3$

$\text{K} = 378{,}13\,\text{m}^3 \cdot 680\,\dfrac{€}{\text{m}^3}$

$\text{K} = 257\,129{,}0\,€$

e) Wohnfläche

Raum	Länge m	Breite m	Wohn- und Schlafräume m^2	Küchen m^2	Neben-räume m^2	Gesamte Wohnfläche m^2
Wohnen	5,385	4,385	23,61			
Essen	4,25	3,135	13,32			
Eltern	4,135	4,01	16,58			
Kind	3,385	3,135	10,61			
Kind	4,135 1,135	3,01 0,25	12,73			
Küche	4,135 - 0,60	2,26 0,60		8,99		
Bad	2,885	2,26			6,52	
Vorraum Bad	2,01	1,375			2,76	
WC	2,01	0,76			1,53	
Diele	2,51	2,01			5,05	
Eingang	4,135	2,01			8,31	
			76,85	8,99	24,17	110,01
					– 3% Putz	3,30
						106,71

272 **13.** a)

Wohnen	$4{,}98\,m \cdot 4{,}23\,m$	=	$21{,}065\,m^2$
Essen	$5{,}23\,m \cdot 4{,}23\,m$	=	$22{,}123\,m^2$
Eltern	$4{,}855\,m \cdot 3{,}23\,m$	=	$15{,}682\,m^2$
Kind	$3{,}355\,m \cdot 3{,}23\,m$	=	$10{,}837\,m^2$
Kind	$4{,}23\,m \cdot 3{,}23\,m$	=	$13{,}663\,m^2$
Küche	$2{,}855\,m \cdot 2{,}23\,m - 0{,}615^2\,m^2$	=	$5{,}988\,m^2$
Bad	$2{,}855\,m \cdot 1{,}73\,m$	=	$4{,}939\,m^2$
	NGF	=	$94{,}297\,m^2$

b) $BGF_a = 8{,}955\,m \cdot 12{,}83\,m$

$BGF_a = 114{,}89\,m^2$

$KF = 114{,}89\,m^2 - 94{,}30\,m^2 + 1{,}50\,m \cdot 0{,}30\,m \cdot 2$

$KF = 21{,}49\,m^2$

c) $K_a = 114{,}89\,m^2 \cdot 2{,}87\,m \cdot 650\,€/m^3$

$K_a = 329{,}734\,m^3 \cdot 650\,€/m^3$

$K_a = 214\,327{,}10\,€$

$K_b = 12{,}83\,m \cdot 1{,}50\,m \cdot 2{,}87\,m \cdot 495\,€/m^3$

$K_b = 55{,}233\,m^3 \cdot 495\,€/m^3$

$K_b = 27\,340{,}34\,€$

$K = 241\,667{,}44\,€$

$K = 242\,000\,€$

d) Wohnfläche

Raum	Länge m	Breite m	Wohn- und Schlafräume m^2	Küchen m^2	Nebenräume m^2	Gesamte Wohnfläche m^2
Wohnen	5,01	4,26	21,34			
Essen	5,26	4,26	22,41			
Eltern	4,885	3,26	15,93			
Kind	3,385	3,26	11,04			
Kind	4,26	3,26	13,89			
Küche	2,885 - 0,60	2,26 0,60		6,16		
Bad	2,885	1,76			5,08	
Freisitz ¼	12,26	1,50			4,60	
			84,61	6,16	9,68	100,45
					– 3% Putz	3,01
						97,44

14. a) $\text{BRI} = 11{,}36\,\text{m} \cdot 8{,}115\,\text{m} \cdot 3{,}40\,\text{m} + \dfrac{8{,}115\,\text{m} \cdot 2{,}25\,\text{m}}{2} \cdot 11{,}36\,\text{m}$

$\text{BRI} = 417{,}14\,\text{m}^3$

b) $\text{BGF} = 11{,}36\,\text{m} \cdot 8{,}115\,\text{m}$

$\text{BGF} = 92{,}19\,\text{m}^2$

EG: $\text{KF} = (8{,}115\,\text{m} \cdot 2 + 10{,}88\,\text{m} \cdot 2)\ 0{,}24\,\text{m}$

$+ (7{,}635\,\text{m} \cdot 2 + 4{,}26\,\text{m})\ 0{,}175\,\text{m}$

$+ (4{,}26\,\text{m} + 2{,}01\,\text{m})\ 0{,}115\,\text{m} + 0{,}60^2\,\text{m}^2$

$\text{KF} = 13{,}62\,\text{m}^2$

DG: $\text{KF} = (8{,}115\,\text{m} \cdot 2 - 10{,}88\,\text{m} \cdot 2)\ 0{,}24\,\text{m} + 0{,}60^2\,\text{m}^2$

$\text{KF} = 9{,}48\,\text{m}^2$

EG: $\text{NGF} = 92{,}19\,\text{m}^2 - 13{,}62\,\text{m}^2$

$\text{NGF} = 78{,}57\,\text{m}^2$

DG: $\text{NGF} = 92{,}19\,\text{m}^2 - 9{,}48\,\text{m}^2$

$\text{NGF} = 82{,}71\,\text{m}^2$

$\text{NGF} = 161{,}28\,\text{m}^2$

Anmerkung: Der Kriechkeller bleibt unberücksichtigt.

c) Wohnfläche

Raum	Länge m	Breite m	Wohn- und Schlafräume m^2	Küchen m^2	Nebenräume m^2	Gesamte Wohnfläche m^2
Wohnen	4,26	3,73	15,89			
Essen	4,26	4,01	17,08			
Schlafen	4,26	3,73	15,89			
Küche	4,26 - 0,60	3,51 0,60		14,59		
Bad	4,01	2,01			8,06	
WF	3,51	2,01			7,06	
			48,86	14,59	15,12	78,57
					– 3% Putz	2,36
						76,21

274 **15.** a) Baukosten

BRI allseitig umschlossener und überdeckter Bauteile

$$\text{KG: BRI}_a = 14{,}095\,\text{m} \cdot 9{,}97\,\text{m} \cdot 2{,}88\,\text{m}$$
$$- 6{,}50\,\text{m} \cdot 1{,}50\,\text{m} \cdot 2{,}88\,\text{m}$$
$$- 1{,}50\,\text{m} \cdot 1{,}19\,\text{m} \cdot 2{,}88\,\text{m}$$
$$\text{BRI}_a = 371{,}50\,\text{m}^3$$
$$\text{EG: BRI}_a = 14{,}155\,\text{m}^3 \cdot 10{,}03\,\text{m} \cdot 2{,}76\,\text{m}$$
$$- 6{,}50\,\text{m} \cdot 1{,}50\,\text{m} \cdot 2{,}76\,\text{m}$$
$$- 1{,}50\,\text{m} \cdot 1{,}19\,\text{m} \cdot 2{,}76\,\text{m}$$
$$+ 1{,}50\,\text{m} \cdot 1{,}19\,\text{m} \cdot 2{,}92\,\text{m}$$
$$\text{BRI}_a = 365{,}23\,\text{m}^3$$

BRI nicht allseitig in voller Höhe umschlossener, jedoch überdeckter Bauteile

$$\text{KG: BRI}_b = 6{,}50\,\text{m} \cdot 1{,}50\,\text{m} \cdot 2{,}88\,\text{m}$$
$$+ 1{,}50\,\text{m} \cdot 1{,}19\,\text{m} \cdot 2{,}72\,\text{m}$$
$$\text{BRI}_b = 32{,}94\,\text{m}^3$$
$$\text{EG: BRI}_b = 6{,}50\,\text{m} \cdot 1{,}50\,\text{m} \cdot 2{,}76\,\text{m}$$
$$\text{BRI}_b = 26{,}91\,\text{m}^3$$

BRI umschlossener, jedoch nicht überdeckter Bauteile

$$\text{EG: BRI}_c = (9{,}99\,\text{m} \cdot 3{,}50\,\text{m} - 3{,}60\,\text{m} \cdot 1{,}50\,\text{m})\ 0{,}90\,\text{m}$$
$$\text{BRI}_c = 26{,}61\,\text{m}^3$$
$$\text{gesamt: BRI}_a = 736{,}73\,\text{m}^3$$
$$\text{BRI}_b = 59{,}85\,\text{m}^3$$
$$\text{BRI}_c = 26{,}61\,\text{m}^3$$

K_a	=	$736{,}73\,\text{m}^3 \cdot 680\,€/\text{m}^3$	=	500 976,40 €
K_b	=	$59{,}85\,\text{m}^3 \cdot 520\,€/\text{m}^3$	=	31 122,– €
K_c	=	$26{,}61\,\text{m}^3 \cdot 450\,€/\text{m}^3$	=	11 974,50 €
		Gesamtkosten		544 072,90 €
				544 000,– €

b)

Hobbyraum	$7{,}365\,\text{m} \cdot 3{,}61\,\text{m} + 4{,}39\,\text{m} \cdot 4{,}19\,\text{m}$	=	$44{,}982\,\text{m}^2$	
Ölraum	$5{,}79\,\text{m} \cdot 3{,}61\,\text{m}$	=	$20{,}902\,\text{m}^2$	
Heizraum	$5{,}36\,\text{m} \cdot 3{,}14\,\text{m}$	=	$16{,}83\,\text{m}^2$	
Vorraum	$5{,}355\,\text{m} \cdot 2{,}73\,\text{m} - 0{,}615^2\,\text{m}^2$	=	$14{,}241\,\text{m}^2$	
Vorrat	$3{,}515\,\text{m} \cdot 2{,}36\,\text{m}$	=	$8{,}295\,\text{m}^2$	$105{,}25\,\text{m}^2$

EG:	Wohnen	$7{,}355\,m \cdot 3{,}75\,m$			
	und Essen	$+4{,}48\,m \cdot 4{,}25\,m$	=	$46.474\,m^2$	
	Eltern	$5{,}98\,m \cdot 3{,}73\,m$	=	$22{,}305\,m^2$	
	Kind	$3{,}23\,m \cdot 2{,}98\,m$	=	$9{,}625\,m^2$	
	Küche	$3.73\,m \cdot 2{,}105\,m - 0{,}615^2\,m^2$	=	$7{,}473\,m^2$	
	WC	$1{,}73\,m \cdot 1{,}23\,m$	=	$2{,}128\,m^2$	
	Diele	$3{,}605\,m \cdot 1{,}23\,m + 2{,}23 \cdot 1{,}48\,m$			
		$+\ 2{,}645\,m \cdot 1{,}48\,m$	=	$11{,}649\,m^2$	
	Windfang	$1{,}48\,m \cdot 1{,}605\,m$	=	$2{,}375\,m^2$	
	Bad	$3{,}23\,m \cdot 2{,}23\,m$	=	$7{,}203\,m^2$	$109{,}23\,m^2$
				NGF =	$214{,}48\,m^2$

c) Wohnfläche

Raum	Länge m	Breite m	Wohn- und Schlafräume m^2	Küchen m^2	Neben-räume m^2	Gesamte Wohnfläche m^2
Wohnen	7,385	3,76				
und Essen	4,51	4,25	46,94			
Eltern	6,01	3,76	22,60			
Kind	3,26	3,01	9,81			
Küche	3,76	2,135		7,67		
	- 0,60	0,60				
Bad	3,26	2,26			7,37	
WC	1,76	1,26			2,22	
Diele	5,385	1,51				
	2,125	1,26				
	1,51	0,75			11,94	
WF	1,635	1,51			2,47	
Terrasse ¼	6,50	1,50				
	9,99	3,50				
	- 3,60	1,50			9,83	
			79,35	7,67	33,83	120,85
					– 3% Putz	3,63
						117,22

276 **16.** a) Baukosten: allseitig umschlossene und überdeckte Bauteile

$$\text{KG: } BRI_a = (16{,}90\,\text{m} \cdot 15{,}13\,\text{m} - 10{,}25\,\text{m} \cdot 4{,}75\,\text{m})\ 3{,}30\,\text{m}$$

$$BRI_a = 683{,}13\,\text{m}^3$$

$$\text{EG: } BRI_a = (16{,}90\,\text{m} \cdot 15{,}13\,\text{m} - 10{,}25\,\text{m} \cdot 4{,}75\,\text{m})\ 3{,}0\,\text{m} + 7{,}13\,\text{m} \cdot 5{,}75\,\text{m} \cdot 2{,}60\,\text{m}$$

$$BRI_a = 727{,}62\,\text{m}^3$$

$$\begin{aligned} \text{DG: } BRI_a = {} & (16{,}90\,\text{m} \cdot 15{,}13\,\text{m} - 10{,}25\,\text{m} \cdot 4{,}75\,\text{m})\ 0{,}50\,\text{m} \\ & + 4{,}75\,\text{m} \cdot 2{,}25\,\text{m} \cdot 0{,}75\,\text{m} \\ & + \frac{10{,}38\,\text{m} \cdot 2{,}70\,\text{m}}{2} \cdot 16{,}90\,\text{m} \\ & + \frac{8{,}90\,\text{m} \cdot 1{,}50\,\text{m}}{2} \cdot 4{,}75\,\text{m} \\ & + \frac{8{,}90\,\text{m} \cdot 1{,}50\,\text{m}}{2} \cdot \frac{2{,}80\,\text{m}}{3} \end{aligned}$$

$$BRI_a = 386{,}28\,\text{m}^3$$

nicht allseitig umschlossene, jedoch überdeckte Bauteile

$$\text{EG: } BRI_b = 4{,}75\,\text{m} \cdot 2{,}25\,\text{m} \cdot 2{,}75\,\text{m}$$

$$BRI_b = 29{,}39\,\text{m}^3$$

umschlossene, jedoch nicht überdeckte Bauteile

$$\text{EG: } BRI_c = 7{,}63\,\text{m} \cdot 5{,}75\,\text{m} \cdot 1{,}10\,\text{m}$$

$$BRI_c = 48{,}26\,\text{m}^3$$

$$\begin{aligned} \text{gesamt: } BRI_a &= 1\,797{,}03\,\text{m}^3 \\ BRI_b &= 29{,}39\,\text{m}^3 \\ BRI_c &= 48{,}26\,\text{m}^3 \end{aligned}$$

$$\begin{aligned} K_a &= 1\,797{,}03\,\text{m}^3 \cdot 670\,€/\text{m}^3 &&= 1\,204\,010{,}10\,€ \\ K_b &= 29{,}39\,\text{m}^3 \cdot 510\,€/\text{m}^3 &&= 14\,988{,}90\,€ \\ K_c &= 48{,}26\,\text{m}^3 \cdot 440\,€/\text{m}^3 &&= \underline{21\,234{,}40\,€} \\ & \text{Gesamtkosten} && 1\,240\,233{,}40\,€ \\ & && 1\,241\,000,-\,€ \end{aligned}$$

b) NGF

KG:				
Ölraum	$4{,}795\,\text{m} \cdot 2{,}73\,\text{m}$	=	$13{,}09\ \text{m}^2$	
Vorrat	$8{,}98\,\text{m} \cdot 4{,}795\,\text{m} - 1{,}25\,\text{m} \cdot 0{,}27\,\text{m}$	=	$42{,}722\,\text{m}^2$	
Waschraum	$4{,}795\,\text{m} \cdot 3{,}98\,\text{m}$	=	$19{,}084\,\text{m}^2$	
Heizraum	$4{,}585\,\text{m} \cdot 2{,}73\,\text{m} - 0{,}615^2\,\text{m}^2$	=	$12{,}139\,\text{m}^2$	
Hobby	$12{,}23\,\text{m} \cdot 4{,}585\,\text{m} + 5{,}98\,\text{m} \cdot 4{,}75\,\text{m}$	=	$\underline{89{,}065\,\text{m}^2}$	$\underline{176{,}10\,\text{m}^2}$

EG: Wohnen	$9{,}13\,\text{m} \cdot 4{,}585\,\text{m} + 5{,}98\,\text{m} \cdot 4{,}75\,\text{m}$	=	$70{,}298\,\text{m}^2$	
Essen	$4{,}245\,\text{m} \cdot 4{,}585\,\text{m}$	=	$19{,}463\,\text{m}^2$	
Küche	$4{,}585\,\text{m} \cdot 2{,}585\,\text{m} - 0{,}63^2\,\text{m}^2$	=	$11{,}455\,\text{m}^2$	
Eltern	$6{,}23\,\text{m} \cdot 3{,}23\,\text{m}$	=	$20{,}123\,\text{m}^2$	
Kind	$3{,}98\,\text{m} \cdot 3{,}23\,\text{m}$	=	$12{,}855\,\text{m}^2$	
Bad	$4{,}855\,\text{m} \cdot 2{,}73\,\text{m}$	=	$13{,}254\,\text{m}^2$	
Flur	$8{,}98\,\text{m} \cdot 1{,}355\,\text{m}$	=	$12{,}168\,\text{m}^2$	
Garderobe	$2{,}105\,\text{m} \cdot 1{,}355\,\text{m}$	=	$2{,}852\,\text{m}^2$	
Abstellraum	$1{,}605\,\text{m} \cdot 1{,}355\,\text{m}$	=	$2{,}175\,\text{m}^2$	
Windfang	$2{,}48\,\text{m} \cdot 3{,}23\,\text{m}$	=	$8{,}01\,\text{m}^2$	
Garage	$6{,}58\,\text{m} \cdot 5{,}48\,\text{m}$	=	$\underline{36{,}058\,\text{m}^2}$	$\underline{208{,}71\,\text{m}^2}$

$NGF_b = 4{,}75\,\text{m} \cdot 2{,}25\,\text{m}$

$NGF_b = 10{,}69\,\text{m}^2$

$NGF_c = 7{,}11\,\text{m} \cdot 5{,}51\,\text{m} + 4{,}51\,\text{m} \cdot 0{,}80\,\text{m} + 2{,}40\,\text{m} \cdot 0{,}80\,\text{m}$

$NGF_c = 44{,}70\,\text{m}^2$

DG: $NGF_a = 16{,}23\,\text{m} \cdot 9{,}71\,\text{m} + 5{,}98\,\text{m} \cdot 4{,}75\,\text{m} - 0{,}63^2\,\text{m}^2$

DG: $NGF_a = 185{,}60\,\text{m}^2$

gesamte NGF $= 570{,}41\,\text{m}^2$

K_a	=	$570{,}41\,\text{m}^2 \cdot 2\,100\,€/\text{m}^2$	=	1 197 861,– €
K_b	=	$10{,}69\,\text{m}^2 \cdot 1\,400\,€/\text{m}^2$	=	14 966,– €
K_c	=	$44{,}70\,\text{m}^2 \cdot 580\,€/\text{m}^2$	=	25 926,– €
		Gesamtkosten		1 238 753,– €

c) gemittelte Kosten

$$K = \frac{1\,240\,233{,}40\,€ + 1\,238\,753\,€}{2}$$

$K = 1\,239\,493{,}20\,€$

$K = 1{,}3$ Mio. €

276 d) Wohnfläche

Raum	Länge m	Breite m	Wohn- und Schlafräume m^2	Küchen m^2	Neben-räume m^2	Gsamte Wohnfläche m^2
Wohnen	9,16	4,615				
	6,01	4,75	70,82			
Essen	4,615	4,26	19,66			
Eltern	6,26	3,26	20,41			
Kind	4,01	3,26	13,07			
Küche	4,615	2,60		11,64		
	-0,60	0,60				
Bad	4,885	2,76			13,48	
Flur	9,01	1,385			12,48	
WF	3,26	2,51			8,18	
Garderobe	2,135	1,385			2,96	
Abstellraum	1,635	1,385			2,26	
Kaminplatz ¼	4,75	2,25				
	-1,50	1,0			2,30	
Freisitz ¼	7,11	5,51			9,79	
			123,96	11,64	51,45	187,05
					– 3% Putz	5,61
						181,44

25 Aufmaß und Abrechnung nach VOB

290 **1.** Bei Grabentiefe 2,25m $\rightarrow$ min $b = 80\,\text{cm}$

Bodenklasse 4

$V = l \cdot b \cdot h$

$= 700\,\text{m} \cdot 0{,}80\,\text{m} \cdot 2{,}25\,\text{m}$

$V = 1\,260\,\text{m}^3$

Bodenklasse 5

$V = 500 \cdot 0{,}80\,\text{m} \cdot 2{,}25\,\text{m}$

$V = 900\,\text{m}^3$

2. Klasse 4: $^4/_{20} \mathrel{\hat{=}} 500\,\text{m} \rightarrow V_1 = 237{,}50\,\text{m}^3$

Klasse 5: $^5/_{20} \mathrel{\hat{=}} 625\,\text{m} \rightarrow V_2 = 296{,}88\,\text{m}^3$

Klasse 6: $^5/_{20} \mathrel{\hat{=}} 625\,\text{m} \rightarrow V_3 = 296{,}88\,\text{m}^3$

Klasse 7: $^6/_{20} \mathrel{\hat{=}} 750\,\text{m} \rightarrow V_4 = 356{,}25\,\text{m}^3$

$t = 95\,\text{cm} \rightarrow$ min $b = 50\,\text{cm}$

$V_1 = l \cdot b \cdot h$

$V_1 = 500\,\text{m} \cdot 0{,}50 \cdot 0{,}95\,\text{m}$

$V_1 = 237{,}50\,\text{m}^3$

$V_2 = 625\,\text{m} \cdot 0{,}50\,\text{m} \cdot 0{,}95\,\text{m}$

$V_2 = 296{,}88\,\text{m}^3$

$V_4 = 750\,\text{m} \cdot 0{,}50\,\text{m} \cdot 0{,}95\,\text{m}$

$V_4 = 356{,}25\,\text{m}^3$

3. a) $\min b = d + 0{,}40\,\text{m}$ 291

$= 0{,}50 + 0{,}40\,\text{m}$

$\min b = 0{,}90\,\text{m}$

$V = \left(0{,}90\,\text{m} \cdot 1{,}25\,\text{m} + \dfrac{0{,}90\,\text{m} + 1{,}90\,\text{m}}{2} \cdot 0{,}50\,\text{m}\right) 350\,\text{m}$

$V = 638{,}75\,\text{m}^3$

4. a) $\min b = d + 1{,}0\,\text{m}$

$= 1{,}45\,\text{m} + 1{,}0\,\text{m}$

$\min b = 2{,}45\,\text{m}$

b) $B = 2{,}45\,\text{m} + 2 \cdot 0{,}12\,\text{m}$

$B = 2{,}69\,\text{m}$

c) $V = l \cdot b \cdot h$

$= 1\,450\,\text{m} \cdot 2{,}69\,\text{m} \cdot 4{,}35\,\text{m}$

$V = 16\,967{,}18\,\text{m}^3$

5. a) $\min b = d + 0{,}40\,\text{m}$

$= 0{,}425\,\text{m} + 0{,}40\,\text{m}$

$\min b = 0{,}825\,\text{m}$

b) $\max \beta = 60°$

c) $V = \dfrac{0{,}825\,\text{m} + 2{,}67\,\text{m}}{2} \cdot 1{,}60\,\text{m} \cdot 3\,500\,\text{m}$

$V = 9\,786\,\text{m}^3$

6. a) $\min b = 0{,}50\,\text{m} + 1{,}25\,\text{m} + 0{,}50\,\text{m} + 0{,}25\,\text{m} + 0{,}25\,\text{m}$

$\min b = 2{,}75\,\text{m}$

b) $B = 2{,}75\,\text{m} + 2 \cdot 0{,}20\,\text{m}$

$B = 3{,}15\,\text{m}$

c) $V = 3{,}15\,\text{m} \cdot 2{,}60\,\text{m} \cdot 1\,400\,\text{m}$

$V = 11\,466\,\text{m}^3$

7. a) $\max \beta = 60°$ 292

b)

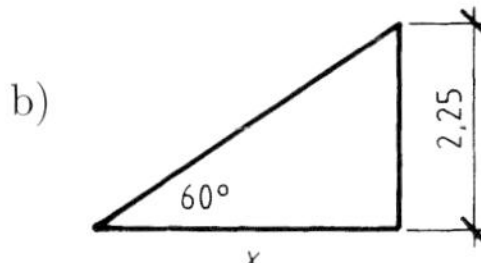

$\tan 60° = \dfrac{2{,}25\,\text{m}}{x}$

$x = 1{,}30\,\text{m}$

$l = 15{,}24\,\text{m} + 2 \cdot 0{,}02\,\text{m} + 2 \cdot 0{,}50\,\text{m} + 2 \cdot 1{,}30\,\text{m}$

$l = 18{,}88\,\text{m}$

$b = 10{,}49\,\text{m} + 2 \cdot 0{,}02\,\text{m} + 2 \cdot 0{,}50\,\text{m} + 2 \cdot 1{,}30\,\text{m}$

$b = 14{,}13\,\text{m}$

$A = l \cdot b$

$= 18{,}88\,\text{m} \cdot 14{,}13\,\text{m}$

$A = 266{,}77\,\text{m}^2$

292 c)

$$y = \frac{2{,}05\,\text{m}}{\tan 60^\circ}$$

$$y = 1{,}18\,\text{m}$$

$$l_1 = 15{,}24\,\text{m} + 2 \cdot 0{,}02\,\text{m} + 2 \cdot 0{,}50\,\text{m} + 2 \cdot 1{,}18\,\text{m}$$

$$l_1 = 18{,}64\,\text{m}$$

$$l_2 = 15{,}24\,\text{m} + 2 \cdot 0{,}02\,\text{m} + 2 \cdot 0{,}50\,\text{m}$$

$$l_2 = 16{,}28\,\text{m}$$

$$b_1 = 10{,}49\,\text{m} + 2 \cdot 0{,}02\,\text{m} + 2 \cdot 0{,}50\,\text{m} + 2 \cdot 1{,}18\,\text{m}$$

$$b_1 = 13{,}89\,\text{m}$$

$$b_2 = 10{,}49\,\text{m} + 2 \cdot 0{,}02\,\text{m} + 2 \cdot 0{,}50\,\text{m}$$

$$b_2 = 11{,}53\,\text{m}$$

$$V = \frac{h}{6}\ [(2 \cdot l_1 + l_2)\ b_1 + (2 \cdot l_2 + l_1)\ b_2]$$

$$= \frac{2{,}05\,\text{m}}{6}[(2 \cdot 18{,}64\,\text{m} + 16{,}28\,\text{m})\ 13{,}89\,\text{m} + (2 \cdot 16{,}28\,\text{m} + 18{,}64\,\text{m})\ 11{,}53]$$

$$V = 455{,}88\,\text{m}^3$$

8. a) $\max \beta = 80^\circ$

b)

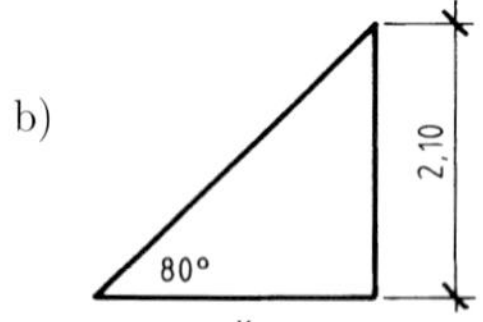

$$x = \frac{2{,}10\,\text{m}}{\tan 80^\circ}$$

$$x = 0{,}37\,\text{m}$$

$$l = 16{,}99\,\text{m} + 2 \cdot 0{,}18\,\text{m} + 2 \cdot 0{,}50\,\text{m} + 2 \cdot 0{,}37\,\text{m}$$

$$l = 19{,}09\,\text{m}$$

$$b = 12{,}49\,\text{m} + 2 \cdot 0{,}18\,\text{m} + 2 \cdot 0{,}50\,\text{m} + 2 \cdot 0{,}37\,\text{m}$$

$$b = 14{,}59\,\text{m}$$

$$A = 19{,}09\,\text{m} \cdot 14{,}59\,\text{m}$$

$$A = 278{,}52\,\text{m}^2$$

c)

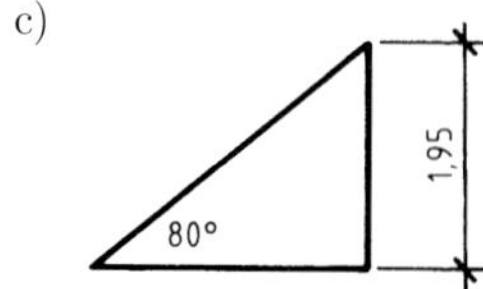

$$\text{a} = \frac{1{,}95\,\text{m}}{\tan 80^\circ}$$

$$\text{a} = 0{,}34\,\text{m}$$

$l_1 = 16{,}99\,\text{m} + 2 \cdot 0{,}18\,\text{m} + 2 \cdot 0{,}50\,\text{m} + 2 \cdot 0{,}34\,\text{m}$

$l_1 = 19{,}03\,\text{m}$

$l_2 = 16{,}99\,\text{m} + 2 \cdot 0{,}18\,\text{m} + 2 \cdot 0{,}50\,\text{m}$

$l_2 = 18{,}35\,\text{m}$

$b_1 = 12{,}49\,\text{m} + 2 \cdot 0{,}18\,\text{m} + 2 \cdot 0{,}50\,\text{m} + 2 \cdot 0{,}34\,\text{m}$

$b_1 = 14{,}53\,\text{m}$

$b_2 = 12{,}49\,\text{m} + 2 \cdot 0{,}18\,\text{m} + 2 \cdot 0{,}50\,\text{m}$

$b_2 = 13{,}85\,\text{m}$

$$V = \frac{h}{6}\,[(2 \cdot l_1 + l_2)\ b_1 + (2 \cdot l_2 + l_1)\ b_2]$$

$$V = \frac{1{,}95\,\text{m}}{6}\,[(2 \cdot 19{,}03\,\text{m} + 18{,}35\,\text{m})\ 14{,}53\,\text{m} + (2 \cdot 18{,}35\,\text{m} + 19{,}03\,\text{m})\ 13{,}85\,\text{m}]$$

$V = 517{,}24\,\text{m}^3$

9. a) min $a = 0{,}50\,\text{m}$ b) min $\beta = 40°$

c)

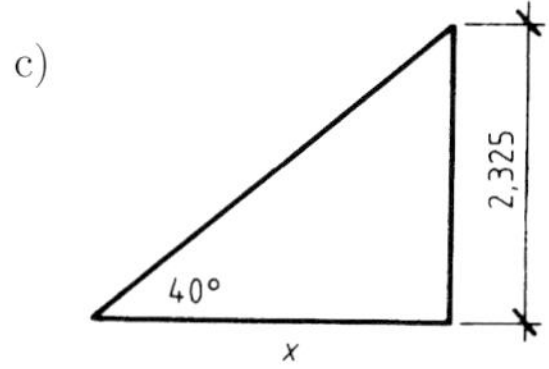

$$x = \frac{2{,}325\,\text{m}}{\tan 40°}$$

$x = 2{,}77\,\text{m}$

$l = 15{,}24\,\text{m} + 2 \cdot 0{,}005\,\text{m} + 2 \cdot 0{,}125\,\text{m} + 2 \cdot 0{,}50\,\text{m} + 2 \cdot 2{,}77\,\text{m}$

$l = 22{,}04\,\text{m}$

$b = 10{,}49\,\text{m} + 2 \cdot 0{,}005\,\text{m} + 2 \cdot 0{,}125\,\text{m} + 2 \cdot 0{,}50\,\text{m} + 2 \cdot 2{,}77\,\text{m}$

$b = 17{,}29\,\text{m}$

$A = 22{,}04\,\text{m} \cdot 17{,}29\,\text{m}$ — $127\,\text{m}^2$ davon sind im Preis enthalten

$A = 381{,}07\,\text{m}^2$ — $254\,\text{m}^2$ dürfen gesondert abgerechnet werden

d)

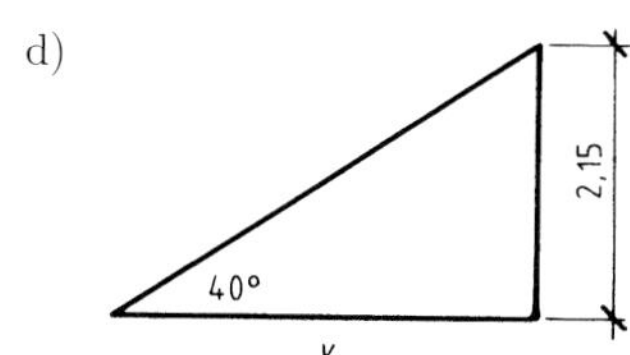

$$y = \frac{2{,}15\,\text{m}}{\tan 40°}$$

$y = 2{,}56\,\text{m}$

$l_1 = 15{,}24\,\text{m} + 2 \cdot 0{,}13\,\text{m} + 2 \cdot 0{,}50\,\text{m} + 2 \cdot 2{,}56\,\text{m}$

$l_1 = 21{,}62\,\text{m}$

$l_2 = 15{,}24\,\text{m} + 2 \cdot 0{,}13\,\text{m} + 2 \cdot 0{,}50\,\text{m}$

$l_2 = 16{,}50\,\text{m}$

292 $b_1 = 10{,}49\,\text{m} + 2 \cdot 0{,}13\,\text{m} + 2 \cdot 0{,}50\,\text{m} + 2 \cdot 2{,}56\,\text{m}$

$b_1 = 16{,}87\,\text{m}$

$b_2 = 10{,}49\,\text{m} + 2 \cdot 0{,}13\,\text{m} + 2 \cdot 0{,}50\,\text{m}$

$b_2 = 11{,}75\,\text{m}$

$$V = \frac{h}{6}\,[(2 \cdot l_1 + l_2)\ b_1 + (2 \cdot l_2 + l_1)\ b_2]$$

$$= \frac{2{,}15\,\text{m}}{6}\,[(2 \cdot 21{,}62\,\text{m} + 16{,}50\,\text{m})\ 16{,}87\,\text{m} + (2 \cdot 16{,}50\,\text{m} + 21{,}62\,\text{m})\ 11{,}75\,\text{m}]$$

$V = 591{,}11\,\text{m}^3$

10. a) $l = 66{,}0\,\text{m} + 2 \cdot 0{,}25\,\text{m} + 2 \cdot 0{,}40\,\text{m} + 2 \cdot 0{,}75\,\text{m}$

$l = 68{,}80\,\text{m}$

$b = 24{,}0\,\text{m} + 2 \cdot 0{,}25\,\text{m} + 2 \cdot 0{,}40\,\text{m} + 2 \cdot 0{,}75\,\text{m}$

$b = 26{,}80\,\text{m}$

$V = 68{,}80\,\text{m} \cdot 26{,}80\,\text{m} \cdot 4{,}25\,\text{m}$

$V = 7\,836{,}32\,\text{m}^3$

b) $V = 68{,}80\,\text{m} \cdot 26{,}80\,\text{m} \cdot 0{,}30\,\text{m}$

$V = 553{,}15\,\text{m}^3$

293 **11.** a)

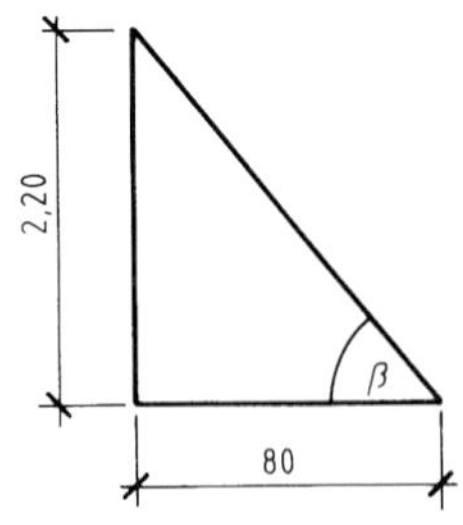

$$\tan\beta = \frac{2{,}20\,\text{m}}{0{,}80\,\text{m}}$$

$\beta = 70°$

b)

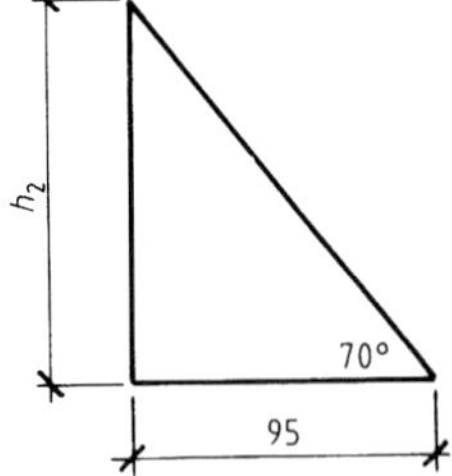

$h_2 = 0{,}95\,\text{m} \cdot \tan 70°$

$h_2 = 2{,}61\,\text{m}$

$l_1 = 34{,}75\,\text{m} + 2 \cdot 0{,}25\,\text{m} + 2 \cdot 0{,}65\,\text{m} + 2 \cdot 0{,}80\,\text{m} = 38{,}15\,\text{m}$

$l_2 = 34{,}75\,\text{m} + 2 \cdot 0{,}25\,\text{m} + 2 \cdot 0{,}65\,\text{m} = 36{,}55\,\text{m}$

$b_1 = 21{,}50\,\text{m} + 2 \cdot 0{,}25\,\text{m} + 2 \cdot 0{,}65\,\text{m} + 2 \cdot 0{,}80\,\text{m}$

$b_1 = 24{,}90\,\text{m}$

$b_2 = 21{,}50\,\text{m} + 2 \cdot 0{,}25\,\text{m} + 2 \cdot 0{,}65\,\text{m}$

$b_2 = 23{,}30\,\text{m}$

$V_1 = \frac{2{,}20\,\text{m}}{6}\,[(2 \cdot 38{,}15\,\text{m} + 36{,}55\,\text{m})\;24{,}90\,\text{m} + (2 \cdot 36{,}55\,\text{m} + 38{,}15\,\text{m})\;23{,}30\,\text{m}]$

$V_1 = 1\,980{,}766\,\text{m}^3$

$l_1 = 38{,}15\,\text{m} + 2 \cdot 2{,}20\,\text{m} + 2 \cdot 0{,}95\,\text{m}$

$l_1 = 44{,}45\,\text{m}$

$l_2 = 38{,}15\,\text{m} + 2 \cdot 2{,}20\,\text{m}$

$l_2 = 42{,}55\,\text{m}$

$b_1 = 24{,}90\,\text{m} + 2 \cdot 2{,}20\,\text{m} + 2 \cdot 0{,}95\,\text{m}$

$b_1 = 31{,}20\,\text{m}$

$b_2 = 24{,}90\,\text{m} + 2 \cdot 2{,}20\,\text{m}$

$b_2 = 29{,}30\,\text{m}$

$V_2 = \frac{2{,}61\,\text{m}}{6}\,[(2 \cdot 44{,}45\,\text{m} + 42{,}55\,\text{m})\;31{,}20\,\text{m} + (2 \cdot 42{,}55\,\text{m} + 44{,}45\,\text{m})\;29{,}30\,\text{m}]$

$V_2 = 3\,435{,}219\,\text{m}^3$

$V = V_1 + V_2$

$V = 5\,415{,}98\,\text{m}^3$

12. a) $l_1 = 18{,}24\,\text{m} + 2 \cdot 0{,}25\,\text{m} + 2 \cdot 0{,}40\,\text{m} + 2 \cdot 0{,}65\,\text{m}$

$l_1 = 20{,}84\,\text{m}$

$l_2 = 8{,}24\,\text{m} + 2 \cdot 0{,}25\,\text{m} + 2 \cdot 0{,}40\,\text{m} + 2 \cdot 0{,}65\,\text{m}$

$l_2 = 10{,}84\,\text{m}$

$b_1 = 14{,}49\,\text{m} + 2{,}60\,\text{m}$

$b_1 = 17{,}09\,\text{m}$

$b_2 = 10{,}49\,\text{m} + 2 \cdot 0{,}25\,\text{m} + 2 \cdot 0{,}40\,\text{m} + 2 \cdot 0{,}65\,\text{m}$

$b_2 = 13{,}09\,\text{m}$

$A = 20{,}84\,\text{m} \cdot 13{,}09\,\text{m} + 10{,}84\,\text{m} \cdot 4{,}0\,\text{m}$

$A = 316{,}16\,\text{m}^2$

b) $V = 316{,}16\,\text{m}^2 \cdot 3{,}20\,\text{m}$

$V = 1\,011{,}71\,\text{m}^3$

Beton- und Stahlbauarbeiten

293 **13.** $A = 7{,}45\,\text{m} \cdot 4{,}25\,\text{m} - 4{,}25\,\text{m} \cdot 1{,}0\,\text{m}$

$A = 27{,}41\,\text{m}^2$

14. a) nach Flächenmaß

$A = 15{,}60\,\text{m} \cdot 0{,}75\,\text{m}$

$A = 11{,}70\,\text{m}^2$

b) nach Raummaß

$$V = \left(0{,}50\,\text{m} \cdot 0{,}25\,\text{m} + \frac{0{,}25\,\text{m} + 0{,}10\,\text{m}}{2} \cdot 0{,}10\,\text{m} + \frac{0{,}25\,\text{m} \cdot 0{,}15\,\text{m}}{2}\right) 15{,}60\,\text{m}$$

$V = 2{,}52\,\text{m}^3$

294 **15.** $A = 14{,}50\,\text{m} \cdot 2{,}75\,\text{m} - 2{,}885\,\text{m} \cdot 1{,}20\,\text{m}$

$A = 36{,}41\,\text{m}^2$ für Beton und Dämmschicht

16. in Mauerwerkswand

$V = 0{,}12\,\text{m} \cdot 1{,}50\,\text{m} \cdot 3{,}0\,\text{m}$

$V = 0{,}54\,\text{m}^3$

Einbindung

$V = 0{,}25\,\text{m} \cdot 0{,}12\,\text{m} \cdot 3{,}0\,\text{m}$

$V = 0{,}09\,\text{m}^3 < 0{,}25\,\text{m}^3$

$\rightarrow$ übermessen

in Betonwand

$$V = \frac{0{,}16\,\text{m} + 0{,}10\,\text{m}}{2} \cdot 2{,}10\,\text{m} \cdot 3{,}80\,\text{m}$$

$V = 1{,}04\,\text{m}^3$

17.

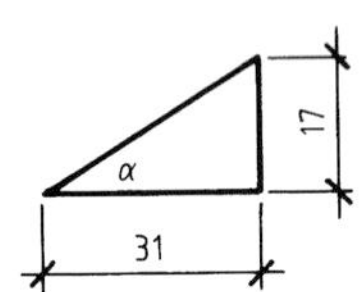

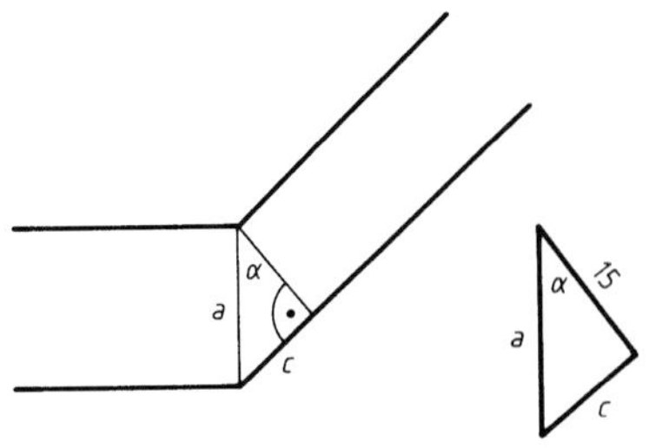

$$\tan\alpha = \frac{17\,\text{cm}}{31\,\text{cm}}$$

$\alpha = 28{,}73°$

$\alpha = 28°\,44'$

$$\cos\alpha = \frac{15\,\text{cm}}{a}$$

$a = 17{,}11\,\text{cm} \mathrel{\hat{=}}$ Dicke der unteren Podestplatte

$$\tan\alpha = \frac{c}{15\,\text{cm}}$$

$c = 8{,}23\,\text{cm}$

294

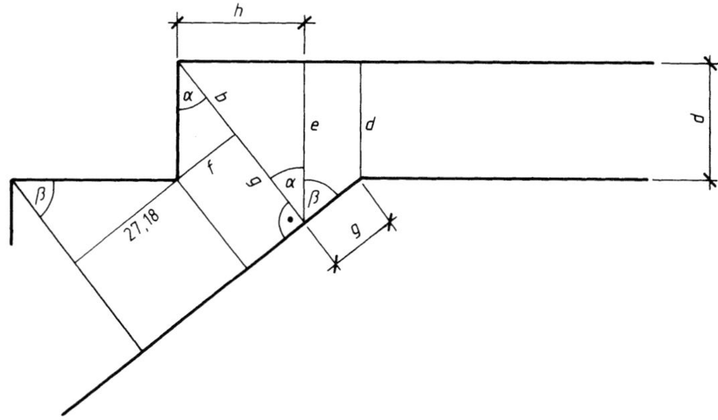

$$\cos\alpha = \frac{b}{17\,\text{cm}} \qquad \sin\alpha = \frac{f}{17\,\text{cm}} \qquad \cos\alpha = \frac{e}{(15 + 14{,}91)\,\text{cm}}$$

$$b = 14{,}91\,\text{cm} \qquad f = 8{,}17\,\text{cm} \qquad e = 26{,}23\,\text{cm}$$

$d = 26{,}23\,\text{cm} - 8{,}17\,\text{cm}$

$d = 18{,}06\,\text{cm}$ ≙ Dicke der oberen Podestplatte

$$\begin{array}{r} 289{,}00\,\text{cm} \\ +\ 17{,}11\,\text{cm} \\ -\ 18{,}06\,\text{cm} \\ \hline 288{,}05\,\text{cm} \end{array}$$

$\cos\beta = \dfrac{288{,}05\,\text{cm}}{l_1}$

$l_1 = 5{,}99\,\text{m}$

$g = l_1 - l_2$

$= 5{,}99\,\text{m} - 5{,}82\,\text{m}$

$g = 0{,}17\,\text{m}$

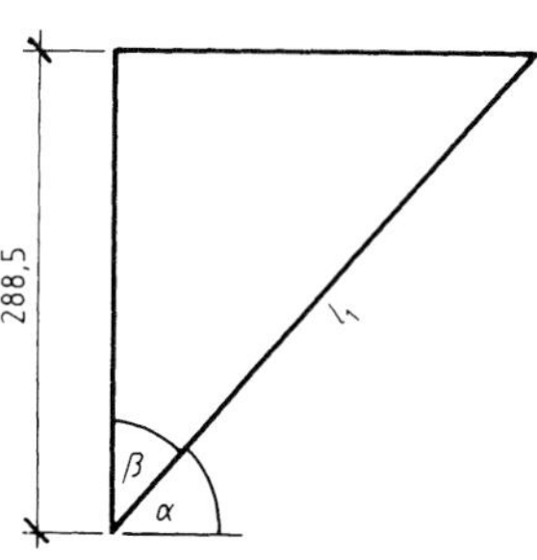

$\beta = 61{,}26°$

$\beta = 61°\,16'$

$\alpha = 28{,}72°$

$\alpha = 28°\,43'$

$\alpha = 28{,}73°$

$\alpha = 28°\,43'$

$\sin\alpha = \dfrac{h}{29{,}91\,\text{cm}}$

$h = 14{,}38\,\text{cm}$

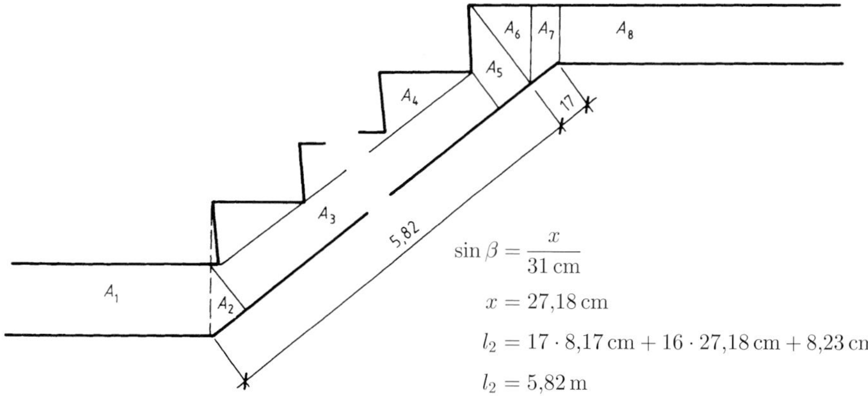

$\sin\beta = \dfrac{x}{31\,\text{cm}}$

$x = 27{,}18\,\text{cm}$

$l_2 = 17 \cdot 8{,}17\,\text{cm} + 16 \cdot 27{,}18\,\text{cm} + 8{,}23\,\text{cm}$

$l_2 = 5{,}82\,\text{m}$

294

$A_1 = 2{,}0\,\text{m} \cdot 0{,}171\,\text{m}$

$A_1 = 0{,}3422\,\text{m}^2$

$A_2 = \dfrac{0{,}0823\,\text{m} \cdot 0{,}15\,\text{m}}{2}$

$A_2 = 0{,}0062\,\text{m}^2$

$A_3 = 5{,}74\,\text{m} \cdot 0{,}15\,\text{m}$

$A_3 = 0{,}861\,\text{m}^2$

$A_4 = \left(\dfrac{0{,}33\,\text{m} \cdot 0{,}17\,\text{m}}{2} - \dfrac{0{,}02\,\text{m} \cdot 0{,}17\,\text{m}}{2}\right) \cdot 16$

$A_4 = 0{,}4216\,\text{m}^2$

$A_5 = \dfrac{0{,}2991\,\text{m} + 0{,}15\,\text{m}}{2} \cdot 0{,}0817\,\text{m} - \dfrac{0{,}02\,\text{m} \cdot 0{,}17\,\text{m}}{2}$

$A_5 = 0{,}0166\,\text{m}^2$

$A_6 = \dfrac{0{,}2623\,\text{m} \cdot 0{,}1438\,\text{m}}{2}$

$A_6 = 0{,}0189\,\text{m}^2$

$A_7 = \dfrac{0{,}2623\,\text{m} + 0{,}1806\,\text{m}}{2} \cdot 0{,}1491\,\text{m}$

$A_7 = 0{,}0330\,\text{m}^2$

$A_8 = 1{,}907\,\text{m} \cdot 0{,}1806\,\text{m}$

$A_8 = 0{,}3444\,\text{m}^2$

$V = 2{,}0439\,\text{m}^2 \cdot 1{,}15\,\text{m} = 2{,}35\,\text{m}^3$

b) $A = 5{,}99\,\text{m} \cdot 1{,}15\,\text{m}$ $\quad n = 289\,\text{cm} : 17\,\text{cm}$

$A = 6{,}89\,\text{m}^2$ $\quad n = 17$ Stufen

18. C 30/37: Stützen:

$V = 0{,}25\,\text{m} \cdot 0{,}50\,\text{m} \cdot 5{,}07\,\text{m} \cdot 2 + 0{,}35\,\text{m} \cdot 0{,}50\,\text{m} \cdot 5{,}07\,\text{m}$

$V = 2{,}155\,\text{m}^3$

Schwelle:

$V = 0{,}20\,\text{m} \cdot 0{,}22\,\text{m} \cdot 15{,}0\,\text{m}$

$V = 0{,}66\,\text{m}^3$

Unterzug:

$V = 0{,}48\,\text{m} \cdot 0{,}22\,\text{m} \cdot 15{,}0\,\text{m}$

$V = 1{,}584\,\text{m}^3$

$V_{ges} = 4{,}40\,\text{m}^3$

C 20/25: $V = 14{,}15\,\text{m} \cdot 5{,}07\,\text{m} \cdot 0{,}22\,\text{m}$

$V = 15{,}78\,\text{m}^3$

Bewehrung **294**

Ø 25 :	$m = 4 \cdot 14{,}97\,\text{m} \cdot 3{,}85\,\text{kg/m}$	=	230,538 kg
Ø 22 :	$m = 8 \cdot 6{,}20\,\text{m} \cdot 2{,}98\,\text{kg/m}$	=	147,808 kg
Ø 20 :	$m = 12 \cdot 6{,}20\,\text{m} \cdot 2{,}47\,\text{kg/m}$	=	183,768 kg
	$m = 4 \cdot 14{,}97\,\text{m} \cdot 2{,}47\,\text{kg/m}$	=	147,904 kg
	$m = 4 \cdot 1{,}20\,\text{m} \cdot 2{,}47\,\text{kg/m}$	=	11,856 kg
Ø 14 :	$m = 2 \cdot 14{,}97\,\text{m} \cdot 1{,}21\,\text{kg/m}$	=	36,227 kg
Ø 8 :	$m = 2 \cdot 35 \cdot 1{,}45\,\text{m} \cdot 0{,}395\,\text{kg/m}$	=	40,093 kg
	$m = 40 \cdot 1{,}65\,\text{m} \cdot 0{,}395\,\text{kg/m}$	=	26,070 kg
	$m = 76 \cdot 0{,}80\,\text{m} \cdot 0{,}395\,\text{kg/m}$	=	24,016 kg
	$m = 151 \cdot 1{,}35\,\text{m} \cdot 0{,}395\,\text{kg/m}$	=	80,521 kg
			928,80 kg

Mauerarbeiten

19. $A = 8{,}75\,\text{m} \cdot 2{,}625\,\text{m}$

$A = 22{,}97\,\text{m}^2$

20. $A = 16{,}50\,\text{m} \cdot 2{,}875\,\text{m} - 0{,}60\,\text{m} \cdot 2{,}875\,\text{m}$ **295**

$A = 45{,}71\,\text{m}^2$

21. $V = 8{,}01\,\text{m} \cdot 0{,}365\,\text{m} \cdot 2{,}625\,\text{m}$

$V = 7{,}67\,\text{m}^3$

$A = 5{,}52\,\text{m} \cdot 2{,}625\,\text{m}$

$A = 14{,}49\,\text{m}^2$

22. a)

$$\begin{aligned} A = \quad & 8{,}50\,\text{m} \cdot 2{,}85\,\text{m} &= \quad & 24{,}23\ \text{m}^2 \\ & -4{,}76\,\text{m} \cdot 1{,}50\,\text{m} &= \quad & 7{,}14\ \text{m}^2 > 2{,}50\,\text{m}^2 \\ & 2{,}51\,\text{m} \cdot 1{,}20\,\text{m} &= \quad & 3{,}01\ \text{m}^2 > 2{,}50\,\text{m}^2 \\ & A &= \quad & 14{,}08\ \text{m}^2 \end{aligned}$$

Zulage Pfeiler: $V = 0{,}24\,\text{m} \cdot 1{,}50\,\text{m} \cdot 0{,}24\,\text{m}$

$V = 0{,}09\,\text{m}^3$

b) Stürze 45/24 : $l = 5{,}36\,\text{m}$

30/24 : $l = 2{,}81\,\text{m}$

295 **23.** a) $h < \frac{1}{6}\, s \rightarrow$ überwölbte Grundfläche

$A = 3{,}50\,\text{m} \cdot 12{,}50\,\text{m}$

$A = 43{,}75\,\text{m}^2$

b) $h > \frac{1}{6}\, s \rightarrow$ tatsächliche Fläche

$r = \frac{s^2}{8h} + \frac{h}{2}$

$r = \frac{3{,}50^2\,\text{m}^2}{8 \cdot 0{,}65\,\text{m}} + \frac{0{,}65\,\text{m}}{2}$

$r = 2{,}68\,\text{m}$

$A = b \cdot l$

$= \frac{r \cdot \pi \cdot \alpha \cdot l}{180^\circ}$

$A = \frac{2{,}68\,\text{m} \cdot \pi \cdot 81{,}53^\circ \cdot 12{,}50\,\text{m}}{180^\circ} = 47{,}67\,\text{m}^2$

$\sin\frac{a}{2} = \frac{\frac{s}{2}}{r}$

$\sin\frac{\alpha}{2} = \frac{1{,}75\,\text{m}}{2{,}68\,\text{m}}$

$\alpha = 81{,}53^\circ$

$\alpha = 81^\circ\ 32'$

296 **24.** a) $A = 6{,}74\,\text{m} \cdot 2{,}75\,\text{m}$

$A = 18{,}54\,\text{m}^2 - (\text{Tür} = 2{,}12\,\text{m}^2) < 2{,}50\,\text{m}^2$

$A = 18{,}54\,\text{m}^2$

b) $A = 6{,}74\,\text{m} \cdot 2{,}75\,\text{m}$

$A = 18{,}54\,\text{m}^2$

c) $A = 18{,}54\,\text{m}^2$

25. a) KG $d = 24\,\text{cm}$

$A =$	$(11{,}36\,\text{m} \cdot 2 + 7{,}635\,\text{m} \cdot 2)\ 1{,}46\,\text{m}$	$=$	$55{,}47\ \text{m}^2$
	$1{,}01\,\text{m} \cdot 1{,}25\,\text{m}$	$=$	$(1{,}26)\,\text{m}^2$
	$1{,}01\,\text{m} \cdot 0{,}50\,\text{m}$	$=$	$(0{,}51)\,\text{m}^2$
			$55{,}47\,\text{m}^2$

$d = 17{,}5\,\text{cm}$

$A =$	$(7{,}635\,\text{m} \cdot 2 + 4{,}26\,\text{m})\ 1{,}46\,\text{m}$	$=$	$28{,}51\ \text{m}^2$
	$1{,}01\,\text{m} \cdot 1{,}20\,\text{m}$	$=$	$(1{,}21)\,\text{m}^2$
			$28{,}51\,\text{m}^2$

$d = 11{,}5\,\text{cm}$

$A = (4{,}26\,\text{m} + 2{,}01\,\text{m})\ 1{,}46\,\text{m} = 9{,}15\,\text{m}^2$

b) EG 296

$d = 24\,\text{cm}$

$$
\begin{aligned}
A = \;& (11{,}36\,\text{m} \cdot 2 + 7{,}635\,\text{m} \cdot 2)\ 2{,}60\,\text{m} &=&\ 98{,}77\ \text{m}^2\\
& -\ 3{,}01\,\text{m} \cdot 1{,}125\,\text{m} \cdot 3 &=&\ 10{,}159\ \text{m}^2\\
& -\ 1{,}01\,\text{m} \cdot 2{,}125\,\text{m} &=&\ (2{,}146)\ \text{m}^2\\
& -\ 1{,}01\,\text{m} \cdot 1{,}125\,\text{m} \cdot 3 &=&\ (3{,}409)\ \text{m}^2\\
& -\ 1{,}01\,\text{m} \cdot 1{,}0\,\text{m} &=&\ (1{,}01)\ \text{m}^2\\
& -\ \text{Stürze}\ 3{,}41\,\text{m} \cdot 0{,}40\,\text{m} \cdot 3 &=&\ 4{,}09\ \text{m}^2\\
& & &\ 84{,}52\ \text{m}^2\\
& \text{Stürze}\ 3{,}41\,\text{m} \cdot 3 &=&\ 10{,}23\ \text{m}\\
& 1{,}41\,\text{m} \cdot 5 &=&\ 7{,}05\ \text{m}\\
& & &\ 17{,}28\ \text{m}
\end{aligned}
$$

$d = 17{,}5\,\text{cm}$

$$
\begin{aligned}
A = \;& (7{,}635\,\text{m} \cdot 2 + 4{,}26\,\text{m})\ 2{,}60\,\text{m} &=&\ 50{,}78\,\text{m}^2\\
& -\ 0{,}885\,\text{m} \cdot 2{,}07\,\text{m} \cdot 3 &=&\ (5{,}50)\,\text{m}^2\\
& 1{,}185\,\text{m} \cdot 0{,}12\,\text{m} &=&\ (0{,}14)\,\text{m}^2\\
& & &\ 50{,}78\,\text{m}^2\\
& \text{Stürze:}\ \ 1{,}185\,\text{m} \cdot 3 &=&\ 3{,}56\,\text{m}
\end{aligned}
$$

$d = 11{,}5\,\text{cm}$

$$
\begin{aligned}
A = \;& (4{,}26\,\text{m} + 2{,}01\,\text{m})\ 2{,}60\,\text{m} &=&\ 16{,}30\ \text{m}^2\\
& -\ 0{,}885\,\text{m} \cdot 2{,}07\,\text{m} \cdot 2 &=&\ (3{,}66)\,\text{m}^2\\
& & &\ 16{,}30\ \text{m}^2\\
& \text{Stürze:}\ 1{,}185\,\text{m} \cdot 2 &=&\ 2{,}37\ \text{m}
\end{aligned}
$$

26. a) KG 297

$d = 30\,\text{cm}$

$$
\begin{aligned}
A = \;& (16{,}86\,\text{m} \cdot 2 + 14{,}49\,\text{m} \cdot 2) \cdot 2{,}78\,\text{m} &=&\ 174{,}31\ \text{m}^2\\
& +\ 16{,}26\,\text{m} \cdot 2{,}78\,\text{m} &=&\ 45{,}20\ \text{m}^2\\
& -\ 4{,}51\,\text{m} \cdot 1{,}0\,\text{m} &=&\ 4{,}51\ \text{m}^2\\
& 2{,}41\,\text{m} \cdot 1{,}0\,\text{m} &=&\ (2{,}41)\ \text{m}^2\\
& -\ 1{,}0\,\text{m} \cdot 0{,}50\,\text{m} + 1{,}01\,\text{m} \cdot 2{,}20\,\text{m} &=&\ 2{,}72\ \text{m}^2\\
& 2{,}01\,\text{m} \cdot 0{,}50\,\text{m} &=&\ (1{,}0\ )\ \text{m}^2\\
& 3{,}01\,\text{m} \cdot 0{,}50\,\text{m} &=&\ (1{,}51)\ \text{m}^2\\
& 0{,}885\,\text{m} \cdot 2{,}07\,\text{m} &=&\ (1{,}83)\ \text{m}^2\\
& A &=&\ 212{,}28\ \text{m}^2
\end{aligned}
$$

$d\ = 24\,\text{cm}$

$$
\begin{aligned}
A = \;& (4{,}825\,\text{m} \cdot 2 + 4{,}615\,\text{m} + 1{,}25\,\text{m}) \cdot 2{,}78\,\text{m} &=&\ 43{,}13\ \text{m}^2\\
& 0{,}885\,\text{m} \cdot 2{,}07\,\text{m} &=&\ (1{,}83)\,\text{m}^2\\
& A &=&\ 43{,}13\ \text{m}^2
\end{aligned}
$$

297

b) EG

$d = 30\,\text{cm}$

$V = (16{,}86\,\text{m} \cdot 2 + 14{,}49\,\text{m} \cdot 2)\ 2{,}85\,\text{m} = 178{,}70\ \text{m}^2$

– Öffnungen:

Fenster

① $4{,}61\,\text{m} \cdot 2{,}20\,\text{m} \cdot 0{,}30\,\text{m} = 3{,}04\,\text{m}^3$

② $2{,}885\,\text{m} \cdot 2{,}20\,\text{m} \cdot 0{,}30\,\text{m} = 1{,}90\,\text{m}^3$

③ $3{,}51\,\text{m} \cdot 2{,}20\,\text{m} \cdot 0{,}30\,\text{m} = 2{,}32\,\text{m}^3$

④ $2{,}01\,\text{m} \cdot 1{,}50\,\text{m} \cdot 3 \cdot 0{,}30\,\text{m} = 2{,}71\,\text{m}^3$

⑤ $1{,}01\,\text{m} \cdot 1{,}50\,\text{m} \cdot 0{,}30\,\text{m} = (0{,}46)\,\text{m}^3$

⑥ $3{,}01\,\text{m} \cdot 1{,}50\,\text{m} \cdot 0{,}30\,\text{m} = 1{,}36\,\text{m}^3$

⑦ $0{,}885\,\text{m} \cdot 0{,}75\,\text{m} \cdot 0{,}30\,\text{m} = (0{,}20)\,\text{m}^3$

Tür $2{,}26\,\text{m} \cdot 2{,}10\,\text{m} \cdot 0{,}30\,\text{m} = 1{,}42\,\text{m}^3$

Stürze

① $5{,}05\,\text{m} \cdot 0{,}45\,\text{m} \cdot 0{,}30\,\text{m} = 0{,}68\,\text{m}^3$

② $3{,}325\,\text{m} \cdot 0{,}45\,\text{m} \cdot 0{,}30\,\text{m} = (0{,}45)\,\text{m}^3$

③ $3{,}95\,\text{m} \cdot 0{,}45\,\text{m} \cdot 0{,}30\,\text{m} = 0{,}53\,\text{m}^3$

④ $2{,}45\,\text{m} \cdot 0{,}45\,\text{m} \cdot 0{,}30\,\text{m} = (0{,}33)\,\text{m}^3$

⑤ $1{,}45\,\text{m} \cdot 0{,}45\,\text{m} \cdot 0{,}30\,\text{m} = (0{,}20)\,\text{m}^3$

⑥ $3{,}45\,\text{m} \cdot 0{,}45\,\text{m} \cdot 0{,}30\,\text{m} = (0{,}47)\,\text{m}^3$

⑦ $1{,}325\,\text{m} \cdot 0{,}45\,\text{m} \cdot 0{,}30\,\text{m} = (0{,}18)\,\text{m}^3$

$164{,}74\,\text{m}^3$

Stürze 45/30 : $l = 5{,}05\,\text{m} + 3{,}95\,\text{m}$

$l = 9{,}0\,\text{m}$

$d = 24$

$A = (16{,}26\,\text{m} + 4{,}885\,\text{m} + 13{,}26\,\text{m} + 3{,}26\,\text{m} \cdot 2$

$+1{,}385\,\text{m} \cdot 2 + 4{,}615\,\text{m})\ 2{,}65\,\text{m} = 128{,}02\ \text{m}^2$

– Öffnungen:

– Türen

$0{,}885\,\text{m} \cdot 2{,}10\,\text{m} \cdot 6 = (11{,}15)\ \text{m}^2$

$1{,}01\,\text{m} \cdot 2{,}10\,\text{m} \cdot 2 = (4{,}242)\text{m}^2$

$4{,}01\,\text{m} \cdot 2{,}20\,\text{m} = 8{,}82\ \text{m}^2$

Stürze

$1{,}325\,\text{m} \cdot 0{,}45\,\text{m} = 0{,}60\ \text{m}^2$

$1{,}45\,\text{m} \cdot 0{,}45\,\text{m} = 0{,}65\ \text{m}^2$

$A = 117{,}95\ \text{m}^2$

Garage 297

$d = 24\,\text{cm}$

$$
\begin{aligned}
A = \;& (5{,}51\,\text{m} \cdot 2 + 7{,}09\,\text{m})\ 3{,}59\,\text{m} &=\;& 65{,}015\,\text{m}^2 \\
& -5{,}01\,\text{m} \cdot 2{,}13\,\text{m} &=\;& 10{,}671\,\text{m}^2 \\
& -3{,}01\,\text{m} \cdot 1{,}0\,\text{m} &=\;& 3{,}01\ \ \text{m}^2 \\
& -1{,}01\,\text{m} \cdot 2{,}05\,\text{m} &=\;& \underline{(2{,}07\ \ \text{m}^2)} \\
& && 62{,}0\ \ \text{m}^2
\end{aligned}
$$

Zimmer- und Holzbauarbeiten

27. a) $V = 0{,}14\,\text{m} \cdot 0{,}14\,\text{m} \cdot 2{,}20\,\text{m}$ 298

$+ 0{,}10\,\text{m} \cdot 0{,}12\,\text{m} \cdot 0{,}80\,\text{m} \cdot \sqrt{2} \cdot 2 = 0{,}07\,\text{m}^3$

b) $l = 2{,}20\,\text{m} + 0{,}80\,\text{m} \cdot \sqrt{2} \cdot 2 = 4{,}46\,\text{m}$

28.

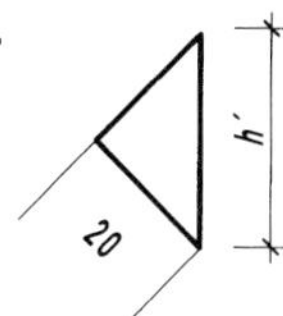

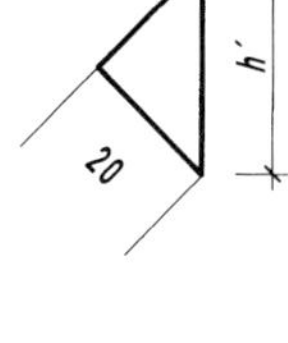

Pfetten

$V = (6{,}50\,\text{m} \cdot 2 + 6{,}26\,\text{m} \cdot 2)\ 0{,}12\,\text{m} \cdot 0{,}10\,\text{m} = 0{,}31\,\text{m}^3$

Gratsparren

$h' = 20 \cdot \sqrt{2}$

$h' = 28{,}3\,\text{cm}$

$\tan\alpha = \dfrac{2{,}967\,\text{m}}{3{,}25\,\text{m}}$

$\alpha = 42{,}4°$

$\tan 42{,}4° = \dfrac{h}{3{,}75}$

$h = 3,42\,\text{m}$

$7{,}50^2\,\text{m}^2 + 7{,}50^2\,\text{m}^2 = c^2$

$c = 10,60\,\text{m}$

$c/2 = 5{,}30\,\text{m}$

Schiftersparren

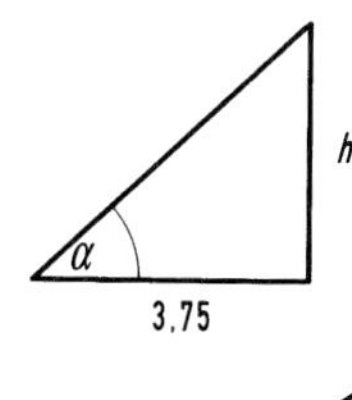

$5{,}30^2\,\text{m}^2 + 3{,}42^2\,\text{m}^2 = G^2$

$G = 6{,}31\,\text{m}$

$\cos 42{,}4° = \dfrac{3{,}75\,\text{m}}{S'}$

$S' = 5{,}08\,\text{m}$

$0{,}14^2\,\text{m}^2 + 0{,}14^2\,\text{m}^2 = c^2$

$c = 0{,}20\,\text{m}$

$c/2 = 0{,}10\,\text{m}$

Mittelschifter:

$S_1 = 5{,}08\,\text{m} - 0,10\,\text{m}$

$S_1 = 4{,}98\,\text{m}$

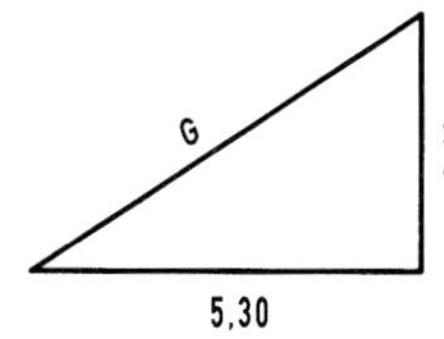

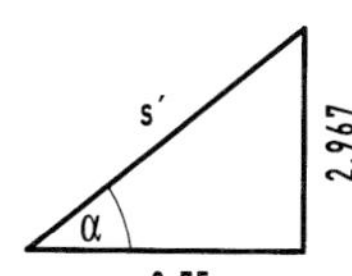

298

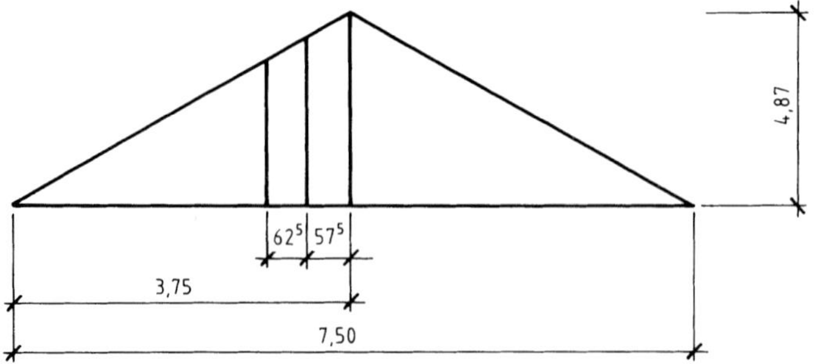

$3{,}75\,\text{m} : 4{,}98\,\text{m} = 3{,}17\,\text{m} : x_1$

$x_1 = 4{,}21\,\text{m}$

$3{,}75\,\text{m} : 4{,}98\,\text{m} = 2{,}55\,\text{m} : x_2$

$x_2 = 3{,}39\,\text{m}$

$3{,}75\,\text{m} : 4{,}98\,\text{m} = 1{,}925\,\text{m} : x_3$

$x_3 = 2{,}56\,\text{m}$

$3{,}75\,\text{m} : 4{,}98\,\text{m} = 1{,}30\,\text{m} : x_4$

$x_4 = 1{,}73\,\text{m}$

$3{,}75\,\text{m} : 4{,}98\,\text{m} = 0{,}675\,\text{m} : x_5$

$x_5 = 0{,}90\,\text{m}$

$V = (4{,}98\,\text{m} \cdot 4 + 4{,}21\,\text{m} \cdot 8 + 3{,}39\,\text{m} \cdot 8 + 2{,}56\,\text{m} \cdot 8$
$+ 1{,}73\,\text{m} \cdot 8 + 0{,}90\,\text{m} \cdot 8)\ 0{,}10\,\text{m} \cdot 0{,}16\,\text{m}$

$V = 1{,}96\,\text{m}^3$

$V_{\text{ges}} = 2{,}97\,\text{m}^3$

Abbund

$l = 6{,}50\,\text{m} \cdot 2 + 6{,}26\,\text{m} \cdot 2 + 6{,}31\,\text{m} \cdot 4 + 4{,}98\,\text{m} \cdot 4 + 4{,}21\,\text{m} \cdot 8$
$+ 3{,}39\,\text{m} \cdot 8 + 2{,}56\,\text{m} \cdot 8 + 1{,}73\,\text{m} \cdot 8 + 0{,}90\,\text{m} \cdot 8$

$l = 173{,}0\,\text{m}$

29. a) $\sin 48° = \dfrac{2{,}85\,\text{m}}{S}$

$S = 3{,}84\,\text{m}$

liefern: $V = 0{,}10\,\text{m} \cdot 0{,}16\,\text{m} \cdot 3{,}84\,\text{m} \cdot 2 \cdot 15 = 1{,}84\,\text{m}^3$

Abbund: $l = 3{,}84\,\text{m} \cdot 2 \cdot 15 = 115{,}20\,\text{m}$

b) $A = 3{,}84\,\text{m} \cdot 0{,}65\,\text{m} \cdot 2 \cdot 14 = 69{,}89\,\text{m}^2$

30. a) liefern:

$V = 0{,}18\,\text{m} \cdot 0{,}24\,\text{m} \cdot 3{,}25\,\text{m} + 0{,}18\,\text{m} \cdot 0{,}24\,\text{m} \cdot 3{,}10\,\text{m} = 0{,}27\,\text{m}^3$

Abbund und Verlegen:

$l = 3{,}10\,\text{m} + 3{,}25\,\text{m} = 6{,}35\,\text{m}$ **298**

b) liefern:

$V = 0{,}20\,\text{m} \cdot 0{,}26\,\text{m} \cdot 2{,}22\,\text{m} + 0{,}20\,\text{m} \cdot 0{,}26\,\text{m} \cdot 3{,}57\,\text{m} = 0{,}30\,\text{m}^3$

Abbund und Verlegen:

$l = 2{,}22\,\text{m} + 3{,}57\,\text{m} = 5{,}79\,\text{m}$

31. $A = 4{,}885\,\text{m} \cdot 3{,}51\,\text{m} - 2{,}24\,\text{m} \cdot 0{,}75\,\text{m} - 3{,}89\,\text{m} \cdot 1{,}01\,\text{m} = 11{,}54\,\text{m}^2$

Zulage: Treppenöffnung, Schornsteinöffnung

Putz- und Stuckarbeiten

32. a) $A = 8{,}45\,\text{m} \cdot 3{,}75\,\text{m}$ **299**

$A = 31{,}69\,\text{m}^2$

b) $A = 8{,}45\,\text{m} \cdot 3{,}75\,\text{m} - 2{,}0\,\text{m} \cdot 1{,}20\,\text{m}$

$A = 29{,}29\,\text{m}^2$

$V = 8{,}45\,\text{m} \cdot 3{,}75\,\text{m} \cdot 0{,}24\,\text{m}$

$\quad - 2{,}0\,\text{m} \cdot 1{,}20\,\text{m} \cdot 0{,}24\,\text{m}$

$V = 7{,}03\,\text{m}^3$

33. a) $A = \dfrac{3{,}95\,\text{m} + 2{,}85\,\text{m}}{2} \cdot 8{,}30\,\text{m} - 2{,}20\,\text{m} \cdot 1{,}25\,\text{m}$

$A = 25{,}47\,\text{m}^2$

b) $A = 25{,}47\,\text{m}^2$

$V = 28{,}22\,\text{m}^2 \cdot 0{,}24\,\text{m} - 2{,}75\,\text{m}^2 \cdot 0{,}24\,\text{m}$

$V = 6{,}11\,\text{m}^3$

34. $A = \dfrac{7{,}20\,\text{m} + 5{,}40\,\text{m}}{2} \cdot 4{,}35\,\text{m} + \dfrac{7{,}20\,\text{m} + 3{,}75\,\text{m}}{2} \cdot 6{,}50\,\text{m}$

$\quad - 1{,}20\,\text{m} \cdot 2{,}15\,\text{m} - 3{,}50\,\text{m} \cdot 1{,}60\,\text{m} + (\cdot\ 3{,}50\,\text{m} + 2 \cdot 1{,}60\,\text{m}) \cdot 0{,}12\,\text{m}$

$A = 55{,}62\,\text{m}^2$

35. a) $A = \dfrac{3{,}15\,\text{m} + 2{,}0\,\text{m}}{2} \cdot 3{,}90\,\text{m} + \dfrac{3{,}15\,\text{m} \cdot 1{,}50\,\text{m}}{2} + \dfrac{5{,}40\,\text{m} + 2{,}60\,\text{m}}{2} \cdot 4{,}85\,\text{m}$

$A = 31{,}81\,\text{m}^2$

b) $A = 31{,}81\,\text{m}^2 - 2{,}29\,\text{m}^2$

$A = 29{,}52\,\text{m}^2$

$V = 31{,}81\,\text{m}^2 \cdot 0{,}24\,\text{m} - 2{,}29\,\text{m}^2 \cdot 0{,}24\,\text{m}$

$V = 7{,}09\,\text{m}^3$

299 **36.** $A = 8{,}0\,\text{m} \cdot 3{,}50\,\text{m} + \dfrac{8{,}0\,\text{m} \cdot 2{,}20\,\text{m}}{2} - 4{,}25\,\text{m} \cdot 1{,}65\,\text{m}$

$- 3{,}0\,\text{m} \cdot 0{,}90\,\text{m} + (4{,}25\,\text{m} + 1{,}65\,\text{m} \cdot 2)\ 0{,}15\,\text{m}$

$A = 28{,}22\,\text{m}$

300 **37.** $A = 6{,}25\,\text{m} \cdot 2{,}53\,\text{m}$

$A = 15{,}81\,\text{m}^2$

38. Scheitrechtes Gewölbe

$h = \dfrac{4{,}35\,\text{m}}{6} = 0{,}725\,\text{m}$

$h < \dfrac{s}{6}$

$A = (3{,}85\,\text{m} \cdot 2 + 4{,}35\,\text{m})\ 8{,}50\,\text{m}$

$A = 102{,}43\,\text{m}^2$

Tonnengewölbe

$h = \dfrac{5{,}25\,\text{m}}{6} = 0{,}875\,\text{m}$

$h > \dfrac{s}{6}$

$A = \left(1{,}73\,\text{m} \cdot 2 + \dfrac{5{,}25\,\text{m} \cdot \pi}{2}\right) 8{,}50\,\text{m}$

$A = 99{,}51\,\text{m}^2$

Estricharbeiten

39. $A = 5{,}79\,\text{m} \cdot 8{,}54\,\text{m}$

$A = 49{,}45\,\text{m}^2$

$l = 5{,}79\,\text{m} \cdot 2 + 8{,}54\,\text{m} \cdot 2$

$l = 28{,}66\,\text{m}$

Ausgleichsschicht 5 mm:	$49{,}45\,\text{m}^2$
Dämmschicht 25/20 mm:	$98{,}90\,\text{m}^2$
PE-Folie:	$49{,}45\,\text{m}^2$
Estrich 80 mm:	$49{,}45\,\text{m}^2$
Randstreifen:	$28{,}66\,\text{m}$

40. $A = 8{,}51\,\text{m} \cdot 6{,}51\,\text{m} + 11{,}75\,\text{m} \cdot 4{,}76\,\text{m} = 111{,}33\,\text{m}^2$

$- 0{,}865\,\text{m} \cdot 1{,}40\,\text{m} \qquad 1{,}21\,\text{m}^2$

$+ 1{,}01\,\text{m} \cdot 0{,}24\,\text{m} \qquad 0{,}24\,\text{m}^2$

$110{,}36\,\text{m}^2$

$l = 18{,}26\,\text{m} + 4{,}76\,\text{m} + 11{,}75\,\text{m} + 0{,}865\,\text{m} \cdot 2$

$+ 3{,}75\,\text{m} + 6{,}51\,\text{m} + 8{,}51\,\text{m} = 55{,}27\,\text{m}$

Estrich: 110,36 m² **300**

Estrich:	$110{,}36\,\mathrm{m}^2$
Baustahlgewebe:	$110{,}36\,\mathrm{m}^2$
Abdeckfolie:	$110{,}36\,\mathrm{m}^2$
Dämmschicht:	$220{,}72\,\mathrm{m}^2$
Randstreifen:	$55{,}27\,\mathrm{m}$
Dehnfuge:	$4{,}76\,\mathrm{m}$

41. Heizestrich — Trennestrich **301**

Heizestrich

$$\begin{aligned} A = {} & 5{,}26\,\mathrm{m}\cdot 4{,}76\,\mathrm{m} &= 25{,}04\,\mathrm{m}^2\\ & -0{,}365^2\,\mathrm{m}^2 &= 0{,}13\,\mathrm{m}^2\\ & -2{,}0\,\mathrm{m}\cdot 0{,}80\,\mathrm{m} &= \underline{1{,}60\,\mathrm{m}^2}\\ & A &= 23{,}31\,\mathrm{m}^2 \end{aligned}$$

Trennestrich

$$A = 2{,}25\,\mathrm{m}\cdot 2{,}51\,\mathrm{m}$$

$$A = 5{,}65\,\mathrm{m}^2$$

$$l = 7{,}51\,\mathrm{m} + 2{,}51\,\mathrm{m} + 2{,}25\,\mathrm{m} + 2{,}25\,\mathrm{m} + 5{,}26\,\mathrm{m} + 4{,}76\,\mathrm{m} + 0{,}15\,\mathrm{m}\cdot 2$$

$$l = 24{,}84\,\mathrm{m}$$

Heizestrich 80 mm:	$23{,}31\,\mathrm{m}^2$
Schaumglas 50 mm:	$23{,}31\,\mathrm{m}^2$
Folie:	$23{,}31\,\mathrm{m}^2$
Trennestrich 90 mm:	$5{,}65\,\mathrm{m}^2$
Trennfolie:	$5{,}65\,\mathrm{m}^2$
Randstreifen:	$24{,}84\,\mathrm{m}$
Trennschiene:	$2{,}51\,\mathrm{m}$
Trennfugenausbildung:	$2{,}51\,\mathrm{m}$

Fliesenarbeiten

42.

$$\begin{aligned} A = {} & 10{,}24\,\mathrm{m}\cdot 2{,}78\,\mathrm{m} &= 28{,}47\,\mathrm{m}^2\\ & -1{,}01\,\mathrm{m}\cdot 2{,}125\,\mathrm{m} &= 2{,}15\,\mathrm{m}^2\\ & -0{,}70\,\mathrm{m}\cdot 0{,}45\,\mathrm{m} &= \underline{0{,}32\,\mathrm{m}^2}\\ & A &= 26{,}0\ \ \mathrm{m}^2 \end{aligned}$$

43.

$$\begin{aligned} A = {} & 9{,}49\,\mathrm{m}\cdot 2{,}885\,\mathrm{m} &= 27{,}38\,\mathrm{m}^2\\ & -1{,}01\,\mathrm{m}\cdot 2{,}125\,\mathrm{m} &= 2{,}15\,\mathrm{m}^2\\ & -1{,}51\,\mathrm{m}\cdot 1{,}76\,\mathrm{m} &= \underline{2{,}66\,\mathrm{m}^2}\\ & A &= 22{,}57\,\mathrm{m}^2 \end{aligned}$$

Stehsockel: 8,48 m

301 **44.** $A = 5{,}51\,\text{m} \cdot 2{,}45\,\text{m}$

$A = 13{,}50\,\text{m}^2$

$252\,\text{cm} : 15{,}3\,\text{cm} = 16{,}4$ Schichten

$h = 16 \cdot 15{,}3\,\text{cm}$

$h = 2{,}45\,\text{m}$

Sockel: 5,51 m

302 **45.**

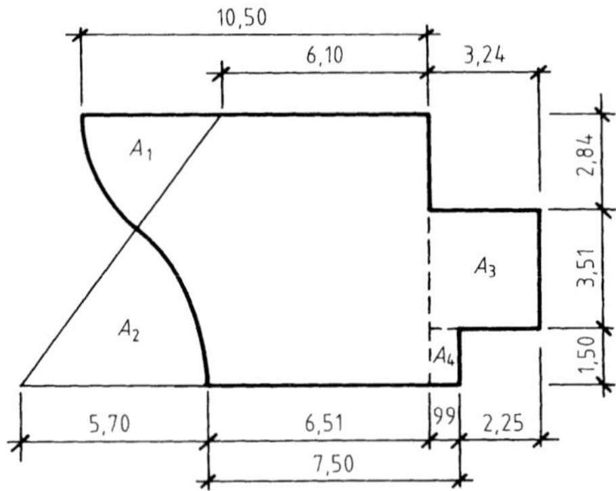

Sockelplatten:

$l = 2{,}84\,\text{m} + 3{,}24\,\text{m} + 3{,}51\,\text{m}$

$\qquad + 2{,}25\,\text{m} + 1{,}50\,\text{m}$

$l = 13{,}34\,\text{m}$

Randplatten:

$$l = 7{,}50\,\text{m} + \frac{11{,}40\,\text{m} \cdot \pi \cdot 52°}{360°} + \frac{8{,}80\,\text{m} \cdot \pi \cdot 52°}{360°} + 10{,}50\,\text{m}$$

$l = 27{,}16\,\text{m}$

$$A = \frac{12{,}21\,\text{m} + 6{,}10\,\text{m}}{2} \cdot 7{,}85\,\text{m} = 71{,}87\,\text{m}^2$$

$$+A_1 = \frac{4{,}4^2\,\text{m}^2 \cdot \pi \cdot 52°}{360°} = 8{,}79\,\text{m}^2$$

$$-A_2 = \frac{5{,}70^2\,\text{m}^2 \cdot \pi \cdot 52°}{360°} = 14{,}74\,\text{m}^2$$

$$+A_3 = 3{,}51\,\text{m} \cdot 3{,}24\,\text{m} = 11{,}37\,\text{m}^2$$

$$+A_4 = 1{,}50\,\text{m} \cdot 0{,}99\,\text{m} = 1{,}49\,\text{m}^2$$

$$-\text{Rand}\quad 27{,}16\,\text{m} \cdot 0{,}05\,\text{m} = 1{,}36\,\text{m}^2$$

$$A = 77{,}42\,\text{m}^2$$

46. Wandfliesen

302

$A = (38{,}75\,\text{m} \cdot 2 + 19{,}0\,\text{m} \cdot 2 + 0{,}25\,\text{m} \cdot 12)\ 1{,}49\,\text{m}$

$A = 176{,}57\,\text{m}^2$

Säulen in Kleinmosaik

$A = 0{,}35\,\text{m} \cdot \pi \cdot 1{,}57\,\text{m} \cdot 2 + 0{,}40\,\text{m} \cdot \pi \cdot 1{,}57\,\text{m}$

$A = 5{,}42\,\text{m}^2$

Bodenplatten

$$A = 38{,}75\,\text{m} \cdot 19{,}0\,\text{m} - \frac{0{,}40^2\,\text{m}^2 \cdot \pi}{4} - 0{,}45\,\text{m} \cdot 0{,}25\,\text{m} \cdot 2$$

$A = 735{,}90\,\text{m}^2$

Stehsockel

$l\ = 38{,}75\,\text{m} \cdot 2 + 19{,}0\,\text{m} \cdot 2 + 0{,}25\,\text{m} \cdot 12$

$l\ = 118{,}50\,\text{m}$

Kunststoffsockel

$l = 0{,}35\,\text{m} \cdot \pi \cdot 2 + 0{,}40\,\text{m} \cdot \pi$

$l\ = 3{,}46\,\text{m}$

47. Wandplatten

$$A = 0{,}82\,\text{m} \cdot 1{,}175\,\text{m} + 0{,}53\,\text{m} \cdot 0{,}17\,\text{m} + \frac{0{,}53\,\text{m} \cdot 1{,}0\,\text{m}}{2}$$

$$+ 7\sqrt{0{,}17^2\,\text{m}^2 + 0{,}29^2\,\text{m}^2} \cdot 1{,}125\,\text{m}$$

$$+ \frac{1{,}57\,\text{m} + 1{,}25\,\text{m}}{2} \cdot 1{,}175\,\text{m} + \frac{0{,}26\,\text{m} \cdot 1{,}125\,\text{m}}{2}$$

$A = 5{,}78\,\text{m}^2$

Stehsockel

$l = 1{,}35\,\text{m} + 0{,}29\,\text{m} \cdot 7 + 1{,}25\,\text{m}$

$l = 4{,}63\,\text{m}$

Randabschlussplatten

$l = 7\sqrt{0{,}17^2\,\text{m}^2 + 0{,}29^2\,\text{m}^2} + 0{,}26\,\text{m}$

$l = 2{,}61\,\text{m}$

303 48.

Pos.	Gegenstand	Abmessungen Länge m	 Breite m	 Höhe m	Abrechnung nach Länge m	 Fläche m^2	 Volumen m^3	 Anzahl Stück	 Masse kg	Abzug ME*
1	**Erdarbeiten**									
1.1	Abheben der 30 cm dicken Oberbodenschicht	12,65	8,90			112,59				
1.2	Ausheben der Baugrube	12,19	8,44	0,50			51,44			
1.3	Ausheben der Fundamente	(10,83 + 6,18) · 2	0,45	0,25			3,83			
1.4	Aushub für die Grobkiesschicht	9,93	6,18	0,20			12,27			
1.5	Einbringen der Grobkiesschicht	9,93	6,18	0,20			12,27			
1.6	Auffüllen der Baugrube						33,69			
2	**Beton- und Stahlbetonarbeiten**									
2.1	Fundamente C 8/10	(10,83 + 6,18) · 2	0,45	0,25	34,02		3,83			
2.2	Sauberkeitsschicht C 25/30	9,93	6,18	0,05		61,38				
2.3	Bodenplatte C 12/15	10,14	6,39	0,10		64,79				
2.4	Kellerwände C 25/30	(10,62 + 6,39) · 2	0,24	1,26		42,87				
2.5	4 Lichtschächte	1,40	0,60	0,55				4		
2.6	Decke KG C 25/30	10,44	6,69	0,16		69,84				
	Treppenöffnung	2,16	1,0	0,16						(2,16)
2.7	Decke EG C 25/30	10,44	6,69	0,16		(69,84)				
	Treppenöffnung	3,0	1,0	0,16		66,84				3,0
2.8	Treppe KG 7 Steig. 18,4/27 cm							6		
	Laufplatte	2,06	1,0	0,12		2,06				
	Treppe EG 14 Steig. 18,1/27 cm							13		
	Laufplatte	4,78	1,0	0,14		4,78				

* ME = Mengeneinheit je nach zugehöriger Spalte

Pos.	Gegenstand	Abmessungen			Abrechnung nach					
		Länge m	Breite m	Höhe m	Länge m	Fläche m^2	Volumen m^3	Anzahl Stück	Masse kg	Abzug ME*
2.9	Stürze									
	Wohnzimmer	4,03 + 2,02	0,24	0,33	6,05					
	Küche	2,31 + 0,87	0,24	0,33	3,18					
	Schlafzimmer	2,31 + 2,02	0,24	0,33	4,33					
	Dusche	1,45	0,24	0,33	1,45					
	Außentür	1,16	0,24	0,33	1,16					
	Türstürze	1,16						4		
2.10	Bewehrung der: Decke KG 8 Matten R 589								540	
	Randbewehrung 2 · Q 131								45	
	Decke EG 8 Matten R 513								468,80	
	Randbewehrung 2 · Q 131								45	
2.11	Wände Kriechkeller Q 188 4 Matten	(10,615 + 6,865) · 2	1,26						129,6	
2.12	Stürze									
	Wohnzimmer 4 Ø 18 + 2 Ø 14	4,03 + 2,02							63,04	
	53 Bügel Ø 8, $e = 12$ cm	1,08							22,61	
	Küche 3 Ø 14 + 2 Ø 10	0,87							4,23	
	77 Bügel Ø 8, $e = 15$ cm	0,90							2,49	
	Küche / Dusche 4 Ø 18 + 2 Ø 14	2,31 + 1,45							39,18	
	33 Bügel Ø 8, $e = 12$ cm	1,08							14,08	
	Schlafzimmer 4 Ø 18 + 2 Ø 14	2,31 + 2,02							45,12	
	37 Bügel Ø 8, $e = 12$ cm	1,08							15,78	
	Außentür 4 Ø 18 + 2 Ø 14	1,16							12,09	
	11 Bügel Ø 8, $e = 12$ cm	1,08							4,69	

* ME = Mengeneinheit je nach zugehöriger Spalte

303

Pos.	Gegenstand	Abmessungen Länge m	Breite m	Höhe m	Abrechnung nach Länge m	Fläche m^2	Volumen m^3	Anzahl Stück	Masse kg	Abzug ME*
2.13	Schalung	10,62·2								
	Wände	6,87·2								
	im Kriechkeller	10,14·2								
		6,39·2		1,26		85,73				
2.14	EG-Decke	10,44	6,69			(69,84)				
	Treppenöffnung	3,0	1,0			66,84				3,0
2,15	KG-Decke	10,44	6,69			(69,84)				
	Treppenöffnung	2,16	1,0			67,68				2,16
2,16	Abdichtung									
	Bodenplatte									
	PE-Folie d = 0,5 mm	10,14	6,39			64,79				
3	**Mauerarbeiten**									
3.1	Außen- und	(10,62 +								
	Giebelwände	6,39) · 2	0,24	2,66		(90,49)				
	HLzW-6-0,8-10 DF	6,865	0,24	2,50		(17,16)				
	Wohnzimmerfenster	3,51		1,51						5,30
		1,76		1,51						2,66
	Küchenfenster	2,01		1,51						3,04
		0,76		1,51						(1,15) <2,50 m^2
	Schlafzimmerfenster	2,01		1,51						3,04
		1,76		1,51						2,66
	WC-Fenster	1,26		1,51						(1,90) <2,50 m^2
	2 Giebelfenster	2,01		1,26			19,05			5,06
	Stürze									
	Wohnzimmer	4,03		0,33						1,33
		2,02		0,33						0,67
	Küche	2,31		0,33						0,76
		0,87		0,24						(0,21) <0,50 m^2
	Schlafzimmer	2,31		0,33						0,76
		2,02		0,33						0,67
	Dusche	1,45		0,33						(0,48) <0,50 m^2
	Außentür	1,16		0,33		81,70				(0,38) <0,50 m^2

* ME = Mengeneinheit je nach zugehöriger Spalte

Pos.	Gegenstand	Abmessungen			Abrechnung nach					Ab-zug
		Länge m	Breite m	Höhe m	Länge m	Fläche m^2	Volu-men m^3	An-zahl Stück	Masse kg	ME*
3.2	Zwischenwände	4,145 + 6,385 + 2,01	0,115	2,50		(31,35)				
	2 Türen		1,01	2,125		27,05				4,30
	Zwischenwand	6,385	0,24	2,50		(15,96)				
	Tür		1,01	2,125		13,81				2,15
3.3	Schornstein Rauchquerschnitt 20/20	0,365	0,365	5,86	5,86					
	Schornsteinkopf			1,22	1,22					
4	**Zimmerarbeiten**									
4.1	34 Dachsparren GKl. II; Abbinden und Verlegen	4,74	0,10	0,16	161,16		2,58			
4.2	Firstpfette	11,62	0,14	0,22			0,36			
	Fußpfetten	11,62	0,14	0,10			0,33			
	Abbund u. Verlegung				34,86					
4.3	3 Pfosten	0,14	0,14	2,15			0,13			
	3 Schwellen	2,0	0,14	0,10			0,08			
	5 Büge	1,34	0,12	0,12			0,10			
	Abbund u. Verlegung				19,15					
	3 Zangenpaare	1,10	0,05	0,12			0,04			
	Abbund u. Verlegung				6,60					
4.4	Dachlattung 30 Latten	11,62	0,048	0,024	348,60					
4.5	4 Winddielen	4,74	0,50		18,96					
5	**Putz- und Stuckarbeiten**									
5.1	Außenputz KG MGr III	(10,62 + 6,87) · 2		1,26		44,07				
5.2	Außenputz EG MGr II	(10,62 + 6,87) · 2		2,66		(93,05)				
		6,86		2,50		(17,16)				
	Fenster		2,01	1,51						6,07
			1,76	1,51						5,32
			3,51	1,51						5,30
	Leibung	26,15	0,12			(3,14) 96,66				

* ME = Mengeneinheit je nach zugehöriger Spalte

303

Pos.	Gegenstand	Abmessungen			Abrechnung nach					Abzug ME*
		Länge m	Breite m	Höhe m	Länge m	Fläche m^2	Volumen m^3	Anzahl Stück	Masse kg	
5.3	Innenputz Wohnzimmer	(6,39 + 3,26) · 2		2,50		(48,25)				
	Fenster		3,51 1,76	1,51 1,51						5,30 2,66
	Leibung	11,31	0,12			(1,36) 41,65				
	Küche	(4,51 + 2,51) · 2		2,50		(35,10)				
	Fenster		2,01	1,51		32,06				3,04
	Schlafzimmer	(4,51 + 3,76) · 2		2,50		(41,35)				
	Fenster	2,01 1,76		1,51 1,51						3,04 2,66
	Leibung	9,81	0,12			(1,18) 36,83				
	Flur	(3,76 + 2,01) · 2		2,50		(28,85)				
	Tür	1,01		2,125		28,85				(2,15) $< 2{,}50\ m^2$
5.4	Decken:									
	Wohnzimmer	6,39	3,26			20,83				
	Küche	4,51	2,51			11,32				
	Schlafzimmer	4,51	3,76			16,96				
	Dusche	2,51	2,01			5,05				
	Flur	3,76	2,01			(7,56)				
	Treppenöffnung	3,0	1,0			4,56				3,0
6	**Estricharbeiten**									
6.1	Wohnzimmer	6,39	3,26	0,07		20,83				
	Mineralfasern	6,39	3,26	0,05		20,83				
	Randstreifen				18,28					
	Küche	4,51	2,51	0,07		11,32				
	Mineralfasern	4,51	2,51	0,05		11,32				
	Randstreifen				13,03					
	Schlafzimmer	4,51	3,76	0,07		16,96				
	Mineralfasern	4,51	3,76	0,05		16,96				
	Randstreifen				15,53					
	Flur	3,76	2,01	0,07		(7,56)				
	Treppenöffnung	3,0	1,0			4,56				3,0
	2 Türnischen	1,01 1,01	0,24 0,115			0,24 0,12				
	Mineralfasern	3,76	2,01	0,05		4,56				3,0

Pos.	Gegenstand	Abmessungen			Abrechnung nach					
		Länge m	Breite m	Höhe m	Länge m	Fläche m^2	Volumen m^3	Anzahl Stück	Masse kg	Abzug ME*
	Türnischen	1,01 1,01	0,24 0,115			0,24 0,12				3,0
6.1	Randstreifen				7,50					
	Dusche	2,51	2,01	0,07		(5,05)				
	Türnische	1,01	0,115			(0,12)				
	Schaumglas	2,51	2,01	0,05		(5,05)				
	Türnische	1,01	0,115			(0,12) 5,17				
	Randstreifen				8,03					
	PE-Folie					59,20				
7	**Fliesenarbeiten**									
	Dusche									
7.1	Wandfliesen	(2,51 + 2,01) · 2		2,31		20,88				
	Fensterleibung	4,28	0,12			(0,5)				
	Fenster Tür		1,26 1,01	1,51 2,01		17,45				1,90 2,03
7.2	Bodenplatten	2,51 1,01	2,01 0,115			5,05 0,12				
7.3	Stehsockel 5 cm Tür	(2,51 + 2,01) · 2			(9,04) 8,03					1,01
	Küche									
7.4	Wandfliesen	4,51 + 2,51		1,0		(7,02)				
	Leibungen	4,0	0,12			(0,48)				
	Fenster	2,01 0,76	1,0 1,0			4,73				2,01 0,76
7.5	Bodenplatten	4,51	2,51			11,32				
7.6	Stehsockel	(4,51 + 2,51) · 2			(14,04)					
Tür		1,01			13,03				1,01	

* ME = Mengeneinheit je nach zugehöriger Spalte

26 Wärmeschutz

331

1. $$R = \frac{d_1}{\lambda_{R1}} + \frac{d_2}{\lambda_{R2}} + \frac{d_3}{\lambda_{R3}}$$

$$= \frac{0{,}015\,\text{m}}{0{,}70\,\frac{\text{W}}{\text{mK}}} + \frac{0{,}24\,\text{m}}{1{,}10\,\frac{\text{W}}{\text{mK}}} + \frac{0{,}02\,\text{m}}{1{,}0\,\frac{\text{W}}{\text{mK}}}$$

$$R = 0{,}26\,\frac{\text{m}^2\,\text{K}}{\text{W}}$$

2. $$R = \frac{0{,}015\,\text{m}}{0{,}70\,\frac{\text{W}}{\text{mK}}} + \frac{0{,}365\,\text{m}}{0{,}58\,\frac{\text{W}}{\text{mK}}} + \frac{0{,}02\,\text{m}}{1{,}0\,\frac{\text{W}}{\text{mK}}}$$

$$R = 0{,}67\,\frac{\text{m}^2\,\text{K}}{\text{W}}$$

3. a) $$R = \frac{0{,}24\,\text{m}}{0{,}24\,\frac{\text{W}}{\text{mK}}}$$

$$R = 1{,}0\,\frac{\text{m}^2\,\text{K}}{\text{W}}$$

b) $$R = \frac{0{,}24\,\text{m}}{0{,}81\,\frac{\text{W}}{\text{mK}}}$$

$$R = 0{,}30\,\frac{\text{m}^2\,\text{K}}{\text{W}}$$

c) $$R = \frac{0{,}24\,\text{m}}{1{,}65\,\frac{\text{W}}{\text{mK}}}$$

$$R = 0{,}15\,\frac{\text{m}^2\,\text{K}}{\text{W}}$$

4. $$R = \frac{0{,}025\,\text{m}}{0{,}13\,\frac{\text{W}}{\text{mK}}} + \frac{0{,}08\,\text{m}}{0{,}04\,\frac{\text{W}}{\text{mK}}} + \frac{0{,}025\,\text{m}}{0{,}13\,\frac{\text{W}}{\text{mK}}}$$

$$R = 2{,}38\,\frac{\text{m}^2\,\text{K}}{\text{W}}$$

a) $$2{,}38\,\frac{\text{m}^2\,\text{K}}{\text{W}} = \frac{d}{0{,}81\,\frac{\text{W}}{\text{mK}}}$$

$$d = 1{,}93\,\text{m}$$

b) $$2{,}38\,\frac{\text{m}^2\,\text{K}}{\text{W}} = \frac{d}{1{,}65\,\frac{\text{W}}{\text{mK}}}$$

$$d = 3{,}93\,\text{m}$$

5. a) $$R = \frac{0{,}24\,\text{m}}{0{,}21\,\frac{\text{W}}{\text{mK}}}$$

$$R = 1{,}14\,\frac{\text{m}^2\,\text{K}}{\text{W}}$$

b) $$1{,}14\,\frac{\text{m}^2\,\text{K}}{\text{W}} = \frac{d}{0{,}96\,\frac{\text{W}}{\text{mK}}}$$

$$d = 1{,}09\,\text{m}$$

c) $$1{,}14\,\frac{\text{m}^2\,\text{K}}{\text{W}} = \frac{d}{2{,}0\,\frac{\text{W}}{\text{mK}}}$$

$$d = 2{,}28\,\text{m}$$

6. a) $$R = \frac{d_1}{\lambda_{R1}} + \frac{d_2}{\lambda_{R2}} + \frac{d}{\lambda_{R3}} + \frac{d_4}{\lambda_{R4}}$$

$$= \frac{0{,}015\,\text{m}}{0{,}70\,\frac{\text{W}}{\text{mK}}} + \frac{0{,}24\,\text{m}}{1{,}10\,\frac{\text{W}}{\text{mK}}} + \frac{0{,}05\,\text{m}}{0{,}06\,\frac{\text{W}}{\text{mK}}} + \frac{0{,}115\,\text{m}}{0{,}96\,\frac{\text{W}}{\text{mK}}}$$

$$R = 1{,}19\,\frac{\text{m}^2\,\text{K}}{\text{W}}$$

b) $R_T = \frac{1}{8\,\frac{W}{m^2\,K}} + 1{,}19\,\frac{m^2\,K}{W} + \frac{1}{23\,\frac{W}{m^2\,K}}$ **331**

$U = 0{,}74\,\frac{W}{m^2\,K}$

7. a) $R = \frac{0{,}015\,m}{1{,}0\,\frac{W}{mK}} + \frac{0{,}365\,m}{0{,}53\,\frac{W}{mK}} + \frac{0{,}05\,m}{0{,}080\,\frac{W}{mK}} + \frac{0{,}02\,m}{1{,}0\,\frac{W}{mK}}$

$R = 1{,}35\,\frac{m^2\,K}{W}$

b) erf. $R = 1{,}2\,\frac{m^2\,K}{W} \rightarrow$ vorh. $R >$ erf. R

c) $R_T = \frac{1}{8\,\frac{W}{m^2\,K}} + 1{,}35\,\frac{m^2\,K}{W} + \frac{1}{23\,\frac{W}{m^2\,K}} \rightarrow U = 0{,}66\,\frac{W}{m^2\,K}$

8. $1{,}2\,\frac{m^2\,K}{W} \cdot 2 = \frac{0{,}24\,m}{0{,}70\,\frac{W}{mK}} + \frac{d}{0{,}06\,\frac{W}{mK}} + \frac{0{,}115\,m}{0{,}96\,\frac{W}{mK}}$ **332**

$d = 0{,}116\,m$

$d = 11{,}6\,cm$

9. Porenbeton

$R = \frac{0{,}24\,m}{0{,}16\,\frac{W}{mK}}$

$R = 1{,}50\,\frac{m^2\,K}{W}$

Mz

$1{,}50\,\frac{m^2\,K}{W} = \frac{0{,}24\,m}{0{,}68\,\frac{W}{mK}} + \frac{d}{0{,}04\,\frac{W}{mK}}$

$d = 0{,}046\,m$

$d = 50\,mm$

Beton

$1{,}50\,\frac{m^2\,K}{W} = \frac{0{,}24\,m}{2{,}0\,\frac{W}{mK}} + \frac{d}{0{,}04\,\frac{W}{mK}}$

$d = 0{,}055\,m$

$d = 55\,mm$

10. a) $R = \frac{0{,}16\,m}{2{,}50\,\frac{W}{mK}} + \frac{0{,}05\,m}{0{,}04\,\frac{W}{mK}} + \frac{0{,}06\,m}{1{,}4\,\frac{W}{mK}}$

$R = 1{,}36\,\frac{m^2\,K}{W}$

b) erf. $R = 0{,}35\,\frac{m^2\,K}{W} \rightarrow$ vorh. $R >$ erf. R

332 **11.** $R = \dfrac{0{,}01\,\text{m}}{0{,}25\,\dfrac{\text{W}}{\text{mK}}} + \dfrac{0{,}03\,\text{m}}{0{,}04\,\dfrac{\text{W}}{\text{mK}}} + \dfrac{0{,}24\,\text{m}}{0{,}45\,\dfrac{\text{W}}{\text{mK}}}$

$R = 1{,}32\,\dfrac{\text{m}^2\ \text{K}}{\text{W}}$

$\text{erf. } R = 2 \cdot 0{,}25\,\dfrac{\text{m}^2\ \text{K}}{\text{W}}$

$\text{erf. } R = 0{,}50\,\dfrac{\text{m}^2\ \text{K}}{\text{W}} < \text{ vorh. } R = 1{,}32\,\dfrac{\text{m}^2\ \text{K}}{\text{W}}$

12. Wand

$R = \dfrac{0{,}01\,\text{m}}{0{,}25\,\dfrac{\text{W}}{\text{mK}}} + \dfrac{0{,}02\,\text{m}}{0{,}04\,\text{m}\,\dfrac{\text{W}}{\text{mK}}} + \dfrac{0{,}24\,\text{m}}{0{,}50\,\dfrac{\text{W}}{\text{mK}}} + \dfrac{0{,}02\,\text{m}}{1{,}0\,\dfrac{\text{W}}{\text{mK}}}$

$R = 1{,}04\,\dfrac{\text{m}^2\ \text{K}}{\text{W}}$

Nische

$1{,}04\,\dfrac{\text{m}^2\ \text{K}}{\text{W}} \cdot 1{,}3 = \dfrac{0{,}01\,\text{m}}{0{,}25\,\dfrac{\text{W}}{\text{mK}}} + \dfrac{d}{0{,}04\,\dfrac{\text{W}}{\text{mK}}} + \dfrac{0{,}115\,\text{m}}{0{,}50\,\dfrac{\text{W}}{\text{mK}}} + \dfrac{0{,}02\,\text{m}}{1{,}0\,\dfrac{\text{W}}{\text{mK}}}$

$d = 0{,}042\,\text{m}$

$d = 45\,\text{mm}$

333 **13.** $R = \dfrac{0{,}18\,\text{m}}{2{,}5\,\dfrac{\text{W}}{\text{mK}}} + \dfrac{0{,}05\,\text{m}}{0{,}04\,\dfrac{\text{W}}{\text{mK}}} + \dfrac{0{,}07\,\text{m}}{1{,}4\,\dfrac{\text{W}}{\text{mK}}}$

$R = 1{,}37\,\dfrac{\text{m}^2\ \text{K}}{\text{W}}$

$0{,}90 \mathrel{\hat{=}} 100\%$

$1{,}37 \mathrel{\hat{=}} x$

$x = 152{,}22\% \rightarrow$ Überschreitung um 52,22%

14. a) $R = \dfrac{0{,}02\,\text{m}}{1{,}0\,\dfrac{\text{W}}{\text{mK}}} + \dfrac{0{,}22\,\text{m}}{2{,}5\,\dfrac{\text{W}}{\text{mK}}} + \dfrac{0{,}06\,\text{m}}{0{,}045\,\dfrac{\text{W}}{\text{mK}}}$

$R = 1{,}44\,\dfrac{\text{m}^2\ \text{K}}{\text{W}} > \text{ erf. } R = 0{,}35\,\dfrac{\text{m}^2\ \text{K}}{\text{W}}$

$R_\text{T} = \dfrac{1}{6\,\dfrac{\text{W}}{\text{m}^2\ \text{K}}} + 1{,}44\,\dfrac{\text{m}^2\ \text{K}}{\text{W}} + \dfrac{1}{\infty}$

$R_\text{T} = 1{,}61\,\dfrac{\text{W}}{\text{m}^2\ \text{K}}$

15. 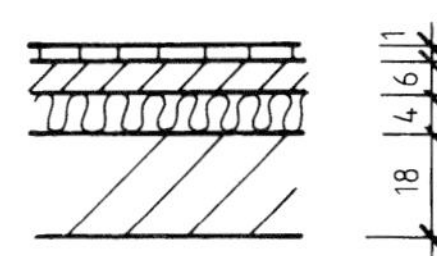

$$R = \frac{0{,}18\,\text{m}}{2{,}5\,\frac{\text{W}}{\text{mK}}} + \frac{0{,}04\,\text{m}}{0{,}045\,\frac{\text{W}}{\text{mK}}} + \frac{0{,}06\,\text{m}}{1{,}4\,\frac{\text{W}}{\text{mK}}} + \frac{0{,}01\,\text{m}}{0{,}20\,\frac{\text{W}}{\text{mK}}}$$ **333**

$$R = 1{,}05\,\frac{\text{m}^2\,\text{K}}{\text{W}} > \text{ erf. } R = 0{,}90\,\frac{\text{m}^2\,\text{K}}{\text{W}}$$

16. a) $$R = \frac{0{,}015\,\text{m}}{0{,}13\,\frac{\text{W}}{\text{mK}}} + 0{,}21\,\frac{\text{m}^2\,\text{K}}{\text{W}} + \frac{0{,}22\,\text{m}}{2{,}5\,\frac{\text{W}}{\text{mK}}} + \frac{0{,}05\,\text{m}}{0{,}03\,\frac{\text{W}}{\text{mK}}} + \frac{0{,}07\,\text{m}}{1{,}4\,\frac{\text{W}}{\text{mK}}} + \frac{0{,}01}{0{,}20}$$

$$R = 2{,}18\,\frac{\text{m}^2\,\text{K}}{\text{W}}$$

b) $$\frac{1}{0{,}38}\,\frac{\text{m}^2\,\text{K}}{\text{W}} = \frac{1}{6\,\frac{\text{W}}{\text{m}^2\,\text{K}}} + \frac{0{,}015\,\text{m}}{0{,}13\,\frac{\text{W}}{\text{mK}}} + 0{,}21\,\frac{\text{m}^2\,\text{K}}{\text{W}} + \frac{d}{0{,}035\,\frac{\text{W}}{\text{mK}}} + \frac{0{,}22\,\text{m}}{2{,}5\,\frac{\text{W}}{\text{mK}}} + \frac{0{,}05\,\text{m}}{0{,}03\,\frac{\text{W}}{\text{mK}}}$$

$$+ \frac{0{,}07\,\text{m}}{1{,}4\,\frac{\text{W}}{\text{mK}}} + \frac{0{,}01\,\text{m}}{0{,}20\,\frac{\text{W}}{\text{mK}}} + \frac{1}{6\,\frac{\text{W}}{\text{m}^2\,\text{K}}}$$

$$d = 0{,}0041\,\text{m}$$

$$d = 5\,\text{mm}$$

17. $$R = \frac{0{,}015\,\text{m}}{0{,}70\,\frac{\text{W}}{\text{mK}}} + \frac{0{,}025\,\text{m}}{0{,}075\,\frac{\text{W}}{\text{mK}}} + \frac{0{,}20\,\text{m}}{2{,}5\,\frac{\text{W}}{\text{mK}}} + \frac{0{,}04\,\text{m}}{0{,}04\,\frac{\text{W}}{\text{mK}}} + \frac{0{,}02\,\text{m}}{1{,}0\,\frac{\text{W}}{\text{mK}}}$$

$$R = 1{,}45\,\frac{\text{m}^2\,\text{K}}{\text{W}}$$

$$R_\text{T} = \frac{1}{8\,\frac{\text{W}}{\text{m}^2\,\text{K}}} + 1{,}45\,\frac{\text{m}^2\,\text{K}}{\text{W}} + \frac{1}{8\,\frac{\text{W}}{\text{m}^2\,\text{K}}}$$

$$U = 0{,}59\,\frac{\text{W}}{\text{m}^2\,\text{K}}$$

18. a) $$R = \frac{0{,}015\,\text{m}}{0{,}70\,\frac{\text{W}}{\text{mK}}} + \frac{0{,}30\,\text{m}}{0{,}24\,\frac{\text{W}}{\text{mK}}} + \frac{0{,}02\,\text{m}}{1{,}0\,\frac{\text{W}}{\text{mK}}}$$ **334**

$$R = 1{,}29\,\frac{\text{m}^2\,\text{K}}{\text{W}} > \text{ erf. } R = 1{,}2\,\frac{\text{m}^2\,\text{K}}{\text{W}}$$

b) $$R = \frac{0{,}015}{0{,}70} + \frac{0{,}015}{0{,}15} + \frac{0{,}27}{2{,}5} + \frac{0{,}015}{0{,}15} + \frac{0{,}02}{1{,}0}$$

$$R = 0{,}35\,\frac{\text{m}^2\,\text{K}}{\text{W}}$$

$$1{,}2 \mathrel{\hat{=}} 100\%$$

$$0{,}35 \mathrel{\hat{=}} x$$

$$x = 29{,}2\%$$

19. Wand

a) $R = \dfrac{0{,}01\,\text{m}}{0{,}25\,\frac{\text{W}}{\text{mK}}} + \dfrac{0{,}02\,\text{m}}{0{,}04\,\frac{\text{W}}{\text{mK}}} + \dfrac{0{,}24\,\text{m}}{0{,}21\,\frac{\text{W}}{\text{mK}}} + \dfrac{0{,}02\,\text{m}}{1{,}0\,\frac{\text{W}}{\text{mK}}}$

$R = 1{,}70\,\dfrac{\text{m}^2\,\text{K}}{\text{W}} > \min R = 1{,}20\,\dfrac{\text{m}^2\,\text{K}}{\text{W}}$

$1{,}20 \mathrel{\hat{=}} 100\%$

$1{,}70 \mathrel{\hat{=}} x$

$x = 141{,}66\%$

Überschr. 41,7%

Decke

$R = \dfrac{0{,}07\,\text{m}}{1{,}4\,\frac{\text{W}}{\text{mK}}} + \dfrac{0{,}03\,\text{m}}{0{,}04\,\frac{\text{W}}{\text{mK}}} + \dfrac{0{,}16\,\text{m}}{2{,}5\,\frac{\text{W}}{\text{mK}}}$

$R = 1{,}06\,\dfrac{\text{m}^2\,\text{K}}{\text{W}} < \min R = 1{,}75\,\dfrac{\text{m}^2\,\text{K}}{\text{W}}$

$1{,}75 = 100\%$

$1{,}06 = x$

$x = 60{,}57\%$

Unterschr. 39,4%

b) Wand

$R_\text{T} = \dfrac{1}{8\,\frac{\text{W}}{\text{m}^2\,\text{K}}} + R + \dfrac{1}{23\,\frac{\text{W}}{\text{m}^2\,\text{K}}}$

$R_\text{T} = 1{,}87\,\dfrac{\text{m}^2\,\text{K}}{\text{W}} \mathrel{\hat{=}} 30\,^\circ\text{C}$

$0{,}125 = x$

$x \mathrel{\hat{=}} 2{,}0\,^\circ\text{C}$

$\theta_{\text{W}_0} = 20\,^\circ\text{C} - 2{,}0\,^\circ\text{C}$

$\theta_{\text{W}_0} = 18{,}0\,^\circ\text{C}$

b) Fußboden

$R_\text{T} = \dfrac{1}{6\,\frac{\text{W}}{\text{m}^2\,\text{K}}} + R + \dfrac{1}{23\,\frac{\text{W}}{\text{m}^2\,\text{K}}}$

$R_\text{T} = 1{,}27\,\dfrac{\text{m}^2\,\text{K}}{\text{W}} \mathrel{\hat{=}} 30\,^\circ\text{C}$

$0{,}166 = x$

$x = 3{,}9\,^\circ\text{C}$

$\theta_{\text{D}_0} = 20\,^\circ\text{C} - 3{,}9\,^\circ\text{C}$

$\theta_{\text{D}_0} = 16{,}1\,^\circ\text{C}$

c) Wand

$1{,}2\,\dfrac{\text{m}^2\,\text{K}}{\text{W}} \cdot 2 = \dfrac{d}{0{,}04} + 1{,}70\,\dfrac{\text{m}^2\,\text{K}}{\text{W}}$

$d = 0{,}028\,\text{m}$

$d = 30\,\text{mm}$

①

Decke

$1{,}06\,\dfrac{\text{m}^2\,\text{K}}{\text{W}} < 2 \cdot 1{,}75\,\dfrac{\text{m}^2\,\text{K}}{\text{W}}$

$1{,}75\,\dfrac{\text{m}^2\,\text{K}}{\text{W}} \cdot 2 = 1{,}06\,\dfrac{\text{m}^2\,\text{K}}{\text{W}} + \dfrac{d}{0{,}04\,\frac{\text{W}}{\text{mK}}}$

$d = 0{,}0976\,\text{m}$

$d = 10\,\text{cm}$

②

d) Wand

$R_T = \dfrac{1}{8} + 1{,}70 + \dfrac{0{,}03}{0{,}04} + \dfrac{1}{23}$

$R_T = 2{,}618\,\dfrac{\text{m}^2\,\text{K}}{\text{W}}$

$U = 0{,}38\,\dfrac{\text{W}}{\text{m}^2\,\text{K}}$

Decke

$R_T = \dfrac{1}{6} + 1{,}06 + \dfrac{0{,}10}{0{,}04} + \dfrac{1}{23}$

$R_T = 3{,}77\,\dfrac{\text{m}^2\,\text{K}}{\text{W}}$

$U = 0{,}27\,\dfrac{\text{W}}{\text{m}^2\,\text{K}}$

20. a) ① Balkenbereich

$$R_T = \frac{1}{10\,\frac{W}{m^2\,K}} + \frac{0{,}10\,m}{0{,}13\,\frac{W}{mK}} + \frac{1}{12\,\frac{W}{m^2\,K}}$$

$$R_T = 0{,}95\,\frac{m^2\,K}{W}$$

$$U = 1{,}05\,\frac{W}{m^2\,K}$$

②

$$R_T = \frac{1}{10\,\frac{W}{m^2\,K}} + \frac{0{,}18\,m}{0{,}13\,\frac{W}{mK}} + \frac{1}{12\,\frac{W}{m^2\,K}}$$

$$R_T = 1{,}57\,\frac{m^2\,K}{W}$$

$$U = 0{,}64\,\frac{W}{m^2\,K}$$

b) ① Gefachbereich

$$R_T = \frac{1}{10\,\frac{W}{m^2\,K}} + \frac{0{,}10\,m}{0{,}035\,\frac{W}{mK}} + \frac{1}{12\,\frac{W}{m^2\,K}}$$

$$R_T = 3{,}04\,\frac{m^2\,K}{W}$$

$$U = 0{,}33\,\frac{W}{m^2\,K}$$

②

$$R_T = \frac{1}{10\,\frac{W}{m^2\,K}} + \frac{0{,}10\,m}{0{,}035\,\frac{W}{mK}} + \frac{1}{12\,\frac{W}{m^2\,K}}$$

$$R_T = 3{,}04\,\frac{m^2\,K}{W}$$

$$U = 0{,}33\,\frac{W}{m^2\,K}$$

c) ① $U_m = \dfrac{1{,}05\,\frac{W}{m^2\,K} \cdot 0{,}12\,m + 0{,}33\,\frac{W}{m^2\,K} \cdot 0{,}50\,m}{0{,}62\,m}$

$$U_m = 0{,}47\,\frac{W}{m^2\,K}$$

② $U_m = \dfrac{0{,}64\,\frac{W}{m^2\,K} \cdot 0{,}12\,m + 0{,}33\,m \cdot 0{,}50\,m}{0{,}62\,m}$

$$U_m = 0{,}39\,\frac{W}{m^2\,K}$$

21. a) Außenwand

$$R = \frac{0{,}015\,m}{0{,}70\,\frac{W}{mK}} + \frac{0{,}365\,m}{0{,}21\,\frac{W}{mK}} + \frac{0{,}02\,m}{1{,}0\,\frac{W}{mK}}$$

$$R = 1{,}78\,\frac{m^2\,K}{W}$$

b) Nische

$$1{,}78\,\frac{m^2\,K}{W} = \frac{0{,}015\,m}{0{,}70\,\frac{W}{mK}} + \frac{d}{0{,}035\,\frac{W}{mK}} + \frac{0{,}115\,m}{0{,}21\,\frac{W}{mK}} + \frac{0{,}02\,m}{1{,}0\,\frac{W}{mK}}$$

$$d = 0{,}042\,m$$

$d = 42\,mm$ gewählt: $d = 50\,mm$

334 **22.** Wand

$$R_T = \frac{1}{8\,\frac{W}{m^2\,K}} + \frac{0{,}015\,m}{0{,}70\,\frac{W}{mK}} + \frac{0{,}365\,m}{0{,}21\,\frac{W}{mK}} + \frac{0{,}02\,m}{1{,}0\,\frac{W}{mK}} + \frac{1}{23\,\frac{W}{m^2\,K}}$$

$$U_{AW} = 0{,}51\,\frac{W}{m^2\,K}$$

Nische

$$R_{TN} = \frac{1}{8\,\frac{W}{m^2\,K}} + \frac{0{,}015\,m}{0{,}70\,\frac{W}{mK}} + \frac{0{,}115\,m}{0{,}21\,\frac{W}{mK}} + \frac{0{,}02\,m}{1{,}0\,\frac{W}{mK}} + \frac{1}{23\,\frac{W}{m^2\,K}}$$

$$U_N = 1{,}32\,\frac{W}{m^2\,K}$$

Sturz

$$R_T = \frac{1}{8\,\frac{W}{m^2\,K}} + \frac{0{,}015\,m}{0{,}70\,\frac{W}{mK}} + \frac{0{,}025\,m}{0{,}08\,\frac{W}{mK}} + \frac{0{,}315\,m}{2{,}5\,\frac{W}{mK}} + \frac{0{,}025\,m}{0{,}08\,\frac{W}{mK}} + \frac{0{,}02\,m}{1{,}0\,\frac{W}{mK}} + \frac{1}{23\,\frac{W}{m^2\,K}}$$

$$U_{St} = 1{,}04\,\frac{W}{m^2\,K}$$

Nischenfläche

$A_N = 2{,}26\,m \cdot 1{,}125\,m$

$A_N = 2{,}54\,m^2$

Sturzfläche

$A_{St} = 2{,}65\,m \cdot 0{,}375\,m$

$A_{St} = 0{,}99\,m^2$

Fensterfläche

$A_W = 2{,}26\,m \cdot 1{,}26\,m$

$A_W = 2{,}85\,m^2$

Wandfläche

$A_{AW} = 10{,}01\,m \cdot 2{,}76\,m - 2{,}54\,m^2 - 0{,}99\,m^2 - 2{,}85\,m^2$

$A_{AW} = 21{,}25\,m^2$

a) $$U_m = \frac{U_{AW} \cdot A_{AW} + U_N \cdot U_N + U_{St} \cdot A_{St} + U_W \cdot A_W}{A}$$

$$= \frac{0{,}51\,\frac{W}{m^2\,K} \cdot 21{,}25\,m^2 + 1{,}32\,\frac{W}{m^2\,K} \cdot 2{,}54\,m^2 + 1{,}04\,\frac{W}{m^2\,K} \cdot 0{,}99\,m^2 + 1{,}3 \cdot 2{,}85\,m^2}{10{,}01\,m \cdot 2{,}76\,m}$$

$$U_m = 0{,}68\,\frac{W}{m^2\,K}$$

b) $$\frac{1}{0{,}51\,\frac{W}{m^2\,K}} = \frac{1}{8\,\frac{W}{m^2\,K}} + \frac{0{,}015\,m}{0{,}70\,\frac{W}{mK}} + \frac{d}{0{,}04\,\frac{W}{mK}} + \frac{0{,}115\,m}{0{,}21\,\frac{W}{mK}} + \frac{0{,}02\,m}{1{,}0\,\frac{W}{mK}} + \frac{1}{23\,\frac{W}{m^2\,K}}$$

$d = 0{,}048\,m$

$d = 48{,}1\,mm$ gewählt: $d = 50\,mm$

23. $$R = \frac{0{,}015\,\text{m}}{1{,}0\,\frac{\text{W}}{\text{mK}}} + \frac{0{,}20\,\text{m}}{2{,}0\,\frac{\text{W}}{\text{mK}}} + \frac{0{,}06\,\text{m}}{0{,}04\,\frac{\text{W}}{\text{mK}}}$$

$$R = 1{,}62\,\frac{\text{m}^2\,\text{K}}{\text{W}}$$

$$1{,}2\,\frac{\text{m}^2\,\text{K}}{\text{W}} \mathrel{\hat{=}} 100\%$$

$$1{,}62\,\frac{\text{m}^2\,\text{K}}{\text{W}} \mathrel{\hat{=}} x$$

$$x = 135\% \rightarrow \text{Überschreitung } 35{,}0\%$$

24. a) Für $\theta_{\text{Li}} = 20\,^\circ\text{C} \rightarrow \theta_{\text{oi}} = 16\,^\circ\text{C}$ behaglich nach Diagramm S. 314

angenommen: Dämmschichtdicke $d = 15\,\text{mm}$

$$R_{\text{T}} = \frac{1}{8\,\frac{\text{W}}{\text{m}^2\,\text{K}}} + \frac{0{,}015\,\text{m}}{0{,}70\,\frac{\text{W}}{\text{mK}}} + \frac{0{,}24\,\text{m}}{0{,}58\,\frac{\text{W}}{\text{mK}}} + \frac{0{,}015\,\text{m}}{0{,}04\,\frac{\text{W}}{\text{mK}}} + \frac{0{,}02\,\text{m}}{1{,}0\,\frac{\text{W}}{\text{mK}}} + \frac{1}{23\,\frac{\text{W}}{\text{m}^2\,\text{K}}}$$

$$R_{\text{T}} = 1{,}0\,\frac{\text{m}^2\,\text{K}}{\text{W}} \mathrel{\hat{=}} 30\,^\circ\text{C}$$

$$x = \frac{30\,^\circ\text{C} \cdot 0{,}125\,\frac{\text{m}^2\,\text{K}}{\text{W}}}{1{,}0\,\frac{\text{m}^2\,\text{K}}{\text{W}}}$$

$$x = 3{,}8\,^\circ\text{C} \;\rightarrow \theta_{\text{oi}} = 16{,}2\,^\circ\text{C}$$

b) $$R = \sum \frac{d}{\lambda}$$

$$1{,}2\,\frac{\text{m}^2\,\text{K}}{\text{W}} = \frac{0{,}015\,\text{m}}{0{,}7\,\frac{\text{W}}{\text{mK}}} + \frac{0{,}24\,\text{m}}{0{,}58\,\frac{\text{W}}{\text{mK}}} + \frac{d}{0{,}04\,\frac{\text{W}}{\text{mK}}} + \frac{0{,}02\,\text{m}}{1{,}0\,\frac{\text{W}}{\text{mK}}}$$

$$d = 0{,}298\,\text{m}$$

$$d = 30\,\text{mm}$$

$$R_{\text{T}} = \frac{1}{8} + \frac{0{,}015}{0{,}7} + \frac{0{,}24}{0{,}58} + \frac{0{,}03}{0{,}04} + \frac{0{,}02}{1{,}0} + \frac{1}{23}$$

$$R_{\text{T}} = 1{,}374\,\frac{\text{m}^2\,\text{K}}{\text{W}}$$

$$x = \frac{30\,^\circ\text{C} \cdot 0{,}125}{1{,}3767} = 2{,}7\,^\circ\text{C}$$

$$\theta \rightarrow \theta_{\text{AW}} = 17{,}3\,^\circ\text{C}$$

335 **25.** a) $$R = \frac{0{,}015\,\text{m}}{0{,}7\,\frac{\text{W}}{\text{mK}}} + \frac{0{,}30\,\text{m}}{0{,}60\,\frac{\text{W}}{\text{mK}}} + \frac{0{,}06\,\text{m}}{0{,}045\,\frac{\text{W}}{\text{mK}}} + \frac{0{,}115\,\text{m}}{0{,}81\,\frac{\text{W}}{\text{mK}}}$$

$$R = 2{,}00\,\frac{\text{m}^2\,\text{K}}{\text{W}} > \text{ erf. } R = 1{,}2\,\frac{\text{m}^2\,\text{K}}{\text{W}}$$

b) $$R_\text{T} = \frac{1}{8} + \frac{0{,}015}{0{,}70} + \frac{0{,}30}{0{,}60} + \frac{0{,}06}{0{,}045} + \frac{0{,}115}{0{,}81} + \frac{1}{23}$$

$$= \underset{1{,}9\,^\circ\text{C}}{0{,}125\,\frac{\text{m}^2\,\text{K}}{\text{W}}} + \underset{0{,}3\,^\circ\text{C}}{0{,}021\,\frac{\text{m}^2\,\text{K}}{\text{W}}} + \underset{7{,}4\,^\circ\text{C}}{0{,}50\,\frac{\text{m}^2\,\text{K}}{\text{W}}} + \underset{19{,}7\,^\circ\text{C}}{1{,}333\,\frac{\text{m}^2\,\text{K}}{\text{W}}} + \underset{2{,}1\,^\circ\text{C}}{0{,}142\,\frac{\text{m}^2\,\text{K}}{\text{W}}} + \underset{0{,}6\,^\circ\text{C}}{0{,}043\,\frac{\text{m}^2\,\text{K}}{\text{W}}}$$

$$R_\text{T} = 2{,}165\,\frac{\text{m}^2\,\text{K}}{\text{W}} \mathrel{\widehat{=}} \Delta\theta = 32\,^\circ\text{C}$$

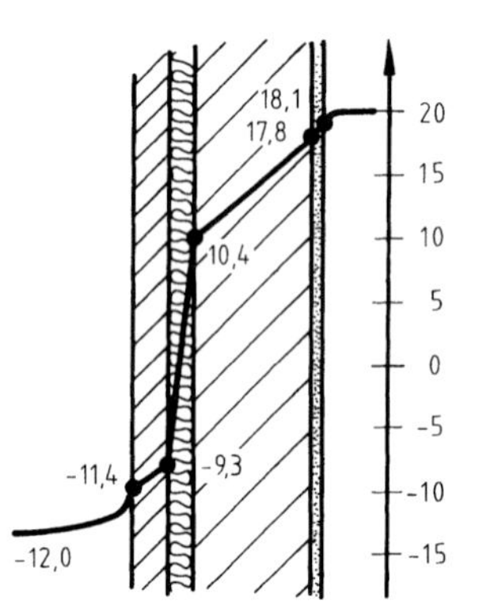

zu Aufgabe 26

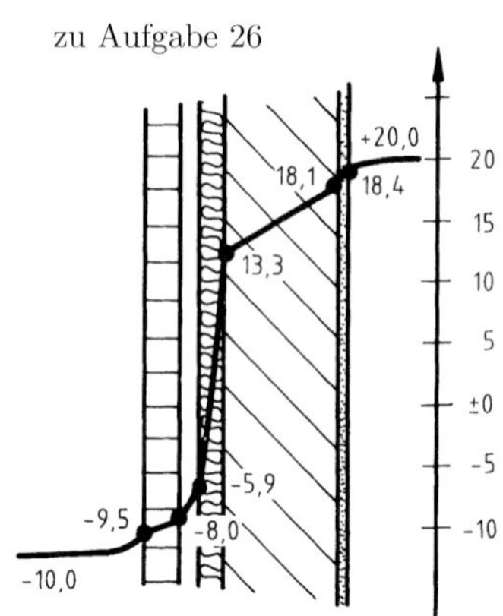

26. a) Vorschrift ist eingehalten

b) $$R_\text{T} = \frac{1}{8\,\frac{\text{W}}{\text{m}^2\,\text{K}}} + \frac{0{,}02\,\text{m}}{1{,}0\,\frac{\text{W}}{\text{mK}}} + \frac{0{,}24}{0{,}64} + \frac{0{,}08}{0{,}045}\cdot 0{,}85 + 0{,}17\,\frac{\text{m}^2\,\text{K}}{\text{W}} + \frac{0{,}115\,\text{m}}{0{,}96\,\frac{\text{W}}{\text{mK}}} + \frac{1}{23\,\frac{\text{W}}{\text{m}^2\,\text{K}}}$$

$$= 0{,}125\,\frac{\text{m}^2\,\text{K}}{\text{W}} + 0{,}02 + 0{,}375 + 1{,}511 + 0{,}17 + 0{,}12 + 0{,}043\,\frac{\text{m}^2\,\text{K}}{\text{W}}$$

$$R_\text{T} = 2{,}364\,\frac{\text{m}^2\,\text{K}}{\text{W}}$$

$$R = 2{,}20\,\frac{\text{m}^2\,\text{K}}{\text{W}} > \text{ erf. } R = 1{,}20\,\frac{\text{m}^2\,\text{K}}{\text{W}}$$

c) $$R_\text{T} = \underset{1{,}6\,^\circ\text{C}}{0{,}125\,\frac{\text{m}^2\,\text{K}}{\text{W}}} + \underset{0{,}3\,^\circ\text{C}}{0{,}02} + \underset{4{,}8\,^\circ\text{C}}{0{,}375} + \underset{19{,}2\,^\circ\text{C}}{1{,}511} + \underset{2{,}1\,^\circ\text{C}}{0{,}17} + \underset{1{,}5\,^\circ\text{C}}{0{,}12} + \underset{0{,}5\,^\circ\text{C}}{0{,}043\,\frac{\text{m}^2\,\text{K}}{\text{W}}}$$

$$R_\text{T} = 2{,}364\,\frac{\text{m}^2\,\text{K}}{\text{W}} \mathrel{\widehat{=}} \Delta\theta = 30\,^\circ\text{C}$$

27. Balken $R_1 = \frac{d_1}{\lambda_1} + R + \frac{d_2}{\lambda_2} = \frac{0{,}025\,\mathrm{m}}{0{,}13\,\frac{W}{\mathrm{m}K}} + 0{,}16\,\frac{\mathrm{m}^2 K}{W} + \frac{0{,}10\,\mathrm{m}}{0{,}13\,\frac{W}{\mathrm{m}K}}$

$$R_1 = 1{,}12\,\frac{\mathrm{m}^2 K}{W}$$

Gefach $R_2 = \frac{0{,}025\,\mathrm{m}}{0{,}13\,\frac{W}{\mathrm{m}K}} + 0{,}16\,\frac{\mathrm{m}^2 K}{W} + \frac{0{,}10\,\mathrm{m}}{0{,}04\,\frac{W}{\mathrm{m}K}}$

$$R_2 = 2{,}85\,\frac{\mathrm{m}^2 K}{W}$$

$$R_m = \frac{b_1 + b_2}{b_1 \cdot \frac{1}{R_1} + b_2 \cdot \frac{1}{R_2}} = \frac{0{,}12\,\mathrm{m} + 0{,}58\,\mathrm{m}}{0{,}12\,\mathrm{m} \cdot \frac{1}{1{,}12\frac{\mathrm{m}^2 K}{W}} + 0{,}58\,\mathrm{m} \cdot \frac{1}{2{,}85\frac{\mathrm{m}^2 K}{W}}}$$

$$R_m = 2{,}25\,\frac{\mathrm{m}^2 K}{W}$$

$$R_{T,m} = \frac{1}{h_i} + R_m + \frac{1}{h_e} = \frac{1}{10\,\frac{W}{\mathrm{m}^2 K}} + 2{,}25\,\frac{\mathrm{m}^2 K}{W} + \frac{1}{12\,\frac{W}{\mathrm{m}^2 K}}$$

$$R_{\mathrm{T,m}} = 2{,}43\,\frac{\mathrm{m}^2 K}{W} \mathrel{\hat=} \begin{cases} So: 50^\circ\mathrm{C} \rightarrow 0{,}10\,\frac{\mathrm{m}^2\mathrm{K}}{\mathrm{W}} \mathrel{\hat=} 2{,}1^\circ\mathrm{C} \rightarrow \theta_0 = 17{,}9^\circ\mathrm{C} \\ Wi: 30^\circ\mathrm{C} \rightarrow 0{,}10\,\frac{\mathrm{m}^2\mathrm{K}}{\mathrm{W}} \mathrel{\hat=} 1{,}2^\circ\mathrm{C} \rightarrow \theta_0 = 18{,}8^\circ\mathrm{C} \end{cases}$$

28. a) $R = \frac{0{,}015\,\mathrm{m}}{0{,}70\,\frac{\mathrm{W}}{\mathrm{mK}}} + \frac{0{,}24\,\mathrm{m}}{0{,}39\,\frac{\mathrm{W}}{\mathrm{mK}}} + \frac{0{,}035\,\mathrm{m}}{0{,}040\,\frac{\mathrm{W}}{\mathrm{mK}}} + \frac{0{,}02\,\mathrm{m}}{1{,}0\,\frac{\mathrm{W}}{\mathrm{mK}}}$

$$R = 1{,}53\,\frac{\mathrm{m}^2\,\mathrm{K}}{\mathrm{W}}$$

bei innenliegender Dämmung R auch $1{,}53\,\frac{\mathrm{m}^2\,\mathrm{K}}{\mathrm{W}}$

b) Außendämmung

$$R_{\mathrm{T}} = \frac{1}{8\,\frac{\mathrm{W}}{\mathrm{m}^2\,\mathrm{K}}} + \frac{0{,}015\,\mathrm{m}}{0{,}70\,\frac{\mathrm{W}}{\mathrm{mK}}} + \frac{0{,}24\,\mathrm{m}}{0{,}39\,\frac{\mathrm{W}}{\mathrm{mK}}} + \frac{0{,}035\,\mathrm{m}}{0{,}040\,\frac{\mathrm{W}}{\mathrm{mK}}} + \frac{0{,}02\,\mathrm{m}}{1{,}0\,\frac{\mathrm{W}}{\mathrm{mK}}} + \frac{1}{23\,\frac{\mathrm{W}}{\mathrm{m}^2\,\mathrm{K}}}$$

$$= 0{,}125\,\frac{\mathrm{m}^2\,\mathrm{K}}{\mathrm{W}} + 0{,}021 + 0{,}615 + 0{,}875 + 0{,}02 + 0{,}043\,\frac{\mathrm{m}^2\,\mathrm{K}}{\mathrm{W}}$$

2,2 °C 0,4 °C 10,8 °C 15,4 °C 0,4 °C 0,8 °C

$$R_{\mathrm{T}} = 1{,}70\,\frac{\mathrm{m}^2\,\mathrm{K}}{\mathrm{W}} \mathrel{\hat=} \Delta\vartheta = 30\,^\circ\mathrm{C}$$

$\rightarrow \vartheta_{\mathrm{oi}} = 17{,}8\,^\circ\mathrm{C} \rightarrow$ behaglich

336 Innendämmung

$$R_T = 0{,}125 \frac{m^2\,K}{W} + 0{,}021 + 0{,}875 + 0{,}615 + 0{,}020 + 0{,}043$$

$$2{,}2\,°C \qquad 0{,}4\,°C \quad 15{,}4\,°C \quad 10{,}8\,°C \quad 0{,}4\,°C \quad 0{,}8\,°C$$

$$R_T = 1{,}702 \frac{m^2\,K}{W} \mathrel{\hat{=}} \Delta\,\theta = 30\,°C$$

$$\rightarrow \theta_{oi} = 17{,}8\,°C \rightarrow \text{behaglich}$$

c) Die Wandoberflächentemperatur ist bei beiden Konstruktionen gleich $\rightarrow$ 17,8 °C und liegt im Behaglichkeitsbereich. Als Wärmespeichermasse dürfen max. 10 cm der Wanddicke in die Berechnung einbezogen werden.

d)

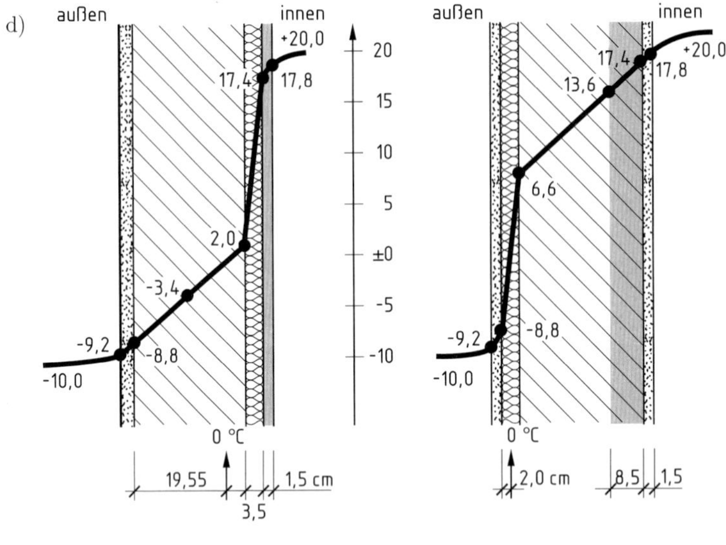

28. $10{,}8 : 24 = x : 8{,}5$

$x = 3{,}8\,°C$

$17{,}4\,°C - 3{,}8\,°C = 13{,}6\,°C$

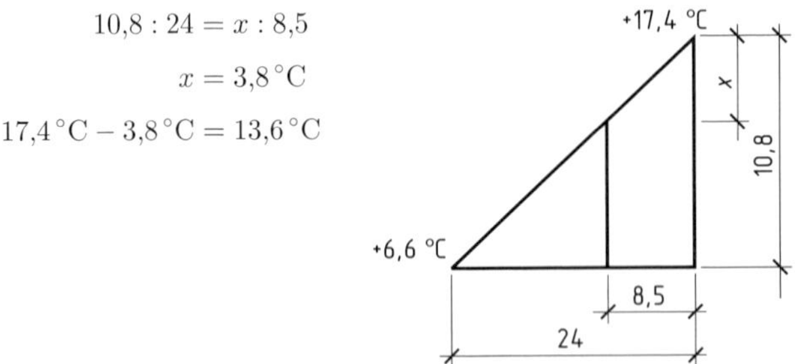

e) Wie die Skizze zeigt, ist das Wärmespeichervermögen bei Außendämmung größer, da die Wand bei Innendämmung als Speichermasse entfällt, und nur der Innenputz als Speichermasse dient

$$Q = (1\,400\,\frac{\text{kg}}{\text{m}^3} \cdot 0,015\,\text{m} + 800\,\frac{\text{kg}}{\text{m}^3} \cdot 0{,}085\,\text{m})$$

$$\cdot\, 1\,000\,\frac{\text{J}}{\text{m}^2} \cdot 4{,}2\ \text{K}\ (17{,}8\,^\circ\text{C} - 13{,}6\,^\circ\text{C})$$

$$Q = 373\,800\ \text{J/m}^2$$

$$Q = 0{,}1\ \text{kWh/m}^2$$

bei Innendämmung

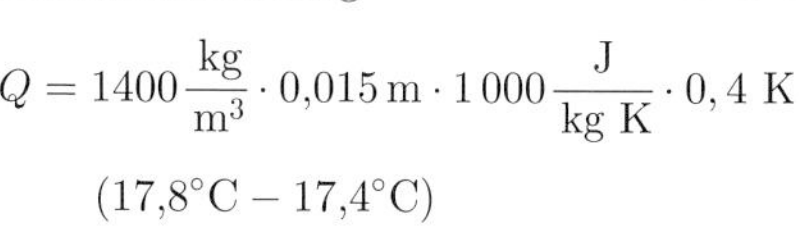

$$Q = 1400\,\frac{\text{kg}}{\text{m}^3} \cdot 0{,}015\,\text{m} \cdot 1\,000\,\frac{\text{J}}{\text{kg K}} \cdot 0,4\ \text{K}$$

$$(17{,}8\,^\circ\text{C} - 17{,}4\,^\circ\text{C})$$

$$Q = 8400\ \text{J/m}^2$$

$$Q = 0{,}002\ \text{kWh/m}^2$$

f) bei $\theta_{\text{Li}} = 20\,^\circ\text{C}$, $\phi = 60\%$ $> \theta_s = 12\,^\circ\text{C}$

Innendämmung: $15{,}4\,^\circ\text{C} : 3{,}5\,\text{cm} = 5{,}4\,^\circ\text{C} : x$

$x = 1{,}2 + 1{,}5 = 2{,}7\,\text{cm}$

von Innenfläche der Wand in der Dämmschicht

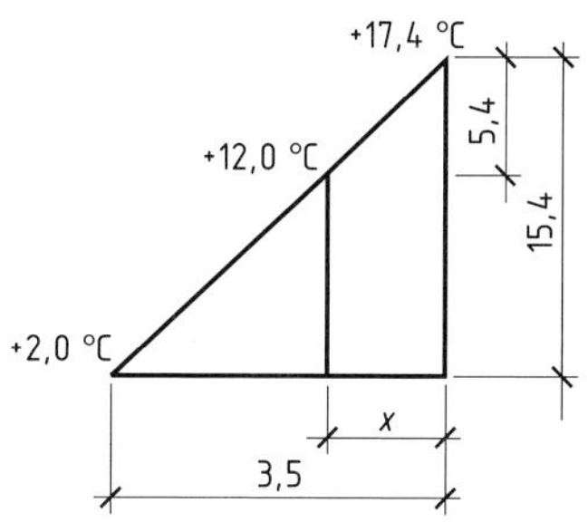

Außendämmung: $10{,}8\,^\circ\text{C} : 24\,\text{cm} = 5{,}4\,^\circ\text{C} : x$

$x = 12\,\text{cm} + 1{,}5\,\text{cm} = 13{,}5\,\text{cm}$

von der inneren Wandoberfläche in der Wand

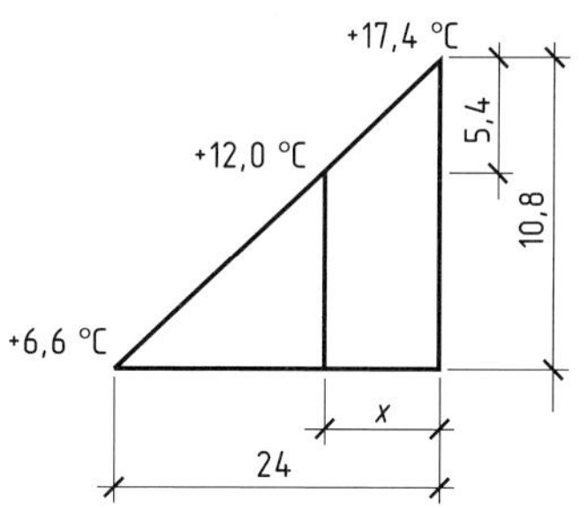

29. a) $$R = \frac{0{,}02\,\text{m}}{1{,}0\,\frac{\text{W}}{\text{mK}}} + \frac{0{,}18\,\text{m}}{2{,}5\,\frac{\text{W}}{\text{mK}}} + \frac{0{,}10\,\text{m}}{0{,}055\,\frac{\text{W}}{\text{mK}}}$$

$$R = 1{,}91\,\frac{\text{m}^2\ \text{K}}{\text{W}} > \text{ erf. } R = 1{,}2\,\frac{\text{m}^2\ \text{K}}{\text{W}}$$

b) $$1{,}2\,\frac{\text{m}^2\ \text{K}}{\text{W}} = \frac{0{,}02\,\text{m}}{1{,}0\,\frac{\text{W}}{\text{mK}}} + \frac{0{,}18\,\text{m}}{2{,}5\,\frac{\text{W}}{\text{mK}}} + \frac{d}{0{,}055\,\frac{\text{W}}{\text{mK}}}$$

$$d = 0{,}060\,\text{m}$$

$$d = 60\,\text{mm}$$

336 c) $$\frac{1}{0{,}25\,\frac{\text{W}}{\text{m}^2\,\text{K}}} = \frac{1}{10\,\frac{\text{W}}{\text{m}^2\,\text{K}}} + \frac{0{,}02\,\text{m}}{1{,}0\,\frac{\text{W}}{\text{mK}}} + \frac{0{,}18\,\text{m}}{2{,}5\,\frac{\text{W}}{\text{mK}}} + \frac{d}{0{,}055\,\frac{\text{W}}{\text{mK}}} + \frac{1}{23\,\frac{\text{W}}{\text{m}^2\,\text{K}}}$$

$$d = 0{,}207\,\text{m}$$

$$d = 210\,\text{mm}$$

337 **30.** a) $$R = \frac{0{,}02\,\text{m}}{0{,}70\,\frac{\text{W}}{\text{mK}}} + \frac{0{,}24\,\text{m}}{0{,}70\,\frac{\text{W}}{\text{mK}}} + 0{,}18\,\frac{\text{m}^2\,\text{K}}{\text{W}} + \frac{0{,}115\,\text{m}}{0{,}99\,\frac{\text{W}}{\text{mK}}}$$

$$R = 0{,}66\,\frac{\text{m}^2\,\text{K}}{\text{W}} < \min R = 1{,}2\,\frac{\text{m}^2\,\text{K}}{\text{W}}$$ Die Forderung nach DIN 4108 ist nicht erfüllt.

b) $$R_{\text{T}} = \frac{1}{8\,\frac{\text{W}}{\text{m}^2\,\text{K}}} + \frac{0{,}02\,\text{m}}{0{,}70\,\frac{\text{W}}{\text{mK}}} + \frac{0{,}24\,\text{m}}{0{,}70\,\frac{\text{W}}{\text{mK}}} + 0{,}18\,\frac{\text{m}^2\,\text{K}}{\text{W}} + \frac{0{,}115\,\text{m}}{0{,}99\,\frac{\text{W}}{\text{mK}}} + \frac{1}{23\,\frac{\text{W}}{\text{m}^2\,\text{K}}}$$

$$= 0{,}125\,\frac{\text{m}^2\,\text{K}}{\text{W}} + 0{,}029 + 0{,}343 + 0{,}18 + 0{,}116 + 0{,}043\,\frac{\text{m}^2\,\text{K}}{\text{W}}$$

4,5 °C 1,0 °C 12,3 °C 6,5 °C 4,2 °C 1,5 °C

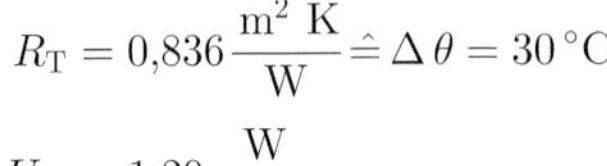

$$R_{\text{T}} = 0{,}836\,\frac{\text{m}^2\,\text{K}}{\text{W}} \mathrel{\hat{=}} \Delta\theta = 30\,°\text{C}$$

$$U_{\text{W}} = 1{,}20\,\frac{\text{W}}{\text{m}^2\,\text{K}}$$

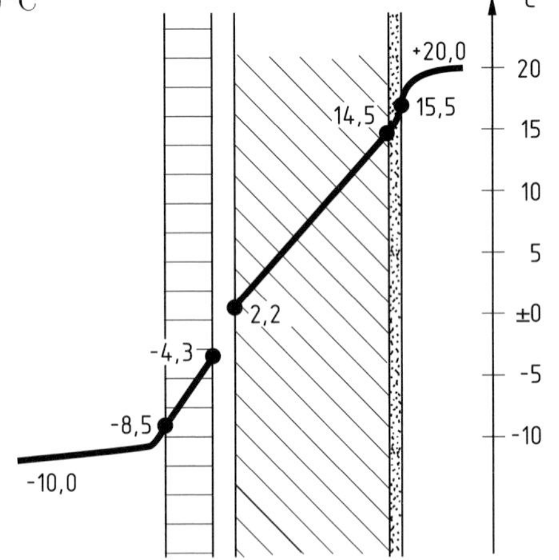

c) $$\frac{1}{0{,}35\,\frac{\text{W}}{\text{m}^2\,\text{K}}} = \frac{1}{8\,\frac{\text{W}}{\text{mK}}} + \frac{0{,}02\,\text{m}}{0{,}70\,\frac{\text{W}}{\text{mK}}} + \frac{0{,}24\,\text{m}}{0{,}70\,\frac{\text{W}}{\text{mK}}} + \frac{d}{0{,}035\,\frac{\text{W}}{\text{mK}}} + 0{,}18\,\text{m}\,\frac{\text{m}^2\,\text{K}}{\text{W}} + \frac{0{,}115\,\text{m}}{0{,}99\,\frac{\text{W}}{\text{mK}}} + \frac{1}{23\,\frac{\text{W}}{\text{m}^2\,\text{K}}}$$

$$d = 0{,}707\,\text{m}$$

gewählt $d = 75\,\text{mm}$

Die Fenster dürfen maximal einen U-Wert von 1,7 W/ m² K haben.

31.
$$A_{AW_1} = 2{,}375\,\text{m} \cdot 2{,}71\,\text{m} - 0{,}30\,\text{m} \cdot 0{,}195\,\text{m} + 2{,}125\,\text{m} \cdot 2{,}71\,\text{m}$$
$$A_{AW_1} = 12{,}08\,\text{m}^2$$
$$A_{AW_2} = 2{,}01\,\text{m} \cdot 0{,}90\,\text{m} = 1{,}81\,\text{m}^2$$
$$A_{AW_3} = 2{,}40\,\text{m} \cdot 0{,}30\,\text{m}$$
$$A_{AW_3} = 0{,}72\,\text{m}^2$$
$$A_W = 2{,}01\,\text{m} \cdot 1{,}51\,\text{m}$$
$$A_W = 3{,}04\,\text{m}^2$$
$$U_m = \frac{U_{AW_1} \cdot A_{AW_1} + U_{AW_2} \cdot A_{W_2} + U_{AW_3} \cdot A_{AW_3} + U_W \cdot A_W}{A}$$
$$= \frac{0{,}85\,\frac{\text{W}}{\text{m}^2\,\text{K}} \cdot 12{,}08\,\text{m}^2 + 0{,}7\,\frac{\text{W}}{\text{m}^2\,\text{K}} \cdot 1{,}81\,\text{m}^2 + 3{,}2\,\frac{\text{W}}{\text{m}^2\,\text{K}} \cdot 0{,}72\,\text{m}^2 + 2{,}6 \cdot 3{,}04}{6{,}51\,\text{m} \cdot 2{,}71\,\text{m}}$$
$$U_m = 1{,}23\,\frac{\text{W}}{\text{m}^2\,\text{K}}$$

32. a) Gefachbereich

$$R_{T1} = \frac{1}{8\,\frac{\text{W}}{\text{m}^2\,\text{K}}} + \frac{0{,}175\,\text{m}}{0{,}60\,\frac{\text{W}}{\text{mK}}} + \frac{1}{23\,\frac{\text{W}}{\text{m}^2\,\text{K}}}$$
$$R_{T1} = 0{,}46\,\frac{\text{m}^2\,\text{K}}{\text{W}}$$
$$U_1 = 2{,}17\,\frac{\text{W}}{\text{m}^2\,\text{K}}$$

Balkenbereich

$$R_{T2} = \frac{1}{8\,\frac{\text{W}}{\text{m}^2\,\text{K}}} + \frac{0{,}175\,\text{m}}{0{,}13\,\frac{\text{W}}{\text{mK}}} + \frac{1}{23\,\frac{\text{W}}{\text{mK}}}$$
$$R_{T2} = 1{,}51\,\frac{\text{m}^2\,\text{K}}{\text{W}}$$
$$U_2 = 0{,}66\,\frac{\text{W}}{\text{m}^2\,\text{K}}$$
$$U_m = \frac{U_1 \cdot A_1 + U_2 \cdot A_2}{A}$$
$$U_m = \frac{2{,}17\,\frac{\text{W}}{\text{m}^2\,\text{K}} \cdot 64{,}5\% + 0{,}66\,\frac{\text{W}}{\text{m}^2\,\text{K}} \cdot 35{,}5\%}{100\%}$$
$$U_m = 1{,}63\,\frac{\text{W}}{\text{m}^2\,\text{K}}$$

337

b) DIN-Forderung

$$R_1 = \frac{0{,}175\,\text{m}}{0{,}60\,\frac{\text{W}}{\text{mK}}} \qquad R_2 = \frac{0{,}175\,\text{m}}{0{,}13\,\frac{\text{W}}{\text{mK}}}$$

$$R_1 = 0{,}29\,\frac{\text{m}^2\,\text{K}}{\text{W}} \qquad R_2 = 1{,}346\,\frac{\text{m}^2\,\text{K}}{\text{W}}$$

$$R_m = \frac{100\,\%}{p_1\,\frac{1}{R_1} + p_2 \cdot \frac{1}{R_2}}$$

$$R_m = \frac{100\,\%}{35{,}5\,\% \cdot \frac{1}{0{,}29\,\frac{\text{m}^2\,\text{K}}{\text{W}}} + 64{,}5\,\% \cdot \frac{1}{1{,}346\,\frac{\text{m}^2\,\text{K}}{\text{W}}}}$$

$$R_m = 0{,}587\,\frac{\text{m}^2\,\text{K}}{\text{W}} < \text{erf. } R = 1,2\,\frac{\text{m}^2\,\text{K}}{\text{W}}$$

$$p = \frac{100\,\% \cdot 0{,}587\frac{\text{m}^2\,\text{K}}{\text{W}}}{1{,}2\frac{\text{m}^2\,\text{K}}{\text{W}}}$$

$p = 48{,}9\,\%$ erreicht

$$R_{T,m} = \frac{1}{8\,\frac{\text{m}^2\,\text{K}}{\text{W}}} + 0{,}587\,\frac{\text{m}^2\,\text{K}}{\text{W}} + \frac{1}{23\,\frac{\text{m}^2\,\text{K}}{\text{W}}}$$

$$R_{T,m} = 0{,}755\,\frac{\text{m}^2\,\text{K}}{\text{W}}$$

$$U_m = \frac{1}{R_{T,m}} = 1{,}32\,\frac{\text{W}}{\text{m}^2\,\text{K}} > \text{zul. } U = 0{,}35\,\frac{\text{W}}{\text{m}^2\,\text{K}}$$

$$p = \frac{100\,\% \cdot 1{,}32\frac{\text{W}}{\text{m}^2\,\text{K}}}{0{,}35\,\frac{\text{W}}{\text{m}^2\,\text{K}}}$$

$p = 377\,\% \rightarrow$ um 277 % überschritten

33. a) Gefachbereich

$$R_{\text{T1}} = \frac{1}{8\,\frac{\text{W}}{\text{m}^2\,\text{K}}} + \frac{0{,}135\,\text{m}}{0{,}50\,\frac{\text{W}}{\text{mK}}} + \frac{1}{23\,\frac{\text{W}}{\text{m}^2\,\text{K}}}$$

$$R_{\text{T1}} = 0{,}438\,\frac{\text{m}^2\,\text{K}}{\text{W}}$$

$$U_1 = 2{,}28\,\frac{\text{W}}{\text{m}^2\,\text{K}}$$

Balkenbereich

$$R_{\mathrm{T2}} = \frac{1}{8\,\frac{\mathrm{W}}{\mathrm{m^2\ K}}} + \frac{0{,}135\,\mathrm{m}}{0{,}13\,\frac{\mathrm{W}}{\mathrm{mK}}} + \frac{1}{23\,\frac{\mathrm{W}}{\mathrm{m^2\ K}}}$$

$$R_{\mathrm{T2}} = 1{,}207\,\frac{\mathrm{m^2\ K}}{\mathrm{W}}$$

$$U_2 = 0{,}83\ \frac{\mathrm{W}}{\mathrm{m^2\ K}}$$

$$U_{\mathrm{m}} = \frac{U_1 \cdot A_1 + U_2 \cdot A_2}{A}$$

$$U_{\mathrm{m}} = \frac{2{,}28\,\frac{\mathrm{W}}{\mathrm{m^2\ K}} \cdot 12{,}55\,\mathrm{m^2} + 0{,}83\,\frac{\mathrm{W}}{\mathrm{m^2\ K}} \cdot 3{,}95\,\mathrm{m^2}}{16{,}50\,\mathrm{m^2}}$$

$$U_{\mathrm{m}} = 1{,}93\ \frac{\mathrm{W}}{\mathrm{m^2\ K}}$$

b) Gefachbereich

$$R_1 = \frac{0{,}135\,\mathrm{m}}{0{,}50\,\frac{\mathrm{W}}{\mathrm{mK}}}$$

$$R_1 = 0{,}27\,\frac{\mathrm{m^2\ K}}{\mathrm{W}}$$

Balkenbereich

$$R_2 = \frac{0{,}135\,\mathrm{m}}{0{,}13\,\frac{\mathrm{W}}{\mathrm{mK}}}$$

$$R_2 = 1{,}04\,\frac{\mathrm{m^2\ K}}{\mathrm{W}}$$

$$R_m = \frac{A_{ges}}{A_1 \cdot \frac{1}{R_1} + A_2 \cdot \frac{1}{R_2}} = \frac{16{,}50\,\mathrm{m^2}}{12{,}55\,\mathrm{m^2} \cdot \frac{1}{0{,}27\,\frac{\mathrm{m^2\ K}}{\mathrm{W}}} + 3{,}95\,\mathrm{m^2} \cdot \frac{1}{1{,}04\,\frac{\mathrm{m^2\ K}}{\mathrm{W}}}}$$

$$R_m = 0{,}33\,\frac{\mathrm{m^2\ K}}{\mathrm{W}}$$

$$R_{T,m} = \frac{1}{8\frac{\mathrm{W}}{\mathrm{m^2\ K}}} + 0{,}33\,\frac{\mathrm{m^2\ K}}{\mathrm{W}} + \frac{1}{23\,\frac{\mathrm{W}}{\mathrm{m^2\ K}}} = 0{,}498\,\frac{\mathrm{m^2\ K}}{\mathrm{W}}$$

$$U_m = 2{,}0\,\frac{\mathrm{W}}{\mathrm{m^2\ K}}$$

Nach DIN 4108 muss der R-Wert mindestens $1{,}2\,\frac{\mathrm{m^2\ K}}{\mathrm{W}}$ betragen.

$$1,2\,\frac{\mathrm{m^2\ K}}{\mathrm{W}} = 0{,}33\,\frac{\mathrm{m^2\ K}}{\mathrm{W}} + \frac{d}{0{,}035\,\frac{\mathrm{W}}{\mathrm{mK}}}$$

$$d = 0{,}030\,\mathrm{m}$$

gewählt: $d = 30\,\mathrm{mm}$ bei Neubau

337 Nach EnEV

$$\frac{1}{0{,}35} = 0{,}33\,\frac{\mathrm{m^2\ K}}{\mathrm{W}} + \frac{d}{0{,}035\,\frac{\mathrm{W}}{\mathrm{mK}}}$$

$$d = 0{,}088\,\mathrm{m}$$

$$d = 90\,\mathrm{mm}$$

34. Balkenfläche

$$0{,}16\,\mathrm{m}\cdot 10{,}50\,\mathrm{m} + 0{,}14\,\mathrm{m}\cdot 10{,}50\,\mathrm{m} = 3{,}15\,\mathrm{m^2}$$

$$0{,}12\,\mathrm{m}\cdot 2{,}50\,\mathrm{m}\cdot 2 = 0{,}60\,\mathrm{m^2}$$

$$0{,}14\,\mathrm{m}\cdot 2{,}50\,\mathrm{m}\cdot 3 = 1{,}05\,\mathrm{m^2}$$

$$0{,}14\,\mathrm{m}\cdot 3{,}25\,\mathrm{m}\cdot 2 = 0{,}91\,\mathrm{m^2}$$

$$0{,}14\,\mathrm{m}\cdot 9{,}56 = \underline{1{,}34\,\mathrm{m^2}}$$

$$A_1 = 7{,}05\,\mathrm{m^2}$$

Gefachfläche

$$A_2 = 10{,}50\,\mathrm{m}\cdot 2{,}80\,\mathrm{m} - 7{,}05\,\mathrm{m^2} = 22{,}35\,\mathrm{m^2}$$

Gefachbereich

$$R_{\mathrm{T2}} = \frac{1}{8\,\frac{\mathrm{W}}{\mathrm{m^2\ K}}} + \frac{0{,}12\,\mathrm{m}}{0{,}50\,\frac{\mathrm{W}}{\mathrm{mK}}} + \frac{1}{23\,\frac{\mathrm{W}}{\mathrm{m^2\ K}}}$$

$$R_{\mathrm{T2}} = 0{,}408\,\frac{\mathrm{m^2\ K}}{\mathrm{W}}$$

$$U_2 = 2{,}45\,\frac{\mathrm{W}}{\mathrm{m^2\ K}}$$

Balkenbereich

$$R_{\mathrm{T1}} = \frac{1}{8\,\frac{\mathrm{W}}{\mathrm{m^2\ K}}} + \frac{0{,}12\,\mathrm{m}}{0{,}13\,\frac{\mathrm{W}}{\mathrm{mK}}} + \frac{1}{23\,\frac{\mathrm{W}}{\mathrm{m^2\ K}}}$$

$$R_{\mathrm{T1}} = 1{,}09\,\frac{\mathrm{m^2\ K}}{\mathrm{W}}$$

$$U_1 = 0{,}92\,\frac{\mathrm{W}}{\mathrm{m^2\ K}}$$

$$U_{\mathrm{m}} = \frac{U_1\cdot A_1 + U_2\cdot A_2}{A}$$

$$= \frac{0{,}92\ \frac{\mathrm{W}}{\mathrm{m^2\ K}}\cdot 7{,}05\,\mathrm{m^2} + 2{,}45\,\frac{\mathrm{W}}{\mathrm{m^2\ K}}\cdot 22{,}35\,\mathrm{m}}{29{,}40\,\mathrm{m^2}}$$

$$U_{\mathrm{m}} = 2{,}08\,\frac{\mathrm{W}}{\mathrm{m^2\ K}}$$

35. $$\text{vorh. } R = \frac{0{,}015\,\text{m}}{0{,}70\,\frac{\text{W}}{\text{mK}}} + \frac{0{,}24\,\text{m}}{0{,}81\,\frac{\text{W}}{\text{mK}}} + \frac{0{,}02\,\text{m}}{1{,}0\,\frac{\text{W}}{\text{mK}}}$$

$$\text{vorh. } R = 0{,}34\,\frac{\text{m}^2\ \text{K}}{\text{W}}$$

$$1{,}2\,\frac{\text{m}^2\ \text{K}}{\text{W}} = 0{,}34\,\frac{\text{m}^2\ \text{K}}{\text{W}} + \frac{0{,}015\,\text{m}}{1{,}0\,\frac{\text{W}}{\text{mK}}} + \frac{d}{0{,}035\,\frac{\text{W}}{\text{mK}}}$$

$$d = 0{,}0295$$

$$d = 30\,\text{mm nach DIN 4108}$$

nach ENEV

$$\text{vorh. } R_{\text{T}} = 0{,}125\,\frac{\text{m}^2\ \text{K}}{\text{W}} + 0{,}34\,\frac{\text{m}^2\ \text{K}}{\text{W}} + 0{,}043\,\frac{\text{m}^2\ \text{K}}{\text{W}}$$

$$\text{vorh. } R_{\text{T}} = 0{,}508\,\frac{\text{m}^2\ \text{K}}{\text{W}}$$

$$\text{vorh. } U = 1{,}97\ \frac{\text{W}}{\text{m}^2\ \text{K}} > \text{zul. } U = 0{,}9\ \frac{\text{W}}{\text{m}^2\ \text{K}}$$

$$\frac{1}{0{,}35\,\frac{\text{m}^2\ \text{K}}{\text{W}}} = 0{,}508\,\frac{\text{m}^2\ \text{K}}{\text{W}} + \frac{0{,}015\,\text{m}}{1{,}0\,\frac{\text{W}}{\text{mK}}} + \frac{d}{0{,}035\,\frac{\text{W}}{\text{mK}}}$$

$$d = 0{,}081$$

$$d = 85\,\text{mm nach EnEV}$$

36. nach DIN 4108

$$1{,}2\,\frac{\text{m}^2\ \text{K}}{\text{W}} = \frac{0{,}02\,\text{m}}{1{,}0\,\frac{\text{W}}{\text{mK}}} + \frac{0{,}24\,\text{m}}{0{,}50\,\frac{\text{W}}{\text{mK}}} + \frac{0{,}02\,\text{m}}{1{,}0\,\frac{\text{W}}{\text{mK}}} + \frac{d}{0{,}04\,\frac{\text{W}}{\text{mK}}} + 0{,}18\,\frac{\text{m}^2\ \text{K}}{\text{W}} + \frac{0{,}115\,\text{m}}{0{,}99\,\frac{\text{W}}{\text{mK}}}$$

$$d = 0{,}0154\,\text{m}$$

$$\min d = 15{,}4\,\text{mm}$$

nach EnEV

$$\frac{1}{0{,}35\,\frac{\text{W}}{\text{m}^2\ \text{K}}} = \frac{1}{8\,\frac{\text{W}}{\text{m}^2\ \text{K}}} + \frac{0{,}02\,\text{m}}{1{,}0\,\frac{\text{W}}{\text{mK}}} + \frac{0{,}24\,\text{m}}{0{,}50\,\frac{\text{W}}{\text{mK}}} + \frac{0{,}02\,\text{m}}{1{,}0\,\frac{\text{W}}{\text{mK}}} + \frac{d}{0{,}04\,\frac{\text{W}}{\text{mK}}} +$$

$$+ 0{,}18\,\frac{\text{m}^2\ \text{K}}{\text{W}} + \frac{0{,}115\,\text{m}}{0{,}99\,\frac{\text{W}}{\text{mK}}} + \frac{1}{23\,\frac{\text{W}}{\text{m}^2\text{K}}}$$

$$d = 0{,}075\,\text{m}$$

$$d = 75\,\text{mm}$$

338 **37.** a) Nachweis nach DIN 4108

$$R_{AW} = \frac{1}{0{,}48\frac{\mathrm{W}}{\mathrm{m^2\,K}}} - \frac{1}{8\frac{\mathrm{W}}{\mathrm{m^2\,K}}} - \frac{1}{23\frac{\mathrm{W}}{\mathrm{m^2\,K}}} \qquad R_D = \frac{1}{0{,}25\frac{\mathrm{W}}{\mathrm{m^2\,K}}} - \frac{1}{10\frac{\mathrm{W}}{\mathrm{m^2\,K}}} - \frac{1}{12\frac{\mathrm{W}}{\mathrm{m^2\,K}}}$$

$$R_{AW} = 1{,}91\,\frac{\mathrm{m^2\,K}}{\mathrm{W}} > \text{erf } R = 1{,}2\,\frac{\mathrm{m^2\,K}}{\mathrm{W}} \qquad R_D = 3{,}82\,\frac{\mathrm{m^2\,K}}{\mathrm{W}} \text{ erf } R = 0{,}9$$

$$R_a = \frac{1}{0{,}33\frac{\mathrm{W}}{\mathrm{m^2\,K}}} - \frac{1}{6\frac{\mathrm{W}}{\mathrm{m^2\,K}}} - \frac{1}{12\frac{\mathrm{W}}{\mathrm{m^2\,K}}}$$

$$R_a = 2{,}78\,\frac{\mathrm{m^2\,K}}{\mathrm{W}} > \text{ erf } R = 0{,}90\,\frac{\mathrm{m^2\,K}}{\mathrm{W}}$$

b) Nachweis nach der EN EV Solare Wärmegewinne

$$Q_\mathrm{S} = 0{,}567 \cdot J_\mathrm{s} \cdot g \cdot A_\mathrm{W}$$

Süd: $Q_\mathrm{S} = 0{,}567 \cdot 270\,\frac{\mathrm{kWh}}{\mathrm{m^2 \cdot a}} \cdot 0{,}7 \cdot 6{,}0\,\mathrm{m^2}$

$Q_\mathrm{S} = 642{,}98$ kWh/a

Ost: $Q_\mathrm{S} = 0{,}567 \cdot 155\,\frac{\mathrm{kWh}}{\mathrm{m^2 \cdot a}} \cdot 0{,}7 \cdot 5{,}0\,\mathrm{m^2}$

$Q_\mathrm{S} = 307{,}60$ kWh/a

West: $Q_\mathrm{S} = 0{,}567 \cdot 155\,\frac{\mathrm{kWh}}{\mathrm{m^2 \cdot a}} \cdot 0{,}7 \cdot 6{,}0\,\mathrm{m^2}$

$Q_\mathrm{S} = 369{,}12$ kWh/a

Nord: $Q_\mathrm{S} = 0{,}567 \cdot 100\,\frac{\mathrm{kWh}}{\mathrm{m^2 \cdot a}} \cdot 0{,}7 \cdot 3{,}0\,\mathrm{m^2}$

$Q_\mathrm{S} = 119{,}07$ kWh/a

ges. $Q_\mathrm{S} = 1\,438{,}77$ kWh/a

$$H_\mathrm{V} = 0{,}19 \cdot V_\mathrm{e}$$
$$= 0{,}19 \cdot 300\,\mathrm{m^3}$$
$$H_\mathrm{V} = 57\ \mathrm{W/K}$$

$$Q_\mathrm{i} = 22 \cdot A_\mathrm{N}$$
$$= 22 \cdot 0{,}32 \cdot V_\mathrm{e}$$
$$= 22 \cdot 0{,}32 \cdot 300$$
$$Q_\mathrm{i} = 2\,112\ \mathrm{kWh/a}$$

$$H_\mathrm{T} = F_\mathrm{X} \cdot U \cdot A + 0{,}05 \cdot \text{ges } A$$
$$= 1{,}0 \cdot 0{,}48\,\frac{\mathrm{W}}{\mathrm{m^2\,K}} \cdot 100\,\mathrm{m^2} + 1{,}0 \cdot 1{,}2\,\frac{\mathrm{W}}{\mathrm{m^2\,K}} \cdot 20\,\mathrm{m^2}$$
$$+ 0{,}6 \cdot 0{,}33\,\frac{\mathrm{W}}{\mathrm{m^2\,K}} \cdot 100\,\mathrm{m^2} + 0{,}8 \cdot 0{,}25\,\frac{\mathrm{W}}{\mathrm{m^2\,K}} \cdot 100\,\mathrm{m^2}$$
$$+ 0{,}10 \cdot 320\,\mathrm{m^2}$$
$$H_\mathrm{T} = 143{,}8\ \mathrm{W/K}$$

Jahres-Heizwärmebedarf

$$Q_\mathrm{h} = 66(H_\mathrm{T} + H_\mathrm{V}) - 0{,}95(Q_\mathrm{S} + Q_\mathrm{i})$$

$$= 66\,\frac{\mathrm{kKh}}{\mathrm{a}}\left(143{,}8\,\frac{\mathrm{W}}{\mathrm{K}} + 57{,}0\,\frac{\mathrm{W}}{\mathrm{K}}\right)$$

$$- 0{,}95\left(1438{,}77\,\frac{\mathrm{kWh}}{\mathrm{a}} + 2112\,\frac{\mathrm{kWh}}{\mathrm{a}}\right)$$

$$Q_\mathrm{h} = 9879{,}57\ \mathrm{kWh/a}$$

$$A_\mathrm{N} = 0{,}32 \cdot V_\mathrm{e}$$

$$= 0{,}32 \cdot 300$$

$$A_\mathrm{N} = 96\,\mathrm{m}^2$$

$$Q_\mathrm{W} = q_\mathrm{w} \cdot A_\mathrm{N}$$

$$Q_\mathrm{W} = 12{,}5\,\frac{\mathrm{kWh}}{\mathrm{m^2a}} \cdot 96\,\mathrm{m}^2$$

$$Q_\mathrm{W} = 1200\ \mathrm{kWh/a}$$

$$Q_\mathrm{p} = (Q_\mathrm{h} - Q_\mathrm{W})\ e_\mathrm{p}$$

$$= \left(9879{,}57\,\frac{\mathrm{kWh}}{\mathrm{a}} + 1200\,\frac{\mathrm{kWh}}{\mathrm{a}}\right)\ 1{,}4$$

$$Q_\mathrm{p} = 15\,511{,}40\ \mathrm{kWh/a}$$

A/V_e-Verhältnis

$$A/V_\mathrm{e} = \frac{320\,\mathrm{m}^2}{300\,\mathrm{m}^3}$$

$$A/V_\mathrm{e} = 1{,}066 > 1{,}05$$

$$\rightarrow \text{zul. } Q''_\mathrm{p} = 130{,}00 + \frac{2600}{100 + A_\mathrm{N}}$$

$$\text{zul. } Q''_\mathrm{p} = 143{,}27\ \mathrm{kWh/\,m^2a}$$

$$\text{vorh. } Q''_\mathrm{p} = \frac{Q_\mathrm{p}}{A_\mathrm{N}}$$

$$= \frac{15\,511{,}40\,\frac{\mathrm{kWh}}{\mathrm{a}}}{96\,\mathrm{m}^2}$$

$$\text{vorh. } Q''_\mathrm{p} = 161{,}58\,\frac{\mathrm{kWh}}{\mathrm{m^2\ a}}$$

Damit ist die EnEV-Vorschrift nicht erfüllt.

338 $H'_T = \frac{H_T}{A}$

$$= \frac{143{,}8\,\frac{\text{W}}{\text{k}}}{320\,\text{m}^2}$$

$$H'_T = 0{,}449\,\frac{\text{W}}{\text{m}^2\,\text{K}}$$

$$\approx \text{zul. } H'_T = 0{,}44\,\frac{\text{W}}{\text{m}^2\,\text{K}}$$

c) Erdgasverbrauch

$$V = \frac{1511{,}40\,\frac{\text{kWh}}{\text{a}}}{8{,}8\,\frac{\text{kWh}}{\text{m}^3}}$$

$$V = 1762{,}66\,\text{m}^3$$

38. a) $R = \sum \frac{d}{\lambda}$

$$= \frac{0{,}015\,\text{m}}{0{,}70\,\frac{\text{W}}{\text{mK}}} + \frac{0{,}49}{0{,}55} + \frac{0{,}02}{1{,}4} + \frac{0{,}115}{0{,}81}$$

$$R = 1{,}07\,\frac{\text{m}^2\,\text{K}}{\text{W}} < \text{ erf. } R = 1{,}2\,\frac{\text{m}^2\,\text{K}}{\text{W}}$$

b) $R_T = \frac{1}{8\,\frac{\text{W}}{\text{m}^2\,\text{K}}} + \frac{0{,}015\,\text{m}}{0{,}70\,\frac{\text{W}}{\text{mK}}} + \frac{0{,}49}{0{,}55} + \frac{0{,}02}{1{,}6} + \frac{0{,}115}{0{,}81} + \frac{1}{23}$

$$0{,}125\,\frac{\text{m}^2\,\text{K}}{\text{W}} + 0{,}021 + 0{,}891 + 0{,}013 + 0{,}142 + 0{,}043$$

$$3\,^\circ\text{C} \qquad 0{,}5\,^\circ\text{C} \quad 21{,}6\,^\circ\text{C} \quad 0{,}3\,^\circ\text{C} \quad 3{,}5\,^\circ\text{C} \quad 1{,}1\,^\circ\text{C}$$

$$R_T = 1{,}235\,\frac{\text{m}^2\,\text{K}}{\text{W}} \;\hat{=}\; \Delta\theta = 30\,^\circ\text{C}$$

$$U_{AW} = 0{,}81\,\frac{\text{W}}{\text{m}^2\,\text{K}}$$

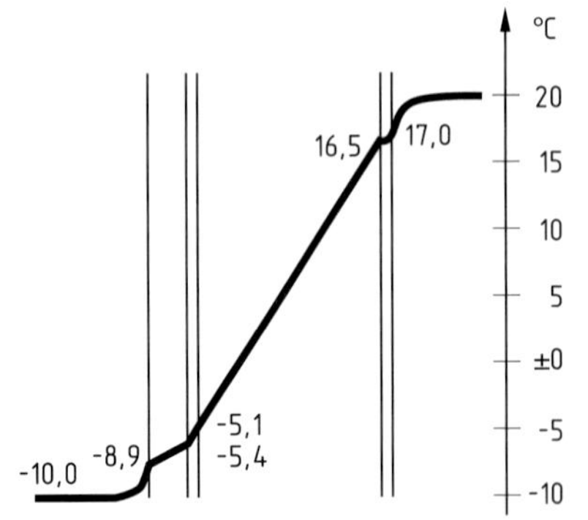

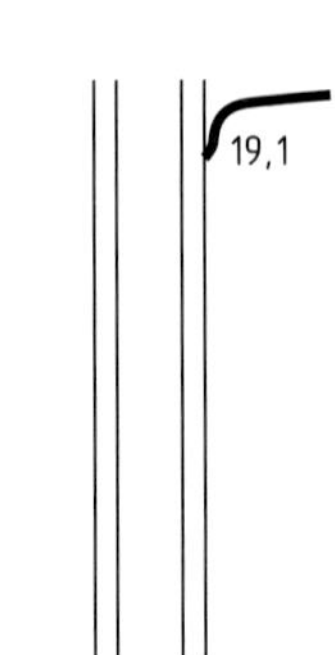

c) $\frac{1}{0{,}35\,\frac{\text{W}}{\text{m}^2\,\text{K}}} = \frac{1}{0{,}8\,\frac{\text{W}}{\text{m}^2\,\text{K}}} + \frac{d}{0{,}04\,\frac{\text{W}}{\text{mK}}} + \frac{0{,}015}{0{,}70\,\frac{\text{W}}{\text{mK}}}$

$$d = 0{,}108\,\text{m}$$

gewählt $d = 120\,\text{mm}$

d) $$\text{vorh. } R_T = \frac{1}{8\,\frac{W}{m^2\,K}} + \frac{0{,}015\,m}{0{,}70\,\frac{W}{mK}} + \frac{0{,}12\,m}{0{,}04\,\frac{W}{mK}} + \frac{0{,}015\,m}{0{,}70\,\frac{W}{mK}}$$

$$+ \frac{0{,}49\,m}{0{,}55\,\frac{W}{mK}} + \frac{0{,}115\,m}{0{,}81\,\frac{W}{mK}} + \frac{1}{23\,\frac{W}{m^2\,K}}$$

$$= 0{,}125 + 0{,}021 + 3{,}0 + 0{,}021 + 0{,}891 + 0{,}142 + 0{,}043$$

$$0{,}9\,°C \quad 0{,}2\,°C \quad 21{,}2\,°C \quad 0{,}1\,°C \quad 6{,}3\,°C \quad 1{,}0\,°C \quad 0{,}3\,°C$$

$$\text{vorh. } R_T = 4{,}244\,\frac{m^2\,K}{W} \mathrel{\hat{=}} \triangle\theta = 30\,°C$$

$$\text{vorh. } U = 0{,}35\,\frac{W}{m^2\,K}$$

Die Oberflächentemperatur der Wand steigt von 17 °C auf 19,1 °C.

39. Wand: $$R_{T,AW} = \frac{1}{8\,\frac{W}{m^2\,K}} + \frac{0{,}02\,m}{0{,}70\,\frac{W}{mK}} + \frac{0{,}365}{0{,}21} + \frac{0{,}015}{1{,}0} + \frac{1}{23}$$

$$R_{T,AW} = 1{,}94\,\frac{m^2\,K}{W} \rightarrow R_{AW} = 1{,}77\,\frac{m^2\,K}{W}$$

$$U_{AW} = 0{,}52\,\frac{W}{m^2\,K}$$

Boden: $$R_{T,G} = \frac{1}{\infty} + \frac{0{,}18\,m}{0{,}055\,\frac{W}{mK}} + \frac{0{,}16}{1{,}65} + \frac{1}{\infty}$$

$$R_{T,G} = 3{,}37\,\frac{m^2\,K}{W} \rightarrow R_G = 3{,}37\,\frac{m^2\,K}{W}$$

$$U_G = 0{,}30\,\frac{W}{m^2\,K}$$

Dach: $$R_{T,D} = \frac{1}{10\,\frac{W}{m^2\,K}} + \frac{0{,}02\,m}{1{,}0\,\frac{W}{mK}} + \frac{0{,}16}{2{,}5} + \frac{0{,}20}{0{,}050} + \frac{1}{23}$$

$$R_{T,D} = 4{,}23\,\frac{m^2\,K}{W} \rightarrow R_D = 4{,}08\,\frac{m^2\,K}{W}$$

$$U_D = 0{,}24\,\frac{W}{m^2\,K}$$

a) DIN-Nachweis

vorh. $R_{AW} = 1{,}77\,m^2\,K/W >$ erf. $R_{AW} = 1{,}2\,m^2\,K/W \rightarrow$ Forderung erfüllt

vorh. $R_G = 3{,}37\,m^2\,K/W >$ erf. $R_G = 0{,}9\,m^2\,K/W \rightarrow$ Forderung erfüllt

vorh. $R_D = 4{,}08\,m^2\,K/W >$ erf. $R_D = 1{,}2\,m^2\,K/W \rightarrow$ Forderung erfüllt

339 b) Nachweis nach EnEV

Hüllfläche: $A_{ges} = (11{,}28\,\text{m} + 7{,}53\,\text{m})\ 2 \cdot 3{,}16\,\text{m} + 11{,}28\,\text{m} \cdot 7{,}53\,\text{m} \cdot 2$

$A_{ges} = 288{,}76\,\text{m}^2$ Als Höhe gilt von OKR bis OK Dachhaut

Gebäudevolumen: $V_e = 11{,}28\,\text{m} \cdot 7{,}53\,\text{m} \cdot 3{,}16\,\text{m}$

$V_e = 268{,}41\,\text{m}^3$

Gebäudenutzfläche: $A_N = 0{,}32 \cdot V_e$

$= 0{,}32 \cdot 268{,}41\,\text{m}^3$

$A_N = 85{,}89\,\text{m}^2$

Interne Wärmegewinne

$Q_i = 22 \cdot A_N$

$Q_i = 22 \cdot 85{,}89\,\text{m}^2$

$Q_i = 1889{,}58\ \text{kWh/}\,\text{m}^2\text{a}$

Solare Wärmegewinne

$Q_S = 0{,}567 \cdot J_s \cdot g \cdot A_W$

Süd: $Q_S = 0{,}567 \cdot 270 \dfrac{\text{kWh}}{\text{m}^2\ \text{a}} \cdot 0{,}7 \cdot 3{,}33\,\text{m}^2$

$Q_S = 356{,}85\ \text{kWh/a}$

Nord: $Q_S = 0{,}567 \cdot 100 \dfrac{\text{kWh}}{\text{m}^2\ \text{a}} \cdot 0{,}7 \cdot 2{,}86\,\text{m}^2$

$Q_S = 113{,}52\ \text{kWh/a}$

West: $Q_S = 0{,}567 \cdot 155 \dfrac{\text{kWh}}{\text{m}^2\ \text{a}} \cdot 0{,}7 \cdot 4{,}05\,\text{m}^2$

$Q_S = 249{,}15\ \text{kWh/a}$

gesamt $Q_S = 719{,}55\ \text{kWh/a}$

Spezifischer Lüftungswärmeverlust

$H_V = 0{,}19 \cdot V_e$

$= 0{,}19 \cdot 268{,}41\,\text{m}^3$

$H_V = 51{,}0\ \text{W/K}$

Spezifischer Transmissionswärmeverlust

$$H_\mathrm{T} = F_\mathrm{X} \cdot U \cdot A + 0{,}05 \cdot A_\mathrm{ges}$$

$$= 1{,}0 \cdot 0{,}52\,\frac{\mathrm{W}}{\mathrm{m^2\ K}} \cdot 108{,}64\,\mathrm{m^2} + 1{,}0 \cdot 1{,}2\,\frac{\mathrm{W}}{\mathrm{m^2\ K}} \cdot 10{,}24\,\mathrm{m^2}$$

$$+ 0{,}6 \cdot 0{,}30\,\frac{\mathrm{W}}{\mathrm{m^2\ K}} \cdot 84{,}94\,\mathrm{m^2} + 1{,}0 \cdot 0{,}24\,\frac{\mathrm{W}}{\mathrm{m^2\ K}} \cdot 84{,}94\,\mathrm{m^2}$$

$$+ 0{,}05 \cdot 288{,}76\,\mathrm{m^2}$$

$$H_\mathrm{T} = 115{,}63\ \mathrm{W/K}$$

$$H'_\mathrm{T} = \frac{H_\mathrm{T}}{A}$$

$$= \frac{115{,}63\,\frac{\mathrm{W}}{\mathrm{K}}}{288{,}76\,\mathrm{m^2}}$$

$$H'_\mathrm{T} = 0{,}40\,\frac{\mathrm{W}}{\mathrm{m^2\ K}}$$

$$< \text{zul. } H'_\mathrm{T} = 0{,}44\,\frac{\mathrm{W}}{\mathrm{m^2\ K}}$$

Jahres-Heizwärmebedarf

$$Q_\mathrm{h} = 66(H_\mathrm{T} + H_\mathrm{V}) - 0{,}95(Q_\mathrm{s} + Q_\mathrm{i})$$

$$= 66\,\frac{\mathrm{kKh}}{\mathrm{a}}\left(115{,}63\,\frac{\mathrm{W}}{\mathrm{K}} + 51{,}0\,\frac{\mathrm{W}}{\mathrm{K}}\right) - 0{,}95\left(719{,}55\,\frac{\mathrm{kWh}}{\mathrm{a}} + 1889{,}58\,\frac{\mathrm{kWh}}{\mathrm{a}}\right)$$

$$Q_\mathrm{h} = 8518{,}91\ \mathrm{kWh/a}$$

$$Q_\mathrm{w} = q_\mathrm{w} \cdot A_\mathrm{N}$$

$$Q_\mathrm{w} = 12{,}5\,\frac{\mathrm{kWh}}{\mathrm{m^2\ a}} \cdot 85{,}89\,\mathrm{m^2}$$

$$Q_\mathrm{w} = 1073{,}63\ \mathrm{kWh/a}$$

$$Q_\mathrm{p} = (Q_\mathrm{h} + Q_\mathrm{w})\ \mathrm{e_p}$$

$$= \left(8518{,}91\,\frac{\mathrm{kWh}}{\mathrm{a}} + 1073{,}63\,\frac{\mathrm{kWh}}{\mathrm{a}}\right) 1{,}3$$

$$Q_\mathrm{p} = 12\,949{,}93\ \mathrm{kWh/a}$$

$$A/V = \frac{288{,}76\,\mathrm{m^2}}{268{,}41\,\mathrm{m^2}}$$

$$A/V = 1{,}07 > 1{,}05$$

339

$$\rightarrow \text{zul. } Q''_p = 130{,}0 + \frac{2600}{100 + A_N}$$

$$= 130{,}0 + \frac{2600}{100 + 85{,}89}$$

$$\text{zul. } Q''_p = 143{,}99 \text{ kWh/ m}^2\text{a}$$

$$\text{vorh. } Q''_p = \frac{Q_p}{A_N}$$

$$= \frac{12\,949{,}93 \frac{\text{kWh}}{\text{a}}}{85{,}89\,\text{m}^2}$$

$$\text{vorh. } Q''_p = 150{,}77 \text{ kWh/ m}^2\text{a} > \text{zul. } Q''_p = 143{,}99 \text{ kWh/ m}^2\text{a}$$

Die Nebenforderung H'_T ist erfüllt, nicht jedoch die Hauptforderung Q''_p.

Es müssen jedoch beide Forderungen erfüllt sein. Entweder muss der Wärmedämmstandard verbessert werden, oder die Anlageaufwandszahl der Heinzanlage muss geringer sein.

340 **40.** Wand

$$R_{T,\,AW} = \frac{1}{8 \frac{\text{W}}{\text{m}^2\text{ K}}} + \frac{0{,}02\,\text{m}}{0{,}70 \frac{\text{W}}{\text{mK}}} + \frac{0{,}365}{0{,}23} + \frac{1}{12}$$

$$R_{T,\,AW} = 1{,}82 \frac{\text{m}^2\text{ K}}{\text{W}} \rightarrow R_{AW} = 1{,}62 \frac{\text{m}^2\text{ K}}{\text{W}}$$

$$U_W = 0{,}55 \frac{\text{W}}{\text{m}^2\text{ K}}$$

KG-Decke

$$R_{T,\,G} = \frac{1}{6 \frac{\text{W}}{\text{m}^2\text{ K}}} + \frac{0{,}01\,\text{m}}{0{,}20 \frac{\text{W}}{\text{mK}}} + \frac{0{,}07}{1{,}4} + \frac{0{,}18}{0{,}055} + \frac{0{,}16}{2{,}5} + \frac{0{,}02}{1{,}0} + \frac{1}{6}$$

$$R_{T,\,G} = 3{,}79 \frac{\text{m}^2\text{ K}}{\text{W}} \rightarrow R_G = 3{,}46 \frac{\text{m}^2\text{ K}}{\text{W}}$$

$$U_G = 0{,}26 \frac{\text{W}}{\text{m}^2\text{ K}}$$

EG-Decke

$$R_{T,\,D} = \frac{1}{8 \frac{\text{W}}{\text{m}^2\text{ K}}} + \frac{0{,}02\,\text{m}}{0{,}70 \frac{\text{W}}{\text{mK}}} + \frac{0{,}025}{0{,}075} + \frac{0{,}18}{0{,}035} + \frac{0{,}14}{2{,}5} + \frac{1}{12}$$

$$R_{T,\,D} = 5{,}770 \frac{\text{m}^2\text{ K}}{\text{W}} \rightarrow R_D = 5{,}56 \frac{\text{m}^2\text{ K}}{\text{W}}$$

$$U_D = 0{,}17 \frac{\text{W}}{\text{m}^2\text{ K}}$$

a) DIN-Nachweis

$$\text{vorh. } R_{AW} = 1{,}62\,\frac{m^2\,K}{W} > \text{erf. } R_{AW} = 1{,}20\,\frac{m^2\,K}{W} \rightarrow \text{Forderung erfüllt}$$

$$\text{vorh. } R_{G} = 3{,}46\,\frac{m^2\,K}{W} > \text{erf. } R_{G} = 0{,}90\,\frac{m^2\,K}{W} \rightarrow \text{Forderung erfüllt}$$

$$\text{vorh. } R_{D} = 5{,}56\,\frac{m^2\,K}{W} > \text{erf. } R_{D} = 0{,}90\,\frac{m^2\,K}{W} \rightarrow \text{Forderung erfüllt}$$

b) Nachweis nach der EnEV

beheiztes Gebäudevolumen — Anm.: Als Höhe gilt: OKR – OKR

$$V_e = 12{,}49\,m \cdot 9{,}99\,m \cdot 3{,}12\,m$$

$$V_e = 389{,}30\,m^3$$

Hüllfläche

$$A = (12{,}49\,m + 9{,}99\,m) \cdot 2 \cdot 3{,}12\,m + 12{,}49\,m \cdot 9{,}99\,m \cdot 2$$

$$A = 389{,}83\,m^2$$

Gebäudenutzfläche

$$A_N = 0{,}32 \cdot V_e$$

$$= 0{,}32 \cdot 389{,}30\,m^3$$

$$A_N = 124{,}58\,m^2$$

Solare Wärmegewinne

$$Q_S = 0{,}567 \cdot J_s \cdot g \cdot A_W$$

$$\text{Süd: } Q_S = 0{,}567 \cdot 270\,\frac{kWh}{m^2\,a} \cdot 0{,}65 \cdot 4{,}44\,m^2$$

$$Q_S = 411{,}82\ kWh/a$$

$$\text{Nord: } Q_S = 0{,}567 \cdot 100\,\frac{kWh}{m^2\,a} \cdot 0{,}65 \cdot 2{,}22\,m^2$$

$$Q_S = 81{,}82\ kWh/a$$

$$\text{Ost/West: } Q_S = 0{,}567 \cdot 155\,\frac{kWh}{m^2\,a} \cdot 0{,}65 \cdot 3{,}15\,m^2$$

$$Q_S = 179{,}94\ kWh/a$$

$$\text{gesamt } Q_S = 673{,}58\ kWh/a$$

interne Wärmegewinne

$$Q_i = 22 \cdot A_N$$

$$= 22 \cdot 124{,}58\,m^2$$

$$Q_i = 2740{,}76\ W/K$$

spezifischer Lüftungswärmeverlust

$$H_V = 0{,}19 \cdot V_e$$

$$= 0{,}19 \cdot 389{,}30\,m^3$$

$$H_V = 73{,}97\ W/K$$

340

Transmissionswärmeverlust

$$H_\mathrm{T} = F_\mathrm{X} \cdot U \cdot A + 0{,}05 \cdot A_\mathrm{ges}$$

$$= 1{,}0 \cdot 0{,}55 \frac{\mathrm{W}}{\mathrm{m^2\,K}} \cdot 130{,}47\,\mathrm{m}^2 + 1{,}0 \cdot 1{,}1 \frac{\mathrm{W}}{\mathrm{m^2\,K}} \cdot 9{,}81\,\mathrm{m}^2$$

$$+ 0{,}6 \cdot 0{,}26 \frac{\mathrm{W}}{\mathrm{m^2\,K}} \cdot 124{,}78\,\mathrm{m}^2 + 0{,}8 \cdot 0{,}17 \frac{\mathrm{W}}{\mathrm{m^2\,K}} \cdot 124{,}78\,\mathrm{m}^2$$

$$+ 0{,}05 \cdot 389{,}93$$

$$H_\mathrm{T} = 138{,}48\ \mathrm{W/K}$$

Jahres-Heizwärmebedarf

$$Q_\mathrm{h} = 66(H_\mathrm{T} + H_\mathrm{V}) - 0{,}95(Q_\mathrm{s} + Q_\mathrm{i})$$

$$= 66 \frac{\mathrm{kKh}}{\mathrm{a}} \left(138{,}48 \frac{\mathrm{W}}{\mathrm{K}} + 73{,}97 \frac{\mathrm{W}}{\mathrm{K}}\right) - 0{,}95 \left(673{,}58 \frac{\mathrm{kWh}}{\mathrm{a}} + 2740{,}76 \frac{\mathrm{kWh}}{\mathrm{a}}\right)$$

$$Q_\mathrm{h} = 10\,778{,}08\ \mathrm{kWh/a}$$

$$Q_\mathrm{w} = q_\mathrm{w} \cdot A_\mathrm{N}$$

$$Q_\mathrm{w} = 12{,}5 \frac{\mathrm{kWh}}{\mathrm{m^2\,a}} \cdot 124{,}58\,\mathrm{m}^2$$

$$Q_\mathrm{w} = 1557{,}25\ \mathrm{kWh/a}$$

Jahres-Primärenergiebedarf

$$Q_\mathrm{p} = (Q_\mathrm{h} + Q_\mathrm{w})\ e_\mathrm{p}$$

$$= \left(10\,778{,}08 \frac{\mathrm{kWh}}{\mathrm{a}} + 1557{,}25 \frac{\mathrm{kWh}}{\mathrm{a}}\right) \cdot 1{,}25$$

$$Q_\mathrm{p} = 15\,419{,}16\ \mathrm{kWh/a}$$

$$A/V_\mathrm{e} = \frac{389{,}83\,\mathrm{m}^2}{389{,}30\,\mathrm{m}^3} = 1{,}0$$

$$\rightarrow \text{max. zul. } Q''_\mathrm{p} = 50{,}94 + 75{,}29 \cdot 1{,}0 + \frac{2600}{100 + 124{,}58\,\mathrm{m}^2}$$

$$\text{max. zul. } Q''_\mathrm{p} = 137{,}81 \frac{\mathrm{kWh}}{\mathrm{m^2\,a}}$$

$$\text{vorh. } Q''_\mathrm{p} = \frac{Q_\mathrm{p}}{A_\mathrm{N}}$$

$$= \frac{15\,419{,}16 \frac{\mathrm{kWh}}{\mathrm{a}}}{124{,}58\,\mathrm{m}^2}$$

$$\text{vorh. } Q''_\mathrm{p} = 123{,}77\ \mathrm{kWh/\,m^2a} < \text{zul. } Q''_\mathrm{p}$$

$$H'_T = \frac{H_\mathrm{T}}{A}$$

$$= \frac{138{,}48 \frac{\mathrm{W}}{\mathrm{K}}}{389{,}83\,\mathrm{m}^2}$$

$$H'_\mathrm{T} = 0{,}36 \frac{\mathrm{W}}{\mathrm{m^2\,K}}$$

$$< \text{zul. } H'_\mathrm{T} = 0{,}45 \frac{\mathrm{W}}{\mathrm{m^2\,K}}$$

41. EG-Wand:

$$R_{T,AW_1} = \frac{1}{8\,\frac{W}{m^2\,K}} + \frac{0{,}02\,m}{0{,}70\,\frac{W}{mK}} + \frac{0{,}365}{0{,}21} + \frac{0{,}02}{1{,}0} + \frac{1}{23}$$

$$R_{T,AW_1} = 1{,}96\,\frac{m^2\,K}{W} \rightarrow R_{AW_1} = 1{,}79\,\frac{m^2\,K}{W}$$

$$U_{AW_1} = 0{,}51\,\frac{W}{m^2\,K}$$

$$A_{AW_1} = (16{,}53\,m + 11{,}78\,m) \cdot 2 \cdot 2{,}80\,m - 2{,}26\,m \cdot 1{,}51\,m \cdot 2$$
$$- 1{,}76\,m \cdot 1{,}51\,m \cdot 2 - 2{,}01\,m \cdot 1{,}51\,m - 1{,}01\,m \cdot 2{,}12\,m$$

$$A_{AW_1} = 141{,}22\,m^2$$

KG-Wand: über Erdreich

$$R_{T,AW_2} = \frac{1}{8\,\frac{W}{m^2\,K}} + \frac{0{,}02\,m}{1{,}0\,\frac{W}{mK}} + \frac{0{,}12}{0{,}05} + \frac{0{,}30}{1{,}65} + \frac{0{,}02}{1{,}6} + \frac{1}{23}$$

$$R_{T,AW_2} = 2{,}78\,\frac{m^2\,K}{W} \rightarrow R_{AW_2} = 2{,}61\,\frac{m^2\,K}{W}$$

$$U_{AW_2} = 0{,}36\,\frac{W}{m^2\,K}$$

$$A_{AW_2} = (1{,}20\,m + 2{,}34\,m)\ 16{,}53\,m + \frac{1{,}20\,m + 2{,}34\,m}{2} \cdot 11{,}78\,m \cdot 2 - 0{,}80\,m \cdot 0{,}50\,m \cdot 8$$

$$A_{AW_2} = 97{,}02\,m^2$$

KG-Wand: im Erdreich

$$R_{T,AW_3} = \frac{1}{8\,\frac{W}{m^2\,K}} + \frac{0{,}02\,m}{1{,}0\,\frac{W}{mK}} + \frac{0{,}12}{0{,}05} + \frac{0{,}30}{1{,}65} + \frac{0{,}02}{1{,}6} + \frac{1}{\infty}$$

$$R_{T,AW_3} = 2{,}74\,\frac{m^2K}{W} \rightarrow R_{AW_3} - 2{,}61\,\frac{m^2\,K}{W}$$

$$U_{AW_3} = 0{,}37\,\frac{W}{m^2\,K}$$

$$A_{AW_3} = (3{,}02\,m - 1{,}20\,m) \cdot 16{,}53\,m + (3{,}02\,m - 2{,}34\,m) \cdot 16{,}53\,m$$
$$+ \frac{1{,}82\,m + 0{,}68\,m}{2} \cdot 2 \cdot 11{,}78\,m$$

$$A_{AW_3} = 70{,}77\,m^2$$

Giebelwand: $U_{AW_4} = 0{,}51\,\frac{W}{m^2\,K} \rightarrow R_{AW_4} = 1{,}79\,\frac{m^2\,K}{W}$

$$A_{W_4} = \frac{11{,}78\,m \cdot 3{,}25\,m}{2} \cdot 2$$

$$A_{W_4} = 38{,}29\,m^2$$

341 Bodenplatte:

$$R_{\mathrm{T,G}} = \frac{1}{6\,\frac{\mathrm{W}}{\mathrm{mK}}} + \frac{0{,}01\,\mathrm{m}}{1{,}3\,\frac{\mathrm{W}}{\mathrm{mK}}} + \frac{0{,}08}{1{,}4} + \frac{0{,}14}{0{,}055} + \frac{0{,}18}{1{,}65} + \frac{1}{\infty}$$

$$R_{\mathrm{T,G}} = 2{,}89\,\frac{\mathrm{m^2\,K}}{\mathrm{W}} \rightarrow R_{\mathrm{G}} = 2{,}72\,\frac{\mathrm{m^2\,K}}{\mathrm{W}}$$

$$U_{\mathrm{G}} = 0{,}35\,\frac{\mathrm{W}}{\mathrm{m^2\,K}}$$

$$A_{\mathrm{G}} = 16{,}53\,\mathrm{m} \cdot 11{,}78\,\mathrm{m}$$

$$A_{\mathrm{G}} = 194{,}72\,\mathrm{m^2}$$

Dach: Sparrenbereich:

Dachneigung 29° → Wärmestrom 61° zur Horizontalen → Wärmestrom aufwärts $h_i = 10$

$$R_{\mathrm{T,D_1}} = \frac{1}{10\,\frac{\mathrm{W}}{\mathrm{m^2\,K}}} + \frac{0{,}015\,\mathrm{m}}{0,13\,\frac{\mathrm{W}}{\mathrm{mK}}} + 0{,}16 + \frac{0{,}16}{0{,}13} + \frac{0{,}024}{0{,}13} + \frac{1}{12}$$

$$R_{\mathrm{T,D_1}} = 1{,}87\,\frac{\mathrm{m^2\,K}}{\mathrm{W}} \rightarrow R_{\mathrm{D_1}} = 1{,}69\,\frac{\mathrm{m^2\,K}}{\mathrm{W}}$$

$$U_{\mathrm{D_1}} = 0{,}53\,\frac{\mathrm{W}}{\mathrm{m^2\,K}}$$

Gefachbereich:

$$R_{\mathrm{T,D_2}} = \frac{1}{10\,\frac{\mathrm{W}}{\mathrm{m^2\,K}}} + \frac{0{,}015\,\mathrm{m}}{0,13\,\frac{\mathrm{W}}{\mathrm{mK}}} + 0{,}16 + \frac{0{,}16}{0{,}035} + \frac{0{,}024}{0{,}13} + \frac{1}{12}$$

$$R_{\mathrm{T,D_2}} = 5{,}214\,\frac{\mathrm{m^2\,K}}{\mathrm{W}} \rightarrow R_{\mathrm{D_2}} = 5{,}03\,\frac{\mathrm{m^2\,K}}{\mathrm{W}}$$

$$U_{\mathrm{D_2}} = 0{,}19\,\frac{\mathrm{W}}{\mathrm{m^2\,K}}$$

$$R_m = \frac{b_1 + b_2}{\frac{b_1}{R_1} + \frac{b_2}{R_2}} = \frac{0,12 + 0,505}{\frac{0,12}{1,69} + \frac{0,505}{5,03}}$$

$$R_m = 3,65\,\frac{\mathrm{m^2\,K}}{\mathrm{W}}$$

$$U_{\mathrm{m,D}} = \frac{U_{\mathrm{D_1}} \cdot b_1 + U_{\mathrm{D_2}} \cdot b_2}{b_1 + b_2}$$

$$= \frac{0{,}53\,\frac{\mathrm{W}}{\mathrm{m^2\,K}} \cdot 0{,}12\,\mathrm{m} + 0{,}19\,\frac{\mathrm{W}}{\mathrm{m^2\,K}} \cdot 0{,}505\,\mathrm{m}}{0{,}625\,\mathrm{m}}$$

$$U_{\mathrm{m,D}} = 0{,}26\,\frac{\mathrm{W}}{\mathrm{m^2\,K}}$$

$$A_{\mathrm{D}} = 16{,}53\,\mathrm{m} \cdot 6{,}73\,\mathrm{m} \cdot 2$$

$$- 1{,}20\,\mathrm{m} \cdot 1{,}50\,\mathrm{m} \cdot 6$$

$$A_{\mathrm{D}} = 211{,}69\,\mathrm{m^2}$$

$$5{,}89^2\,\mathrm{m^2} + 3{,}25^2\,\mathrm{m^2} = S'^2$$

$$S' = 6{,}73\,\mathrm{m}$$

a) Nachweis nach DIN 4108

EG-Wand: $R_{AW_1} = 1{,}79\,\frac{m^2\,K}{W} >$ erf. $R = 1{,}2\,\frac{m^2\,K}{W}$

KG-Wand über Erdreich: $R_{AW_2} = 2{,}61\,\frac{m^2\,K}{W} >$ erf. $R = 1{,}2\,\frac{m^2\,K}{W}$

KG-Wand im Erdreich: $R_{AW_3} = 2{,}61\,\frac{m^2\,K}{W} >$ erf. $R = 1{,}2\,\frac{m^2\,K}{W}$

Giebelwand: $R_{AW_4} = 1{,}79\,\frac{m^2\,K}{W} >$ erf. $R = 1{,}2\,\frac{m^2\,K}{W}$

Bodenplatte: $R_G = 2{,}72\,\frac{m^2\,K}{W} >$ erf. $R = 0{,}90\,\frac{m^2\,K}{W}$

Dach: $R_{m,D} = 3{,}65\,\frac{m^2\,K}{W} >$ erf. $R = 1{,}2\,\frac{m^2\,K}{W}$

b) Nachweis nach der EnEV:

Hüllfläche

$$A = A_{AW_1} + A_{AW_2} + A_{AW_3} + A_{AW_4}$$
$$= 141{,}22\,m^2 + 97{,}02\,m^2 + 70{,}77\,m^2 + 38{,}29\,m^2$$
$$A = 785{,}04\,m^2$$

Volumen

$$V_e = 16{,}53\,m \cdot 11{,}78\,m \cdot 5{,}82\,m + \frac{11{,}78\,m \cdot 3{,}25\,m}{2} \cdot 16{,}53\,m$$
$$V_e = 1449{,}72\,m^3$$
$$A_N = 0{,}32 \cdot V_e$$
$$= 0{,}32 \cdot 1449{,}72\,m^3$$
$$A_N = 463{,}91\,m^2$$

Anm.: Als zugehörige Höhe bei der Bodenbplatte gilt ab OK Rohboden

Interne Wärmegewinne

$$Q_i = 22 \cdot A_N$$
$$= 22 \cdot 463{,}91\,m^2$$
$$Q_i = 10\,206{,}03\ kWh/a$$

Solare Wärmegewinne

$$\tan\alpha = \frac{3{,}25\,m}{5{,}87\,m}$$
$$\alpha = 28{,}97^\circ < 30^\circ$$

Die Dachflächenfenster haben eine Neigung von weniger als 30º und sind daher mit einer Energieeinstrahlung von 225 kWh/a anzusetzen, unabhängig von der Himmelsrichtung.

341

$$Q_\mathrm{S} = 0{,}567 \cdot J_\mathrm{s} \cdot g \cdot A_\mathrm{W}$$

$$\text{Süd: } Q_\mathrm{S} = 0{,}567 \cdot 270\,\frac{\mathrm{kWh}}{\mathrm{m^2\ a}} \cdot 0{,}75 \cdot 7{,}63\,\mathrm{m^2}$$

$$Q_\mathrm{S} = 876{,}06\ \mathrm{kWh/a}$$

$$\text{DF-Fenster: } Q_\mathrm{S} = 0{,}567 \cdot 225\,\frac{\mathrm{kWh}}{\mathrm{m^2\ a}} \cdot 0{,}75 \cdot 10{,}80\,\mathrm{m^2}$$

$$Q_\mathrm{S} = 1033{,}36\ \mathrm{kWh/a}$$

$$\text{Ost/West: } Q_\mathrm{S} = 0{,}567 \cdot 155\,\frac{\mathrm{kWh}}{\mathrm{m^2\ a}} \cdot 0{,}75 \cdot 4{,}26\,\mathrm{m^2}$$

$$Q_\mathrm{S} = 280{,}79\ \mathrm{kWh/a}$$

$$\text{Nord: } Q_\mathrm{S} = 0{,}567 \cdot 100\,\frac{\mathrm{kWh}}{\mathrm{m^2\ a}} \cdot 0{,}75 \cdot 8{,}64\,\mathrm{m^2}$$

$$Q_\mathrm{S} = 367{,}42\ \mathrm{kWh/a}$$

$$\text{gesamt } Q_\mathrm{S} = 2557{,}63\ \mathrm{kWh/a}$$

Spezifischer Lüftungswärmeverlust

$$H_\mathrm{V} = 0{,}163 \cdot V_\mathrm{e}$$

$$= 0{,}163 \cdot 1449{,}72\,\mathrm{m^3}$$

$$H_\mathrm{V} = 236{,}30\ \mathrm{W/K}$$

Spezifischer Transmissionswärmeverlust

$$H_\mathrm{T} = F_\mathrm{X} \cdot U \cdot A + 0{,}05 \cdot A_\mathrm{ges}$$

$$\begin{aligned} &= 1{,}0 \cdot 0{,}51\,\frac{\mathrm{W}}{\mathrm{m^2\ K}} \cdot 141{,}22\,\mathrm{m^2} + 1{,}0 \cdot 0{,}36\,\frac{\mathrm{W}}{\mathrm{m^2\ K}} \cdot 97{,}02\,\mathrm{m^2} \\ &\quad + 0{,}6 \cdot 0{,}37\,\frac{\mathrm{W}}{\mathrm{m^2\ K}} \cdot 70{,}77\,\mathrm{m^2} + 1{,}0 \cdot 0{,}51\,\frac{\mathrm{W}}{\mathrm{m^2\ K}} \cdot 38{,}29\,\mathrm{m^2} \\ &\quad + 1{,}0 \cdot 1{,}2\,\frac{\mathrm{W}}{\mathrm{m^2\ K}} \cdot 31{,}33\,\mathrm{m^2} + 0{,}6 \cdot 0{,}35\,\frac{\mathrm{W}}{\mathrm{m^2\ K}} \cdot 194{,}72\,\mathrm{m^2} \\ &\quad + 1{,}0 \cdot 0{,}26\,\frac{\mathrm{W}}{\mathrm{m^2\ K}} \cdot 211{,}69\,\mathrm{m^2} + 0{,}05 \cdot 785{,}04\,\mathrm{m^2} \end{aligned}$$

$$H_\mathrm{T} = 314{,}97\ \mathrm{W/K}$$

$$Q_\mathrm{h} = 66(H_\mathrm{T} + H_\mathrm{V}) - 0{,}95(Q_\mathrm{s} + Q_\mathrm{i})$$

$$= 66\,\frac{\mathrm{kKh}}{\mathrm{a}}\left(314{,}97\,\frac{\mathrm{W}}{\mathrm{K}} + 236{,}30\,\frac{\mathrm{W}}{\mathrm{K}}\right) - 0{,}95\left(2557{,}63\,\frac{\mathrm{kWh}}{\mathrm{a}} + 10\,206{,}03\,\frac{\mathrm{kWh}}{\mathrm{a}}\right)$$

$$Q_\mathrm{h} = 24\,258{,}34\ \mathrm{kWh/a}$$

$$Q_\mathrm{w} = q_\mathrm{w} \cdot A_\mathrm{N}$$

$$= 12{,}5\,\frac{\mathrm{kWh}}{\mathrm{m^2\ a}} \cdot 463{,}91\,\mathrm{m^2}$$

$$Q_\mathrm{w} = 5798{,}88\ \mathrm{kWh/a}$$

Jahres-Primärenergiebedarf

$$Q_\mathrm{p} = (Q_\mathrm{h} + Q_\mathrm{w})\ \mathrm{e_p}$$

$$= \left(24\,258{,}34\,\frac{\mathrm{kWh}}{\mathrm{a}} + 5798{,}88\,\frac{\mathrm{kWh}}{\mathrm{a}}\right) \cdot 1{,}3$$

$$Q_\mathrm{p} = 39\,074{,}39\ \mathrm{kWh/a}$$

A/V-Verhäaltnis

$$A/V_\mathrm{e} = \frac{785{,}04\,\mathrm{m^2}}{1\,449{,}72\,\mathrm{m^3}}$$

$$A/V_\mathrm{e} = 0{,}54\,\mathrm{m^{-1}}$$

$$\text{max. zul. } Q''_\mathrm{p} = 50{,}94 + 75{,}29 \cdot 0{,}54 + \frac{2600}{100 + 463{,}91}$$

$$\text{max. zul. } Q''_\mathrm{p} = 96{,}20\,\frac{\mathrm{kWh}}{\mathrm{m^2}}$$

$$\text{vorh. } Q''_\mathrm{p} = \frac{Q_\mathrm{P}}{A_\mathrm{N}}$$

$$= \frac{39\,074{,}39\,\frac{\mathrm{kWh}}{\mathrm{a}}}{463{,}91\,\mathrm{m^2}}$$

$$\text{vorh. } Q''_\mathrm{p} = 84{,}23\,\frac{\mathrm{kWh}}{\mathrm{m^2\ a}} < \text{max. zul. } Q''_\mathrm{p}$$

$$H'_T = \frac{H_\mathrm{T}}{A}$$

$$= \frac{314{,}97\,\frac{\mathrm{W}}{\mathrm{K}}}{785{,}04\,\mathrm{m^2}}$$

$$H'_\mathrm{T} = 0{,}40\,\frac{\mathrm{W}}{\mathrm{m^2\ K}} < \text{zul. } H'_\mathrm{T} = 0{,}57\,\frac{\mathrm{W}}{\mathrm{m^2\ K}}$$

c) Steinkohlenbedarf

$$m = \frac{39\,074{,}39\,\frac{\mathrm{kWh}}{\mathrm{a}}}{8{,}3\,\frac{\mathrm{kWh}}{\mathrm{kg}}}$$

$$m = 4\,707{,}76\ \mathrm{kg/a}$$

$$m = 4{,}7\ \mathrm{t/a}$$

346 **42. a Ohne Wärmedämmschicht**

a) $R = \dfrac{0{,}015\,\text{m}}{1{,}0\,\dfrac{\text{W}}{\text{mK}}} + \dfrac{0{,}16\,\text{m}}{2{,}5\,\dfrac{\text{W}}{\text{mK}}}$

$R = 0{,}079\,\dfrac{\text{m}^2\,\text{K}}{\text{W}}$

b) $R_\text{T} = 0{,}10\,\dfrac{\text{m}^2\,\text{K}}{\text{W}} + 0{,}015\,\dfrac{\text{m}^2\,\text{K}}{\text{W}} + 0{,}064\,\dfrac{\text{m}^2\,\text{K}}{\text{W}} + 0{,}043\,\dfrac{\text{m}^2\,\text{K}}{\text{W}}$

Sommer	27,0 °C	4,1 °C	17,3 °C	11,6 °C
Winter	18,0 °C	2,7 °C	11,5 °C	7,8 °C

$R_\text{T} = 0{,}222\,\dfrac{\text{m}^2\,\text{K}}{\text{W}} \mathrel{\widehat{=}} \Delta\vartheta = 60\,°\text{C}$ Sommer

$\mathrel{\widehat{=}} \Delta\vartheta = 40\,°\text{C}$ Winter

c)

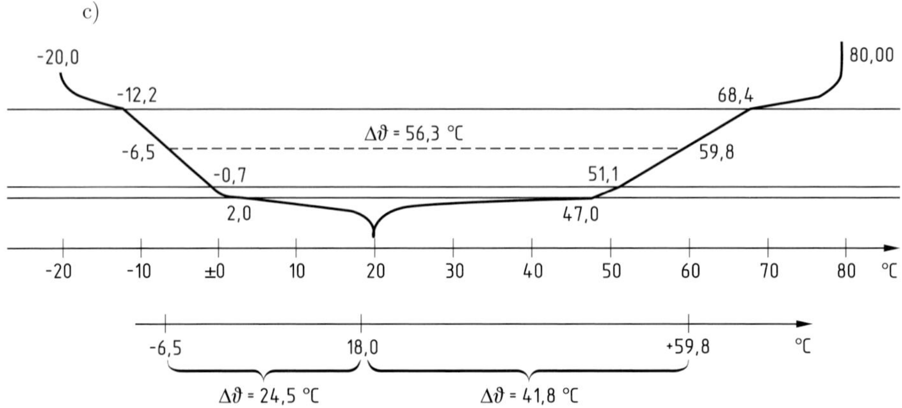

d) Dehnung

$\Delta l = 10\,\text{m} \cdot 0{,}000012\,\dfrac{\text{m}}{\text{m}\,°\text{C}} \cdot 41{,}8\,°\text{C}$

$\Delta l = 5{,}0\,\text{mm}$

Schrumpfung

$\Delta l = 10\,\text{m} \cdot 0{,}000012\,\dfrac{\text{m}}{\text{m}\,°\text{C}} \cdot 24{,}5\,°\text{C}$

$\Delta l = 2{,}90\,\text{mm}$

e) Druckspannung

$\sigma_\text{D} = \dfrac{\Delta l}{l_0} \cdot \text{E}$

$= \dfrac{0{,}005016\,\text{m} \cdot 34\,000\,\text{N/mm}^2}{10\,\text{m}}$

$\sigma_\text{D} = 17{,}05\,\text{N/mm}^2$

Zugspannung

$\sigma_\text{Z} = \dfrac{0{,}00294\,\text{m} \cdot 34\,000\,\text{N/mm}^2}{10\,\text{m}}$

$\sigma_\text{Z} = 10{,}0\,\text{N/mm}^2$

f) Druckkraft

$F_\text{D} = \sigma_\text{D} \cdot A$

$= 17{,}05\,\text{N/mm}^2 \cdot 1\,000\,\text{mm} \cdot 160\,\text{mm}$

$F_\text{D} = 2{,}73\,\text{MN}$

Zugkraft

$F_\text{Z} = \sigma_\text{Z} \cdot A$

$= 10{,}0\,\text{N/mm}^2 \cdot 1\,000\,\text{mm} \cdot 160\,\text{mm}$

$F_\text{Z} = 1{,}60\,\text{MN}$

g) Die Taupunkttemperatur liegt unterhalb des Innenputzes $\vartheta_s = 10{,}7\,^\circ\mathrm{C}$

→ Kondenswasserbildung an der Deckenunterseite

Innenliegende Dämmschicht

a) $$R = \frac{0{,}015\,\mathrm{m}}{1{,}0\,\frac{\mathrm{W}}{\mathrm{mK}}} + \frac{0{,}06\,\mathrm{m}}{0{,}035\,\frac{\mathrm{W}}{\mathrm{mK}}} + \frac{0{,}16\,\mathrm{m}}{2{,}5\,\frac{\mathrm{W}}{\mathrm{mK}}}$$

$$R = 1{,}79\,\frac{\mathrm{m^2\,K}}{\mathrm{W}}$$

b) $$R_\mathrm{T} = 0{,}10\,\frac{\mathrm{m^2\,K}}{\mathrm{W}} + 0{,}015\,\frac{\mathrm{m^2\,K}}{\mathrm{W}} + 1{,}714\,\frac{\mathrm{m^2\,K}}{\mathrm{W}} + 0{,}064\,\frac{\mathrm{m^2\,K}}{\mathrm{W}} + 0{,}043\,\frac{\mathrm{m^2\,K}}{\mathrm{W}}$$

Sommer	3,1 °C	0,5 °C	53,1 °C	2,0 °C	1,3 °C
Winter	2,1 °C	0,3 °C	35,4 °C	1,3 °C	0,9 °C

$$R_\mathrm{T} = 1{,}936\,\frac{\mathrm{m^2\,K}}{\mathrm{W}} \mathrel{\hat{=}} \Delta\vartheta = 60\,^\circ\mathrm{C}\ \text{Sommer}$$

$$\mathrel{\hat{=}} \Delta\vartheta = 40\,^\circ\mathrm{C}\ \text{Winter}$$

c)

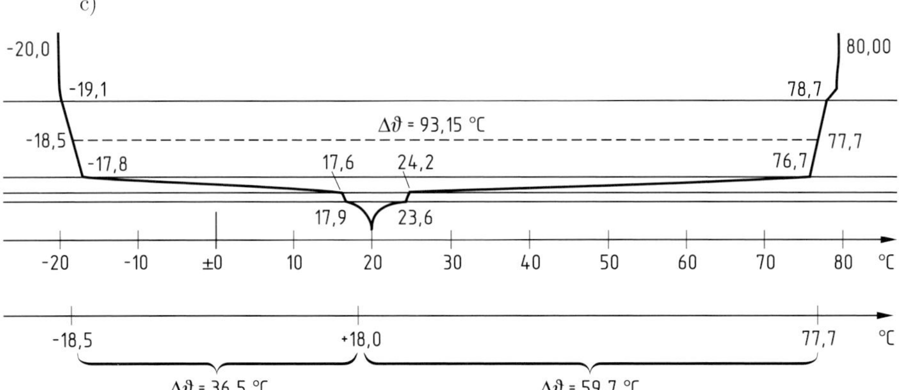

d) Dehnung

$$\Delta l = l_0 \cdot \alpha_\mathrm{T} \cdot \Delta\,\theta$$

$$\Delta l = 10\,\mathrm{m} \cdot 0{,}000012\,\frac{\mathrm{m}}{\mathrm{m\,^\circ C}} \cdot 59{,}7\,^\circ\mathrm{C}$$

$$\Delta l = 7{,}16\,\mathrm{mm}$$

Schrumpfung

$$\Delta l = 10\,\mathrm{m} \cdot 0{,}000012\,\frac{\mathrm{m}}{\mathrm{m\,^\circ C}} \cdot 36{,}5\,^\circ\mathrm{C}$$

$$\Delta l = 4{,}38\,\mathrm{mm}$$

e) Druckspannung

$$\sigma_\mathrm{D} = \frac{\Delta l}{l_0} \cdot \mathrm{E}$$

$$= \frac{0{,}00716\,\mathrm{m} \cdot 34\,000\ \mathrm{N/mm^2}}{10\,\mathrm{m}}$$

$$\sigma_\mathrm{D} = 24{,}34\ \mathrm{N/mm^2}$$

Zugspannung

$$\sigma_\mathrm{Z} = \frac{0{,}00438\,\mathrm{m} \cdot 34\,000\ \mathrm{N/mm^2}}{10\,\mathrm{m}}$$

$$\sigma_\mathrm{Z} = 14{,}89\ \mathrm{N/mm^2}$$

346 f) Druckkraft

$$F_D = \sigma_D \cdot A$$

$$= 24{,}34 \text{ N/mm}^2 \cdot 1\,000 \text{ mm} \cdot 160 \text{ mm}$$

$$F_D = 3{,}89 \text{ MN}$$

Zugkraft

$$F_Z = 14{,}89 \text{ N/mm}^2 \cdot 1\,000 \text{ mm} \cdot 160 \text{ mm}$$

$$F_Z = 2{,}38 \text{ MN}$$

g)

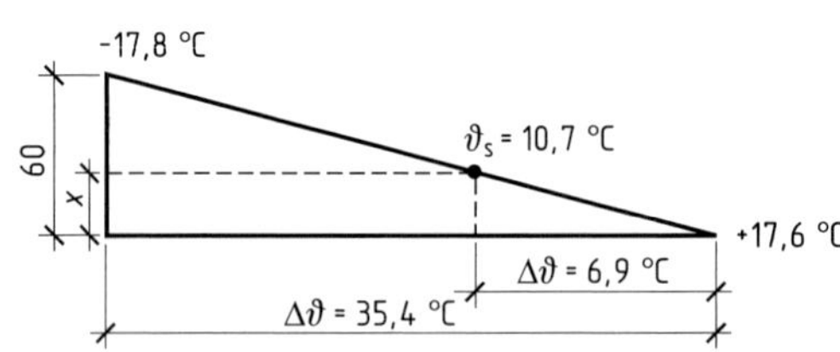

$$35{,}4\,°\text{C} : 6{,}9\,°\text{C} = 60 \text{ mm} : x$$

$$x = 11{,}70 \text{ mm}$$

Die Taupunkttemperatur liegt bei 3,17 cm von der Innenseite Decke in der Dämmschicht.

Dämmschicht innen und außen

a) $$R = \frac{0{,}015 \text{ m}}{1{,}0 \frac{\text{W}}{\text{mK}}} + \frac{0{,}04 \text{ m}}{0{,}035 \frac{\text{W}}{\text{mK}}} + \frac{0{,}16 \text{ m}}{2{,}5 \frac{\text{W}}{\text{mK}}} + \frac{0{,}06 \text{ m}}{0{,}035 \frac{\text{W}}{\text{mK}}}$$

$$R = 2{,}98 \frac{\text{m}^2\,\text{K}}{\text{W}}$$

b) $$R_T = 0{,}10 \frac{\text{m}^2\,\text{K}}{\text{W}} + 0{,}015 \frac{\text{m}^2\,\text{K}}{\text{W}} + 1{,}143 \frac{\text{m}^2\,\text{K}}{\text{W}} + 0{,}064 \frac{\text{m}^2\,\text{K}}{\text{W}} + 1{,}714 \frac{\text{m}^2\,\text{K}}{\text{W}}$$

Sommer	1,9 °C	0,3 °C	22,3 °C	1,3 °C	32,3 °C
Winter	1,3 °C	0,2 °C	14,8 °C	0,8 °C	22,3 °C

$$+ 0{,}043 \frac{\text{m}^2\,\text{K}}{\text{W}}$$

0,8 °C

0,6 °C

$$R_T = 3{,}08 \frac{\text{m}^2\,\text{K}}{\text{W}} \mathrel{\hat{=}} \Delta\theta = 60\,°\text{C Sommer}$$

$$\mathrel{\hat{=}} \Delta\theta = 40\,°\text{C Winter}$$

c) **346**

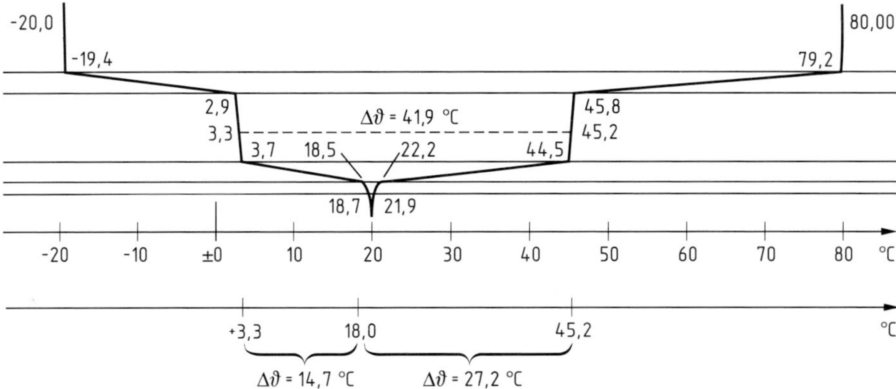

d) Dehnung

$$\Delta l = l_0 \cdot \alpha_T \cdot \Delta\theta$$

$$= 10\,\text{m} \cdot 0{,}000012\,\frac{\text{m}}{\text{m}\,°\text{C}} \cdot 27{,}2\,°\text{C}$$

$$\Delta l = 3{,}26\,\text{mm}$$

Schrumpfung

$$\Delta l = 10\,\text{m} \cdot 0{,}000012\,\frac{\text{m}}{\text{m}\,°\text{C}} \cdot 14{,}7\,°\text{C}$$

$$\Delta l = 1{,}76\,\text{mm}$$

e) Druckspannung

$$\sigma_D = \frac{\Delta l}{l_0} \cdot \text{E}$$

$$= \frac{0{,}003264\,\text{m} \cdot 34\,000\ \text{N/mm}^2}{10\,\text{m}}$$

$$\sigma_D = 11{,}1\ \text{N/mm}^2$$

Zugspannung

$$\sigma_Z = \frac{0{,}001764\,\text{m} \cdot 34\,000\ \text{N/mm}^2}{10\,\text{m}}$$

$$\sigma_Z = 6{,}0\ \text{N/mm}^2$$

f) Druckkraft

$$F_D = \sigma_D \cdot A$$

$$= 11{,}1\,\frac{\text{N}}{\text{mm}^2} \cdot 1\,000\,\text{m} \cdot 160\,\text{mm}$$

$$F_D = 1{,}78\ \text{MN}$$

Zugkraft

$$F_Z = 6{,}0\,\frac{\text{N}}{\text{mm}^2} \cdot 1\,000\,\text{m} \cdot 160\,\text{mm}$$

$$F_Z = 0{,}96\ \text{MN}$$

g)

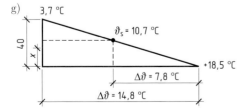

3,7 °C
ϑ_s = 10,7 °C
40
x
+18,5 °C
$\Delta\vartheta$ = 7,8 °C
$\Delta\vartheta$ = 14,8 °C

$$14{,}8\,°\text{C} : 7{,}8\,°\text{C} = 60\,\text{mm} : x$$

$$x = 31{,}6\,\text{mm}$$

Die Taupunkttemperatur wird bei 31,6 cm von der Innenseite Decke in der Dämmschicht erreicht.

347 **43.** a) $R = \dfrac{0{,}02\,\text{m}}{1{,}0\,\dfrac{\text{W}}{\text{mK}}} + \dfrac{0{,}20\,\text{m}}{2{,}5\,\dfrac{\text{W}}{\text{mK}}} + \dfrac{0{,}04\,\text{m}}{0{,}04\,\dfrac{\text{W}}{\text{mK}}}$

Anm.: Nach DIN 4108 dürfen nur Schichten innerhalb der Sperrschicht eingerechnet werden.

$R = 1{,}10\,\dfrac{\text{m}^2\,\text{K}}{\text{W}}$

b) $R_\text{T} = 0{,}10\,\dfrac{\text{m}^2\,\text{K}}{\text{W}} + 0{,}020\,\dfrac{\text{m}^2\,\text{K}}{\text{W}} + 0{,}08\,\dfrac{\text{m}^2\,\text{K}}{\text{W}} + 1{,}000\,\dfrac{\text{m}^2\,\text{K}}{\text{W}} + 0{,}043$

Sommer	4,4 °C	0,9 °C	3,6 °C	44,2 °C	1,9 °C
Winter	2,8 °C	0,6 °C	2,3 °C	28,1 °C	1,2 °C

$R_\text{T} = 1{,}243\,\dfrac{\text{m}^2\,\text{K}}{\text{W}} \mathrel{\hat{=}} \Delta\theta = 55\,°\text{C}$ Sommer

$\mathrel{\hat{=}} \Delta\theta = 35\,°\text{C}$ Winter

c)

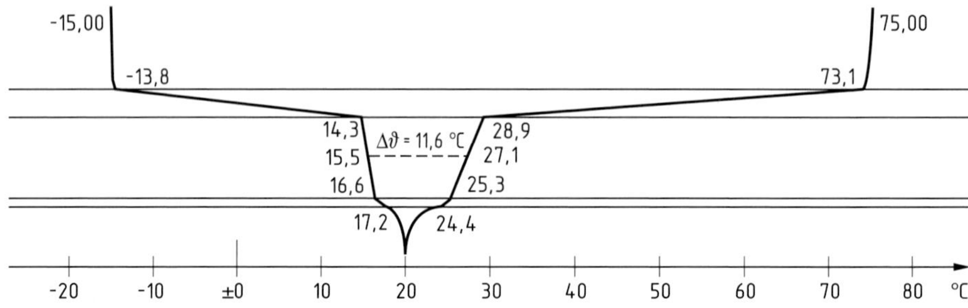

d) Dehnung

$\Delta l = l_0 \cdot \alpha_\text{T} \cdot \Delta\theta$

$= 8{,}50\,\text{m} \cdot 0{,}000012\,\dfrac{\text{m}}{\text{m}\,°\text{C}} \cdot 15{,}2\,°\text{C}$

$\Delta l = 1{,}55\,\text{mm}$

keine Schrumpfung,

da Betoniertemperatur $< 15{,}5\,°\text{C}$

e) Druckspannung

$\sigma_\text{D} = \dfrac{\Delta l}{l_0} \cdot \text{E}$

$= \dfrac{0{,}00155\,\text{m} \cdot 34\,000\ \text{N/mm}^2}{8{,}50\,\text{m}}$

$\sigma_\text{D} = 6{,}20\ \text{N/mm}$

keine Zugspannung

f) $\left.\begin{array}{l}\vartheta_i = +18\,^\circ\mathrm{C} \\ \phi\ = 65\%\end{array}\right\} \vartheta_s = 11{,}3\,^\circ\mathrm{C}$

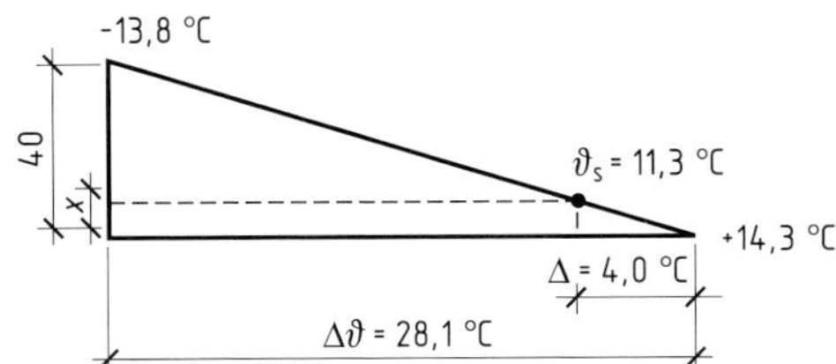

$28{,}1\,^\circ\mathrm{C} : 40\,\mathrm{mm} = 4{,}0\,^\circ\mathrm{C} : x$

$x = 5{,}7\,\mathrm{mm}$

Die Taupunkttemperatur liegt mit 5,7 mm noch in der Dämmschicht.

44. gewählt $d = 5\,\mathrm{cm}$

$$R_\mathrm{T} = \frac{1}{10\,\frac{\mathrm{W}}{\mathrm{m^2\,K}}} + \frac{0{,}02\,\mathrm{m}}{1{,}0\,\frac{\mathrm{W}}{\mathrm{mK}}} + \frac{0{,}14}{2{,}5\,\frac{\mathrm{W}}{\mathrm{mK}}} + \frac{0{,}05\,\mathrm{m}}{0{,}05\,\frac{\mathrm{W}}{\mathrm{mK}}} + \frac{1}{23\,\frac{\mathrm{W}}{\mathrm{m^2\,K}}}$$

$$= 0{,}10\,\frac{\mathrm{m^2\,K}}{\mathrm{W}} + 0{,}020\,\frac{\mathrm{m^2\,K}}{\mathrm{W}} + 0{,}056\,\frac{\mathrm{m^2\,K}}{\mathrm{W}} + 1{,}0\,\frac{\mathrm{m^2\,K}}{\mathrm{W}} + 0{,}043\,\frac{\mathrm{m^2\,K}}{\mathrm{W}}$$

4,5 °C	0,9 °C	2,5 °C	45,1 °C	2,0 °C	Sommer
2,9 °C	0,6 °C	1,6 °C	28,7 °C	1,2 °C	Winter

$$R_\mathrm{T} = 1{,}219\,\frac{\mathrm{m^2\,K}}{\mathrm{W}} \mathrel{\hat{=}} \Delta\,\theta = 55\,^\circ\mathrm{C}\ \text{Sommer}$$

$$\mathrel{\hat{=}} \Delta\,\theta = 35\,^\circ\mathrm{C}\ \text{Winter}$$

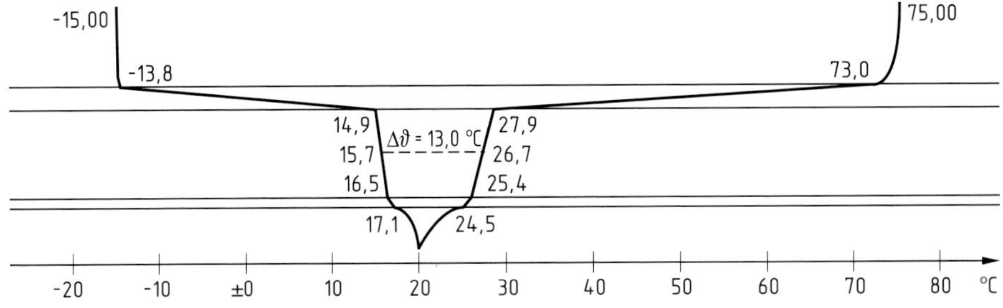

$\Delta l = l_0 \cdot \alpha_\tau \cdot \Delta\,\theta$

$= 8{,}70\,\mathrm{m} \cdot 0{,}000012\,\frac{\mathrm{m}}{\mathrm{m\,^\circ C}} \cdot 11\,^\circ\mathrm{C}$

$\Delta l = 1{,}15\,\mathrm{mm} < \text{zul.}\ \Delta l = 1{,}5\,\mathrm{mm}$

$\left.\begin{array}{l}\text{bei } \theta_i = 20\,^\circ\mathrm{C} \\ \Phi = 60\%\end{array}\right\} \theta_\mathrm{S} = 12\,^\circ\mathrm{C}$

Die Taupunkttemperatur liegt in der Dämmschicht

347 **45.** $R_\mathrm{T} = \dfrac{1}{10\,\dfrac{\mathrm{W}}{\mathrm{m^2\,K}}} + \dfrac{0{,}02\,\mathrm{m}}{1{,}0\,\dfrac{\mathrm{W}}{\mathrm{mK}}} + \dfrac{0{,}18\,\mathrm{m}}{2{,}5\,\dfrac{\mathrm{W}}{\mathrm{mK}}} + \dfrac{0{,}05\,\mathrm{m}}{0{,}035\,\dfrac{\mathrm{W}}{\mathrm{mK}}} + \dfrac{1}{23\,\dfrac{\mathrm{W}}{\mathrm{m^2\,K}}}$

$$= 0{,}10\,\frac{\mathrm{m^2\,K}}{\mathrm{W}} + 0{,}020\,\frac{\mathrm{m^2\,K}}{\mathrm{W}} + 0{,}072\,\frac{\mathrm{m^2\,K}}{\mathrm{W}} + 1{,}429\,\frac{\mathrm{m^2\,K}}{\mathrm{W}} + 0{,}043\,\frac{\mathrm{m^2\,K}}{\mathrm{W}}$$

3,9 °C	0,8 °C	28 °C	55,8 °C	1,7 °C Sommer
2,8 °C	0,5 °C	1,7 °C	34,4 °C	1,0 °C Winter

$$R_\mathrm{T} = 1{,}765\,\frac{\mathrm{m^2\,K}}{\mathrm{W}} \mathrel{\hat{=}} \Delta\theta = 65\,^\circ\mathrm{C}\ \text{Sommer}$$

$$\mathrel{\hat{=}} \Delta\theta = 40\,^\circ\mathrm{C}\ \text{Winter}$$

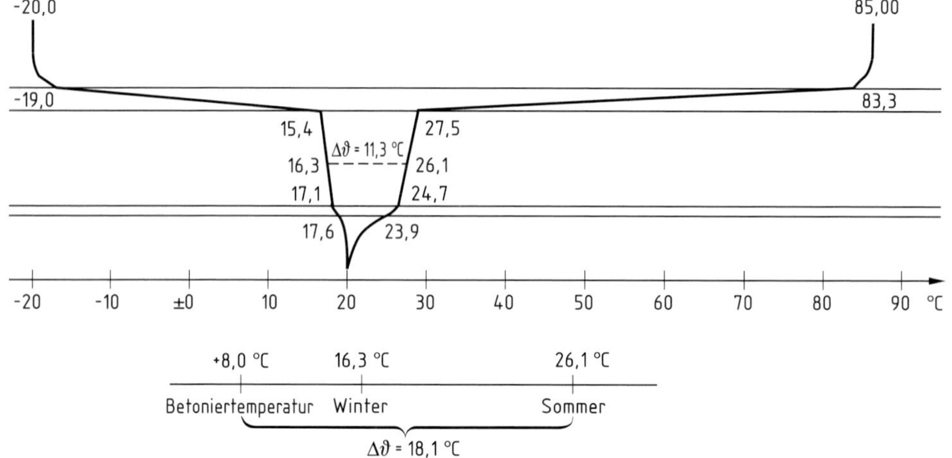

$$\Delta l = l_0 \cdot \alpha_T \cdot \Delta\vartheta$$

$$= 11{,}80\,\mathrm{m} \cdot 0{,}000012\,\frac{\mathrm{m}}{\mathrm{m\,^\circ C}} \cdot 18{,}1\,^\circ\mathrm{C}$$

$$\Delta l = 2{,}6\,\mathrm{mm}$$

bei $\vartheta_i = +20\,^\circ\mathrm{C}$, $\Phi = 80\%$ } $\vartheta_\mathrm{S} = 16{,}5\,^\circ\mathrm{C}$

15,4 °C

18,0 x ϑ_s = 16,5 °C 17,1 °C

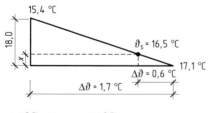

Δϑ = 0,6 °C

Δϑ = 1,7 °C

$$1{,}7\,^\circ\mathrm{C} : 18\,\mathrm{cm} = 0{,}6\,^\circ\mathrm{C} : x$$

$$x = 6{,}4\,\mathrm{cm}$$

Die Taupunkttemperatur liegt 8,4 cm von Innenkante Decke in der Betondecke.

347

Halbierung der Längenänderung

zul. $\Delta l = 1{,}30\,\text{mm}$

$$\text{erf. } \Delta\vartheta = \frac{0{,}00130\,\text{m}}{11{,}80\,\text{m} \cdot 0{,}000012\,\dfrac{\text{m}}{\text{m}\,^\circ\text{C}}}$$

erf. $\Delta\vartheta = 9{,}2\,^\circ\text{C}$

Da die Betoniertemperatur bei + 8 °C liegt, dürfte die maximale Temperatur in der statisch neutralen Zone nur 17,2 °C erreichen. Dies würde bedeuten, dass die Temperatur in der statistisch neutralen Zone im Sommer unter der Innentemperatur liegen müsste, was nicht möglich ist.

→ Die geforderte Längenänderung ist bei dieser Betoniertemperatur nicht möglich.

27 Kosten-Kalkulation

363

1.

Bruttolohn	14,35 €/h · 168 h	=		2 410,80 €
– Abzüge:	Lohnsteuer 16,70%	=	402,60 €	
	Kirchensteuer 8%	=	32,21 €	
	Krankenversicherung 6,6%	=	159,11 €	
	Rentenversicherung 10,15%	=	244,70 €	
	Arbeitslosenversicherung 3,25%	=	78,35 €	
	Pflegeversicherung 0,85%	=	20,49 €	859,11 €
	Nettolohn	=		1 551,69 €

2.

Bruttolohn:	22 d · 8,25 h/d · 14,50 €/h	=	2 631,75 €		
	+ Mehrarbeit 8 h · 18,125 €/h			=	145,00 €
	Sonntagsarbeit 9 h · 21,75 €/h			=	195,75 €
					3 313,25 €
	steuerfrei: 9 h · 7,25 €/h	=	65,25 €		
	zu versteuern Messbetrag für Sozialversicherung	> =	3 248,00 €		

– Abzüge:	Lohnsteuer 20,3%	=	659,34 €	
	Kirchensteuer 8%	=	52,75 €	
	Krankenversicherung 7,1%	=	230,61 €	
	Rentenversicherung 10,15%	=	329,67 €	
	Arbeitslosenversicherung 3,25%	=	105,56 €	
	Pflegeversicherung 0,85%	=	27,61 €	1 405,54 €
	Nettolohn	=	1 842,46 €	

363 **3.** a) Jeder erhält 7 114,40 € : 2 = 3 557,20 €

b) Stundenlohn 3 557,20 € : 220 h = 16,17 €/h

c) Mehrverdienst 1,82 € ≙ 12,68%

364 **4.** a) Anteil pro Arbeiter 4 270 € : 4 = 1067,50 €

b) Stundenlohn $\frac{4\,270\text{ €}}{4 \cdot 8 \cdot 8{,}25} = 16{,}17$ €

5. a)

		Stunden-lohn	Lohn bei Normal-leistung	Brutto-lohn im Akkord		
		€	€	€		€
1 Estrichleger	21,5 h	14,85	319,275	319,275 · 3,3515	=	1 070,05
1 Estrichleger	21,5 h	14,85	319,275	319,275 · 3,3515	=	1 070,05
1 Maschinist	21,5 h	13,60	292,40	292,40 · 3,3515	=	979,98
1 Bauhelfer	21,5 h	10,40	223,60	223,60 · 3,3515	=	749,40
			1 154,55			3 869,48

$$\text{Umrechnungsfaktor} = \frac{\text{effektiver Lohn für Gesamtleistung}}{\text{Lohn bei Normalleistung}}$$

$$= \frac{355\,\text{m}^2 \cdot 10{,}90\text{ €/m}^2}{1\,154{,}55\text{ €}}$$

Umrechnungsfaktor = 3,3515

b)

2 Estrichleger à 14,85 €	29,70 €
1 Maschinist	13,60 €
1 Bauhelfer	10,40 €
	53,70 €

Mittellohn MA (53,70 : 4) 13,43 €

6. a)

	Stunden-lohn	Anzahl der Std.	Grund-lohn	Akkord-betrag	Brutto-lohn
	€		€	€	€
1 Kolonnenführer	14,30	76,5	1 093,95	1 316,37	2 410,32
3 Facharbeiter	13,60	76,5	3 · 1 040,40	3 · 1 316,37	3 · 2 356,77
1 Bauhelfer	11,15	76,5	852,98	1 316,37	2 169,35
					11 649,98

b)

1 Kolonnenführer	14,30 €
3 Facharbeiter à 13,60 €	40,80 €
1 Bauhelfer	11,15 €
	66,25 €

Mittellohn 1 MA (66,25 : 5)	=	13,25 €
+ Sozialkosten 95%		12,59 €
Mittellohn 2 MAS	=	25,84 €
+ Lohnnebenkosten		3,50 €
Mittellohn 3 MASL	=	29,34 €

7. Akkordentlohnung $1625\,\text{m}^2 \cdot 19{,}45\ €/\text{m}^2 = 31\,606{,}25\ €$

a) $x \cdot 6 \cdot 16{,}85\ €/\text{h} = 31\,606{,}25\ €$

$x = 312{,}623$ Stunden

b) $\frac{1\,625}{9} \cdot 6 \cdot y = 31\,606{,}25$

$y = 29{,}18\ €/\text{h} \rightarrow$ Mehrverdienst

$= 12{,}33\ €/\text{h} \mathrel{\hat{=}} 73{,}18\%$

8.

Verkleidungsmaterial	1 270, – €
Unterkonstruktion	365, – €
Lohnkosten $38{,}65 \frac{€}{\text{h}} \cdot 12{,}5\,\text{h} =$	483,13 €
Gemeinkosten der Baustelle 8,5% =	180,04 €
Herstellkosten	2 298,17 €
Allgemeine Geschäftskosten 2,8%	64,35 €
Selbstkosten	2 362,52 €
Wagnis und Gewinn 8%	189,00 €
Endpreis	2 551,52 €

Einheitspreis $= \frac{2\,551{,}52\ €}{25\,\text{m}^2}$

$\text{EP} = 102{,}06\ €/\text{m}^2$

365 **9.** a)

Beton $48{,}5\,\text{m}^3 \cdot 80{,}00\ \text{€}/\text{m}^3$	=	3 880,00 €
Baustahlgewebe 26 Matten $\cdot\, 38{,}2\,\dfrac{\text{kg}}{\text{Matte}} \cdot 0{,}80\,\dfrac{\text{€}}{\text{kg}}$	=	794,56 €
Schalungskosten $92\,\text{m}^2 \cdot 19{,}50\,\dfrac{\text{€}}{\text{m}^2}$	=	1 794,00 €
Rüttlerkosten $48{,}5\,\text{m}^3 \cdot \dfrac{4\,\text{min}}{\text{m}^3} \cdot 28\,\dfrac{\text{€}}{60\,\text{min}}$	=	90,53 €
Lohnkosten $38{,}50\,\dfrac{\text{€}}{\text{h}} \cdot 165\,\text{h}$	=	6 352,50 €
Gemeinkosten der Baustelle 4,5%	=	581,02 €
Herstellkosten	=	13 492,61 €
Allgemeine Geschäftskosten (AGK) 2,2%	=	296,84 €
Selbstkosten	=	13 789,45 €
Wagnis und Gewinn 5,8%	=	799,79 €
Endpreis	=	14 589,24 €

b) Einheitspreis $= \dfrac{14\,589{,}24\ \text{€}}{48{,}5\,\text{m}^3}$

$\text{EP} = 300{,}81\ \text{€}/\text{m}^3$

10. a) Materialbedarf

Mauerwerk: $V = 0{,}365\,\text{m} \cdot 0{,}365\,\text{m} \cdot 2{,}75\,\text{m} \cdot 8$

$V = 2{,}931\,\text{m}^3$

Anzahl der Steine: $n = 2{,}931\,\text{m}^3 \cdot 395\,\dfrac{\text{Steine}}{\text{m}^3}$

$n = 1\,158$ Steine

Mörtel: $V = 2{,}931\,\text{m}^3 \cdot 272\,\dfrac{\text{l}}{\text{m}^3}$

$V = 797{,}22\ \text{l}$

Kalkulation 365

Steinkosten 1158 Steine $\cdot 1{,}45 \dfrac{€}{\text{Stein}}$	=	1 679,10 €
Mörtelkosten 797,22 l $\cdot 0{,}38 \dfrac{€}{\text{l}}$	=	302,94 €
Mischerkosten $0{,}797\,\text{m}^3 \cdot \dfrac{1\,\text{h}}{\text{m}^3} \cdot 45{,}20 \dfrac{€}{\text{h}}$	=	36,02 €
Lohnkosten $7{,}2 \dfrac{\text{h}}{\text{m}^3} \cdot 2{,}931\,\text{m}^3 \cdot 56{,}45 \dfrac{€}{\text{h}}$	=	1 191,28 €
Baustellengemeinkosten 4,8% (3 209,34)	=	154,05 €
Herstellkosten (HK)	=	3 363,39 €
Allgemeine Geschäftskosten (AGK) 2,7%	=	90,81 €
Selbstkosten	=	3 454,20 €
Wagnis und Gewinn 6,7%	=	231,43 €
Endpreis	=	3 685,63 €

b) $\text{Einheitspreis} = \dfrac{3685{,}63\ €}{2{,}931\,\text{m}^3}$

$$\text{EP} = 1\,257{,}47 \frac{€}{\text{m}^3}$$

28 Taschenrechner

367

1. 54,69

2. 0,786

3. 15,355

4. a) 0,740

b) 4,104

5. 23,62

6. 0,707

7. $\alpha = 60{,}856°$

$\alpha = 60°\ 51'\ 23''$

8. $x = 250$

9. $3{,}4^6 = 1544{,}80$

10. 68,82

Notizen

Notizen

Notizen

Notizen